Das große Buch der
Pflanzen in Feld und Wald

Mosaik Verlag

Text: E. Tomanová
Illustrationen: E. Demartini und V. Ničová
Federzeichnungen: V. Ničová
Ins Deutsche übertragen von F. Seebauer
Graphische Gestaltung: S. Seifert
Schutzumschlaggestaltung: Franz Wöllzenmüller
Redaktion: Dr. Helga Menzel-Tettenborn

Printed in Czechoslovakia by TSNP, Martin
3/13/05/52-01
ISBN 3-570-03121-7

INHALT

ENTWICKLUNG DER PFLANZEN

Es wird vorausgesetzt, daß das Leben auf der Erde in ihrer Ur- und Frühzeit vor etwa drei Milliarden Jahren entstanden ist. Zu Beginn des Paläozoikums gab es bereits primitive Pflanzen – Bakterien sowie Blau- und Grünalgen. Unser Planet war in dieser Zeit zum größten Teil von Meeren bedeckt. Die ersten Landpflanzen sind im Silur nachweisbar, wo sich das Festland aufzufalten begann und auf der nördlichen Erdhalbkugel einen geschlossenen Trockenkomplex bildete. In den nachfolgenden geologischen Perioden entwickelten sich Sporenpflanzen und die ältesten Samenpflanzen. Zu den Sporenpflanzen gehören Pilze, Flechten, Moose und Farnpflanzen. Sie vermehren sich, wie bereits ihr Name verrät, mittels Sporen.

Für die Flechten ist kennzeichnend, daß sie Doppelorganismen darstellen, deren Pflanzenkörper aus Grün- oder Blaualgenzellen und Pilzzellfäden gebildet werden.

Bei den Moosen gliedert sich der Pflanzenkörper in der Regel bereits in laubtragende Stämmchen und den Stiel mit der Sporenkapsel.

Zu den Farngewächsen gehören Bärlappe, Schachtelhalme und Farne. Ihr goldenes Zeitalter war das Karbon, wo auf dem Großteil des Festlands ein feuchtwarmes Klima herrschte. Damals wuchsen üppige Tropenwälder mit Baumformen der Bärlappe, Schachtelhalme und Farne. Aus den absterbenden Pflanzenkörpern dieser Vegetationen entstanden im Laufe der Zeit die Steinkohleschichten, die bis heute von der Flora längst vergangener Zeitabschnitte Zeugnis ablegen.

Zu Ende des Paläozoikums entwickelten sich primitive Nacktsamer *(Gymnospermae)*, wie z. B. die Palmfarne, die Cordaiten und verwandte Arten des heute schon denkwürdigen Ginkgobaumes *(Ginkgo biloba)*. Für die nacktsamigen Pflanzen ist kennzeichnend, daß die Samen frei auf Samenschuppen angebracht sind. So ist dem auch heute so bei den häufigsten Nacktsamern, den Kieferngewächsen, deren Samen frei auf den Samenschuppen der Zapfen sitzen, aus denen sie bei der Reife herausfallen.

In den ältesten Perioden des Mesozoikums, etwa vor 180 Millionen Jahren, tauchten neben den Nacktsamern auch die ersten bedecktsamigen Pflanzen *(Angiospermae)* auf, die heute meistverbreitete und artenreichste Pflanzengruppe, zu der auch alle weiter beschriebenen und abgebildeten Arten gehören.

Die Bedecktsamer sind vielzellige, in der Regel grüne Pflanzen, deren Samen in Früchten eingeschlossen sind. Die Pflanzenkörper der Nacktsamer bestehen meist aus Wurzel, Sproßachse sowie Blättern und besitzen hochentwickelte Leitbündel. Dieses Leitbündel sorgt für den Transport von Wasser und Nährstoffen in der Pflanze und setzt sich aus Tracheen und Tracheiden zusammen. Die Tracheen stellen lange, aus vielen übereinander angeordneten, gestreckten Zellen durch vollkommene oder teilweise Auflösung der Endwände entstandene Röhren dar, deren Rundumwände verholzt oder auf verschiedene Weise verdickt sind, während ihr Zellinhalt völlig verschwunden ist. Die Tracheiden unterscheiden sich von den Tracheen durch nicht durchbrochene, in der Regel schräge Endwände. Sie stellen primitive Anlagen dar, von denen die Tracheen hergeleitet sind.

Während die Nacktsamer stets holzig sind, können die Bedecktsamer sowohl holzig als

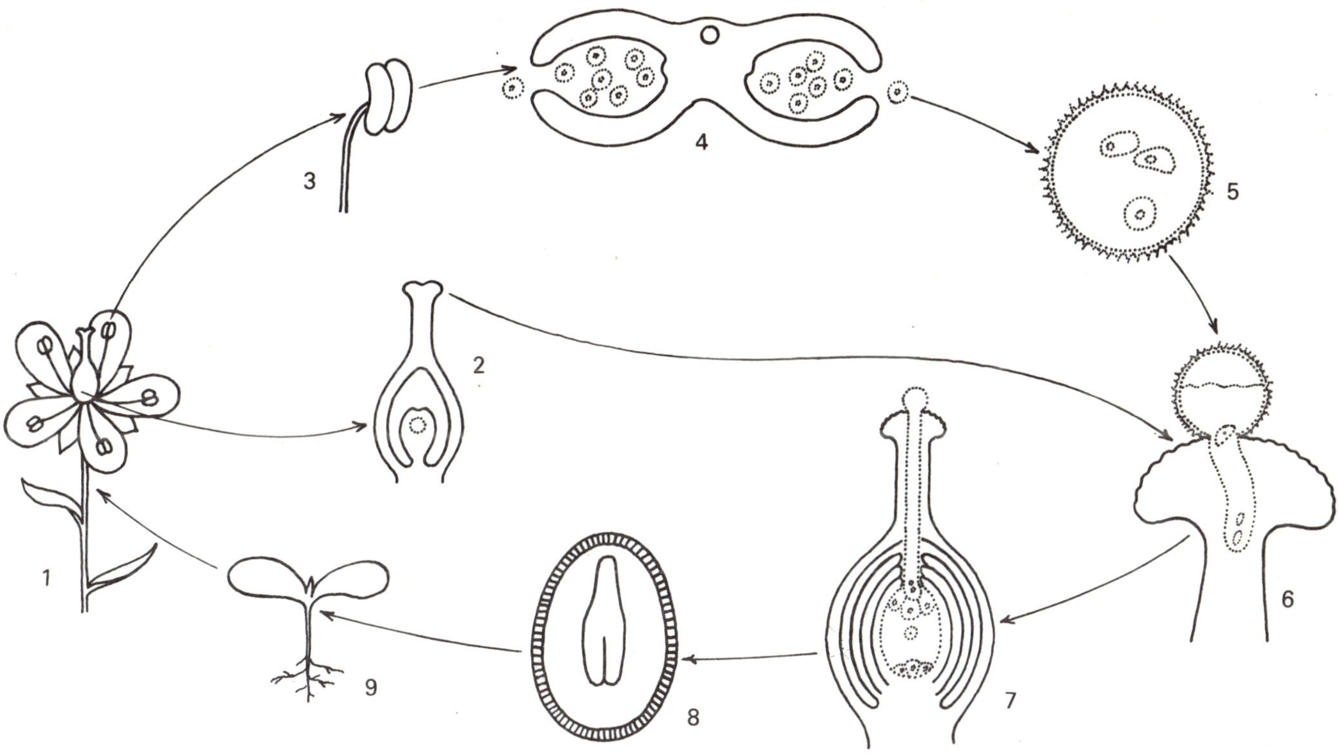

Lebenszyklus der bedecktsamigen Pflanzen – (von links nach rechts und nach oben) – Blüte, Schnitt durch den Stempel, Staubblatt, Schnitt durch den Staubbeutel, Pollenkorn, Durchwachsung des Pollenschlauchs durch die Narbe, Befruchtung, Schnitt durch den Samen, keimende Pflanze

auch krautig sein. Ihre Blätter sind verhältnismäßig groß, in der Regel mit flachen Spreiten.

Die Fortpflanzungsorgane sind in den Blüten konzentriert, die Fruchtblätter sind zum Stempel verwachsen, in dem die Samenanlagen untergebracht sind. Nach der Bestäubung und Befruchtung entwickelt sich aus dem Stempel die Frucht, aus den Samenanlagen die Samen.

Die Bedecktsamer werden in Zweikeimblättrige und Einkeimblättrige gegliedert.

Die Zweikeimblättrigen unterscheiden sich von den Einkeimblättrigen durch eine Reihe von Merkmalen. Am auffälligsten ist die unterschiedliche Kotyledonenzahl im keimenden Embryo. Die Zweikeimblättrigen keimen (mit Ausnahme der Seerosengewächse) mit zwei gegenständigen Keimblättern, zwischen denen der Sproß steht. Die Keimwurzel verwandelt sich während der weiteren Entwicklung in die sich seitlich verzweigende Hauptwurzel. Die Leitbündel mit einem deutlichen Teilungsgewebe, durch dessen Tätigkeit sich die Stengel sekundär verdicken, sind in einem Kreis angeordnet.

Die Blätter weisen eine netzartige Nervatur

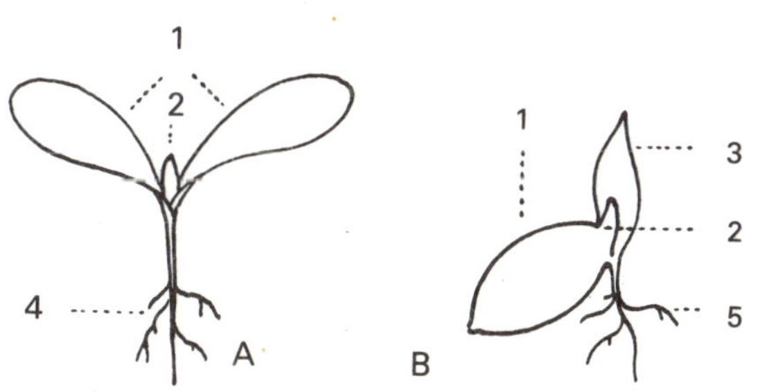

Keimung – A: zweikeimblättriger Pflanzen; B: einkeimblättriger Pflanzen; 1 – Keimblätter, 2 – Sproßknospe; 3 – erstes Blatt, 4 – Wurzel, 5 – Beiwurzeln

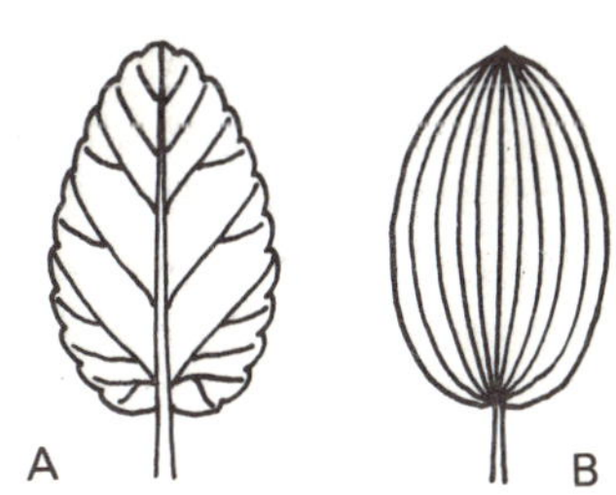

Blattnervatur –
A – zweikeimblättrige Pflanze; B – einkeimblättrige Pflanze

auf. Die Blüten pflegen in Kelch und Krone gegliedert zu sein und sind häufig fünfzählig. Sie stehen einzeln oder in reichen Blütenständen.

Die Einkeimblättrigen keimen mit einem einzigen Keimblatt, an dessen Grund seitlich der Sproß liegt. Die Hauptwurzel ist kurzlebig und wird nach dem Keimen durch sproßbürtige Wurzeln ersetzt. Die Leitbündel sind im Stengel verstreut und es fehlt das Kambium, durch dessen Tätigkeit sich der Stengel sekundär verdikken könnte. Die oft ungestielten, in der Regel gegenständigen Blätter sind meist einfach, ganzrandig und parallelnervig. Die Blütenhüllen gliedern sich häufig nicht in Kelch und Krone, sind jedoch sehr oft gleichfarbig. Die Blüten sind meist dreizählig, bzw. auf der Zahl drei begründet, und bilden oft reiche Blütenstände.

Die Zwei- sowie die Einkeimblättrigen unterscheiden sich weiter durch das Vorhandensein oder Fehlen einiger chemischer Stoffe, wie Gallotannine, Ellagotannine, Gerbstoffe, ätherische Öle, Polyterpene, Alkaloide, Saponine usw. Die Entstehung und Entwicklung der Samenpflanzen geht aus der nachstehenden Tabelle hervor:

Wie aus der Tabelle ersichtlich ist, setzte die Entwicklung der bedecktsamigen Pflanzen im Mesozoikum, in der Kreidezeit, ein. Sie waren damals schon in einer überraschenden Vielzahl von Typen, auch abgeleiteten, vorhanden und wurden zur dominierenden Gruppe der Landpflanzen des ganzen Planeten.

Im Tertiär gab es bereits deutlich differenzierte Klimazonen, wenn auch die Unterschiede zwischen ihnen geringer waren, als das heute der Fall ist. Die gemäßigten Zonen reichten bis weit in die Polargebiete, und die tropische Zone war außerordentlich breit. Sie reichte bis weit nach Europa hinein. Daraus resultiert die Tatsache, daß es auch in Mitteleuropa eine tropische Flora gab. Gegen Ende des Tertiärs trat jedoch eine Abkühlung ein und in Mitteleuropa wuchsen subtropische Pflanzen, wie etwa heute im mediterranen Gebiet. Mit dem ständig kühler werdenden Klima zog sich die tropische Flora in Richtung Äquator zurück. Zu dieser Zeit war es im Norden sehr kalt, und es wuchs dort eine arktotertiäre Flora – Nadel- und Laubbäume, sommergrüne Wälder sowie Kräuterbestände.

Erdzeitalter	Epoche	Annähernde Anzahl zurückliegender Jahre	Wichtigstes Entwicklungsgeschehen
Quartär	Holozän	5–13 Tausend Jahre	Heutige Pflanzenwelt
	Pleistozän	1 Million Jahre	Eiszeiten
Tertiär	Paläozen	67–65 Millionen Jahre	Herausbildung des Areals der heutigen Familien
Mesozoikum	Kreide	135 Millionen Jahre	Entwicklung der bedecktsamigen Pflanzen
	Jura	181 Millionen Jahre	Erste zweikeimblättrige Pflanzen
Paläozoikum	Perm	280 Millionen Jahre	Entwicklung der Samenpflanzen
	Karbon	355 Millionen Jahre	Vorkommen der Samenpflanzen
	Devon	405 Millionen Jahre	Älteste Samenpflanzen
	Silur	425 Millionen Jahre	Erste Landpflanzen
Erdur- und Frühzeit		4–2 Milliarden Jahre	Beginn des Lebens auf der Erde
Vorurzeit		5–4,6 Milliarden Jahre	Entstehung des Planeten Erde

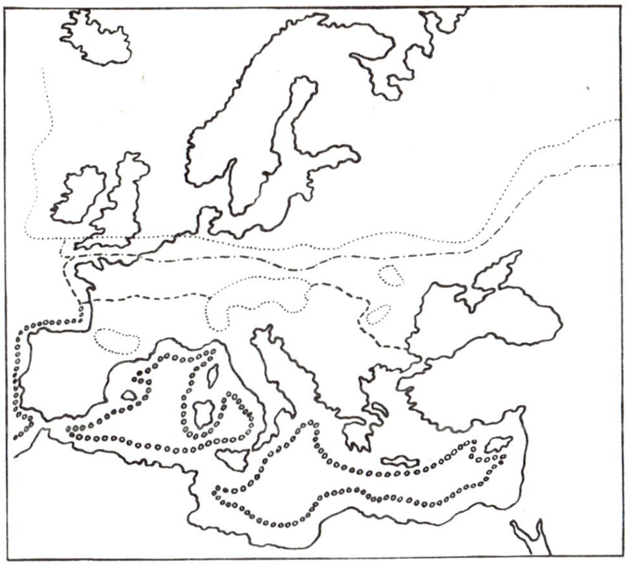

Gletscher in Mitteleuropa zur Zeit der weitreichendsten Vereisung

Steppe	– – – – – –	Gletscher	··················
Wald	oooooooooo	Tundra	–·–·–·–·–

Gleichzeitig mit dieser nördlichen Flora entwikkelte sich in Mitteleuropa eine Gebirgsflora, und zwar in den jüngeren Alpen- und Karpatengebirgen, die sich gerade im Tertiär auffalteten. Nach Osteuropa drangen in dieser Zeit aus Mittelasien wärme- und trockenheitliebende Pflanzen vor. Der Grund dafür ist im Klimawechsel zu suchen. Diese Steppenpflanzen kennzeichnet eine große Anpassungsfähigkeit an die kurze Vegetationszeit sowie an das trockene und warme Klima.

Das beginnende Quartär charakterisiert eine weitere Abkühlung, die die Entstehung eines nach Süden vordringenden Kontinentalgletschers bewirkte. Gleichzeitig bedeckten sich auch die mitteleuropäischen Gebirgszüge mit ihren eigenen kleineren Gletschern. Besonders deutlich äußerte sich das in den Alpen. Die Abkühlung erfolgte jedoch keinesfalls gleichmäßig und zusammenhängend. Vier Zeiträume mit starker Abkühlung, die Eiszeiten, lösten drei zwischengelagerte wärmere Perioden, die Interglazialzeiten, ab.

Zur Zeit der größten Vereisung war ganz Nordeuropa, von Skandinavien bis etwa zur Nordgrenze der Tschechoslowakei, von einem zusammenhängenden Kontinentalgletscher bedeckt. Gleichzeitig rückten auch wesentlich die lokalen Alpengletscher vor, deren Ausläufer weit nach Bayern, Österreich und sogar nach Südfrankreich reichten. Nur der nordöstliche Teil Europas blieb eisfrei.

Die Abkühlung des Klimas hatte zur Folge, daß die meisten Pflanzenarten eingingen, bzw. von den Gletschern an Standorte mit weniger ungünstigen Lebensbedingungen verdrängt wurden. Diese Zufluchtsorte, in die sich die Pflanzen vor den unerträglichen Lebensbedingungen zurückzogen, werden als Refugialgebiete bezeichnet. Manche Arten wurden bis nach Südeuropa verdrängt, wo sie sich in den günstigen Bedingungen der Balkanhalbinsel bis heute erhalten haben; nur einige Arten kehrten an ihre ursprünglichen Standorte zurück. Von den mitteleuropäischen arktotertiären Pflanzen, die sich erhalten haben und bis heute wachsen, sind z. B. die Haselwurz *(Asarum europaeum)* und das Christophskraut *(Actaea spicata)* anzuführen.

Die Flora der nördlichen Gebiete Europas wurde vom Gletscher nach Süden abgedrängt und ließ sich an den Gletscherrändern, in den Tundren (vertorfte Landstriche mit Knieholzbeständen) und auf den Bergmatten (gehölzlose Gebirgshänge mit Kräuterbeständen) nieder. In jenen Fällen, wo alpine Gletscher die Gebirgsflora in niedrigere Lagen Mitteleuropas gedrängt haben, handelt es sich um alpine Pflanzen (z. B. Habmichlieb, *Primula minima* oder Schwalbenwurz-Enzian, *Gentiana asclepiadea)*.

Die Arten, die in der Eiszeit nach Mitteleuropa gelangten und hier bis heute wachsen, werden als Glazialrelikte bezeichnet (z. B. Silberwurz, *Dryas octopetala,* Sudeten–Läusekraut, *Pedicularis sudetica,* Moltebeere, *Rubus chamaemorus* u. a.).

Später, als sich der Gletscher nach Norden zurückgezogen hatte, war das Klima in Mitteleuropa noch immer rauh, doch begannen sich hier auch die trockenheitsliebenden Pflanzen auszubreiten, als die Tundren und Matten von einer Steppenlandschaft abgelöst wurden. Charakteristische Steppenarten sind z. B. die Federgräser *(Stipa)*.

Pflanzen, die auf der ganzen Welt verbreitet sind, werden als Kosmopoliten bezeichnet. Im Unterschied dazu heißen die Pflanzenarten, die nur für ein bestimmtes Areal typisch sind und anderswo nicht vorkommen, Endemiten.

PFLANZENNAMEN

Die wissenschaftliche Bezeichnung der Pflanzen richtet sich nach bestimmten, international anerkannten Regeln, denen zufolge sie in lateinischer Sprache angeführt werden. Neben den wissenschaftlichen Namen gibt es auch Bezeichnungen in den Nationalsprachen, deren Gültigkeit jedoch nur auf ein bestimmtes Sprachgebiet beschränkt ist. Jeder gültige lateinische Name muß auf gültige Weise veröffentlicht und durch eine Beschreibung der betreffenden Pflanze abgegrenzt werden. Falls es für ein und dieselbe Pflanze mehrere Namen gibt, gilt bis auf Ausnahmen der Grundsatz der Veröffentlichungspriorität; gültig ist also der zeitlich am frühesten veröffentlichte Name. Die anderen werden als Synonyme bezeichnet. In einigen Fällen hat sich jedoch der jüngere Pflanzenname allgemein eingebürgert und wurde anerkannt und der ältere Name als Synonym zurückgestellt.

Hinter der bezeichneten Systemeinheit, dem Taxon (Art-, Gattungs-, Familienname u. dgl.), pflegt in der Regel der Name oder die Namensabkürzung des Autors, d. i. des Erstbenenners des betreffenden Taxons, angeführt zu sein. Zwecks Vereinfachung wird jedoch davon in der populär-wissenschaftlichen Literatur häufig Abstand genommen.

Jede Pflanze kann zusammen mit einer Reihe anderer verschiedenen Systemeinheiten zugeordnet werden. Je höher die Systemeinheit, um so mehr miteinander in weniger verwandtschaftlichen Beziehungen stehende Pflanzen umfaßt sie. Die Rangordnung der Systemeinheiten ist folgende: Reich, Unterreich, Abteilung, Unterabteilung, Klasse, Unterklasse, Ordnung, Unterordnung, Familie, Unterfamilie, Gattung, Untergattung, Art, Unterart, Varietät, Untervarietät und Form oder Kultivar.

In diesem Buch sind ausschließlich bedecktsamige Pflanzen (Klasse) angeführt, sowohl Zweials auch Einkeimblättrige (Unterklasse). Bei jeder Art ist die Bezeichnung der Familie angeführt, die in der Botanik als Systemeinheit von besonderer Wichtigkeit ist sowie die weitere Gattung, Art und evtl. Unterart – subspecies (Abkürzung subsp).

In einigen Fällen sind sich die Systembotaniker nicht einig, ob dieser oder jener Pflanze die Rangordnung einer Art oder Unterart zusteht. Das ist nämlich weitgehend von der Auffassung der einzelnen Autoren abhängig. Mitunter lassen sich deutliche, jedoch kleine Arten, die sich nur durch geringfügige Merkmale unterscheiden, in Sammelarten zusammenfassen. Diese unterscheiden sich durch wesentliche Merkmale von anderen Sammelarten, die sich wiederum in zwei oder mehrere Arten teilen lassen.

In Büchern anderer Verfasser können diese Arten jedoch als Unterarten aufgefaßt werden. Doch das ist eben das Recht eines jeden Botanikers, diese oder jene Merkmale nach eigenem Ermessen einzuschätzen und danach die Einordnung vorzunehmen. Dieser Vorgang wird als Merkmalwertung bezeichnet. Nach der verschiedenen Gewichtung der Merkmale kann dann auch die Argumentation zur Unterstützung dieser oder jener Einschätzung geführt werden.

DAS ANGEWANDTE SYSTEM

Wie bereits erwähnt wurde, stellen die Familien in der Botanik eine wichtige systematische Kategorie dar. Die Vielgestaltigkeit und Verschiedenartigkeit des Pflanzenreiches äußert sich eben auch durch die große Zahl der Familien, in die die einzelnen Pflanzen eingeteilt sind. Die nachstehende Übersicht stellt nur einen Bruchteil dar. Angeführt werden nur jene Familien, deren Vertreter im Rahmen dieses Buches abgebildet sind.

Klasse: Bedecktsamer *(Magnoliopsida)*

Unterklasse: Zweikeimblättrige Pflanzen *(Magnoliidae)*

Die Familie der Seerosengewächse *(Nymphaeaceae)* umfaßt Wasserpflanzen mit dickem Wurzelstock und Schwimmblättern. Durch die Tatsache, daß nur eine Kotyledone keimt sowie mit einer Reihe weiterer Merkmale, erinnern sie an die Einkeimblättrigen, mit denen sie wahrscheinlich gemeinsame Vorfahren verbinden.

Die Hahnenfußgewächse *(Ranunculaceae)* tragen regelmäßige oder symmetrische zwittrige Blüten mit einfachen oder kronartigen Blütenhüllen. Die Früchte sind Balgfrüchtchen oder Nüßchen, ausnahmsweise auch Beeren. Die Pflanzen enthalten eine Reihe von Giftstoffen, z. B. Alkaloide.

Die Mohngewächse *(Papaveraceae)* sind durch regelmäßige Blüten und einen sehr bald hinfälligen Kelch sowie eine große Anzahl von Staubblättern gekennzeichnet. Die Früchte sind vielsamige Kapseln.

Bei den Erdrauchgewächsen *(Fumariaceae)*, sind die zwittrigen Blüten symmetrisch und die gefiederten Blätter wechselständig. Die Früchte bilden Nüsse oder scheidewandlose Schoten.

Die Vertreter der Osterluzeigewächse *(Aristolochiaceae)* zeichnen sich durch dreizählige Blüten aus.

Die Kreuzblütengewächse *(Cruciferae)* besitzen zwittrige und regelmäßige Blüten mit vierzähliger Krone, vier mächtigen Staubblättern und verschiedenartigen Früchten – Gliederschoten, Schoten, Schötchen und Nüssen.

Die Familie der Nelkengewächse *(Caryophyllaceae)* zeichnet sich durch einen außerordentlichen Artenreichtum aus. Die Pflanzen sind gabelig verzweigt, die Blüten in zymösen Blütenständen angeordnet und häufig mit einer Nebenkrone versehen.

Die Familie der Veilchengewächse *(Violaceae)* umfaßt Pflanzen mit symmetrischen Blüten und einem gespornten Kronblatt. Die Früchte bilden meist dreiklappige Spaltkapseln.

Für die Familie der Knöterichgewächse *(Polygonaceae)* ist die durch Verwachsung der Nebenblätter entstandene Tute kennzeichnend. Die Blütenhüllen sind unauffällig und vergrößern sich bei den Früchten mitunter zu Fruchtblättern.

Bei den Cistrosengewächsen *(Cistaceae)* besteht der Fruchtknoten in der Regel aus drei Fruchtblättern. Die Früchte bilden Kapseln. Die Staubblätter sind stets in größerer Zahl vorhanden.

Die Brennesselgewächse *(Urticaceae)* sind typische Pflanzen der Schutthalden, Ufergebüsche und Auwälder. Kennzeichnend sind die sie bedeckenden Brennhaare. Die kleinen Blüten bilden oft reiche Blütenstände. Die Früchte sind meistens Nüsse.

Die Sonnentaugewächse *(Droseraceae)* sind insektenfangende Pflanzen, die auf nährstoffarmen Torfböden vorkommen. Die im Boden fehlenden Stickstoffsubstanzen ersetzen sie durch die Insekten, deren Fang und Verdauung mit reizbaren Drüsenhaaren und Drüsen ausgestattete Blätter besorgen.

Die Dickblattgewächse *(Crassulaceae)* zeichnen sich durch besonders dickfleischige Blätter aus. Die Früchte haben die Form von Balgfrüchtchen.

Die Vertreter der Steinbrechgewächse *(Saxifragaceae)* wachsen an trockenen und felsigen Standorten, vornehmlich im Gebirge. Die regelmäßigen Blätter sind fünfzählig, die Früchte meist Kapseln.

Die Familie der Herzblattgewächse *(Parnassiaceae)* ist in Europa nur durch eine einzige Art vertreten – das Sumpfherzblatt *(Parnassia palustris)*. Die Blüten sind fünfzählig, die Früchte haben die Form von Kapseln.

Die Rosengewächse *(Rosaceae)* tragen regelmäßige, zwittrige und in den meisten Fällen fünfzählige Blüten mit einem auffälligen Blütenboden. Die Früchte haben die Form von Kapseln, Nüssen, Stein- und Apfelfrüchten. Die Familie umfaßt eine Vielzahl höchst artenreicher und vielgestaltiger Gattungen.

Für die Schmetterlingsblütler *(Fabaceae)* ist die eigenartige Blütenhüllform charakteristisch, von der auch die Bezeichnung hergeleitet wird. Ursprünglich lautete auch der lateinische Name *Papilionaceae*. Die Frucht hat in der Regel Hülsenform.

Die Storchschnabelgewächse *(Geraniaceae)* charakterisieren fünfzählige Blüten und schnabelartig verlängerte Spaltfrüchte.

Bei den Sauerkleegewächsen *(Oxalicaceae)* sind die langstieligen Blätter dreizählig, die zwittrigen Blüten hingegen fünfzählig. Die Früchte haben Kapselform.

In der Regel zwittrige, fünfzählige Blüten, häufig mit einem deutlichen Nektardiskus, sind kennzeichnend für die Familie der Rautengewächse *(Rutaceae)*.

Die zwittrigen, symmetrischen Blüten der Kreuzblumengewächse *(Polygalaceae)* weisen eine charakteristische Bauweise auf und bilden traubenförmige Blütenstände.

Für die Familie der Wolfsmilchgewächse *(Euphorbiaceae)* sind einfache, komplizierte Blütenstände bildende Blüten charakteristisch. Arten mit stark entwickelten Milchröhren sind häufig. Sie scheiden bei Verletzungen einen weißen Milchsaft ab.

Bei den Vertretern der Wintergrüngewächse *(Pyrolaceae)* überwintern die einfachen wechselständigen Blätter, die Blüten sind fünfzählig. Die Staubbeutel öffnen sich nach oben und die Pollenkörner sind in Vierergruppen – Tetraden – angeordnet.

Parasitische Kräuter ohne Chlorophyll mit verkümmerten, schuppenförmigen Blättern gehören zur Familie der Fichtenspargelgewächse *(Monotropaceae)*.

Die Familie der Heidekrautgewächse *(Ericaceae)* bilden Pflanzen mit häufig immergrünen Blättern. Die Pollenkörner bilden Tetraden.

Die Spatzenzungengewächse *(Thymelaeaceae)* stellen Kräuter oder Sträucher mit ganzrandigen, meist wechselständigen Blättern dar. Die duftenden Blüten mit Blütenboden bilden keine Kronblätter aus, dagegen sind die Kelchblätter kronartig gefärbt.

Die Pflanzen aus der Familie der Balsaminengewächse *(Balsaminaceae)* besitzen fleischige Stengel und symmetrische Blüten. Charakteristisch sind die Früchte – gefächerte Kapseln, die sich bei der Reife berührungsempfindlich zusammenziehen und Samen auswerfen.

Ein typisches Merkmal der Malvengewächse *(Malvaceae)* stellt der Außenkelch dar. Die Staubblätter sind zu Röhren zusammengewachsen, die Spaltfrüchte sind von knopfartiger Gestalt.

Die Pflanzengewebe der Hartheugewächse *(Hypericaceae)* enthalten große Mengen ätherischer Öle. Die Staubblätter sind zu Bündeln verwachsen.

Bei den Blutweiderichgewächsen *(Lythraceae)* sind die Stengel kantig, der Blütenboden röhrig-walzig und die Früchte bilden Kapseln.

Die Nachtkerzengewächse *(Onagraceae)* tragen vierzählige Blüten, gleichfalls mit einem, mit dem Fruchtboden verwachsenen Blütenboden.

Die Wassernußgewächse *(Trapaceae)* sind Wasserpflanzen mit langem, flutendem Stengel, rautenförmigen Blättern, vierzähligen Blüten mit zu Dornen umgewandelten Kelchen, die die eigenartige charakteristische Fruchtform bewirken.

Die Familie der Araliengewächse *(Araliaceae)* besteht aus lianenartigen Kletterpflanzen mit Haftwurzeln. Die Blüten sind fünfzählig und bilden halbkugelförmige Dolden. Die Frucht hat Beerenform.

Die Doldengewächse *(Umbelliferae)* werden

nach ihrem typischen doldenförmigen Blütenstand bezeichnet. Sie besitzen einen einheitlichen Fruchttyp, nämlich Doppelachänen, die bei der Reife in zwei Teilfrüchte zerfallen.

Die Primelgewächse *(Primulaceae)* sind Kräuter mit grundständigen Blattrosetten. Die fünfzähligen Blüten haben einen ausdauernden Kelch, die Früchte haben Kapselform.

Die Familie der Mistelgewächse *(Loranthaceae)* umfaßt auf Holzpflanzen lebende Halbschmarotzer. Die Mistel, der bedeutendste Vertreter dieser Familie, besitzt im Unterschied zur Eichenmistel immergrüne Blätter.

Die Pflanzen aus der Familie der Enziangewächse *(Gentianaceae)* kennzeichnen gegenständige, ungeteilte Blätter und fünfzählige Blüten.

Mit der vorstehend angeführten Familie eng verwandt sind die Fieberkleegewächse *(Menyanthaceae)* mit ihren charakteristischen dreizähligen Blättern.

Eine gleichfalls verwandte Familie stellen die Hundsgiftgewächse *(Apocynaceae)* dar, mit ebenso fünfzähligen Blüten und einfachen, gegenständigen Blättern, meist ohne Nebenblätter.

Bei den Windengewächsen *(Convolvulaceae)* sind die Stengel häufig windend.

Die Familie der Borretschgewächse *(Boraginaceae)* faßt rauhe bis steifhaarige Pflanzen zusammen. Die Blüten sind in der Regel in Wikkeln angeordnet. Die Früchte haben die Form von Klausen.

Die Pflanzen aus der Familie der Lippenblütengewächse *(Labiatae)* tragen Blüten, die durch zwei seitliche Einschnitte in Ober- und Unterlippe geteilt sind. Die Familie wird auch als *Lamiaceae* bezeichnet. Auch hier haben die Früchte die Form von Klausen.

Die Vertreter der Nachtschattengewächse *(Solanaceae)* sind in der Mehrzahl viele Alkaloide enthaltende Giftpflanzen. Die Früchte sind meistens Beeren.

Die Braunwurzgewächse *(Scrophulariaceae)* tragen zumeist symmetrische, fünfzählige Blüten. Die Früchte bilden Kapseln.

Die Wegerichgewächse *(Plantaginaceae)* haben kleine, vierzählige Blüten, die ährenförmige Blütenstände bilden. Die Früchte haben die Form von Deckelkapseln.

Die Blätter der Eisenkrautgewächse *(Verbenaceae)* tragen keinerlei Nebenblätter. Die Blüten sind vier- bis fünfzählig und ihre Früchte bilden Klausen. Nur ausnahmsweise kommen auch andere Fruchttypen vor.

Die Kräuter der Rötegewächse *(Rubiaceae)* besitzen große, den Anschein von Laubblättern erweckende Nebenblätter. Deshalb sehen die Blätter von Waldmeister und Labkraut auch aus, als wären sie quirlständig. Die Früchte sind bei dieser Familie Doppelachänen.

Die Baldriangewächse *(Valerianaceae)* haben gegenständige Blätter ohne Nebenblätter, die Blüten bilden zymöse Blütenstände.

Die kleinen Blüten der Kardengewächse *(Dipsacaceae)* sind in dichten Blütenköpfen angeordnet, an deren Basis sich ein Hüllkelch aus Deckblättern befindet. Am Korbboden sind steife Spreublätter.

Bereits der Name der Glockenblumengewächse *(Campanulaceae)* besagt, welche Form die Blütenkronen dieser Familie besitzen. Die Früchte bilden Kapseln.

Die artenreichste Familie der Zweikeimblättrigen sind die Korbblütengewächse *(Compositae)*. Die einzelnen Blüten bilden korbartige Blütenstände. Mitunter wird die Familie auch als *Asteraceae* bezeichnet. Der Blütenkorb wird von zweierlei Blütentypen gebildet. In der Mitte befinden sich Röhrenblüten, am Rande Zungenblüten (z. B. Wucherblume), oder der Blütenkorb besteht nur aus Röhrenblüten (Distel) bzw. nur aus Zungenblüten (Habichtskraut). Die Früchte haben die Form von Achänen, die häufig mit einem Haarkranz versehen sind.

Unterklasse: Einkeimblättrige Pflanzen *(Liliidae)*.

Die Wasserlieschgewächse *(Butomaceae)* stellen die urtümlichste Familie der Einkeimblättrigen mit einfachen Blütenhüllen dar.

Bei den Froschlöffelgewächsen *(Alismataceae)* sind Kelch und Krone zu unterscheiden. Es handelt sich um Wasserpflanzen mit zweierlei Blattarten.

Auch die Laichkrautgewächse *(Potamogetonaceae)* stellen Wasserpflanzen vor, bei denen häufig zweierlei Blattarten vorkommen: Tauchblätter und auf der Wasseroberfläche sitzende Schwimmblätter. Die hüllenlosen Blüten bilden aus dem Wasser ragende Ähren.

Die Liliengewächse *(Liliaceae)* wachsen aus unterirdischen Zwiebeln oder Knollen. Die Blüten tragen einen oberständigen Fruchtknoten oft mit einfacher Blütenhülle. An den in der Regel wechselständigen Blättern ist die parallele Nervatur erkennbar. Ausnahmsweise sind die netznervigen Blätter in 3- oder 4zählige angeordnet. Die Früchte sind Kapseln oder Beeren.

Bei den Schwertliliengewächsen *(Iridaceae)* sind die Blütenhüllblätter an der Basis zu einer, mitunter auch außerordentlich langen Röhre (z. B. Safran) verwachsen.

Die Amaryllisgewächse *(Amaryllidaceae)* ähneln weitgehend den Liliengewächsen, haben aber zum Unterschied von jenen einen unterständigen Fruchtknoten.

Die Vertreter der Binsengewächse *(Juncaceae)* stellen grasähnliche Kräuter dar. Die kleinen Blüten bilden zumeist Spirren, die Früchte sind Kapseln.

Auch die Riedgrasgewächse *(Cyperaceae)* erinnern in ihrer äußeren Erscheinung an Gräser. Sie besitzen jedoch dreikantige, markige (keinesfalls hohle) Stengel ohne Knoten; Blütenhülle verkümmert oder in Borsten umgewandelt.

Die Süßgräser *(Gramineae)* sind Kräuter mit Stengeln in Gestalt flacher, hohler und knotiger Halme. Die wechselständigen Blätter haben röhrige Blattscheiden. Die Blüten bilden Ährchen, die zu verschiedenartigen Blütenständen vereinigt sind: Ähren, Scheinähren oder Rispen. Am Ährchengrund befinden sich in der Regel zwei Hüllspelzen. Die Blüte wird häufig von einer grannigen Deckspelze gestützt, die von einer Vorspelze, drei Staubblättern mit beweglichen Staubbeuteln sowie dem Fruchtknoten mit zwei federnden Narben gebildet wird. Die innere Blütenhülle ist auf zwei kleine Schuppen reduziert, die Schwellkörper. Die Früchte haben die Form von Karyopsen. Mitunter wird die Familie auch als *Poaceae* bezeichnet.

Die Knabenkrautgewächse *(Orchidaceae)* sind im Boden mit Knollen verschiedener Form verankert. Der Fruchtknoten der Blüten ist unterständig und dreht sich während der Blütenzeit um 180 °, eines der Kronblätter pflegt in

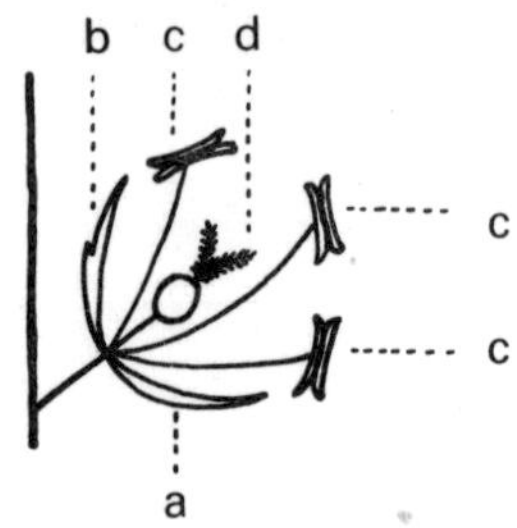

Grasblüte – a – Deckspelze, b – Vorspelze, c – Staubblätter, d – Stempel mit zwei Narben

Form eines Sporns verlängert zu sein. Die Pollenkörner sind zu Paketen zusammengeklebt. Für die Familie ist die sog. Mykorrhiza kennzeichnend, d. h. die Symbiose mit bestimmten Pilzen.

Recht auffallend sind die Blütenstände der Aronstabgewächse *(Araceae)*. Durch eine Vielzahl kleiner, in der Regel eingeschlechtiger Blüten bildet sich ein Kolben, der in eine stützende Blütenscheide gehüllt ist.

Die Igelkolbengewächse *(Sparganiaceae)* sind Sumpf- und Wasserpflanzen, deren einhäusige Blüten kugelige Kopfblütenstände bilden, von denen die unteren aus weiblichen und die oberen aus männlichen Blüten bestehen. Die Blütenhüllen sind schuppig.

Bei den Rohrkolbengewächsen *(Typhaceae)* sind die Blüten entweder nackt, oder die Blütenhüllen in Haare umgewandelt. Sie bilden zylinderförmige Blütenstände, sog. Zigarren. In der oberen Hälfte befinden sich die männlichen Blüten, in der unteren die weiblichen.

Die Wasserlinsengewächse *(Lemnaceae)* sind kleine, in der Regel an der Wasseroberfläche schwimmende Wasserpflanzen, die weder Stengel noch Gefäßbündel herausgebildet haben, in manchen Fällen auch keine Wurzeln. Blüten kommen nur sehr selten vor.

STANDORTANSPRÜCHE

Die Pflanzen stellen an ihren Standort bestimmte Ansprüche. Zum Leben und zur gedeihlichen Entwicklung benötigen sie Wasser, und je nachdem, wieviel Wasser sie brauchen, können feuchtigkeitsliebende Pflanzen – *Hygrophyte* – und trockenheitsliebende Pflanzen – *Xerophyte* – unterschieden werden. Für verschiedene Arten sind unterschiedliche Umfeldtemperaturen optimal. Es werden also wärmeliebende – *thermophile* – und kälteliebende – *frigidophile* Pflanzen unterschieden. Luft und Licht sind für die Atmung der Pflanzen sowie für die Photosynthese unerläßlich. Das Kohlendioxid nehmen die Pflanzen mittels mikroskopisch feiner Öffnungen auf – den Spaltöffnungen.

Eine besonders wichtige Rolle spielt die Bodenformation. Durch die Verwitterung von Kalkspat, Dolomit, Pläner, Basalt und Mergel entstehen alkalische Böden, während auf Kieselunterlagen die Böden sauer sind.

Im Hinblick auf die unterschiedlichen Standortansprüche der Pflanzen sind bestimmte Pflanzengemeinschaften für die einzelnen Bodentypen kennzeichnend. So bilden z. B. trokkenheits- und wärmeliebende, in kalkhaltigen Böden wachsende Pflanzen in warmen Gegenden und auf Kalkstein in verschiedenen Teilen des Kontinents mehr oder minder artgleiche Bestände. Die sich mit diesen Pflanzengemeinschaften beschäftigende wissenschaftliche Disziplin wird als Phytosoziologie bezeichnet, während die Disziplin, die sich mit der eingehenderen Untersuchung der Pflanzenumwelt befaßt, Geobotanik genannt wird.

Die in diesem Buch abgebildeten Pflanzen sind meist für bestimmte Standorte charakteristisch. Diese lassen sich vereinfacht in folgende Gruppen einteilen: Wälder, Wiesen, Felder, Hänge, Gewässer, Moorböden und Felsen.

Wälder, Haine, Holzschläge

Unter dem Dachbegriff Wald wird eigentlich eine Reihe von Standorttypen verstanden. Es gibt Nadelwälder (Kiefern, Fichten, Tannen), Mischwälder, in denen sowohl Nadel- als auch Laubbäume wachsen und auch Laubwälder (Eichen, Rot- und Weißbuchen). Außer den normalen Wäldern haben sich an einigen Stellen Europas noch Überreste ganz alter Wälder – Urwälder – erhalten. Als Beispiel dafür kann der tschechoslowakische Urwald am Kubany im Böhmerwald mit alten Bergfichten, Tannen und Rotbuchen oder der Bialowieser Urwald an Grenzen Polens und der UdSSR gelten.

Die natürlichen Wälder wurden vielerorts von planmäßig bewirtschafteten Forsten abgelöst, deren Bestockung meist nur aus einer Baumart besteht. Diese Forste werden als Reinbestände bezeichnet. Der Wald stellt eine höchst komplizierte und artenreiche Pflanzengemeinschaft dar. Es leben hier in einem sinnvollen Beziehungsgefüge Pilze, Flechten, Moose, Farne sowie Nackt- und Bedecktsamer. Dabei werden verschiedene Schichten unterschieden: die z. B. von den Moosen und Pilzen gebildete Bodenschicht, die Staudenschicht, die Strauchschicht und die Baumschicht. Für die einzelnen Waldtypen sind diese Schichten artspezifisch und charakteristisch.

Schüttere Laubbaumbestände mit einer reichen Staudenschicht werden als Haine bezeichnet.

In der Nähe größerer Wasserläufe wachsen

Wenngleich sich zahlreiche Wasserpflanzen vegetativ vermehren, d. h. mittels verschiedener Knospen, Wurzelstücke, Knollen u. dgl., bilden sie auch sehr häufig Samen. Samen und Früchte sind in diesem Fall der Verbreitung im Wasser angepaßt. Sie besitzen verschiedene Schwimmvorrichtungen oder sind mit einer Schleimschicht überzogen, die ein Ankleben an verschiedene Körperteile der Wassertiere ermöglicht. Häufig passieren sie, ohne Schaden zu nehmen, den Verdauungstrakt verschiedener Tiere und werden an mitunter ziemlich entfernten Stellen ausgeschieden.

Zwischen den Gewässern und dem Festland gibt es, sozusagen als Übergang, Sümpfe und Moorböden, die gleichfalls ihre spezifischen Pflanzengemeinschaften aufzuweisen haben. Diese Standorte sind nicht nur ausreichend feucht, sondern verfügen auch über eine Menge von Nährstoffen, die durch das Absterben und Verfaulen von Pflanzenteilen entstehen. Die Sumpfpflanzen haben in der Regel dicke, reichverzweigte, kriechende Wurzelstöcke, die nicht nur der Verankerung im Boden dienen, sondern auch der vegetativen Vermehrung. Deshalb sind die Sumpfbestände auch in der Regel dicht und weitreichend. Die Stengel pflegen fest, die Blätter schwertförmig bis lanzettlich und höchst elastisch zu sein. Das ist wichtig, damit der Wind die Blätter nicht abbricht, vor allem wegen ihres hohen Wuchses, der andererseits im Hinblick auf den veränderlichen Wasserstand unerläßlich erscheint.

Torfmoore

Standorte besonderer Art stellen die Torfmoore dar. Sie entstehen auf undurchlässigen, meist sauren geologischen Unterlagen, wo das von Niederschlägen herrührende oder von den umliegenden Quellen und Wasserläufen herbeigeführte Wasser nicht entsprechend abfließen kann. Außer Torfmoos *(Sphagnum)* wachsen in den Torfmooren auch zahlreiche typische bedecktsamige Pflanzen, wie Wollgras *(Eriophorum)*, Poleigränke *(Andromeda polifolia)*, Blasenbinse *(Scheuchzeria palustris)* u. a. Sie alle zeichnen sich durch einen niedrigen, meist liegenden Wuchs aus. Auf sehr nährstoffarmen Torfmooren wachsen auch fleischfressende Pflanzen, wie z. B. der Rundblättrige Sonnentau *(Drosera rotundifolia)*, der die erforderlichen stickstoffhaltigen Nahrungskomponenten aus den Körpern gefangener Insekten bezieht.

Als natürliche Wasserspeicher sind die Torfmoore für die Aufrechterhaltung der Luftfeuchtigkeit von außerordentlicher Wichtigkeit. Bei Meliorationsvorhaben und verschiedenen Entwässerungen sind derartige Eingriffe in die natürliche Umwelt stets verantwortungsvoll zu erwägen und zu untersuchen, ob die evtl. Trockenlegung nicht größeren Schaden bringt.

Die Bezeichnung Moor stellt einen recht breiten Begriff dar, der gleich einige Formationen umfaßt. Das sind zunächst die Hochmoore, die auf sauren Bodenarten entstanden sind und zur Vertorfung geführt haben. In ihrer Wasserwirtschaft spielen die Niederschläge eine wichtige Rolle. Hochmoore befinden sich meist in Gebirgsgegenden bzw. im Vorgebirge.

Die Niederungsmoore sind vornehmlich auf alkalischen oder neutralen Böden entstanden. Hier bildete sich der Moorschlamm. Atmosphärische Niederschläge spielen in der Wasserwirtschaft der Niederungsmoore eine höchst untergeordnete Rolle. Sie befinden sich in der Regel in der Niederung oder im Hügelland.

Moorwiesen sind besonders feucht und meist mit Seggengemeinschaften bestanden, unter denen auch andere Pflanzen vertreten sind, wie z. B. Blutauge *(Potentilla palustris)*, Schmalblättriges Wollgras *(Eriophorum angustifolum)* und Fieberklee *(Menyanthes trifoliata)*.

Moorwälder sind Waldgemeinschaften bestimmter Art auf außerordentlich feuchten Standorten. Sie sind durch eine mit den Moorwiesen und Hochmooren identische Staudenschicht gekennzeichnet.

Die meisten Hochmoore entstanden nach der Eiszeit (postglaziale Moore), als sich das Klima schrittweise erwärmte. Die Erwärmung hatte ein Abtauen der Gletscher zur Folge, wodurch sich die Wasserzufuhr wesentlich vergrößerte. Ebenso entstanden durch die Zerstörungsarbeit des Wassers verschiedene Vertiefungen, die die Entstehung der Moore begünstigten.

Der Mensch nutzt die Moore zur Torfgewinnung. Trockentorf dient als Brennstoff, als landwirtschaftliches Düngemittel oder für den Gartenbau. Die Paläontologen finden in den Mooren Beweise für die Entstehung und Entwicklung der Pflanzenwelt. In den Moorschichten finden sich nämlich erstaunlich gut konservierte Pflanzenteile sowie viele Tausend Jahre alte Pollenkörner.

Felsen und Gerölle

Die Felsen in den warmen Gebieten, auf denen man kaum eine Pflanze erwarten würde, überraschen im Frühling mit gelbstrahlenden Blütenpolstern des Felsensteinkrauts *(Alyssum saxatile)*. Doch nicht nur diese auffällige Pflanze, sondern auch noch viele andere nehmen mit derartigen Standorten vorlieb.

Es ist selbstverständlich, daß die Felsenpflanzen den rauhen Bedingungen ihres Biotops angepaßt sein müssen. Auf den Felsen hält sich der karge Boden nur schlecht. Die ununterbrochene Verwitterung und das Bröckeln des ursprünglich festen Untergrunds stellen ein Problem dar, das Wegspülen durch den Regen das andere. Deshalb sind Felsspalten und Risse die günstigsten Wachstumsstellen. Die Windstärke sowie die Sonnenglut sind höchst intensiv, was nur ausgesprochen trockenheitsliebende Pflanzen zu ertragen vermögen. An Schattenstellen hingegen sind im Gegenteil feuchtigkeitsliebende Pflanzen anzutreffen.

Der Körperbau dieser Felsenpflanzen ist weitgehend den Standortbedingungen angepaßt. Die Wurzeln sind ungewöhnlich lang und verzweigt, wodurch ermöglicht wird, Wasser auch aus sehr tiefen Felsenspalten aufzunehmen. Der polsterförmige niedrige Wuchs wiederum sorgt für eine maximale Nutzung der Wärme, die tagsüber von den der Sonnenglut ausgesetzten Felsen gespeichert und in kalten Nächten abgegeben wird. Die in der Sonne wachsenden Arten schützen sich durch behaarte Blätter vor einer allzugroßen Verdunstung während sonniger und windiger Tage. Viele Pflanzen rollen auch in der Hitze ihre Blätter zusammen – gleichfalls eine verdunstungshindernde Schutzmaßnahme. Häufig erfolgt die Vermehrung dieser Pflanzen auf vegetative Weise. Eine wichtige Rolle spielt die chemische Zusammensetzung der Felsen, ob es Kalksteinfelsen, also Felsen alkalischer Art sind, oder kieselhaltiges Gestein mit sauren Reaktionen. Danach richten sich auch Pflanzenarten.

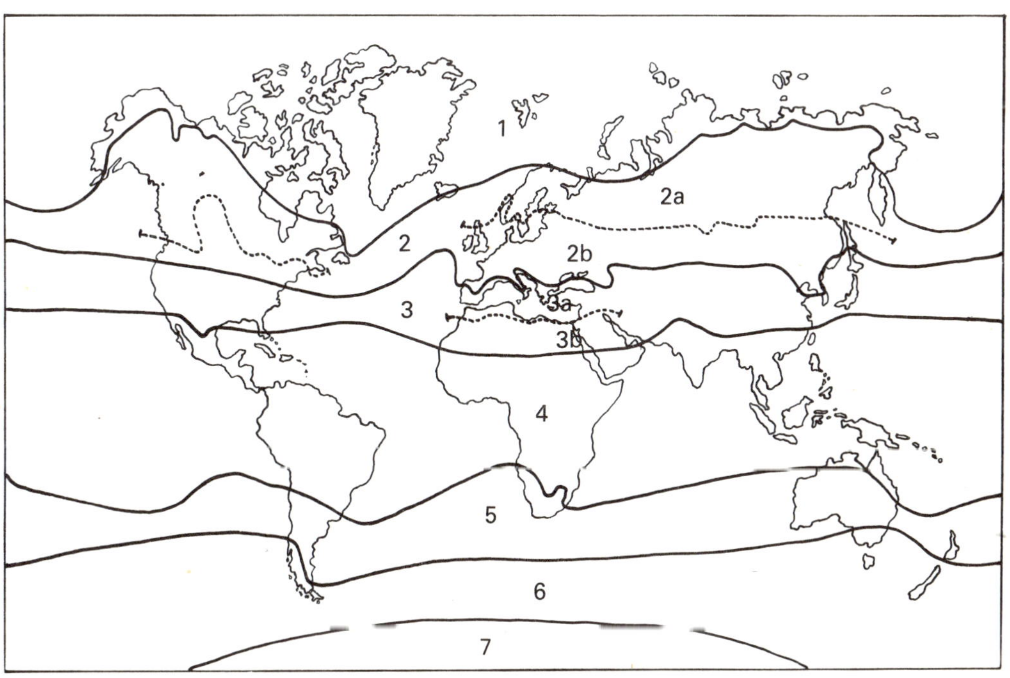

Florenzonen – 1 Arktische Zone, 2 nördliche gemäßigte (temperate) Zone, 2a nördliche (boreale) Unterzone, 2b südliche (submeridionale) Unterzone, 3 meridionale Zone, 3a nördliche meridionale Unterzone, 3b südliche meridionale Unterzone, 4 tropische Zone, 5 südliche subtropische Zone, 6 australe Zone, 7 antarktische Zone

ZONALITÄT

Vom phytogeographischen Standpunkt gliedert sich die Erdoberfläche in Florenzonen, Höhenstufen und Florenreiche.

Florenzonen

Der den Typ der einzelnen Zonen bestimmende Hauptfaktor ist das Klima und die dadurch gegebenen Umweltbedingungen.

Als arktische Zone wird das Gebiet nördlich der polaren Waldgrenze bezeichnet, also etwa nördlich des nördlichen Polarkreises. Sie umfaßt die arktischen Tundren und polaren Eiswüsten. In Europa ist sie nur durch den Nordrand Skandinaviens vertreten. Wesentlich umfassender ist ihr Anteil in Nordamerika und Asien.

Die nördliche gemäßigte (temperate) Florenzone schließt Nadel- und Laubwälder ein. Charakteristisch sind für sie überdies Halbwüsten und Steppen. Die durchschnittliche Jahrestemperatur bewegt sich in der Spanne 0° bis 14 °C. Die temperate Zone umfaßt ein außerordentlich großes Gebiet und wird deshalb in zwei Unterzonen eingeteilt – die nördliche und die südliche. Die Grenze zwischen beiden ist nicht fest umrissen, sondern schwankt in Europa etwa

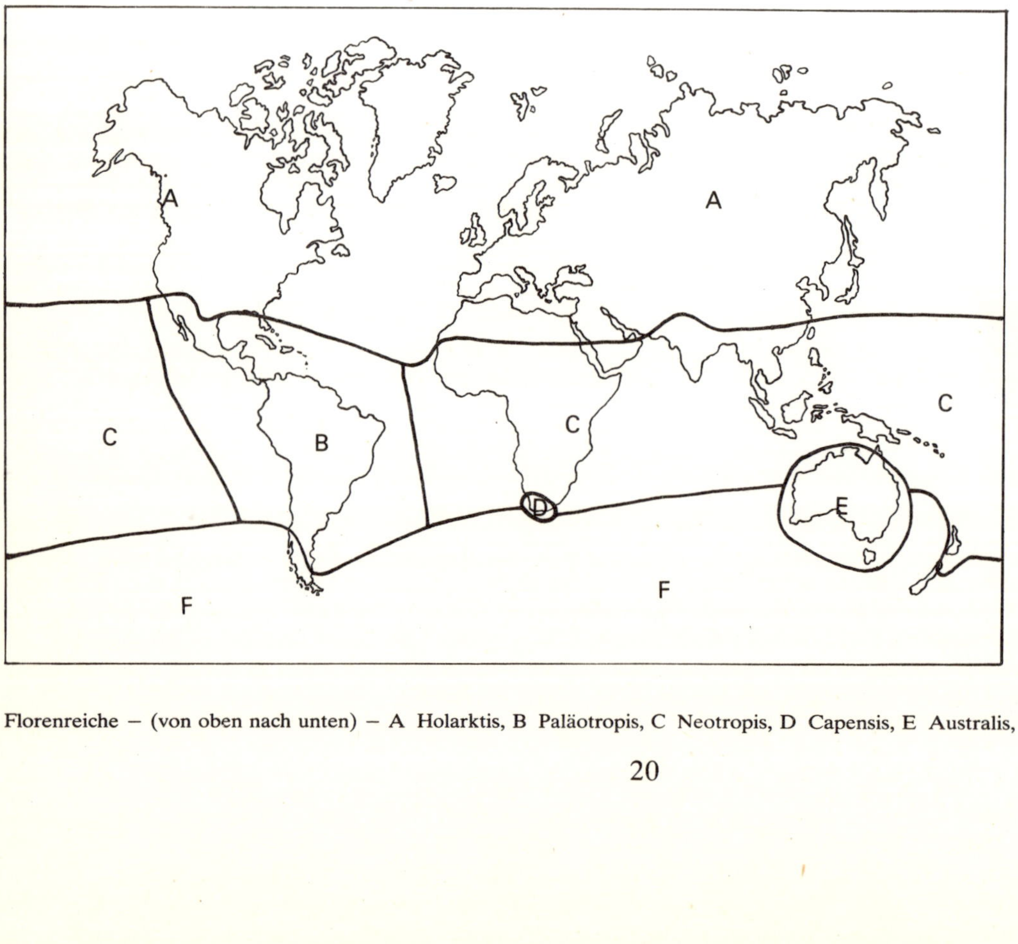

Florenreiche – (von oben nach unten) – A Holarktis, B Paläotropis, C Neotropis, D Capensis, E Australis, F Antarktis

zwischen dem 55° und 45° nördlicher Breite. Für die nördliche Unterzone sind Wälder charakteristisch, besonders Nadelwälder, aber auch Moore. Die südliche Unterzone hat mehr Laubwälder aufzuweisen, besonders in den Gegenden mit ozeanischem (d. h. feuchterem) Klima, während Steppen und Halbwüsten für die Gebiete mit kontinentalem (d. h. trockenem) Klima typisch sind.

Die meridionale Zone reicht etwa bis zu 26° nördlicher Breite und umfaßt immergrüne Wälder, Steppen sowie Wüsten. Kennzeichnend ist die verhältnismäßig hohe durchschnittliche Jahrestemperatur, die sich zwischen 15 und 20 °C bewegt. Nach Südeuropa greift die meridionale Zone nur mit ihrer nördlichen, von immergrünen Wäldern und der Mittelmeerflora niederwüchsiger Gehölze und Kräuter (Garrigues, Macchien u. dgl.) repräsentierten nördlichen Unterzone über.

Weitere Florenzonen sind in südlicher Richtung die tropische Zone, die südliche subtropische Zone, die australe Zone und die antarktische Zone.

Höhenstufen

Die höhenmäßigen Vegetationsstufen sind durch die Höhe der einzelnen Gebiete über Normalnull gegeben.

Die Tiefland- oder Planarstufe umfaßt die Meeresküsten, die Flußmündungen und die tiefliegenden Festlandteile überhaupt. Die Vegetation dieser Zone bilden Wiesen, Ufersträucher, Kultursteppen (z. B. Feldfluren oder Weingärten) und Steppen.

Die kolline Stufe zeichnet sich durch eine größere Höhe ü. N. N. und eine weitgehende Gliederung des Terrains aus.

Die folgende montane Stufe charakterisiert das Fehlen von Kulturpflanzen (keine Felder u. dgl.). Ihre Obergrenze bildet das Ende der zusammenhängenden Waldbestände.

Die alpine Stufe umfaßt Pflanzen des Krummholzgürtels, Bergmatten, Felsenvegetationen und Gerölle oberhalb der Waldgrenze.

Die höchste – die nivale Stufe – stellt das Gebiet des ewigen Schnees dar, wo keine Bedingungen für das Leben höherer Pflanzen gegeben sind.

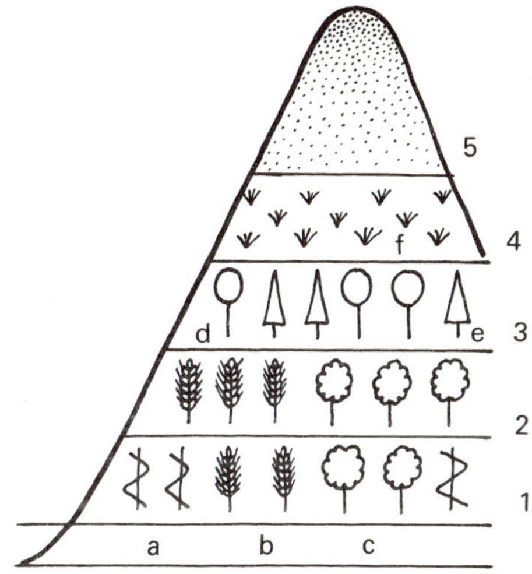

Höhenstufen – 1 Planarstufe, 2 kolline Höhenstufe, 3 montane Höhenstufe, 4 alpine Höhenstufe, 5 nivale Höhenstufe; a – Weingärten, b – Feldfluren, c – Wiesen, d – Laubwälder, e – Nadelwälder, f – Bergmatten

Florenreiche

Das dritte System der phytogeographischen Gliederung beruht auf der langzeitigen eigenständigen Entwicklung in den einzelnen Gebieten der Erde, in denen sich mit der Zeit eine spezifische Flora herausgebildet hat. Die einzelnen Florenreiche umfassen mehrere Höhenstufen und können sich auch auf mehrere Florenzonen erstrecken. Sie können als Dokumentation der florogenetischen Urzentren betrachtet werden. Insgesamt werden sechs Florenreiche unterschieden:

Die Holarktis umfaßt die arktische, nördliche temperate sowie die nördliche subtropische bzw. meridionale Zone der nördlichen Hemisphäre.

In die Paläotropis sind die Tropenzonen der Alten Welt einbezogen.

Die Neotropis beschränkt sich auf die tropischen Gebiete Mittel- und Südamerikas.

Die Capensis kennzeichnet die xerophile Pflanzenwelt im südlichsten Teil Afrikas.

Die Australis umfaßt die Flora ganz Australiens mit Ausnahme der Tropen.

Und die Antarktis schließlich faßt die Pflanzenwelt der gesamten antarktischen Gebiete zusammen.

EUROPÄISCHE FLORENELEMENTE

Als Florenelemente werden Pflanzengemeinschaften bezeichnet, die in unmittelbarer Beziehung zur Flora eines bestimmten Gebietes stehen, d. h. für dieses kennzeichnend sind und innerhalb desselben auch ihr Vorkommenszentrum besitzen. Europa kann von Norden nach Süden in folgende Florengebiete eingeteilt werden:

1. das arktische, mit den nördlichsten, völlig waldlosen Gebieten Europas,
2. das boreale mit Nadelwäldern, das ausbreitungsmäßig der nördlichen Unterzone der temperaten Florenzone entspricht,
3. das mitteleuropäische, mit Mischwäldern bedeckte Gebiet, das sich südlich des borealen ausbreitet; in Westrichtung wird es in drei Florenuntergebiete gegliedert:
   a) das atlantische, mit den Küstengebieten Westeuropas,
   b) das mitteleuropäische, mit Rot- und Weißbuchenwäldern Mitteleuropas,
   c) das osteuropäische, mit den Eichenwäldern Osteuropas,
4. das Mittelmeergebiet mit zwei Florenuntergebieten: a) dem westlichen und b) dem östlichen,
5. das pontische, mit den Steppengebieten, die sich vom Mittellauf der Donau bis zum Südural ziehen. Das Gebiet wird in zwei Florenuntergebiete gegliedert:
   a) das pannonische, mit dem Tiefland der mittleren Donau,
   b) das pontische, von den Karpaten bis zum Südural,
6. das aralokaspische, mit den Wüstengebieten am Kaspischen Meer,
7. das orientalische, das nach Europa nur in Transkaukasien hineinreicht,
8. das alpidische (die Hochgebirgsgebiete Europas).

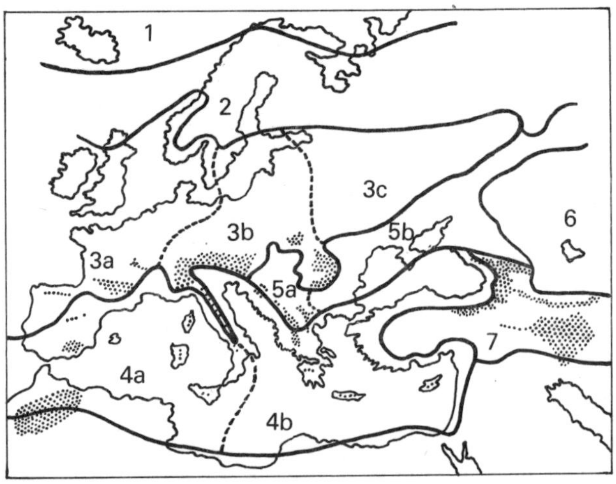

Florengebiete – 1 arktisches, 2 boreales, 3 mitteleuropäisches: 3a atlantisches, 3b eigentlich mitteleuropäisches, 3c osteuropäisches, 4 mediterranes: 4a westmediterranes, 4b ostmediterranes, 5 pontisches: 5a pannonisches, 5b eigentlich pontisches, 6 aralokaspisches, 7 orientalisches, 8 alpidisches (punktiert)

Die Vegetationsverhältnisse in Europa sind recht kompliziert und deshalb werden hier so viele Florengebiete unterschieden. Jede von ihnen charakterisieren spezifische Florenelemente. Als Beispiel sei die Glockenheide *(Erica tetralix)* angeführt, die als atlantisches Florenelement angesprochen werden kann, da sie mit ihrer Ausbreitung für die mitteleuropäischen atlantischen Florenuntergebiete (3a) charakteristisch ist. Die Ährige Teufelskralle *(Phyteuma spicatum)* gilt als mitteleuropäisches Florenelement, da ihr verbreitungsmäßiges Hauptzentrum dem mitteleuropäischen Florengebiet entspricht (3b). Als Beispiel eines alpidischen Florenelements kann die Große Sterndolde *(Astrantia major)* angeführt werden, die vorwiegend in den europäischen Gebirgen wächst, also im sog. alpidischen Florengebiet (8).

GRÜNPFLANZEN – VORAUSSETZUNG DES LEBENS AUF DER ERDE

Wenn die Gebiete des ewigen Eises, die Meerestiefen und die allertrockensten wasserlosen Wüstenstriche außer acht gelassen werden, gibt es auf der Erde nahezu keine Stelle, auf der nicht Grünpflanzen wachsen würden. Sie bedekken die Erde zwar ungleichmäßig, je nach den Bedingungen der einzelnen Gebiete oder Höhenstufen, wachsen aber an manchen Stellen gleich in mehreren Schichten, während sie anderenorts nur ganz spärlich vorkommen; existent sind sie jedoch überall. Sie stellen eine derartige Selbstverständlichkeit dar, daß wir uns oft überhaupt nicht der Bedeutung bewußt werden, die sie für das Leben auf unserem Planeten besitzen. Kein anderer Organismus ist nämlich imstande, mineralische (anorganische) Stoffe in organische umzuwandeln. Dies ist allein den Pflanzen gegeben. Die Umwandlung mineralischer in organische Stoffe erfolgt bei Licht in Chloroplasten, kleinen Zellteilchen mit eingelagertem Chlorophyll. Dieses „Wunder" kann durch eine verhältnismäßig einfache Formel ausgedrückt werden:

$$6\,CO_2 + 6\,H_2O \xrightleftharpoons{\text{Energie}} C_6H_{12}O_6 + 6\,O_2$$

Aus Kohlendioxid und Wasser, also anorganischen Stoffen, entstehen in Anwesenheit des Chlorophylls Saccharide, also organische Stoffe, wobei Sauerstoff frei wird. Diese Reaktion wird als photosyntetische Assimilation, kurz Photosynthese, bezeichnet.

Die einfachen Saccharide, aus denen dann durch weitere Reaktionen kompliziertere organische Stoffe entstehen, wie z. B. der wichtigste Vorratsstoff der Pflanzen, Stärke, stellen jedoch nicht das einzige wichtige Produkt der Photosynthese dar. Das zweite, der von jeder Zelle der grünen Pflanzenteile frei werdende Sauerstoff, wird ständig an die Atmosphäre und das Wasser abgegeben und ermöglicht so die Atmung, und dadurch überhaupt das Leben aller Lebewesen.

Doch auch die Pflanzen atmen, d. h. verbrauchen Sauerstoff. In der Nacht, wenn es dunkel ist, verläuft in ihren Zellen in etwa die umge-

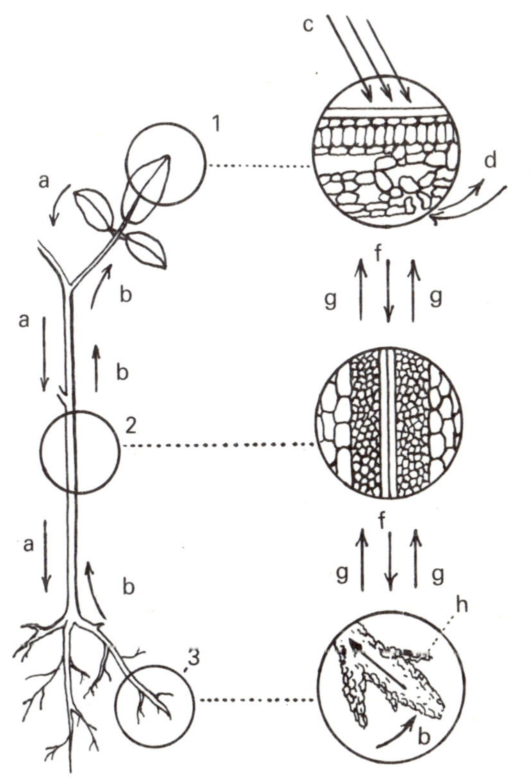

Schema des pflanzlichen Stoffwechsels – 1 – Blatt, 2 – Stengel, 3 – Wurzel, a – Assimilate, b – wasserlösliche mineralische Stoffe, c – Sonnenlicht, d – Sauerstoff, e – Kohlendioxid, f – Siebröhren, g – Tracheen, h – Wurzelhaare

kehrte Reaktion wie bei Licht: sie nehmen Sauerstoff auf, zerlegen einen Teil der synthetisierten Saccharide und geben Kohlendioxyd frei. Beim Zersetzen der Saccharide wird gleichzeitig die bei Tage in Form der Sonnenstrahlung aufgenommene Energie freigesetzt, die zur weiteren, für das Wachstum der Pflanzen erforderlichen Stoffumwandlung genutzt wird.

Da die Pflanzen jedoch zur Bestreitung ihrer lebenswichtigen Prozesse nicht alle synthetisierten Saccharide verbrauchen, speichern sie die Überschüsse als Vorrat in den Wurzeln, Wurzelstöcken, Knollen, Zwiebeln sowie in den Keimblättern. Sie werden dann beim Keimen für das Wachstum der neuen Generation genutzt. Es bedienen sich ihrer jedoch auch die Menschen und zahlreiche Lebewesen, die sie sich als Nahrung zunutze machen.

Doch nicht alle Pflanzen sind derartig selbständig, nicht alle ernähren sich autotroph. Eine ganze Reihe von Pflanzen schmarotzen an anderen. Sie werden als halbparasitär bezeichnet. Meistens handelt es sich um Grünpflanzen, die selbst assimilieren, d. h. organische Stoffe aufbauen, die mineralischen Stoffe jedoch aus dem Körper der Wirtspflanzen beziehen (z. B. Zottiger Klappertopf, *Rhinanthus alectorolophus)*.

Völlig abhängig von der Wirtspflanze sind hingegen die chlorophyllosen vollparasitären Pflanzen, die nicht selbst assimilieren können (z. B. Schuppenwurz, *Lathraea squamaria)*.

Zahlreiche Pflanzen leben in Symbiose mit häufig nur mikroskopisch sichtbaren Pilzen, die die Umwandlung der anorganischen in organische Stoffe vermitteln. Diese mikroskopischen Arten werden als mykorrhitische Pilze bezeichnet und der durch sie besorgte Ernährungsprozeß als Mykorrhiza.

KÖRPERBAU DER PFLANZEN

Wurzeln

Die Wurzeln sind das unterirdische ungegliederte Organ des Pflanzenkörpers, das im Unterschied zur Sproßachse keine Blätter besitzt, nicht einmal in Form von Schuppen. Die Wurzeln dienen der Verankerung der Pflanze im Boden sowie der Aufnahme von Wasser und der in diesem gelösten Nährstoffe. Die Pflanze vermag in den Wurzeln auch Vorratsstoffe zu speichern. Sie ist an der Spitze von der Wurzelhaube bedeckt, die sie beim Vordringen in den Boden schützt. Die Außenzellenhäute der Wurzelhaube sind schleimig, wodurch das Eindringen der Wurzel zwischen die scharfkantigen Bodenteile begünstigt wird. Das Wachstum erfolgt an deren Spitze. Hinter dem Verlängerungsabschnitt sind die Wurzeln mit dem außerordentlich feinen, verschieden gekrümmten Wurzelhaar bedeckt, das an den Bodenpartikeln haftet. Seine Lebensdauer ist verhältnismäßig kurz; im Laufe des Wurzelwachstums schiebt es sich immer mehr nach unten, wodurch schrittweise neues Wurzelhaar gebildet wird. Die Wurzeloberfläche vergrößert sich nicht nur durch die Bildung neuen Wurzelhaares, sondern auch durch die Verzweigung. In einer bestimmten Entfernung von der Wurzelspitze werden Seitenwurzeln angelegt.

Wurzeln können sich jedoch auch am Pflanzensproß bilden. Das sind dann sproßbürtige Wurzeln. Diese können sowohl dem unterirdischen Wurzelstock als auch der oberirdischen Sproßachse entspringen. Die Fähigkeit der Pflanzen, diese Beiwurzeln herauszubilden, wird zur vegetativen Vermehrung genutzt (z. B. die blattbürtigen Stecklingswurzeln bei Begonien).

Abgesehen von der mechanischen und ernährungswirtschaftlichen Funktion können sich die Beiwurzeln auch an der Photosynthese sowie an der Luft- und Wasserversorgung beteiligen.

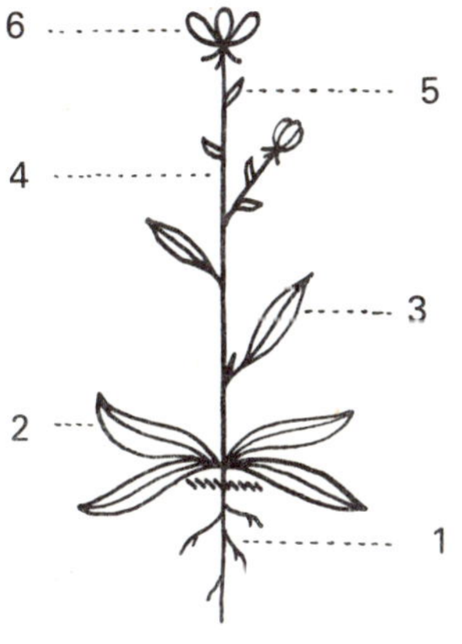

Schema einer bedecktsamigen Pflanze – 1 – Wurzel, 2 – grundständige Blätter, 3 – Stengelblätter, 4 – Stengel, 5 – Hochblätter, 6 – Blüte

Wurzel – 1 – pfahlförmige Wurzel, 2 – walzenförmige Wurzel, 3 – knollenförmig verdickte Wurzel, 4 – Beiwurzeln, 5 – Rübe

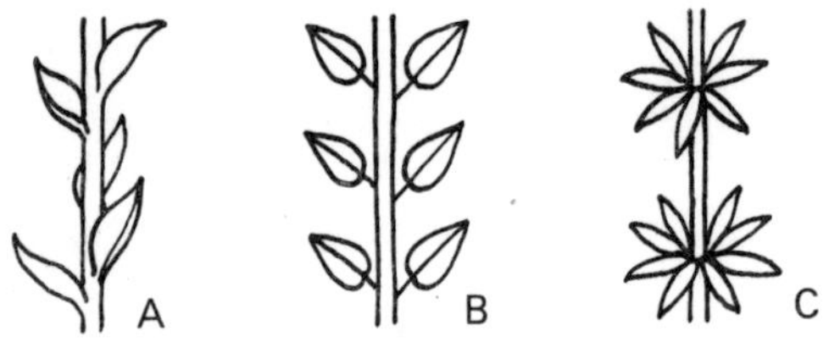

Blattstellung – A – wechselständig,
B – gegenständig, C – quirlig

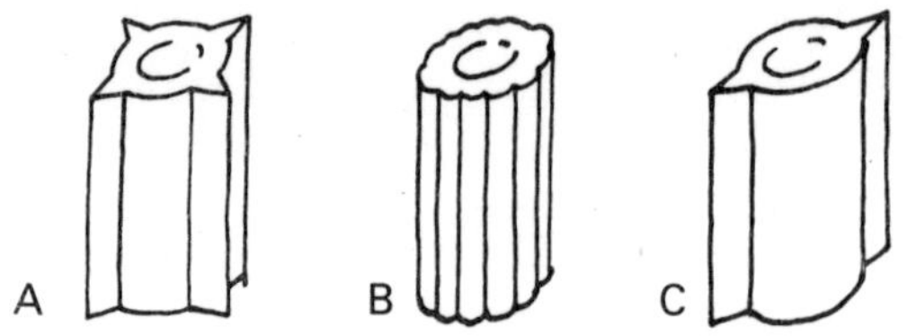

Schnitt durch den Stengel – A – geflügelter Stengel,
B – geriefter Stengel, C – zweischneidiger Stengel

Stengel und Blätter

In Richtung nach oben geht die Wurzel in den Sproß über, der sich in der Regel in Stengel und Blätter gliedert. Bei einigen Pflanzen sind unterirdische Sprosse entwickelt, von denen die Wurzelstöcke besondere Bedeutung haben. Das Wachstum der Stengel ist zwar unbeschränkt, wird jedoch von Umweltbedingungen und Standort beeinflußt. Das Wachstum der Blätter ist hingegen unbeschränkt. An den oberirdischen Sprossen sind die Blätter in der Regel grün, während sie an den unterirdischen Sprossen (z. B. den Wurzelstöcken) die Form chlorophylloser Schuppen haben. Die Stengel verbinden die Wurzeln mit den Blättern und vermitteln zwischen ihnen den Austausch chemischer Stoffe. Die Stengel bewirken mit ihren Geweben eine geeignete, dem Licht zugekehrte Stellung der Blätter. Die Blattstellung am Stengel kann gegen- oder wechselständig aber auch wirtelig sein.

Krautige, noch im selben Jahr absterbende Sproßachsen werden als Stengel bezeichnet (z. B. Ackerhellerkraut). Ein blattloser, von einer Blüte oder einem Blütenstand beendeter Stengel heißt Schaft (z. B. Schlüsselblume, Kuhblume). Der hohle, durch Knoten in Internodien geteilte Gliederstengel der Süßgräser wird Halm genannt. Je nach Aussehen und Stellung wird von einem aufrechten (Klatschmohn), aufsteigenden, d. h. einem sich vom liegenden Grund bogig aufrichtenden (Schwedenklee), d. h. einem auf dem Boden aufliegenden und sich nur an der Spitze etwas aufrichtenden, in den Achseln keine Beiwurzeln bildenden (Vogelknöterich), kriechenden, d. h. am Boden aufliegenden, allerdings in den Achseln Wurzeln bildenden (Kriechendes Fingerkraut), windenden, d. h. schraubig um die Stütze kletternden (Akkerwinde) bzw. rankenden, d. h. sich mittels Ranken (Erbse) oder adventiven Haftwurzeln (Gemeiner Efeu) an der Stütze festhaltenden Stengel gesprochen.

Die Pflanzen mit krautartiger Sproßachse werden als Kräuter bezeichnet. Je nach Verlauf ihres Lebenszyklus werden einjährige, zweijährige, mehrjährige und ausdauernde Kräuter unterschieden. Bei einjährigen Kräutern verläuft die ganze Entwicklung vom Keimen bis zur Fruchtreife innerhalb einer einzigen Vegetationsperiode (z. B. Mohn). Zweijährige Kräuter benötigen zur vollständigen Entwicklung zwei Vegetationsperioden, zwischen denen eine Ruheperiode (Winter) liegt. Im ersten Jahr keimen die Pflanzen und bilden in der Regel eine grundständige Blattrosette. Im zweiten Jahr erfolgt dann die Blüte sowie die Frucht- und Samenbildung, worauf die Pflanzen absterben (z. B. Hirtentäschel). Die mehrjährigen, einmal Früchte tragenden Kräuter leben einige Jahre nur in vegetativem Zustand, um dann einmal zu blühen, Früchte herauszubilden und abzusterben (Engelwurz). Die ausdauernden Kräuter leben mehrere Jahre und setzen nach einem oder mehreren Jahren Blüten an, was sich dann jede

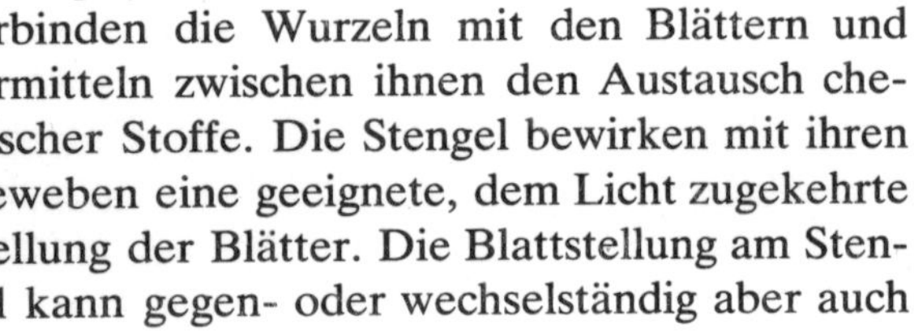

Blattansatz an der Sproßachse – A – gestieltes Blatt mit Nebenblättern, B – sitzendes Blatt, C – stengelumfassendes Blatt, D – scheidig verwachsenes Blatt

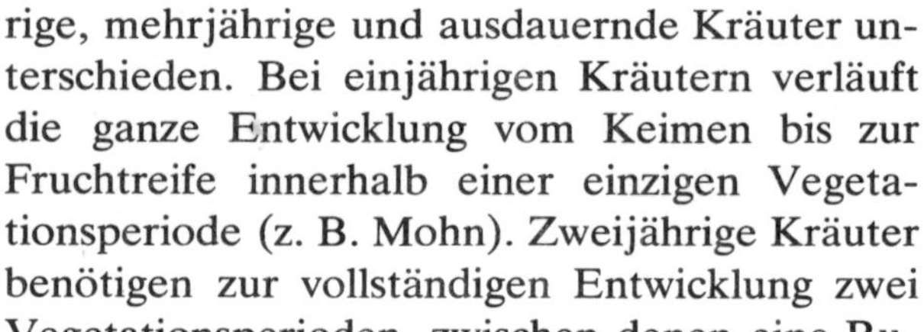

Gefiederte Blätter – 1 – fiederlappig, 2 – fiederspaltig, 3 – fiederteilig, 4 – fiederschnittig

Zusammengesetzte Blätter – 1 – einpaarig gefiedertes Blatt (mit einem Fiederpaar) mit geteilter Ranke, 2 – dreizähliges Blatt, 3 – handförmig mehrzähliges Blatt, 4 – unpaarig gefiedertes Blatt, 5 – paarig gefiedertes Blatt, 6 – doppelt gefiedertes Blatt, 7 – unterbrochen gefiedertes Blatt

Vegetationsperiode wiederholt. Die ungünstige Jahreszeit überdauern sie in Form von Wurzeln, Wurzelstöcken, Knollen oder Zwiebeln (Huflattich, Schöllkraut).

In den oberirdischen Teilen mancher Pflanzen befinden sich Milchröhren. Davon zeugt die Tatsache, daß einige Pflanzenarten bei Verletzungen eine weiße oder orangefarbene Milchflüssigkeit ausscheiden.

Die Milchröhren können ungegliedert sein; das sind jene, die keine Querwände oder Reste derselben aufweisen. Sie werden als ausgestreckte Röhrenzellen bereits im Pflanzenembryo angelegt, wachsen dann zugleich mit dem Pflanzenkörper in die Länge, verzweigen sich und reichen in alle Organe. Sie können Längen von mehreren Metern erreichen. Zwischen ihren Seitenzweigen besteht keine Verbindung. Dieser Milchröhrentyp kommt bei den Hundsgift- und Wolfsmilchgewächsen vor.

Gegliederte Milchröhren entstehen durch die Verbindung zahlreicher, dicht hintereinander stehender, länglicher Zellen. Ihre Querwände haben sich bis auf geringfügige Reste aufgelöst. Diese Milchröhren bilden im Pflanzenkörper ein räumliches Netz und unterscheiden sich dadurch

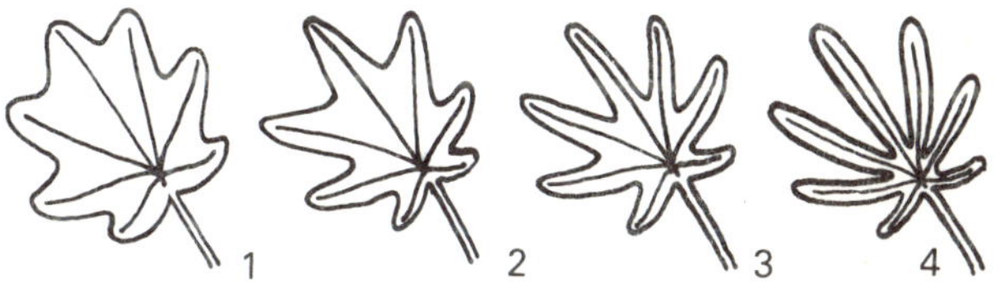

Handförmige Blätter – 1 – handförmig gelappt, 2 – handförmig gespalten, 3 – handförmig geteilt, 4 – handförmig geschnitten

von den ungegliederten Milchröhren. Sie kommen bei den meisten Glockenblumen- und Mohngewächsen (z. B. Mohn und Schöllkraut) sowie bei den Korbblütengewächsen vor (z. B. Wegwarte, Kuhblume u.a.m.).

Bei den Blättern wird Spreite und Stiel unterschieden. Der Unterteil des Blattes gliedert sich häufig in röhrig den Stiel umschließende Blattscheiden und in Nebenblätter. Ober- und Unterseite des Blattes können verschieden gestaltet oder auch gleich sein. Bei der Blattspreite ist zu unterscheiden, ob sie ganzrandig, gezähnt, gekerbt, lappig oder durch verschieden tiefe Einschnitte gegliedert ist. Die Spreite kann zusammenhängend sein (einfaches Blatt) und die verschiedenste Form haben, oder aber aus selbständigen Blättchen gebildet werden (zusammengesetztes Blatt).

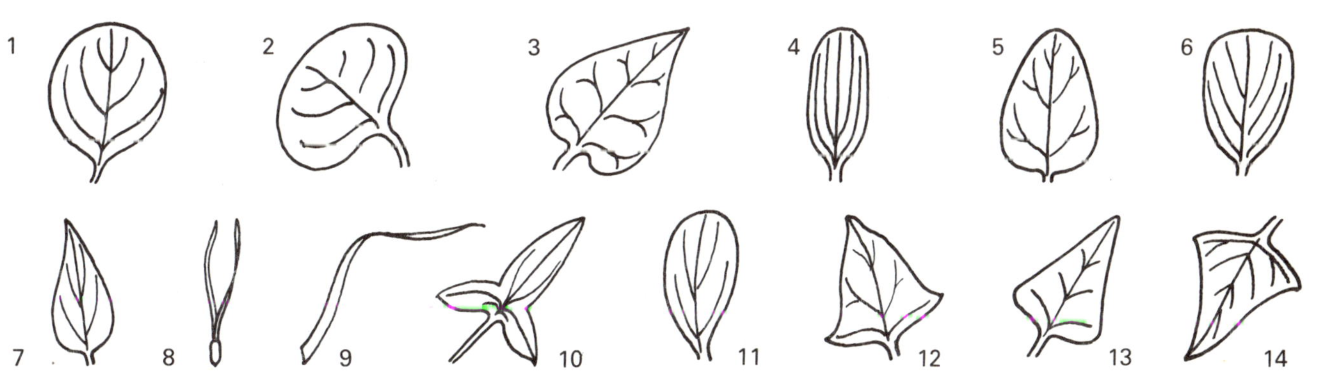

Einfache Blätter – 1 – rundlich, 2 – nierenförmig, 3 – herzförmig, 4 – länglich-elliptisch, 5 – eiförmig, 6 – verkehrt eiförmig, 7 – lanzettlich, 8 – nadelförmig, 9 – lineal, 10 – pfeilförmig, 11 – spatelig, 12 – spießförmig, 13 – dreieckig, 14 – rautenförmig

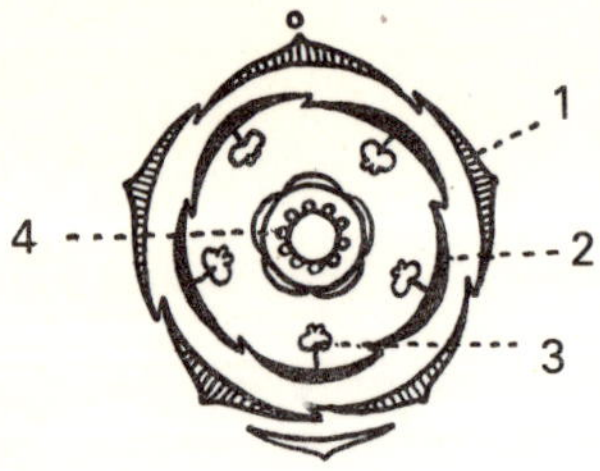

Blütendiagramm der Schlüsselblume (Primula) – 1 – Kelchblätter (schraffiert), 2 – Kronblätter (schwarz), 3 – Staubblätter, 4 – Stempel. Falls die Blüte nicht in Kelch und Krone gegliedert ist, wird die Blütenhülle punktiert dargestellt.

Blütensymmetrie – 1 – regelmäßige (aktinomorphe) Blüte, 2 – zweiseitig symmetrische Blüte

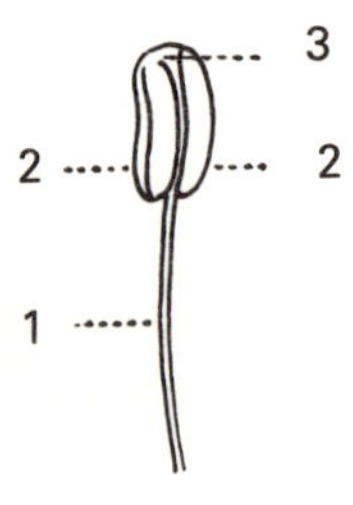

Staubblatt – 1 – Staubfaden, 2 – Staubbeutel, 3 – Mittelband

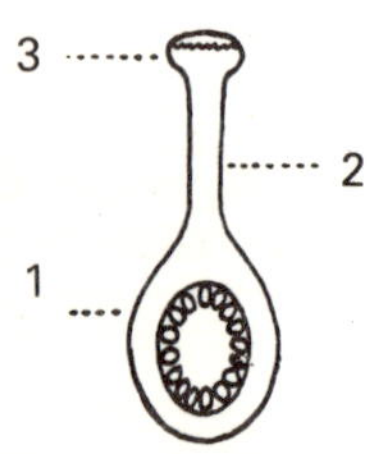

Stempel – 1 – Fruchtknoten mit Samenanlagen, 2 – Griffel, 3 – Narbe

Blüte

Die Blüte der Samenpflanzen ist ein samentragender Sproß oder Sproßteil von meist beschränktem Wachstum, dessen umgewandelte Blätter mit ihrer Tätigkeit indirekt oder mittelbar an der geschlechtlichen Fortpflanzung beteiligt sind.

Die Blüte besteht aus dem Blütenboden, der Blütenhülle, den Staubblättern und den Stempeln. Falls der Blütenboden kelchförmig vertieft ist, wird von einem Fruchtbecher gesprochen (z. B. Eiche). Wenn die erweiterten Unterteile der Blütenhülle und die Stempel verwachsen, wird dies als Becherhülle bezeichnet (z. B. Kirsche). Aus dem Blütenboden wächst die Blütenhülle hervor, die entweder einfach (Küchenschelle) oder in die meist auch farblich verschiedenen Kelch und Krone gegliedert ist (Alpenveilchen). Der Kelch pflegt in der Regel grün zu sein, kommt aber auch kronblätterartig gefärbt vor und übernimmt sogar mitunter die Funktion der Blütenkrone (Heidekraut, Kreuzblümchen). Die Blütenhülle kann aus freistehenden einzelnen Blättern bestehen; diese können jedoch auch verwachsen sein. Eine solche Blütenkrone wird als glockig, röhrig, trichterförmig oder dgl. bezeichnet. Bei der Erdbeere, beim Fingerkraut sowie bei den Malvengewächsen pflegt unter dem Kelch noch der durch Verwachsung der Nebenblätter entstandene Hüllkelch zu sein.

Nach der Anordnung der Blütenteile werden strahlig symmetrische – aktinomorphe (z. B. Scharbockskraut), bisymetrische, d.h. in zwei Ebenen symmetrische (Herzblume), monosymetrische oder zygomorphe, d.h. nur in einer Ebene symmetrische (Erbse, Taubnessel) und asymmetrische Blüten (Baldrian) unterschieden.

Die Staubblätter setzen sich aus dem Staubbeutel und dem Staubfaden zusammen. Der Staubbeutel besteht in der Regel aus zwei durch steriles Gewebe (Mittelband) verbundene Pol-

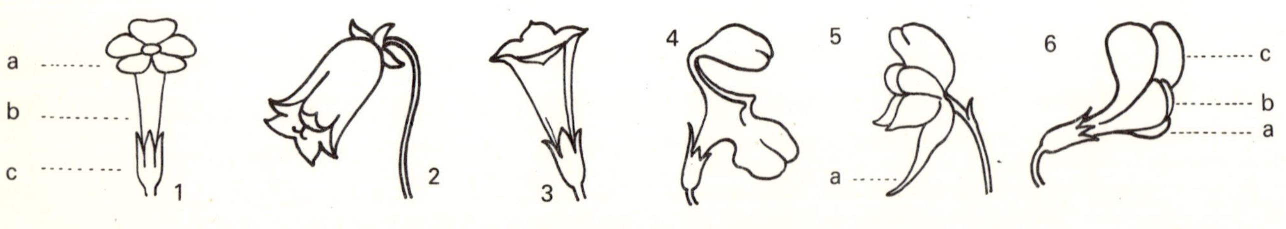

Form der Blütenkrone – 1 – stieltellerförmig, a – Kronzipfel, b – Kronröhre, c – Kelch; 2 – glockig, 3 – trichterförmig, 4 – zweilippig, 5 – gespornt (a – Sporn), 6 – Schmetterlingsblüte, a – Schiffchen, b – Flügel, c – Fahne

lensäcke, von denen jeder zwei Theken enthält. Falls die Pollensäcke der Blütenachse zugekehrt sind, handelt es sich um introrse Staubbeutel (z. B. Seerose), falls sie nach außen zur Blütenhülle gewendet sind, werden sie als extrorse Staubbeutel bezeichnet. Wenn die Pollensäcke seitlich angebracht sind, wird von lateralen Staubbeuteln gesprochen (Mohn). Im Inneren des Staubbeutels bilden sich die Pollenkörner von verschiedener Form und Oberflächenstruktur, was mit der Bestäubungsweise der betreffenden Art zusammenhängt. Bei der Windbestäubung sind die Pollenkörner klein und mehlig, so daß sie sich in der Luft leicht zerstreuen und fliegen. Windbestäubte Pflanzen produzieren eine große Menge Pollen. Ihre Blütenhüllen sind in der Regel nur klein, bzw. sogar überhaupt nicht vorhanden. Die insektbestäubten Pflanzen hingegen bringen keine so große Menge Pollen hervor, zeichnen sich jedoch meist durch auffallende Blütenhüllen aus.

Aus den Theken gelangen die Pollenkörner entweder einzeln oder in Vierergruppen – Tetraden – zusammengeklebt (z. B. Heidekrautgewächse) oder aber bilden sie sog. Pollinien (z. B. Orchideengewächse), die eine größere Anzahl Pollenkörner enthalten. In jeder Theke befindet sich bei den Orchideengewächsen ein Pollinium. Dieses ist am Grund mit einem klebrigen Stielchen versehen, mittels dessen sich das Pollinium am Kopf des bestäubenden Insekts festhält. Das Stielchen vertrocknet an der Luft, so daß sich das Pollinium vorwärts zum Rüssel neigt und beim Besuch der nächsten Blüte die unterhalb des Staubbeutels liegende Narbe streift. Das Pollinium bleibt am Insektenkopf weiter hängen, so daß mittels eines Polliniums eine ganze Reihe von Blüten bestäubt werden kann.

In der Blüte kann sich nur ein einziges, den Stempel bildendes Fruchtblatt befinden (Schmetterlingsblüter), aber auch mehrere Fruchtblätter. Falls jedes einzelne Fruchtblatt einen Stempel herausbildet, sind dann in der Blüte mehrere freistehende Stempel (z. B. Hahnenfuß, Dotterblume, Erdbeere), oder aber es verwachsen alle Fruchtblätter zu einem einzigen Stempel (Schlüsselblume).

Der Stempel setzt sich in der Regel aus dem Fruchtknoten, dem Griffel und der Narbe zusammen. Letztere ist meist mit Papillen besetzt, klebrig und von verschiedener Form. Die Narbe dient zur Aufnahme der Pollenkörner. Der Griffel stellt das Verbindungsglied zwischen Narbe

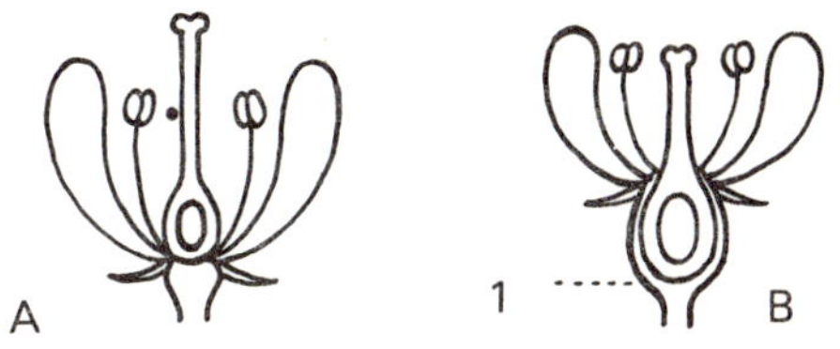

Stellung des Fruchtknotens – A – oberständig, B – unterständig, mit Blütenbecher (1)

und Fruchtknoten dar. Nach der Stellung in der Blüte werden oberständige, halbunterständige und unterständige Fruchtknoten unterschieden. Bei den Orchideengewächsen sind Staubblatt und Griffel miteinander zu einer Griffelsäule verwachsen (Gynostemium).

Bei den Orchideengewächsen ist noch auf eine weitere Besonderheit hinzuweisen. Vor dem Aufblühen erfolgt in der Blütenknospe eine Umkehrung des Fruchtknotens um 180° (sog. Resupination) und dadurch eine Drehung der ganzen Blüte. Deshalb kommt die Lippe mit dem Sporn, einer Sonderbildung eines der Kronenblätter, die sich ursprünglich oben befunden hat, unten zu stehen. Nach der Bestäubung und dem Verblühen kehrt der Fruchtknoten in seine ursprüngliche Stellung zurück und nimmt eine für die Streuung der Samen günstige Lage ein.

Die Blüten der bedecktsamigen Pflanzen sind entweder zwittrig oder eingeschlechtig. Falls männliche und weibliche Blüten auf einem Individuum wachsen, wird von einer einhäusigen Pflanze gesprochen (z. B. Hasel, Mais). Wenn sich männliche und weibliche Blüten hingegen auf verschiedenen Individuen befinden, wird eine solche Pflanze als zweihäusig bezeichnet (Große Brennessel).

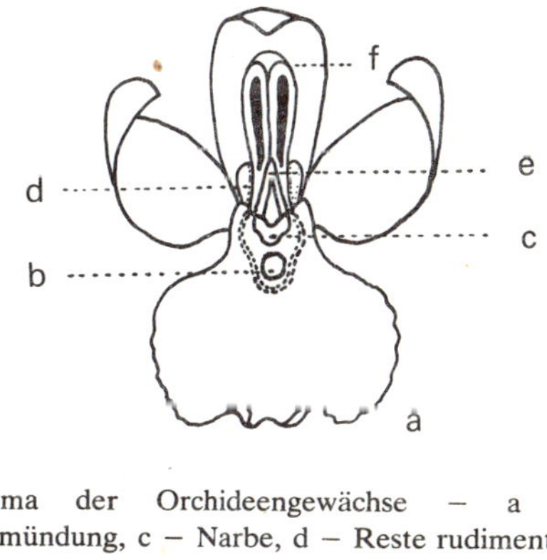

Blütenschema der Orchideengewächse – a – Lippe, b – Spornmündung, c – Narbe, d – Reste rudimentärer Staubblätter, e – schnabelförmiger Griffelauswuchs, f – Griffelsäule (Gynostemium)

Bei zwittrigen Blüten sind sowohl Staubblätter als auch Stempel herausgebildet. Die Pollenkörner können auf verschiedene Weise zur Narbe gelangen. Entweder überträgt sie der Wind, dann wird von Windblütlern gesprochen (z. B. Gräser), oder aber die Pollenkörner werden von blütenstaub- oder nektarsammelnden Insekten übertragen. Diese Pflanzen werden als insektenblütig bezeichnet (Korbblütengewächse). Bei einigen Wasserpflanzen erfolgt die Bestäubung mit Hilfe des Wassers (z. B. Laichkraut). Die Bestäubung können auch einige Vögel besorgen (vor allem bei Tropenpflanzen) – Kolibris und sogar Fledermäuse. Bei der Drachenwurz erfolgt die Bestäubung offenbar durch Weichtiere.

Der Pollen, mit dem die Blüte bestäubt wird, stammt in der Regel von einer anderen Blüte derselben Pflanze oder von den Blüten anderer Pflanzen. Die Selbstbestäubung, d.h. die Bestäubung der Narbe mit dem Blütenstaub derselben Blüte, kommt meistens nicht zustande, da dagegen eine Reihe von Vorkehrungen getroffen wird. So reift z. B. der Stempel früher heran und erst wesentlich später die Staubblätter – in der Fachsprache wird dieses Phänomen als Proterogynie bezeichnet – (einige Süßgräser, Wegerich), oder aber es öffnen sich zuerst die Pollensäcke und der Stempel reift erst später heran – Proterandrie – (Glockenblumengewächse). Ähnliche Mechanismen verhindern die Selbstbestäubung durch die Heterostylie der Pflanzen (Blutweiderich, Schlüsselblume). Manche Blüten besitzen sogar in der Mündung der Kronblattröhre Haare, die das Insekt am Verlassen der unbestäubten Blüte hindern. Erst nachdem die Narbe bestäubt ist, verwelken die Haare und das Insekt kann die Blüte verlassen. Dieses, ganz in Blütenstaub gehüllt, kann nun eine weitere Blüte aufsuchen (Aronstabgewächse). Allerdings ist auch die Selbstbestäubung nicht völlig ausgeschlossen (z. B. einige Arten der Doldengewächse, Sonnentaugewächse). Manchmal erfolgt sie erst dann, wenn keine Fremdbestäubung vorliegt und stattfinden konnte (Märzveilchen).

Blütenstand

Die einzelnen Blüten können zu Blütenständen vereinigt sein. Die Haupttypen der Blütenstände sind entweder razemös oder zymös.

Bei den razemösen Blütenständen übergipfeln die Seitenachsen nicht die Hauptachse. Die einzelnen Blüten des Blütenstandes blühen von unten nach oben hin auf und vom Rand zur Mitte, sofern sich alle Blüten in einer Ebene befinden. Die Grundform dieses Blütenstandtyps verkörpert die Traube (Maiglöckchen). Wenn die Seitenachsen so lang sind, daß sich alle Blüten in einer Ebene befinden, handelt es sich um eine Schirmtraube (Apfel, Birne). Wenn hingegen die Seitenachsen kürzer sind als die Hauptachse und längs derselben ansitzen, handelt es sich um eine Ähre (Wegerich, Knöterich). Ähren mit einer schwachen, vielfach hängenden Hauptachse werden als Kätzchen bezeichnet (Hasel, Weide), Ähren mit dicker, fleischiger Spindel hingegen als Kolben (Drachenwurz). Falls die Hauptachse verkürzt ist, kann es

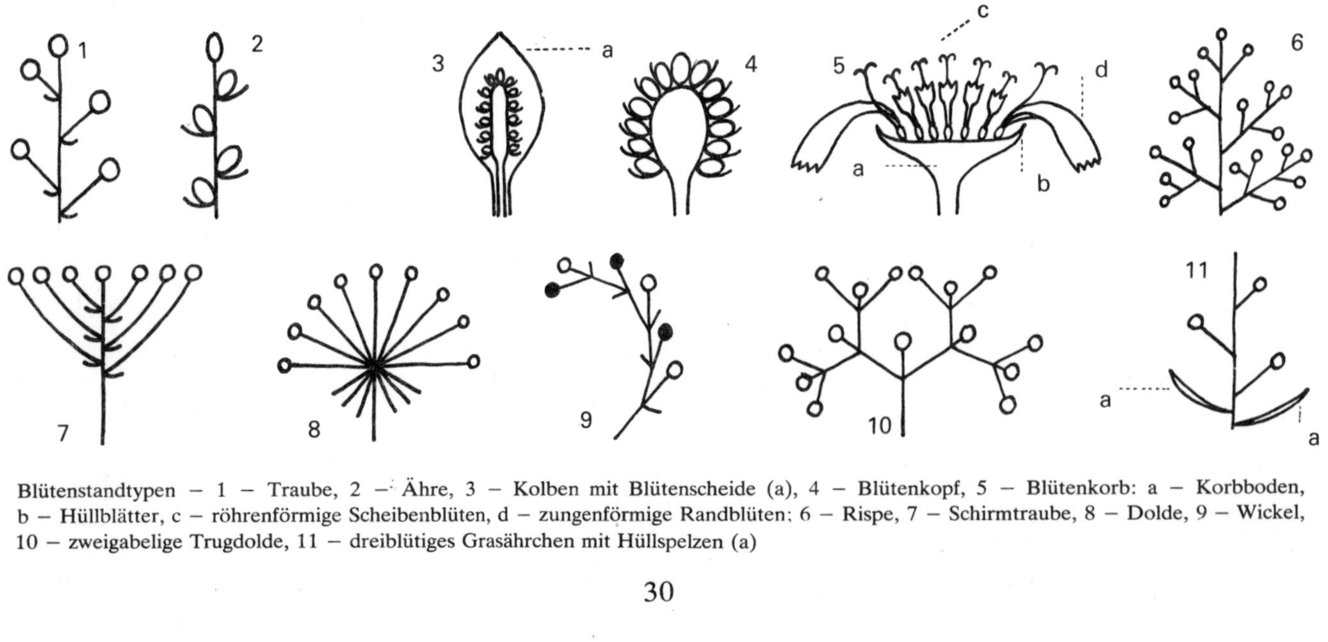

Blütenstandtypen – 1 – Traube, 2 – Ähre, 3 – Kolben mit Blütenscheide (a), 4 – Blütenkopf, 5 – Blütenkorb: a – Korbboden, b – Hüllblätter, c – röhrenförmige Scheibenblüten, d – zungenförmige Randblüten; 6 – Rispe, 7 – Schirmtraube, 8 – Dolde, 9 – Wickel, 10 – zweigabelige Trugdolde, 11 – dreiblütiges Grasährchen mit Hüllspelzen (a)

sich um ein Köpfchen handeln (Klee). Ein scheibenartig zum Korbboden erweiterter Stengel bildet einen Korb (Sonnenblume), wobei die Hüllblätter an der Unterseite des Korbbodens die meist grüne Hülle bilden und der ganze Blütenstand wie eine große Einzelblüte aussieht. Bei der Dolde entspringen alle Seitenachsen aus einem einzigen Punkt der Hauptachse, und die endständigen Blüten dieser Seitenachsen liegen nahezu auf einer Ebene (Schlüsselblume). Die Hochblätter der Seitenachsen bilden unter der Dolde eine Blütenhülle, die mitunter vergrößert ist und einer Krone ähnlich sieht (Sterndolde).

Für die zymösen Blütenstände ist kennzeichnend, daß die Hauptachse das Wachstum einstellt, während Seitenachsen darin fortfahren, bis sie schließlich die Hauptachse übergipfeln. Das Erblühen erfolgt von oben nach unten oder, falls sich die Blüten in einer Ebene befinden, aus der Mitte zum Rande hin. Wenn mehrere Seitenachsen vorhanden sind, handelt es sich um ein Pleiochasium (Hainbinse, Simse). Falls die Verzweigung nur durch zwei, meist gegenständige Seitenachsen fortgesetzt wird, heißt dieser Blütenstand Dichasium oder zweigabelige Trugdolde (Mistel, Leimkraut). Beim Monochasium setzt sich die Verzweigung nur mit einer einzigen Seitenachse fort: Fächel (Schwertlilie), Schraubel (Johanniskraut), Sichel (Siegwurz) und Wickel (Bilsenkraut, Beinwell).

Durch die Verbindung einiger einfacher Blütenstände entstehen bei einigen Pflanzenarten zusammengesetzte Blütenstände. So stellt die Rispe eine aus Träubchen zusammengesetzte Traube dar (Flieder), die Ähre besteht aus Ährchen (Korn, Weizen) und die Dolde entsteht aus Döldchen (Kümmel, Möhre). Falls auch unter den Döldchen Hüllblätter stehen, werden sie Hüllchen genannt. Eine Traube aus Körbchen bildet z. B. die Pestwurz, einen Doppelwickel das Vergißmeinnicht, eine Wickeltraube die Gemeine Roßkastanie und eine Korbschraubel die Wegwarte.

Früchte

Gleichzeitig mit der Umwandlung der Samenanlagen in Samen verwandelt sich der Stempel in die Frucht. Bei der Reife ist es entweder so, daß die Früchte aufspringen und die Samen freigeben, oder aber die Samen bleiben in den Früchten und verbreiten sich gleichzeitig mit diesen.

Zu den Springfrüchten gehört der Balg, eine aus einem Fruchtblatt gebildete, meist an der Bauchnaht aufspringende Streufrucht (Dotterblume). Auch die Hülse ist aus einem Fruchtblatt entstanden, springt jedoch sowohl an der Bauchnaht als auch an der Rückennaht auf (Erbse). Eine Schote hingegen ist aus zwei Fruchtblättern entstanden (Senf); eine Schote, die höchstens zweimal so lang wie breit ist, heißt Schötchen (Hellerkraut). Eine Kapsel ist aus zwei oder mehreren verwachsenen Fruchtblättern gebildet. Sie kann ungefächert oder in mehrere Fächer gegliedert sein. Die Öffnung erfolgt entweder an der Fruchtblattnaht (Johanniskraut), am Rücken der Fruchtblätter (Schwertli-

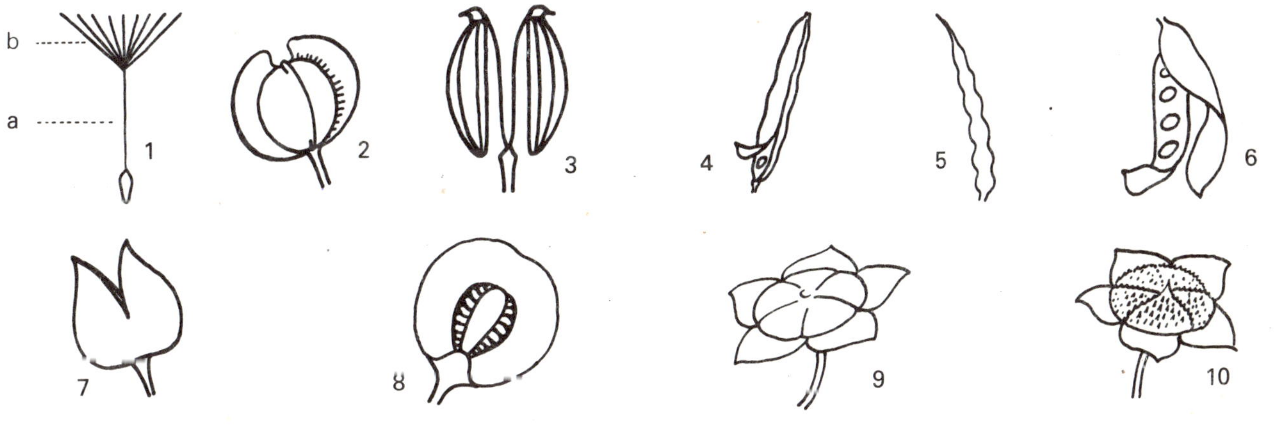

Fruchttypen – 1 – Achäne: a – Fruchtschnabel, b – Pappus-Haarkranz; 2 – geflügeltes Nüßchen, 3 – Doppelachäne, 4 – Schote, 5 – Gliederschote, 6 – Hülse, 7 – Kapsel, 8 – Schnitt durch Beere, 9 – Spaltfrucht der Malvengewächse, 10 – Klausenfrucht der Lippenblüten- und Borretschgewächse

Sammelfrüchte – A – Erdbeere (Nüßchen), B – Himbeere (Steinfrüchtchen)

lie), durch zahnförmige Klappen (Schlüsselblume, Leimkraut), durch Poren (Mohn, Glockenblume), durch einen Deckel (Gauchheil, Bilsenkraut) oder durch Längsritzen (Sauerklee).

Die Schließfrüchte können ein- oder mehrsamig sein, trocken oder fleischig. Die Nuß ist eine einsamige Frucht, deren harte und holzige Fruchtwand lose den Samen umschließt (Hasel). Trockenwandige, aus einem Fruchtblatt entstandene, einsamige Früchte werden als Nüßchen bezeichnet (Scharbockskraut), die einsamigen, aus zwei Fruchtblättern gebildeten Früchte der Korbblütengewächse hingegen als Achänen. Karyopsen werden die Früchte der Gräser genannt. Einige trockenwandige Sammelfrüchte spalten sich bei der Reife in einsamige Früchtchen (z. B. die Doppelachänen des Kümmels); wohlbekannt sind die Spaltfrüchte der Malven- und Storchschnabelgewächse. Aus den vier einsamigen Samenfächern des aus zwei Fruchtblättern bestehenden Fruchtknotens der Lippenblüten- und der Borretschgewächse bilden sich Klausen. Quer zerfallende, entwicklungsmäßig zu Schote und Hülse in bezug stehende Bruchfrüchte sind die Gliederschoten (Hederich). Zu den fleischigen Schließfrüchten gehören die Steinfrüchte, deren Fruchtwand in drei Schichten gegliedert ist – eine häutige, eine fleischige und eine den Samen bergende, steinharte Wand.

Als weitere Fruchtform ist die Beere anzuführen, bei der keine steinharte Schicht vorhanden ist, und bei der die Samen in der fleischigen Fruchtwand liegen (Johannisbeere).

Bei den Apfelfrüchten schließlich ist die Fruchtwand in Schichten gegliedert und die Samen befinden sich in häutigen Fächern (Apfel).

Ebenso wie eine Ballung von Blüten einen Blütenstand bildet, entstehen bei der Reife entweder Fruchtstände aus dem ganzen Blütenstand (Sonnenblume) oder nur aus einer einzigen Blüte eine Sammelfrucht (Sammelfrucht aus Nüßchen – Erdbeere, Sammelfrucht aus Steinfrüchtchen – Himbeere, Brombeere).

Die Verbreitung der Samen und Früchte erfolgt auf verschiedene Weise. Die Samen können mit Flugeinrichtungen versehen sein, mittels derer sie windgetrieben und schwebend auch in große Entfernungen von der Mutterpflanze gelangen. Eine solche Verbreitung gewährleisten z. B. der Haarkranz an den Achänen der Korbblütengewächse oder die behaarten Karyopsen des Schilfs.

Bei den Wasserpflanzen werden die Samen oder auch die ganzen Früchte mit Hilfe des fließenden Wassers und der Strömung verbreitet. Manche Samen und Früchte sind für die Tierverbreitung im Haar- oder Federkleid eingerichtet und besitzen verschiedene Stacheln und Widerhaken. Als typischer Vertreter der sich auf diese Weise verbreitenden Pflanzen kann die Klette angeführt werden, bei der das ganze Körbchen verschleppt wird, dessen Hüllblätter in hakenartige Spitzen auslaufen.

Früchte mit fleischigen Fruchtwänden und unverdaulichen Samenschalen gelangen durch den Verdauungstrakt der Tiere, zumeist der Vögel, in große Entfernungen von der Mutterpflanze. Einige Samen tragen verschiedene fleischige Anhängsel und Auswüchse, die kleinen Tieren als Nahrung dienen. Auf diese Weise erfolgt z. B. die Verbreitung der Schöllkraut- und Stiefmütterchensamen durch Ameisen.

Außerdem besitzen einige Früchte verschiedene Einrichtungen zur Selbstverbreitung durch Fortschleudern der Samen in größere Entfernung von der Mutterpflanze (Springkraut, Sauerklee sowie einige Storchschnabelgewächse).

GEHEIMNISVOLLES „2n“

Für das Wachstum der Pflanzen ist eine Erhöhung ihrer Zellenanzahl erforderlich. Diese erfolgt durch die Zellteilung. Da die Zellen nicht nur durch die Zellmembran und den plasmatischen Inhalt gebildet werden, sondern auch durch andere Teile, wie es z. B. die Plastiden sind (diese enthalten Chlorophyll und Vorratsstoffe) und besonders durch den Zellkern, muß bei der Zellteilung auch eine Teilung des Zellkerns erfolgen. Die der Zellteilung vorangehende Kernteilung ist für die Entstehung einer neuen, der Mutterzelle ähnlichen Zelle verantwortlich. Durch die Einschnürung des Zellkernes entstehen zwei Zellen, die sich mit Plasma und selbständigen Häuten umhüllen und im Wachstum fortfahren, bis sie die ursprüngliche Größe erreicht haben, um sich dann ihrerseits wieder zu teilen. Dieser Vorgang wird als direkte Zellteilung bezeichnet. Auf diese Weise entstehen nur die Zellen der Pflanzenkörper, Blätter, Stengel, Wurzeln und Blüten.

Die Pflanzenvermehrung erfolgt jedoch auch geschlechtlich durch die Verbindung des Geschlechtskernes des Pollenschlauches und des Eizellkernes des Embryosackes. Wenn sich die Masse beider Kerne – des männlichen und des weiblichen – verbinden würden, entstünde eine Zelle mit doppeltem Inhalt. Das verhindert die Reduktionsteilung, bei der aus jedem Geschlechtszellkern ein Kern mit genau dem halben Inhalt entsteht. Von dieser Tatsache können wir uns leicht selbst überzeugen. Bei der Reduktionsteilung können unter dem Mikroskop besondere Kernschleifen beobachtet werden, die sog. Chromosomen, von denen nach erfolgter Zellteilung nur die Hälfte vorhanden ist. So verbindet sich die männliche Geschlechtszelle, in dessen Kern nur die halbe Chromosomenzahl enthalten ist, mit dem Kern einer weiblichen, die ebenfalls nur die halbe Chromosomenmenge trägt. Es entsteht eine neue Zelle mit voller Chromosomenzahl.

Gestalt und Anzahl der Chromosomen ist bei den einzelnen Pflanzenarten höchst verschieden. Es gibt ganze Pflanzengruppen mit gleicher Chromosomenzahl. Bei den Vertretern einer Art ist die Chromosomenzahl zumeist stabil. Wie wir sehen werden, schwankt sie häufig gerade bei Arten, die Unterarten oder Varietäten hervorbringen. Das alles zeugt von den verschiedenen Eigenschaften der Pflanzen. Die Chromosomen sind wichtige Träger der erblichen Eigenschaften, da in ihnen die sog. Gene, die Erbanlagen, enthalten sind. Diese Gene bewirken die Herausbildung aller Pflanzenmerkmale und -eigenschaften. Deshalb ist das Wissen um die Chromosomenzahl, also um die Genträger, von besonderer Wichtigkeit. Da es jedoch, wie wir bereits wissen, zwei Chromosomenarten gibt, einerseits die vollständige (doppelte) Chromosomenzahl in den Körperzellkernen, andrerseits die halbe Chromosomenzahl in den Geschlechtszellen, müssen diese unterschiedlichen Kennwerte sorgfältig unterschieden werden. Die doppelte Chromosomenzahl wird als „2n“ bezeichnet, wobei der Buchstabe „n“ die einfache Chromosomenzahl bezeichnet. Die höchste Chromosomenzahl aller europäischen Pflanzen weist der Gemeine Natternkopf *(Ophioglossum vulgatum)* auf, nämlich eine somatische Chromosomenzahl, d. h. die Anzahl der Chromosomen in den Körperzellen, von 2n = etwa 500; die niedrigste hat der Kleinköpfige Pippau *(Crepis capillaris)*, nämlich 2n = 6.

Welche Chromosomenzahl den einzelnen Pflanzen eigen ist, wird hier angegeben, indem bei jeder Art stets jenes, nunmehr keineswegs mehr geheimnisvolles „2n“ angeführt wird.

MENSCH UND PFLANZEN

Das Buch, in dem der Leser blättert, enthält Abbildungen wildwachsender Pflanzen. Sie blühen in der Natur ohne jedes Zutun des Menschen. Manche von ihnen zieren Stellen, an denen wir nichts Derartiges erwarten würden, und sie sind zu einem so selbstverständlichen Bestandteil der Natur geworden, daß uns ihre Anwesenheit oft gar nicht mehr zum Bewußtsein kommt. Sie waren schon seit jeher getreue Begleiter des Menschen, und dieser war immer auf sie angewiesen. Zunächst sammelte er die mehligen Früchte der Gräser, aber auch Wurzeln, süße Früchte, Blätter oder andere Pflanzenteile, die ihm zur Nahrung und mitunter wohl auch als Heilkräuter dienten. Einen ungeheuren Fortschritt bedeutete die erste, mit Bedacht vorgenommene Aussaat von Pflanzensamen. Das war der Anfang des Nutzpflanzenbaues. Nun war es nur mehr ein Schritt – wenngleich er wohl wiederum eine Unzahl von Generationen gewährt haben mag – zur Auslese der besten Samen als Saatgut, also zum Beginn der Veredlungszucht der Kulturpflanzen. In der modernen Zeit, nachdem der Mensch die Grundgesetze der Vererbungslehre erkannt hat, erreichte sie in den zielstrebigen, die besten Resultate gewährleistenden Zuchtkreuzungen ihren Höhepunkt. An der Neige des vorigen Jahrhunderts waren lediglich einige hundert Nutzpflanzen bekannt; heute sind es schon einige tausend Arten und Abarten.

Die Hauptnutzpflanzen sind Getreide – Weizen, Gerste, Roggen, Hafer, Reis und Mais. Der Roggen z. B. wuchs ursprünglich als Unkraut auf den Weizenfeldern unserer Vorfahren. Er vertrug das rauhe Klima der kühleren Gegenden Mitteleuropas wesentlich besser als Weizen und Gerste. Eine weitere Verbreitung unterblieb jedoch, und so wird Roggen außerhalb Mitteleuropas nur als Futtermittel angebaut. Deshalb genießt der Mitteleuropäer, wenn er vom Urlaub aus Süd- oder Westeuropa oder Übersee heimkehrt, wieder mit Freude sein Vollkornbrot.

Eine weitere wichtige Pflanzengruppe, die für die Ernährung der Menschen, namentlich in den ärmeren Teilen der Welt, von großer Bedeutung ist, bilden die Hülsenfrüchte – Soja, Erbsen, Bohnen, Linsen usw., die eine wohlfeile Quelle pflanzlicher Eiweißstoffe darstellen. Abgesehen von den Eiweißstoffen enthält z. B. Soja auch Öl, ebenso wie der Ölbaum, die Erdnüsse, aber auch Raps, Sonnenblumen u. a. m.

Ein pflanzliches Nahrungsmittel von außerordentlicher Bedeutung ist der Zucker, in den Tropen der Alten sowie der Neuen Welt der Rohrzucker, in der gemäßigten Zone der Rübenzucker. Auch Obst und Gemüse sind nicht nur Quellen leicht verdaulicher Zuckerarten (Glukose und Fruktose) und Vitamine, sondern auch Leckerbissen, die zu den Annehmlichkeiten des Lebens gerechnet werden können.

Zu letzteren gehören pflanzliche Genußmittel, d. h. Stoffe, die für den Menschen nicht unerläßlich notwendig sind, doch ohne die wir uns das Leben kaum mehr vorstellen könnten. Unter diesen ist wohl an erster Stelle der Teestrauch zu nennen, aus dessen getrockneten und fermentierten Blättern das meistverbreitete Getränk, der Tee, zubereitet wird. Ebenso verhält es sich mit Kaffee, Kakao und Tabak.

Bei der Aufzählung der Kulturpflanzen dürfen auch die Faserpflanzen nicht vergessen werden, vor allem die Baumwollpflanze, der Flachs und der Hanf, die namentlich damals lebenswichtig waren, als es noch keine Kunstfasern gab, die aber auch heute noch sehr begehrt sind.

Auch in vieler anderer Hinsicht hat sich der Mensch die Pflanzen zunutze gemacht, z. B. als Holzpflanzen (Bäume) oder als Futtermittel für die Tierzucht. Als solches dienen wildwachsende Futterpflanzen, die gemäht und als winterliches Futtermittel getrocknet werden.

Überhaupt werden auch wildwachsende Pflanzen als Nahrungsmittel verwendet. Aus den Blättern der Gemeinen Kuhblume *(Taraxacum officinale)* wird ein schmackhafter Salat bereitet, ebenso aus den Keimlingen verschiedener Kreuzblütengewächse *(Cruciferae)*. Der aus ihnen zubereitete „Frühlings-Salat" zeichnet sich besonders durch seinen hohen Ascorbinsäure-, also Vitamin-C-Gehalt, aus. Als Salatpflanzen dient auch ein besonderes Kultivar der Gemeinen Wegwarte *(Cichorium intybus)*. Auf ähnliche Weise wie der Kopfsalat wird auch ein Salat aus jungen Brennesselblättern zubereitet.

Eine große Nutzpflanzengruppe stellen die oft wildwachsenden Heilkräuter dar. Viele Pflanzen enthalten nämlich Stoffe, die von altersher gegen verschiedene Krankheiten halfen. Bis heute werden für die pharmazeutische Industrie sowohl wildwachsende Pflanzen gesammelt als auch erwerbsmäßig angebaut. Das Sammeln sowie der Anbau von Heilkräutern sind von großer Bedeutung, denn selbst heute, wo die meisten Stoffe synthetisch hergestellt werden können, ist eine Reihe von Kräutern unersetzlich geblieben. Als Beispiel dafür sei die Kamille angeführt, deren ätherisches Öl mit dem Gehalt an hochwirksamen terpenoiden Chamazulenen eine entzündungslindernde und heilende Wirkung besitzt. Der Schlafmohn sowie einige verwandte Arten enthalten Morphinalkaloide (Morphium, Kodein u. a.), auf die die moderne Medizin nicht verzichten kann.

Eine andere für den Menschen wichtige Stoffgruppe bilden die Glykoside. Die cyanogenen Glykoside der bitteren Mandeln z. B. lassen sich leicht spalten, wobei der giftige Zyanwasserstoff entsteht. Für die Familie der Kreuzblütengewächse *(Cruciferae)* wiederum sind die Senfölglykoside, die sog. Glukosinolate, kennzeichnend.

Eine Reihe pflanzlicher Stoffe ist aus der modernen Medizin nicht wegzudenken, wirkt jedoch giftig oder, in zu großer Menge angewandt, auf den menschlichen Organismus schädlich. Einige Pflanzen werden in der Hand des Arztes als Gifte, Abortiva u. dgl., gebraucht, wie die Schwarze Tollkirsche, die Vierblättrige Einbeere und der Gemeine Rainfarn.

Zuletzt sei noch auf jene Kulturpflanzen hingewiesen, die zwar keinen „Nutzen" bringen, die allerdings wegen ihrer Schönheit kultiviert werden. Ihre Schönheit ist allerdings anderer Art als jene der wildwachsenden Blumen in Wald, Wiese und Feld. Sie stellen eine Zierde der Parkanlagen, Gärten und Steingärten dar, und manchmal verschlägt einem ihre Farbenpracht, Formvollendung und Fülle fast den Atem. Gartenliebhaber widmen diesen Pflanzen viel Sorgfalt und Liebe. Bedauerlich ist allerdings, daß sich diese nur auf den umzäumten Raum des eigenen Gartens beschränken, ohne Rücksicht darauf, daß es sich vielleicht um seltene, oftmals geschützte Pflanzen handelt, die dadurch unwiderruflich vernichtet werden.

In der europäischen Natur gibt es von solchen Pflanzen eine ganze Reihe. Ihr Fortbestehen bedrohen allerdings nicht nur die Kleingärtner. Die größte Gefahr für die bedrohten Arten stellen die störenden Eingriffe dar, die das naturgewollte Gleichgewicht aufheben. Dazu gehören Meliorationen, Industriedünger, Verschüttungen von Tälern, Torfgewinnung, die Errichtung großer Industriebetriebe, Verunreinigung der fließenden Gewässer durch industrielle Abfallstoffe u. dgl., solche Eingriffe vernichten nicht nur die einzelnen Pflanzen, sondern das gesamte Biotop, in dem diese seltenen Arten noch leben können. Deshalb genügt es keinesfalls, nur eine Liste der bedrohten und geschützten Pflanzen zu erarbeiten. Es ist vielmehr erforderlich, mit großem Verantwortungsgefühl an alle Maßnahmen heranzutreten, die Eingriffe in die Natur bedeuten würden, und dem natürlichen Biotop der seltenen Pflanzen eine allseitige Pflege angedeihen lassen. Mit dem Pflanzenschutz und ihrer Rettung für die kommenden Generationen befaßt sich heute ein ganzer wissenschaftlicher Zweig – der Natur- und Umweltschutz.

NATURSCHUTZGEBIETE IN EUROPA

Mit der fortschreitenden Zivilisation, Technisierung und Erschließung natürlicher Gebiete erfolgte und erfolgen auch weiterhin ständig störende Eingriffe in die Natur, die zu einer außerordentlichen Bedrohung führen. Gegenwärtig haben sie bereits die Form einer ernsthaften Gefahr für unsere Umwelt angenommen und dadurch eine Bedrohung der Menschheit in einem Umfang, der eine Lösung dieser Probleme auf internationaler Ebene erforderlich macht.

Die Umweltschutzbewegung ist in den letzten zwei Jahrzehnten um die Rettung einiger Landschaftsgebiete, um die Erhaltung seltener und bedrohter Pflanzen- und Tierarten bzw. anderer Beweise für die Entwicklung der Natur bemüht. Im Laufe der Zeit entstand in allen Teilen der Erde ein Netz von Naturschutzgebieten. Es umfaßt Nationalparks, Naturparks, Naturreservate, geschützte Landschaftsgebiete sowie weitere geschützte Gebiete. Es handelt sich um die Erhaltung naturbelassener Flächen mit der ganzen Vielgestaltigkeit der darin vorkommenden Pflanzen- und Tiergemeinschaften sowie der Dokumentation der Entwicklung und des Geschehens an der Erdoberfläche. Diese Schutzgebiete sind von großer und unersetzlicher Bedeutung für die ständige Erneuerung der Natur, für ihr Studium und für die Gesunderhaltung des Menschen.

Auch in Europa wurden im Laufe des vorigen sowie in diesem Jahrhundert eine ganze Reihe von Landstrichen zu Schutzgebieten erklärt, und ihre Anzahl ist ständig im Steigen begriffen. Ihre komplette Aufzählung würde über den Rahmen dieses Buches hinausgehen; deshalb beschränken wir uns nur auf die wichtigsten.

In Westeuropa besteht ein reichhaltiges Netz von Schutzgebieten in der Bundesrepublik Deutschland. Dank dem Verein Naturschutzpark gibt es hier 59 Naturparks mit einer Gesamtfläche von nahezu 4,5 Millionen Hektar. So wurde z. B. der Nationalpark „Bayerischer Wald“ mit einer Fläche von 37 400 ha errichtet. Auf das Bundesgebiet greifen auch drei Schutzgebiete im Grenzland über – der Deutsch-Luxemburgische, der Deutsch-Belgische und der Deutsch-Niederländische Naturschutzpark. Nahezu 1000 Naturreservate nehmen eine Fläche von über 300 000 ha ein, darunter z. B. die Lüneburger Heide bei Hamburg (20 000 ha), das Ammergebirge (20 500 ha), der Königsee (27 500 ha), die Chiemgauer Alpen (15 000 ha) und das Karawendelgebirge (27 000 ha) in Bayern. Außer diesen Schutzgebieten kommt den Landschaftsreservationen touristische Bedeutung zu, derer es rund sechshundert gibt.

Auch in Frankreich gibt es ähnliche Einrichtungen, die vor allem für Erholungszwecke genutzt werden. Außerdem wurden hier drei Nationalparks sowie eine größere Anzahl von Naturreservaten errichtet. Von den Nationalparks befindet sich einer bei Toulon und die beiden anderen sind der „Westpyrenäische“ 50 000 ha) mit einer Schutzzone von 160 000 ha und der Nationalpark „Vanoise“ in den Alpen (52 800 ha – Schutzzone jedoch 143 000 ha).

In Spanien gibt es drei Schutzgebiete – den „Covandorca o de Peña Santa National Park“ (16 900 ha), den „Valle de Ordersa o del Rio National Park“ (2046 ha) und in den Pyrenäen das Naturreservat „Marismas“ (7000 ha).

Großbritannien besitzt mehr als 100 Schutzgebiete, einschließlich 22 Naturreservate. Die größten befinden sich in Schottland, wie z. B. „Cairngorms" (25 823 ha), „Inverpolly" (10 865 ha) und andere auf Isle of Rhun (10 612 ha). Für Erholungszwecke sind in England 10 besondere Schutzgebiete vorhanden, die als Nationalparks bezeichnet werden, z. B. „Snowhonia" (218 855) in Wales oder „Phoenix" (7000 ha) in Irland.

Auf Island gab es einen einzigen Nationalpark – „Thingvellir" (4000 ha) im südwestlichen Teil der Insel. 1967 wurde der Nationalpark „Skaftafjell" am Fuß des vereisten Massivs Vatnajökull errichtet.

In Belgien besteht eine größere Anzahl von Naturreservaten, die Küstenlandschaften, Torfmoore, Sumpfgebiete und Nistgebiete der Vögel umfassen. Die Niederlande besitzen 14 Naturreservate und vier Nationalparks. Die zwei größeren sind „Hoge Veluwe" (5700 ha) und „Veluwezoom" (4490 ha) im zentralen Teil des Landes, der dritte, „Kennemerduinen" (1240 ha), befindet sich in der Nähe von Haarlem und der vierte, „Weiden" (2500 ha), im Norden.

Die Deutsche Demokratische Republik schützt ihre Natur in mehr als fünfhundert Naturreservaten, von denen 13 größer als 1000 ha sind. Die bekanntesten sind „Lewitz" (7137 ha) und „Müritzhof" (6250 ha) in Mecklenburg.

In den skandinavischen Ländern kann der Naturschutz auf eine alte Tradition verweisen. Schweden war der erste europäische Staat, der einen Nationalpark errichtete, und seit 1909 wurden weitere 16 Gebiete unter Schutz gestellt. Außerdem gibt es eine große Anzahl von Naturreservaten. Die größten Nationalparks sind „Padjelanta" (20 400 ha), „Sarek" (195 000 ha), „Stora Sjöfallet" (150 000 ha) und „Muddus" (49 200 ha). Norwegen hat bisher zwei Nationalparks und zehn Naturreservate errichtet. Vorbereitet wird die Unterschutzstellung von weiteren 14 Gebieten. Im Süden des Landes dehnt sich der Nationalpark „Rondane" (57 000 ha) aus, und im Norden „Börgefjell" mit rund 100 000 ha. Dieses Schutzgebiet wurde durch ein königliches Dekret bereits 1863 errichtet.

Höchst zweckmäßig richtete Finnland sein Netz von Schutzgebieten ein, besonders in Lappland. Von den neun Nationalparks seien wenigstens „Pallas-Ounastunturi" (50 000 ha) und „Lemmenjoki" (38 500 ha) erwähnt.

In Dänemark wurden einige Naturreservate unter Schutz gestellt, die meist Sümpfe und Torfmoore umfassen.

Polen besitzt ein dichtes Netz von Schutzgebieten. Bisher errichtete der Staat 13 Nationalparks mit einer Gesamtfläche von 103 614 ha sowie nahezu 700 Naturreservate mit mehr als 50 000 ha und knapp hundert geschützter Landschaftsgebiete mit einer Fläche von 1 600 000 ha. Der älteste Nationalpark ist der „Bialowieser Wald", der an ein sowjetisches Reservat grenzt. Das Netz der Nationalparks reicht sogar bis auf das Meer, nämlich der Nationalpark „Slowinski", und der Nationalpark „Tatra" bis hoch ins Gebirge.

Die Sowjetunion verfügt über eine große Zahl von Schutzgebieten, darunter über 76 Großraum-Schutzgebiete, sog. Sapowedniki, was etwa der Kategorie der Naturreservate entspricht. Die meisten sind nicht für die Öffentlichkeit zugänglich und dienen vor allem wissenschaftlichen Zwecken. Im europäischen Teil der UdSSR befindet sich der bereits erwähnte Sapowednik „Bialowiesh" (74 200 ha). Von den weiteren Sapowedniks sei wenigstens „Petschoro-Iljitschski" im westlichen Teil des nördlichen Vorgebirges des Ural (730 000 ha) erwähnt.

In Rumänien wurde das Donaudelta zum Naturreservat erklärt. Hier werden vor allem die Pelikane geschützt. Die Reste der erhalten gebliebenen Natur sind in mehr als 150 Reservaten unter Schutz gestellt. Der größte Nationalpark befindet sich in den Südkarpaten. Es ist der „Retezat", mit dem gleichnamigen Berg, 2484 m ü. N. N. Der älteste Nationalpark ist der „Bucegi".

Auf der Landkarte Ungarns sind 150 Naturreservate zu finden sowie zwei Nationalparks. Der erste befindet sich am Plattensee und heißt „Tihány" (1100 ha). Der Nationalpark „Hortobaggy" wurde im Sumpfgebiet der Pußta errichtet.

Bulgarien besitzt fünf Nationalparks. Der „Vitoscha" in der Nähe von Sofia hat ein Ausmaß von 22 800 ha. Zwei weitere befinden sich ebenfalls im Gebirge „Vichren" (6770 ha) im Pirina, und „Steneto" im Rhodopus. Am Schwarzen Meer liegt der Nationalpark „Ropotamo" mit Dünen, Schwemmgebieten und einer reichen Vegetation von Wasserpflanzen.

In Jugoslawien wurden bisher mehr als 30 Naturreservate und 14 Nationalparks errichtet, meist im Gebirge. Der „Fruska Gora" in Serbien erreicht ein Flächenmaß von 22 000 ha. Er umfaßt auch die geschützten Waldbestände am rechten Donauufer. Am bekanntesten und auch meistbesuchten sind die Nationalparks „Triglav“ und das älteste Schutzgebiet „Plitvicer Seen“. Der erste befindet sich in den Julischen Alpen und schließt auch ihre höchste Erhebung mit ein. Der zweite ist in Kroatien und hat gewaltige Seen, viele Wasserfälle sowie eine beachtliche Ufervegetation zu bieten.

Albanien besitzt vier Nationalparks – „Dajta“, „Lura“, „Tomori“ zu je rund 3000 ha geschützter Gebirgsnatur, der vierte „Divjakä“, mißt rund 1000 ha und schützt im Tiefland die Dünen und Kiefernwälder.

In Griechenland wurden im zweiten Weltkrieg zwei Nationalparks schwer beschädigt, geblieben ist nur der dritte – „Parnis“ – in der Nähe von Athen.

Italien bietet den Besuchern fünf Nationalparks. An der Küste, zwischen Rom und Neapel, liegt der Nationalpark „Cirno“ (7445 ha). Im Gebirge, östlich von Rom, befindet sich der Nationalpark „Abruzzo“ (29 160 ha). Zwei weitere Nationalparks sind in den Alpen zu finden. Der erste, „Gran Paradiso“ in den Grajuschen Alpen, knüpft an den französischen Nationalpark „Vanoise“ an. Der Nationalpark „Stelvio“ breitet sich mit 57 772 ha in den Rhätischen Alpen aus. Unweit davon, in den Dolomiten, befinden sich zwei weitere Nationalparks – „Adamell-Brenta“ (46 400 ha) und „Paneveggio pale di san Martino“ (15 800 ha).

In der Schweiz gibt es nahezu 500 Naturreservate mit einem Gesamtflächenmaß von 55 400 ha und außerdem den Nationalpark „Engadin“ (16 887 ha), der die einzigartige und seltene Natur der Bergwelt schützt und durch seine hervorragende Organisation auffällt. Er ist einer der ältesten Nationalparks Europas, und von außerordentlicher Schönheit; seine Errichtung erfolgte bereits 1909.

In Österreich wurden bisher rund 300 Naturreservate errichtet. Durch seinen Umfang, die Schönheiten der Bergwelt, die Gletscher sowie die seltene Pflanzen- und Tierwelt, ragt vor allem der „Tauern-Naturschutzpark“ (34 000 ha) in Salzburg hervor. Erwähnenswert ist weiter das umfassende Reservat „Karwendel“ (72 000 ha) in Tirol.

Die ältesten Schutzgebiete in der Tschechoslowakei sind Urwaldreservate, die bereits 1838 und 1858 errichtet wurden. Gegenwärtig umfaßt das Netz der Schutzgebiete vier Nationalparks (Riesengebirge, Hohe und Niedere Tatra sowie den Pienin), 25 Landschaftsschutzgebiete, nahezu 700 Naturreservate und etwa 200 weitere Arten geschützter Plätze.

KURZES FACHWORTVERZEICHNIS

Abfallkelch – Blütenkelch, dessen Blätter noch vor dem Aufblühen der Krone abfallen

Achäne – trockene, für die Vertreter der Korbblütler *(Asteraceae)* kennzeichnende, aus zwei Fruchtblättern entstandene platzfeste Frucht, Analogie der einsamigen Kernkapsel

Achsel – Winkel zwischen Sproßachse und Blatt

Adventivwurzel – Ersatzwurzel, die anstatt eingegangener Hauptwurzeln steht

Ährchen – kleine, spärliche Ähren. Die Süßgräserähren setzen sich in der Regel aus zwei Spelzen sowie aus einer oder mehreren Blüten zusammen, von denen sich jede zwischen einer Deck- und einer Vorspelze befindet

Ähre – razemöser einfacher Blütenstand mit sitzenden Einzelblüten

aktinomorphe Blüte – Blüte, die durch mehr als zwei Ebenen in Spiegelbilder zerlegbar ist

ausgebreitet – in alle Richtungen ausgestreckt

Außenkelch – kleine, dicht an den Kelch außerhalb anschließende Hochblätter

Balgfrucht – aus einem Fruchtblatt gebildete, trockene Frucht, die sich an der Längsnaht öffnet

Basis – unterster oder untenstehender Teil eines Organs, z. B. Spreitenbasis bei sitzenden Blättern – die an den Stengel anschließende Stelle

Beere – fleischige oder saftige Frucht mit einem oder mehreren frei im Fruchtfleisch gelagerten Samen

Bekleidung des Pflanzenkörpers – Gesamtheit der Haare oder Drüsen an der Pflanze

Bestäubung – Übertragung des Pollens auf die Narbe des Fruchtknotens

beweglicher Staubbeutel – keinesfalls mit der Basis am Staubfaden befestigter Staubbeutel, sondern in der Mitte sitzend, an einem sehr beweglichen Gelenk

Blatt – in der Regel grüne, gesetzmäßig am Stengel angeordnete seitliche Ausgliederung, besteht meist aus Blattstiel und -spreite, mitunter auch aus der Blattscheide

Blatt mit gesägtem Spreitenrand – Blatt mit spitzen, vorwärtsgerichteten, vorderseitig längeren und rückseitig kürzeren Zähnen und Einschnitten

Blättchen – selbständiger Spreitenteil eines zusammengesetzten Blattes

Blattgrund – unterster Spreitenteil, mit dem sitzende Blätter an den Stengel anschließen

Blatthäutchen – siehe Ligula

Blattscheide – den Stengel röhrig umschließender, in der Regel erweiterter Blattgrund

Blattspindel – Fortsetzung des Stiels eines gefiederten Blattes

Blattspreite – der flächig verbreiterte, in der Regel plattenförmige Teil des Blattes

Blattstiel – stengelartig verjüngter Teil des Blattes

Blüte – System umgestalteter, der geschlechtlichen Fortpflanzung dienender Blätter

Blütenboden – erweiterter oder gewölbter, mitunter fleischiger Teil der Blütenachse

Blütenscheide – Blüte oder Blütenstand umhüllendes oder stutzendes Deckblatt

Blütenspelzen – siehe Spreublätter

Blütenstand – nach einer bestimmten Ordnung

an einem gemeinsamen Stengel angeordnetes, in der Regel in der Achsel eines Deckblattes wachsendes Blütensystem

Brennhaar – Haar mit leicht brechender Spitze und nesselndem Inhalt

Brutknolle – siehe Brutzwiebel

Brutzwiebel – sich von der Mutterpflanze loslösende, der vegetativen Vermehrung dienende Brutknospe

Capitulum – siehe Kopf

Deckblatt – Blattgebilde, aus dessen Achsel eine Blüte oder ein Blütenstand hervorwächst

Deckspelze – Hochblatt der Süßgräserähre, in dessen Achsel die Blüte wächst

Dichasium – einfache, zweigabelige Trugdolde mit endständiger Blüte am Hauptsproß, unter der sich zwei häufig auf gleiche Weise verzweigte, übergipfelnde Seitensprosse befinden

Döldchen – kleine Dolde am Doldenstrahl einer zusammengesetzten Dolde

Dolde – traubenförmiger Blütenstand mit verkürzter Hauptachse, an der die etwa von einer Stelle ausgehenden, ± gleich lang gestielten Einzelblüten stehen. Wenn anstelle der Einzelblüten wieder kleine Dolden (Döldchen) sitzen, spricht man von einer zusammengesetzten Dolde

Doldentraube – einfacher traubenförmiger Blütenstand, dessen untere Blütenstiele länger sind als die oberen, so daß die Blüten mehr oder minder in einer Ebene stehen

Doppelachäne – trockene zweifruchtblättrige Spaltfrucht, die bei der Reife in zwei Teilfrüchte zerfällt

doppelte Blütenhülle – Blütenhüllblätter der in Kelch und Krone gegliederten Blüten

Doppelwickel – siehe Wickel

dreieckiges Blatt – einfaches Blatt mit Spreite in Gestalt eines nahezu gleichschenkligen Dreiecks

dreiteiliges Blatt – einfaches, bis zu etwa zwei Dritteln in Richtung Spreitengrund in drei Abschnitte geteiltes Blatt

Drüse – Gebilde, das eine klebrige, duftende Flüssigkeit ausscheidet, bzw. ein Verdauungssekret, durch das die Gewebe gefangener Insekten nutzbar gemacht werden

durchwachsenes Blatt – Blatt mit stengelumfassendem Spreitengrund, bei dem der Stengel durch das Blatt hindurchzuwachsen scheint

eiförmiges Blatt – Blatt mit etwa zweimal längerer als breiter, im untersten Drittel breitester, an beiden Enden stumpf abgerundeter Blattspreite

einfache Blütenhülle – form- und farbmäßig mehr oder minder gleiche, nicht in Kelch und Krone gegliederte Blütenblätter

einfaches Blatt – ungeteiltes oder geteiltes, jedoch nicht aus selbständigen Blättchen zusammengesetztes Blatt

eingeschlechtige Blüte – Blüte, die nur Staubblätter oder nur Fruchtknoten trägt

einhäusige Pflanze – Pflanze mit eingeschlechtigen Blüten; weibliche und männliche Blüten befinden sich auf demselben Individuum

Fahne – hinteres, größtes Blütenkronblatt der Schmetterlingsblüte der *Fabaceae*

fertil – fruchtbar

Fiederpaar – Paar gegenständiger oder fast gegenständiger Fiedern

fiederschnittiges Blatt – einfaches, bis zu drei Vierteln in Richtung Mittelrippe oder nahezu bis zu derselben in fiedrig angeordneten Abschnitt gegliedertes Blatt

fiederspaltiges Blatt – einfaches, bis zu etwa ein Drittel in Richtung Mittelrippe in fiedrig angeordnete Abschnitte gegliedertes Blatt

fiederteiliges Blatt – einfaches, bis zu etwa zwei Dritteln in Richtung Mittelrippe in fiedrig angeordnete Abschnitte gegliedertes Blatt

filzig – mit dicht ineinandergeflochtenen, einen zusammenhängenden Überzug bildenden Haaren bestanden

Flügel – seitliche, spiegelbildlich gleiche Blütenkronblätter der Schmetterlingsblütler oder zwei vergrößerte seitliche Kelchblätter

freiblättrige Krone – aus freien, nicht verwachsenen Blütenhüllblättern gebildete Krone

Frucht – samenhaltiges Gebilde, entstanden in der Regel nach Befruchtung der Samenanlagen durch Verwandlung des Stempels oder mitunter auch anderer Blütenteile

Fruchtblatt – die Samenanlagen tragendes und bei den bedecktsamigen Pflanzen zu einem oder mehreren Stempeln verwachsendes Blattorgan der Pflanzen

Fruchtknoten – unterer Teil des Stempels mit Hohlraum, in dem sich ein oder mehrere Samenanlagen befinden

Fruchtstand – an einem gemeinsamen Stengel aus dem ganzen Blütenstand entstandener, einzelfruchtartiger Fruchtverband

Fruchtwand – durch Umwandlung der Fruchtknotenwand entstandenes, samenumschließendes Gewebesystem, entweder einfach (Nuß), zwei- (Beere) oder dreischichtig (Steinfrucht)

fußnerviges Blatt – geteiltes Blatt mit Nervatur, deren Hauptnerv an der Basis zu beiden Seiten je einen dicken Seitennerv trägt, von denen jeder an der Außenseite wiederum mit einem dickeren Nerv versehen ist

ganzradiges Blatt – Blatt ohne Zähne, Kerben und Einschnitte

gefiedertes Blatt – zusammengesetztes Blatt, bestehend aus zwei oder mehreren gegenständig angeordneten Blättchenreihen; siehe auch paarig gefiedertes und unpaarig gefiedertes Blatt

gefingertes Blatt – Blatt mit handförmig angeordneten, völlig voneinander getrennten, sitzenden oder kurzgestielten Blättchen

gegenständiges Blatt – paarweise in gleicher Höhe am Stengel gegenüberstehendes Blatt

gekerbtes Blatt – Blatt mit abgerundeten Vorsprüngen zwischen spitzen Buchten am Spreitenrand

gekielt – mit markant hervortretender Mittelrippe auf der Unterseite

gespalten – in zwei Teile geteilt

gespreizt – in verschiedenen Richtungen einer Ebene ausgebreitet

geteiltes Blatt – einfaches Blatt mit im untersten Teil zusammenhängenden, hand-, fieder- oder fußförmig gegliederten Spreitenabschnitten

gewimpert – mit längeren Streifhaaren versehen, die in der Regel am Blattrand, an der Nervatur oder an den Kanten verschiedener anderer Pflanzenteile hervorgehen und stehen

gezähntes Blatt – Blatt mit tiefer geteiltem Spreitenrand und mit geschweiften Buchten und spitzen Zähnen

Gliederhülse – eine Fruchtform, die im Bau mit einer Hülse übereinstimmt, aber nicht der Länge nach aufspringt, sondern in mehrere einsamige Querglieder zerfällt.

Gliederschote – trockenschalige, eingeengte, aus zwei Fruchtblättern gebildete, quer in einsamige Teile zerfallende Gliederfrucht

Griffel – in der Regel schmaler Teil des Stempels, zwischen Fruchtknoten und Narbe; fehlt mitunter

Haar – ein- oder mehrzelliger, einfacher oder verzweigter Oberhautauswuchs

haarig – mit längeren, steifen, eher abstehenden Haaren versehen

Haarkrone – siehe Pappus

Haftwurzel – Ersatzwurzel, die die Liane an der Stützenoberfläche hält

halbunterständiger Fruchtknoten – in der unteren Hälfte mit den anderen Blütenteilen verwachsener, in der oberen Hälfte freier Fruchtknoten

Halm – in der Regel hohle, durch Knoten in Stengelglieder mit sitzenden Blättern gegliederte Sproßachse bei Süßgräsern

handförmig gelapptes Blatt – einfaches, bis zu etwa einem Drittel in Richtung zum Spreitengrund in handförmige Abschnitte gegliedertes Blatt

handförmig gespaltenes Blatt – einfaches, bis etwa zur Hälfte in Richtung zum Spreitengrund in handförmige Abschnitte gegliedertes Blatt

handförmig geteiltes Blatt – einfaches, bis zu etwa zwei Dritteln in Richtung zum Spreitengrund in handförmige Abschnitte gegliedertes Blatt

Hauptwurzel – zumeist die kräftigste verzweigte Wurzel, die eine Verlängerung des oberirdischen Stengels nach unten bildet

herablaufendes Blatt – sitzendes Blatt mit am Stengel flügel- oder rippenartig hinabziehendem Spreitengrund

Heterostylie – Ausbildung von zweierlei (oder dreierlei) Blüten mit verschiedenen Staubblatt- und Griffellängen

Hochblatt – Blatt zwischen den Laubblättern und den Blütenblättern einer Pflanz; meist kleiner und einfacher gestaltet als die Laubblätter

Hüllchen – Gesamtheit der Hüllblättchen der Einzeldöldchen bei einer zusammengesetzten Dolde

Hülle – Gesamtheit der Hüllblätter der Blütenstiele einer Dolde oder des Blütenstandes vom Korbtyp

Hüllkranz – siehe Pappus

Hüllspelzen – oft zwei Hochblätter, in deren Achseln die einzelnen Ährchen der Süßgräser wachsen

Hülse – trockene, aus einem Fruchtblatt entstandene Frucht, in der Regel mehrsamig, öffnet sich durch zwei Klappen

immergrüne Pflanze – Pflanze, deren Laubblätter über mehrere Vegetationsperioden hin erhalten bleiben; sie fallen nicht gleichzeitig, sondern nach und nach ab

kammförmig – tief, in zahlreiche ungleiche linealische oder lanzettliche Spreitenabschnitte geteilt

Kapselfrucht – trockenschalige, ein- oder mehrgehäusige Springfrucht aus mehreren Fruchtblättern

Karpell – siehe Fruchtblatt

Karyopse – einsamige Schließfrucht der Süßgräser mit dicht anliegender Fruchtwand oder angewachsener Samenschale. Die trockene Karyopse ist fest oder lose mit Deck- und Vorspelze verbunden; bei der nicht vertrockneten sind Deck- und Vorspelze frei abblätternd

Kelch – äußere, in der Regel grüne Blätter der aus Kelch und Krone bestehenden Blütenhülle (siehe Krone)

Kiel – siehe Schiffchen

Klappe – seitlicher, frei werdender Fruchtwandteil der Springfrüchte

Klause – trockenschalige einsamige Teilfrüchte der Lippenblüten- und Borretschgewächse, entstanden durch Teilung des ursprünglich zweiblättrigen Fruchtknotens in vier Kammern

Klausenfrüchte – siehe Klausen

Knolle – verdickte oder fleischige Wurzel, unterkotyledoner Stengel- oder Wurzelstockteil

Knospe – Jugendzustand des Sprosses künftiger Zweige, Blätter, Blüten oder Blütenstände

Knoten – verdickte Blattansatzstellen im Süßgräserhalm

Kolben – Ähre mit dicker oder fleischiger Spindel und sitzenden Blüten

Konnektiv – siehe Mittelband

Kopf – einfacher traubenartiger Blütenstand auf verkürzter Blütenstandachse mit sitzenden oder nahezu sitzenden Blüten

Korb – einfacher, von einer Hülle aus Hüllblättern umgebener Blütenstand der Korbblütengewächse mit am in der Regel erweiterten, mitunter auch gewölbten Korbboden sitzenden Blüten

Kotyledone – erstes Keimblatt oder erste Keimblätter der Keimknospe oder des Keimlings, gestaltmäßig von den späteren Blättern verschieden

kreuzgegenständige Blätter – gegenständige Blätter, bei denen jedes Paar rechtwinklig zur Ebene des vorangehenden steht

Krone – innere, in der Regel anders als grüngefärbte Blätter einer doppelten Blütenhülle

krugförmige Krone – verwachsenblättrige, unten weitbauchige und oben verengte Krone, manchmal mit kleinen, zurückgeschlagenen Läppchen

lanzettliches Blatt – dreimal so lang wie breites Blatt oder Blättchen, das im untersten Drittel am breitesten ist

Lappen – freier Blattspreiten- oder zusammengewachsener Blütenhüllen-, Kelch- oder Kronenabschnitt, breitgeschwungener Blattabschnitt

leierförmiges Blatt – einfaches oder zusammengesetztes Blatt, dessen Endabschnitt oder -blättchen wesentlich größer ist als die Seitenabschnitte oder -blättchen, die sich nach unten hin verkleinern

Ligula – häutiges Gebilde an der Übergangsstelle von Blattscheide und -spreite bei den Süßgräsern

linealisches Blatt – schmales, um ein Vielfaches länger als breites, in der ganzen Länge nahezu gleichbreites Blatt

Lippe – durch Verwachsung einiger Kronen- oder Kelchblätter entstandener Kronen- oder Kelchteil einer Lippenblüte oder das vergrößerte untere Blütenhüllblatt der Orchideengewächse

männliche Blüte – Blüte, die nur Staubblätter enthält

Matten – in der Regel niederwüchsige Grasbestände auf steinigen Böden oberhalb der Waldgrenze im Gebirge

Mittelband – steriles Verbindungsstück der Pollensäcke des Staubblattes

Nagel – unterer, verschmälerter Teil der nicht verwachsenen Kronblätter

nahständiges Blatt – Blatt mit kleinerer Entfernung zum Nachbarblatt als der Eigenlänge

Napf – gewölbter Teil der Blütenhülle oder Krone

Narbe – oberster klebriger Teil des Stempels, der beim Bestäuben die Pollenkörner auffängt

Nebenblatt – kleiner paariger, am Blattgrund

oder am Grund der Blattspreite ansitzender Blattabschnitt

Nebenkrone – freie oder miteinander verwachsene kragen- bis röhrenförmige, blattartige Auswüchse an der inneren Kronenseite

Nebenperigon – siehe Nebenkrone

Nektarium – drüsiges, die von den Insekten gesammelten süßen Säfte absonderndes Gebilde verschiedenartigen Ursprungs; kann sich in der Blüte, jedoch auch außerhalb derselben befinden

Nerv – an der Pflanzenoberfläche, besonders an den Blättern erkennbare Gefäßbündel

Nervatur – Gesamtheit der Gefäßbündel in der Blattspreite, den Blättchen sowie Kelch- und Kronblättern der Blütenhülle

nickend – überhängend, herunterhängend

nierenförmiges Blatt – mehr breit als langes, an der Spreitenspitze breitbogig abgerundetes und am Blattgrund weit eingeschnittenes Blatt

Nuß – Frucht mit sehr harter (steiniger), nicht mit dem Samen verwachsener Fruchtwand

Nüßchen – trockenschalige, einsamige Schließfrucht, aus einem oder mehreren Fruchtblättern gebildet

Ochrea – siehe Tute

paarig gefiedertes Blatt – gefiedertes Blatt, dessen Spindel oben durch eine Spitze oder Ranke, keinesfalls jedoch durch ein Blättchen abgeschlossen ist

Pappus – in Haare, Borsten oder Schuppen umgewandelter Kelch, Haarkranz von Achänen

parasitär – Pflanzen ohne eigenes Blattgrün (Chlorophyll); die Nährstoffe entziehen sie lebenden grünen Wirtspflanzen

Pelorie – endständige aktinomorphe Blüte an Pflanzen mit normalerweise zygomorphen Blüten

Perianth – siehe doppelte Blütenhülle

Perigon – einheitliche Blütenhülle, bestehend aus gleichgestalteten und meistens auch gleichfarbigen Blütenhüllblättern; das Perigon kann kron- oder kelchartig sein

Perikarp – siehe Fruchtwand

pfeilförmiges Blatt – einfaches Blatt mit zwei verschieden langen, scharfwinkeligen, spitzen Seitenlappen am Spreitengrund

pfriemlich – allmählich sich zu einer starren und feinen Spitze verschmälernd

Pollenkorn – im Staubbeutel der Samenpflanzen entstehende Partikel

Pollensack – Organ, in dem die Pollenkörner gebildet werden

Pollinium – Gebilde aus zusammengeklebten Pollenkörnern, das von den bestäubenden Insekten als Einheit übertragen wird

Quirl – Gesamtheit von drei oder mehreren am Stiel gleichhoch wachsenden Blättern, Zweigen oder Blüten

radförmige Krone – verwachsenblättrige Krone mit kurzer Röhre und ausgebreiteten Lappen

Ranke – umgebildeter Stengel oder Blatteil, mit dem sich die Rankenpflanzen an der Stütze halten

rautenförmiges Blatt – Blatt in der annähernden Form eines auf der Spitze stehenden Vierecks

razemöser Blütenstand – Blütenstand mit seitlichen Stielen und Ästen, die nicht über die Hauptachse hinausragen

Receptaculum – siehe Blütenboden

Rhizom – siehe Wurzelstock

Rispe – razemöser Blütenstand, dessen Hauptachse am längsten ist und kürzere verzweigte Nebenachsen trägt

Röhre – unterer, röhrig verwachsener Teil einer verwachsenblättrigen Blütenkrone, eines Blütenkelchs oder einer Blütenhülle

Rosette – dichtstehende Blätter an der Stengelbasis

ruderal – auf Schutt- und Abfallplätzen wachsend

rundliches Blatt – Blatt mit einfacher, kreisförmiger Spreite

Same – aus der befruchteten Samenanlage entstandenes Verbreitungsorgan der Samenpflanzen

Samenanlage – kleiner vielzelliger Körper im Hohlraum des Fruchtknotens. Aus den Samenanlagen entwickeln sich nach der Befruchtung Samen

Samenschale – in der Regel trockene, häutige Hülle des Samens

Sammelfrucht – Gesamtheit der aus einer Blüte hervorgegangenen Teilfrüchte

Säule – durch die Verwachsung der Griffel entstandenes Gebilde. Auch der selbständige Mittelteil der Balgfrüchte bei den Primelgewächsen

Schaft – laubblattloser, eine Blüte oder einen Blütenstand tragender Stengel

Scheinähre – unechte Ähre, ährenähnlicher

Blütenstand verschiedener Art, entstanden z. B. durch Verkürzung der Blütenstiele bei traubenförmigen Blütenständen

Scheinbeere – Sammelfrucht von Achänen oder Nüßchen auf gewölbtem, fleischigem Blütenboden

Scheindolde – siehe Trugdolde

Scheinquirl – razemöser Blütenstand an den Achseln kreuzständiger Blätter; die Blüten scheinen quirlförmig angeordnet zu sein und die Stiele sind stark verkürzt

Schiffchen – Blütenkronteil der Schmetterlingsblütler, entstanden durch Verwachsung oder Verbindung zweier vorderer Blütenkronblätter

Schirmrispe – razemöser Blütenstand, der durch verlängerte Seitenzweige ebensträußig wirkt

Schirmtraube – siehe Doldentraube

Schlauch – Hautfrucht der Seggen; sie wird von einem, in ein zusammengewachsenes häutiges Vorblatt gehüllten Nüßchen gebildet

Schmarotzer – Pflanze ohne eigenes Blattgrün (Chlorophyll), die die Nährstoffe lebenden grünen Wirtspflanzen entzieht

Schmetterlingsblütenkrone – aus Fahne, Flügeln und Schiffchen (Kiel) bestehende Krone der Schmetterlingsblütler

Schnabel – trockene Spaltfrucht mit ziemlich langem und geradem Fruchthalter. Zerfällt bei der Reife in einige Teilfrüchte

Schötchen – kurze, ungefähr gleichlange wie breite Schote

Schote – trockenschalige, zweigehäusige, aus zwei Fruchtblättern entstandene Springfrucht; sie ist mehrsamig, durch eine häutige Scheidewand geteilt und mindestens viermal so lang wie breit

schrotsägeförmiges Blatt – einfaches, fiederspaltiges oder fiederlappiges Blatt, dessen Endabschnitt am größten ist, während die seitlichen Abschnitte stufenweise kleiner werden

Schuppenblatt – in der Regel nichtgrünes, mit dem breiten Blattgrund am Stengel sitzendes, verkümmertes Blatt

sitzende Blüte – Blüte ohne Stiel

sitzendes Blatt – Blatt ohne Blattstiel

somatische Chromosomenzahl – für die einzelnen Arten kennzeichnende, konstante Zahl der fädigen Zellkernstrukturen. Außer der somatischen Zahl (d. h. der Zahl im Zellkern aller Gewebe) gibt es noch die halbe, als „n“ bezeichnete Zahl in den Geschlechtszellen

Spaltkapsel – Kapselfrucht, deren Öffnung durch Klappen erfolgt; jede Klappe entspricht zwei benachbarten Fruchtballhälften

spateliges Blatt – zwei- bis viermal so langes wie breites, oben breites und abgerundetes, zum Spreitengrund verschmälertes Blatt

Spatha – siehe Blütenscheide

Spicula – siehe Ährchen

spießförmiges Blatt – Blatt, dessen Spreite in zwei in der Regel spitze, waagerecht abstehende oder nach oben gekehrte Seitenlappen ausläuft, die zusammen einen stumpfen Winkel einschließen

Spindel – Hauptachse eines razemösen Blütenstandes

Spirre – traubiger Blütenstand mit aufgerichteten, verlängerten Seitenästen, die an der äußeren Seite ständig länger werden und sich ähnlich verzweigen

Sporn – hohler, schmaler, kegel- bis schlauchförmiger Fortsatz eines Kelch- oder Kronblattes

Spreitenabschnitt – Teil des zusammengesetzten Blattes zwischen den Spreiteneinschnitten

Spreublatt – Tragblatt, in dessen Achsel Blüten mancher Korbblütengewächse stehen

Sproßachse – oberirdischer krautiger Stengel, der im gleichen Jahr abstirbt

Staminodium – rudimentäres, steriles Staubblatt ohne Staubbeutel

Staubbeutel – Oberteil des Staubblattes, in dem der Pollen entsteht

Staubblatt – männliches Fortpflanzungsorgan der Blüte; besteht meist aus dem Staubfaden, dem Staubbeutel und dem Mittelband

Staubfaden – steriler, die Staubbeutel tragender Teil der Staubblätter

steifhaarig – mit steifen, spitzigen, häufig stachligen Haaren bestanden

Stempel – weibliches Fortpflanzungsorgan der bedecktsamigen Pflanzen, entstanden durch das Verwachsen eines oder mehrerer Fruchtblätter; besteht aus dem Fruchtknoten, dem Griffel und der Narbe; der Griffel fehlt zuweilen

Stengel – blattloser oberirdischer Teil der Sproßachse

stengelumfassendes Blatt – sitzendes Blatt, dessen Spreitengrund um den Stengel herumgreift

steril – siehe unfruchtbar

Sternhaar – in Sternform verzweigtes Haar

Stiel – letztes blüten- oder fruchttragendes Stengelglied

stieltellerförmige Krone – verwachsenblättrige regelmäßige Krone, unten langröhrig und dann unvermittelt zu einem breiten, flachen, mitunter lappigen Saum ausgebreitet

Strahlblüte – Randblüte mehr oder minder flacher Blütenstände, deren Kronblätter sich randwärts hin vergrößern

Stützblatt – aus der Achsel des Stützblattes geht der Blütenstandzweig hervor, aus der Achsel des Tragblattes die Blüte

sympetale Krone – siehe verwachsenblättrige Krone

Taxon (pl. Taxa) – Systemeinheit verschiedener Rangordnung, z. B. Unterart, Art, Gattung, Familie

Teilfrucht – sich selbständig loslösende Verbreitungseinheit

Testa – siehe Samenschale

Theka – siehe Pollensack

Tragblatt – aus der Achsel des Tragblatts geht die Blüte hervor, aus der Achsel des Stützblattes oder Hochblattes ein Blütenstandstiel

traubiger Blütenstand – siehe razemöser Blütenstand

Trichterrispe – siehe Spirre

Trugdolde – Bütenstand, dessen Einzelblüten wie bei einer Dolde annähernd in einer Ebene liegen, obgleich die Blütenstiele nicht von derselben Stelle ausgehen

Tute – röhriges, meist häutiges Gebilde, entstanden durch Verwachsung der den Stengel am Spreitengrund umschließenden Nebenblätter

überhängend – nickend, herabhängend

unfruchtbar – steril, bei einer unfruchtbaren Blüte sind Staubblätter und Stempel nicht entwickelt, unfruchtbare Ähren sind blütenlos

unpaarig gefiedertes Blatt – gefiedertes Blatt, dessen Spindel mit einem unpaarigen Blättchen abgeschlossen wird

unterbrochen fiederschnittiges Blatt – in zahlreiche tiefe, ungleiche linealische oder lanzettliche Einschnitte geteiltes Blatt

unterbrochen unpaarig gefiedertes Blatt – Blatt, bei dem Fiederpaare großer und kleiner Blättchen abwechseln

unterständiger Fruchtknoten – mit den Basisteilen der übrigen Blütenorgane verwachsener Fruchtknoten; die Blütenhülle und Staubblätter stehen über dem Fruchtknoten

Valven – innere Blütenhüllblätter bei der Fruchtreife, die die Frucht eng umschließen und ein Schwimm-, Flug- oder Klettorgan bilden; an der Außenseite oft mit einer zuletzt gelblichen, roten oder braunen Schwiele

verkahlend – zunächst behaart, später nahezu nackt

verwachsenblättrige Krone – durch Verwachsung der Blütenhüllblätter entstandene, aus Röhre und mitunter langlappigem Saum zusammengesetzte Krone

vielzähliges Blatt – handförmig aus mehreren Blättchen zusammengesetztes Blatt

viermächtiges Staubblatt – Staubblätter in den Blüten der Kreuzblütler, von denen vier längere Staubfäden besitzen als die zwei restlichen

Vorblätter – zwei in der Regel kleine Blattgebilde am Blütenstengel

Vorspelze – zartes häutiges, in der Regel zweispitziges und zweikieliges Vorblatt, das bei den Süßgräserährchen gegenüber der Deckspelze steht

wechselständiges Blatt – in verschiedener Höhe, stets einzeln an der Sproßachse stehendes Blatt

weibliche Blüte – Blüte, die nur Stempel enthält

weitständiges Blatt – Blatt mit mindestens zweimal größerer Entfernung zum Nachbarblatt am Stengel

Wickel – einfacher, zymöser Blütenstand mit in der Jugendzeit spiralig gekrümmter Spindel; an der Oberseite befinden sich meistens zwei Blütenreihen (Doppelwickel), an der Unterseite in der Regel Tragblätter

Wirtspflanze – lebende Grünpflanze, denen Schmarotzer und halbparasitäre Pflanzen Nährstoffe entziehen

Wurzel – stets blattloses unterirdisches Pflanzenorgan, das der Verankerung im Boden dient und die Nährstofflösungen aufnimmt

Wurzelstock – unterirdische Sproßachse einiger ausdauernder Pflanzen (Stauden)

zusammengesetzter Blütenstand – Blütenstand, der aus einigen einfachen Blütenständen zusammengesetzt ist

zusammengesetztes Blatt – aus selbständigen Blättchen bestehendes Blatt

zweigebündelte Staubblätter – Staubblätter, die durch verwachsene Staubfäden zwei Bündel bilden

zweihäusige Pflanze – Pflanze mit eingeschlechtigen Blüten; weibliche und männliche Blüten befinden sich auf verschiedenen Individuen

zweilippige Krone – Lippenblüte – symmetrische verwachsenblättrige, in Unter- und Oberlippe geteilte, in der Regel offen mündende Krone

zweilippiger Kelch – in zwei Lippen geteilter Kelch

zweimächtiges Staubblatt – Staubblätter in den Blüten der Lippenblüten- und Braunwurzgewächse, von denen zwei längere Staubfäden besitzen als die zwei restlichen

zweischneidige Sproßachse – stark zusammengedrückter Stengel mit zwei scharfen Längskanten

Zwiebel – verkürzter Stengel mit fleischig angeschwollener Basis und fleischigen Zwiebelschuppen

zwittrige Blüte – Blüte sowohl mit Staubblättern als auch mit Stempel

zygomorphe Blüte – Blüte, die sich durch eine Symmetrieebene in zwei spiegelbildgleiche Hälften zerlegen läßt

Zyma – siehe auch Trugdolde

zymöser Blütenstand – Blütenstand mit verkürzter Hauptachse, deren endständige Blüte von den sich ähnlich verzweigenden Seitenachsen übergipfelt wird

BILDTEIL

Weiße Seerose

Nymphaea alba

In stehenden Gewässern, toten Flußarmen und Teichen wächst die ausdauernde, bis zu 2 m „lange" Seerose. Aus dem starken, im Boden wurzelnden Rhizom wachsen lange Blattstiele, deren Blattspreiten auf der Wasseroberfläche schwimmen. Die großen, lederartigen Blätter sind eiförmig, ganzrandig und haben am Blattgrund auffallende Lappen.

Die Blüte hat nur vier Kelchblätter, aber häufig bis zu 40 Kronblätter. Die Staubblätter mit gelben Staubbeuteln sind ebenso zahlreich; die Staubfäden der inneren Staubblätter sind fadenförmig, die der äußeren breit. Die Staubblätter bedecken fast den ganzen Stempel mit der gelben Narbe und mehr als zwanzig Narbenlappen. Verwandt ist die Kleine Seerose *(Nymphaea candida)*, deren Staubblätter den Stempel nur zu zwei Drittel bedecken und bei der die Staubfäden auch der inneren Staubblätter breiter sind als die Staubbeutel. Die Narbe ist deutlich konkav, häufig rot gefärbt und 6–14strahlig.

Beide Arten sind in den Gewässern nahezu ganz Europas heimisch. Obwohl sie in einer Reihe europäischer Staaten zu den geschützten Pflanzen gehören, sind sie immer seltener anzutreffen. Grund dafür ist die Verschlechterung der Wasserqualität durch die in die Wasserläufe abgelassenen Abwässer und Feldschwemmwässer und die damit verbundene chemische Veränderung ihrer Standorte. Da die Seerosen darauf empfindlich reagieren, sind sie nur dann zu erhalten, wenn wir für die Sauberkeit der Gewässer sorgen.

Somatische Chromosomenzahl:
Nymphaea alba 2n = 84
Nymphaea candida 2n = 160

Zweikeimblättrige

Blütezeit:
Juni–Juli

Fruchtform:
Balgfrucht

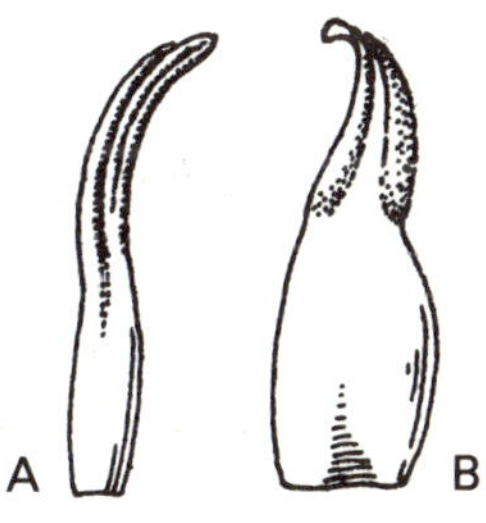

Staubblätter.
A: aus den Innenreihen, B: aus den Außenreihen

Große Mummel, Gelbe Teichrose

Nuphar lutea

Die Blätter dieser ausdauernden Wasserpflanze schwimmen auf der Oberfläche stehender und langsam fließender Gewässer und bilden häufig zusammenhängende Bestände.

Aus dem kriechenden, fest im Boden des Gewässers wurzelnden Rhizom wächst die bis zu 2 m lange Pflanze. Die Blätter haben lange Blattstiele, deren Länge sich nach der Wassertiefe richtet.

Die gelben Blüten riechen stark nach Äpfeln und haben einen Durchmesser von 4–6 cm. Die Blüte besteht aus fünf dottergelben Kelchblättern und zahlreichen Kron- und Staubblättern. Der Stempel hat eine gelappte, in der Mitte trichterförmig vertiefte Narbe. Die Blütenbestäubung besorgen Insekten. Nach der Befruchtung ziehen sich die Blütenstiele zusammen und ziehen die Blüten unter die Wasseroberfläche, wo der Reifeprozeß vor sich geht. Dort bilden sich auch die 3–4 cm langen, flaschenförmigen Fruchtstände aus. Dank der großen, in der Frucht eingeschlossenen Luftmenge steigt die Balgfrucht nach der Lösung vom Stengel an die Wasseroberfläche. Dort platzt die dünne Hülle und gibt die halbmondförmigen, lufthaltigen Fruchtblätter frei, die dann durch den Wasserstrom weitergetragen werden. Die Fruchtblätter enthalten spitze, eiförmige, harte Samen, die auf den Wassergrund sinken und dort neue Pflanzen bilden.

Auch die *Nuphar lutea* ist wie die *Nymphaea alba* stark durch die chemischen Veränderungen ihrer Standorte gefährdet und gehört deshalb in vielen Staaten zu den geschützten Pflanzen.

Frucht

Same

Somatische Chromosomenzahl: 2n = 34

Zweikeimblättrige

Blütezeit:
Mai–August

Fruchtform:
Balgfrucht

Sumpfdotterblume

Caltha palustris

An Quellen, auf Sumpfwiesen, in feuchten Straßengräben und an Bächen wächst die 10–30 cm hohe Sumpfdotterblume.

Sie hat aufsteigende, manchmal wurzelnde Stengel. Die dunkelgrünen glänzenden Blätter mit gekerbtem, gezähntem Rand sind herz-eiförmig bis nierenförmig. Die Grundblätter sind langgestielt, die Sproßachsenblätter haben kürzere Stiele, die Hochblätter sind häufig auch sitzend.

Die Blüten der Sumpfdotterblume sind hellgelb und glänzend und haben 5, manchmal bis zu 10 Blütenhüllblätter. Die Staubblätter sind zahlreich und von veränderlicher Anzahl. Sie hat 5–10 Stempel mit oberständigen Fruchtknoten. Die jungen Blütenknospen werden manchmal als Kapernersatz verwendet. Nach dem Bestäuben und Befruchten der Samenanlagen entwickeln sich die Stempel zu Balgfrüchtchen, die vor dem Öffnen abstehen, zurückgebogen und auf dem Rücken deutlich gekrümmt sind und an der Spitze verschmälert in einen 1,5 mm langen Schnabel auslaufen. Die Samenverbreitung besorgen der Regen oder Schwemmwässer.

Diese Art wächst in mehreren Unterarten in ganz Europa; im Mittelmeerraum ist sie jedoch selten. Verbreitungsgebiete sind ebenfalls Asien und Nordamerika.

Die Sumpfdotterblume ist schwach giftig.

In Gärten werden häufig ihre gefülltblumigen Ziersorten kultiviert.

Somatische Chromosomenzahl: 2n = 32 (18–80)

Zweikeimblättrige

Blütezeit:
März–Juni

Fruchtform:
Balgfrucht

Balgfrüchtchen

Europäische Trollblume

Trollius europaeus

Dieses ausdauernde Kraut erreicht eine Höhe von 30–60 cm und wächst auf feuchten und sumpfigen Wiesen.

Der gerade und unverzweigte nackte Stengel trägt dunkelgrüne, meist handförmig geteilte Blätter mit 2–3spaltigen gezähnten Zipfeln. Die unteren Blätter sind langgestielt, die kleineren Hochblätter mit weniger Abschnitten fast stiellos oder sitzend.

Die großen, kugelförmigen gelben Blüten sitzen einzeln an den Stengelenden und haben bis zu 3 cm Durchmesser. Ab und zu lassen sich Exemplare mit mehreren achselständigen Blüten finden. Die goldgelben Blütenhüllblätter sind kugelig zusammengeschlossen. Die Krone wird von verschiedenzähligen eigelben linealischen Honigblättern gebildet, die kürzer sind als die zahlreichen gelben Staubblätter. Für die Bestäubung sorgen Insekten, es kommt aber auch zur Selbstbestäubung. Die Balgfrüchte sind leicht gekrümmt, erreichen in der Reife fast 12 mm Länge und laufen in einen kurzen Schnabel aus. Die eiförmigen Samen sind glänzend schwarz.

Trollius europaeus ist in ganz Europa anzutreffen, in Südeuropa jedoch nur in den Bergen und in höher gelegenen Gebieten. In mehreren mitteleuropäischen Ländern steht sie unter Naturschutz.

Es ist nicht uninteressant, daß Linné seiner Beschreibung der Trollblume offenbar eine andere Art als die europäische zugrundelegte. Es zeigt sich, daß die in Mitteleuropa verbreitete Trollblume eher einer Art entspricht, die Crantz als *T. altissimus* beschreibt.

Same

Frucht

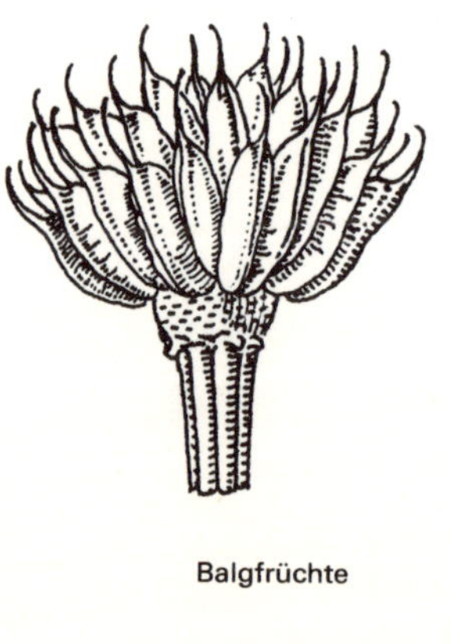

Balgfrüchte

Somatische Chromosomenzahl: 2n = 16

Zweikeimblättrige

Blütezeit:
Mai–Juni

Fruchtform:
Balgfrucht

Ährenchristophskraut

Actaea spicata

Das Ährenchristophskraut ist meist in schattigen Laubwäldern, häufig auf Kalksteinböden, anzutreffen.

Der gerade Stengel ist 30–60 cm hoch und trägt wechselständige große, dreimal-dreizählig gefiederte Blätter.

Die zahlreichen, in gedrängten Trauben sitzenden Blüten sind regelmäßig und zweihäusig. Gewöhnlich haben sie vier bis fünf weiße bis gelbliche Kelchblätter und die ebenfalls weißen linealischen, fallenden Kronblätter sind meist vier. Die großen Staubblätter sind von veränderlicher Anzahl. Für die Bestäubung sorgen Insekten und der Wind. Die schwarzen glänzenden Beerenfrüchte sind erbsengroß.

Das unangenehm riechende Christophskraut ist giftig. Es enthält das Saponin Actein, das nach dem Genuß der Beeren Haemolyse (Zerfall der roten Blutkörperchen) hervorrufen kann.

Actaea spicata ist nahezu über den ganzen europäischen Kontinent verbreitet, in südlichen Gegenden bleibt es jedoch auf die höheren Lagen beschränkt.

Das in Nordosteuropa heimische *Actaea erythrocarpa* unterscheidet sich durch die kleineren und auch im reifen Zustand roten Beerenfrüchte.

Einige japanische, mittelasiatische und nordamerikanische Arten werden auch als Zierpflanzen, besonders als auffällige Solitäre, in Parks und Schloßgärten gezüchtet.

Somatische Chromosomenzahl: 2n = 16

Zweikeimblättrige

Blütezeit:
Mai–Juni

Fruchtform:
Beere

Früchte

Same

Gemeine Akelei

Aquilegia vulgaris

Diese auffällige und sehr dekorative Pflanze wächst in lichten Laubwäldern mit höherem Humusgehalt.

Aus dem kurzen, starken Rhizom wächst der bis zu 1 m hohe, gerade und verzweigte Stengel. Die Grundblätter sind langgestielt, doppelt fiederteilig mit eiförmigen Blättchen. Die aus den Sproßachsen wachsenden Blätter sind kurzgestielt, oft sitzend und wesentlich kleiner.

Der Stengel trägt drei bis zehn langstielige, nickende, bis 5 cm breite Blüten. Sie sind meist blauviolett, selten rosa oder weiß. Die Kelchblätter sind breit eiförmig, an der Spitze grünlich und gespreizt. Die Kronblätter sind zu einem hakig gebogenen langen Sporn verlängert. Die zahlreichen Staubblätter sind gelb und die mittleren unfruchtbar. Die fünf einzelfrüchtigen Stempel bringen Balgfrüchte mit glänzend schwarzen ovalen, bis zu 2,5 mm langen Samen hervor.

Die Gemeine Akelei ist eine Giftpflanze.

Sie ist über ganz Europa verbreitet und häufig geschützt. Wegen ihres dekorativen Aussehens ist sie als Gartenpflanze geschätzt. Nach der Blütenfarbe werden weitere drei, meist in den Alpen vorkommende Arten unterschieden: die *Aquilegia atrata* hat braunpurpurne Blüten, die *Aquilegia einseleana* ist blauviolett und hat gerade, ungebogene Sporne. Die dunkelblau blühende *Aquilegia alpina* hat bis zu 8 cm breite Blüten.

Same

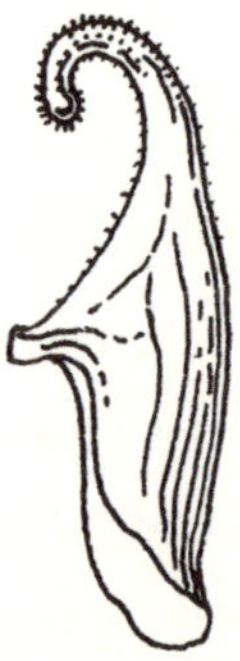

gesporntes Kronblättchen der nickenden Blüte

Somatische Chromosomenzahl: 2n = 14

Zweikeimblättrige

Blütezeit:
Mai–Juli

Fruchtform:
Balgfrucht

Blauer Eisenhut

Aconitum napellus

In den Wäldern und an Bachrändern, aber auch auf Hochstaudenfluren ist diese bis zu 150 cm hohe, ausdauernde Staude zu finden. Sie wächst nicht nur im Gebirge, sondern wird auch in niedrigere Lagen abgeschwemmt.

Der gerade Stengel ist nackt, die Blätter sind handförmig, 5-bis 7lappig und fast fiederartig geschlitzt.

Der Blütenstand ist in vier bis sechs Seitenrispen verzweigt. Die Mittelrispe ist verlängert und vielblütig. Die tiefblau-violetten Kelchblätter sind außen kahl, am unteren Rand gewimpert. Die beiden oberen Perigonblätter bilden einen hochgebogenen Helm, der die 2 langgestielten, gespornt-kapuzenförmigen Honigblätter umschließt. Diese Honigblätter sind eigentlich umgestaltete Kronblätter. Staubblätter und Stempel sind in der Blüte recht zahlreich vertreten. Die Pflanze ist hoch giftig.

Der Blaue Eisenhut wurde wegen seines dekorativen Äußeren schon früh in Gärten gepflanzt, verwildert aber häufig. Aus diesem Grunde ist er in seinen ursprünglichen Verbreitungsgebieten durch Abreißen und andere rücksichtslose Eingriffe des Menschen gefährdet. Zahlreiche mitteleuropäische Länder haben ihn deshalb unter Naturschutz gestellt.

Die Bestimmung der blaublütigen Eisenhutarten ist wegen ihrer großen Variabilität äußerst schwierig. Die einzelnen Merkmale werden gewöhnlich unterschiedlich bewertet. Das führt dazu, daß *Aconitum napellus* subsp. *hians* manchmal als *A. firmum* oder als *A. callybotryon* betrachtet wird. Immer handelt es sich jedoch um den Blauen Eisenhut.

Somatische Chromosomenzahl: 2n = 32

Zweikeimblättrige

Blütezeit:
Juli–August

Fruchtform:
Balgfrucht

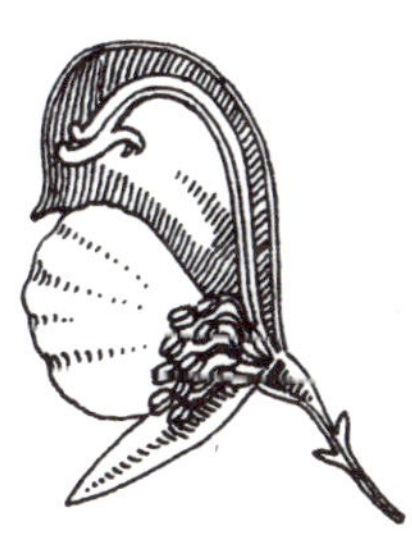

Schnitt durch die Blüte

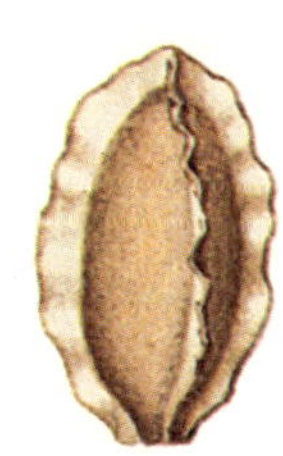

Frucht

Feldrittersporn

Delphinium consolida
syn. *Consolida regalis*

Die 60–100 cm hoch werdende einjährige Pflanze wächst hauptsächlich in wärmeren Regionen als Unkraut auf Getreidefeldern, ist aber auch auf Wiesen und Weiden anzutreffen.

Die ganze Pflanze ist kahl oder nur schwach behaart. Der gerade Stengel verzweigt sich in der oberen Hälfte und ist mit dreifingrigen, zwei- bis dreimal geschlitzten Blättern bewachsen.

Die Pflanze hat nur spärliche Blüten mit dunkelblauen, manchmal aber auch rosa oder weißen Kelchblättern. Das obere Perigonblatt ist langgespornt, die Kronblätter sind blau. Nach dem Bestäuben und Befruchten bildet die Pflanze kahle Balgfrüchte aus.

Der Feldrittersporn ist eine giftige Pflanze, wird aber gleichzeitig als Heilpflanze verwendet.

Er wächst fast in ganz Europa; im Norden dringt er bis nach Südskandinavien vor. Er fehlt auf den meisten südeuropäischen Inseln und auf dem Balkan.

Die verwandte Art *Delphinium ajacis* wird manchmal auch als Gartenpflanze gezüchtet. Sie hat eine dicht mit gefüllten, großen blauen Blüten besetzte Traube, deren Balgfrüchte plötzlich zugespitzt in einen Schnabel auslaufen. Auch die Art *Delphinium orientale* mit violetten Blüten und plötzlich in einen Schnabel auslaufenden Balgfrüchten wird als Zierpflanze gehalten. Häufig werden diese Hyazinthenrittersporne als rot- und weißblütige Hybriden angepflanzt.

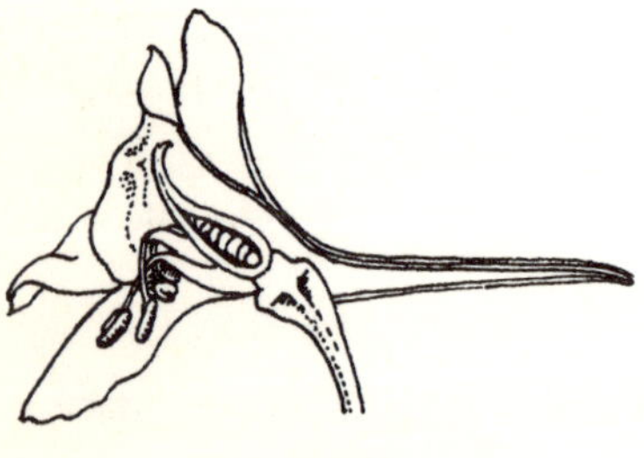

Schnitt durch die Blüte

Frucht

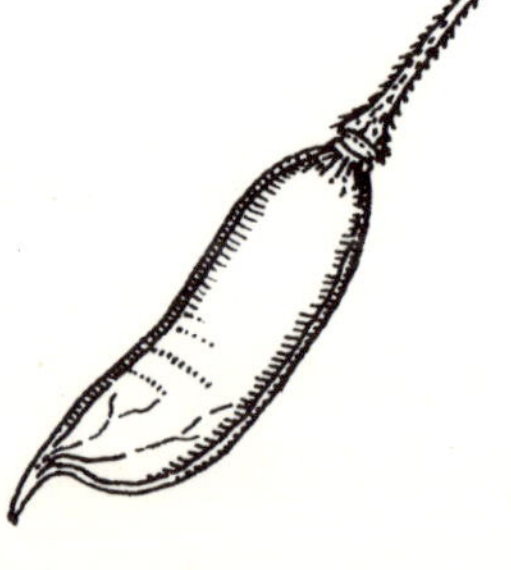

Somatische Chromosomenzahl: 2n = 16

Zweikeimblättrige

Blütezeit:
Juli–September

Fruchtform:
Balgfrucht

Buschwindröschen

Anemone nemorosa

Die ausdauernde Pflanze mit 10–25 cm hohen Stengeln wächst in schattigen Hainen und Wäldern, aber auch auf Wiesen. Sie ist in den Ebenen genauso heimisch wie auf den Hochgebirgswiesen.

Der einfache, gerade Stengel kommt aus einem dünnen, kriechenden Rhizom. Die Sproßachsenblätter sind wie die Grundblätter dreiteilig gestielt. Der Mittelabschnitt ist dreilappig, beide Seitenabschnitte sind zweilappig und kurzgestielt.

Die Blüten stehen einzeln auf langen Blütenstengeln und sind gewöhnlich 2–4 cm breit. Die Blüte hat 6–8 Blütenhüllblätter, manchmal können es aber auch bis zu 12 sein. Kelch- und Kronblätter werden nicht unterschieden. Die kahlen weißen Blütenhüllblätter haben außen meist eine leicht violette Färbung. Die Staubblätter sind zahlreich, ihre Staubbeutel sind gelb. Die Blüten haben 6–20 Stempel, die zu rauhhaarigen Nüßchen reifen.

Das Buschwindröschen ist nahezu auf dem ganzen europäischen Kontinent anzutreffen; äußerst selten ist sein Vorkommen im Mittelmeerraum. *Anemone nemorosa* kreuzt sich mit *Anemone ranunculoides,* dem Gelben Windröschen; die Kreuzung ist jedoch unfruchtbar.

Das stattlichere Große Windröschen *(Anemone sylvestris)* wächst in Strauchhainen und unterscheidet sich vor allem durch die außenseitig behaarten, großen reinweißen Blütenblätter.

Somatische Chromosomenzahl: 2n = 30, es werden aber auch weitere Zahlen angegeben: 2n = 28–32, 37, 42, 45, 46. Diese Tatsache steht in engem Zusammenhang mit der Variabilität dieser Art. Die beschriebenen Unterarten unterscheiden sich nicht nur durch ihre Ökologie, sondern gerade in der Chromosomenzahl.

Zweikeimblättrige

Blütezeit:
März–Mai

Fruchtform:
Nüßchen

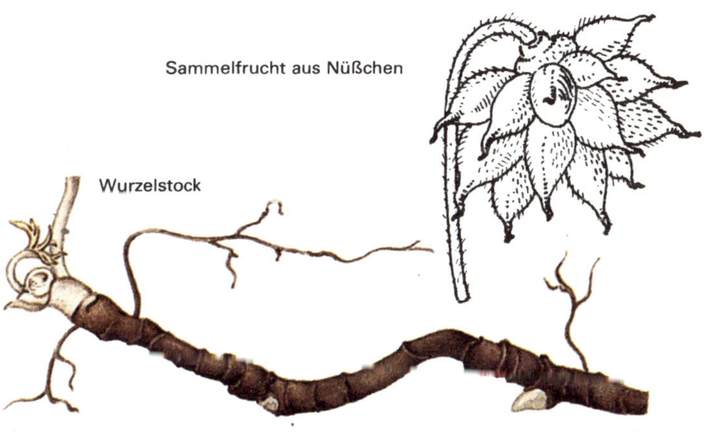

Gelbes Windröschen

Anemone ranunculoides

Diese Art ist in Laubwäldern, aber auch in Tannenbeständen und meist in Gemeinschaften anzutreffen. Sie ist feuchtigkeitsliebender als das Buschwindröschen.

Aus dem kriechenden, schuppenblättrigen braunen Rhizom wächst der 15–25 cm hohe, gerade, behaarte Stengel. Die Grundblätter kommen häufig nicht zur Entwicklung. Wenn sie vorhanden sind, sind sie langgestielt dreifingrig mit mehr oder weniger sitzenden Fingerblättchen. Die aus den Sproßachsen hervorwachsenden Blätter sind dagegen sitzend oder kurzgestielt.

Der Stengel trägt gewöhnlich eine einzige Blüte; es sind jedoch auch Exemplare mit zwei bis fünf zu finden. Die 5 goldgelben Blütenhüllblätter sind eiförmig und an der Außenseite behaart. Die gelben Staubblätter und Stempel sind zahlreich und von unterschiedlicher Anzahl. Die Stempel verwandeln sich in 4–5 mm lange, kurzbehaarte und zu einem kurzen, gebogenen Schnabel verlängerten Nüßchen. Die *Anemone ranunculoides* ist giftig und nahezu auf dem ganzen europäischen Kontinent, mit Ausnahme der Inseln, heimisch. Im Mittelmeerraum ist sie ziemlich selten.

Eine Unterart ist die kleine, dichte Polster bildende subsp. *A. wockeana* mit scharf gezähnten Blättern, kleineren Blüten und anderen unterscheidenden Merkmalen.

Früchte

Wurzelstock

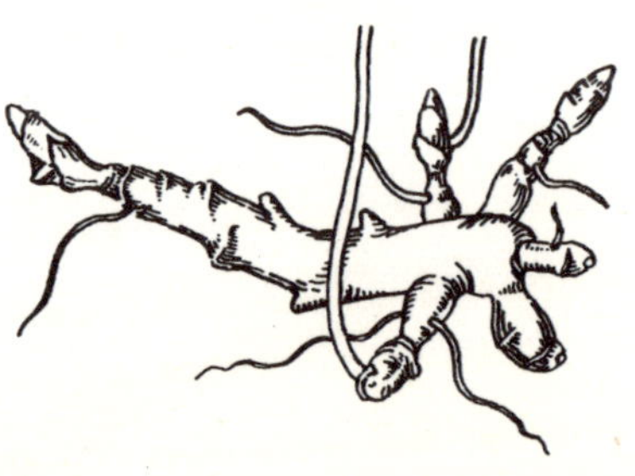

Somatische Chromosomenzahl: 2n = 32, 30

Zweikeimblättrige

Blütezeit:
März–Mai

Fruchtform:
Nüßchen

Fingerküchenschelle

Pulsatilla patens
syn. *Anemone patens*

Diese während der Blüte nur 15 cm erreichende ausdauernde Staude wächst auf sonnigen Wiesenlagen, steinigen, grasbewachsenen Hängen und in lichten Hainen.

Die Grundblätter überwintern nicht, sondern bilden sich erst nach dem Verblühen der Pflanze. Sie sind langgestielt und gefiedert; die Blättchen überdecken sich mit ihren Rändern. Die Hochblätter sind tief fiederspaltig mit linealischen und abstehend behaarten Spreitenabschnitten.

Der ebenfalls behaarte, gerade Stengel trägt eine einzige weitgeöffnete, geradlinig wachsende Blüte. Die sechs hell blauvioletten Blütenhüllblätter sind außen behaart. Im Blütenkelch sitzt eine größere Anzahl gelber Staubblätter, von denen die äußeren allmählich ihre Fruchtbarkeit verlieren und sich in sitzende Honigblätter verwandeln. Die angelockten Insekten sammeln gleichzeitig Pollen und sorgen für die Bestäubung. Aus den befruchteten Stempeln entwickeln sich an einem bis zu 5 cm langen, behaarten Stiel die Nüßchen. Ursprünglich wurden die Fingerküchenschellen den Windröschen (Gattung *Anemone*) zugerechnet, denen sie in der Anordnung der drei Hochblätter ähneln. Sie unterscheiden sich dadurch, daß es bei der Küchenschelle nach dem Verblühen zu einem weiteren Stengelwachstum kommt. *Pulsatilla patens* erreicht zur Fruchtreife bis 45 cm. Außerdem stehen in den Blüten kleine, keulige Nektarien.

Somatische Chromosomenzahl: 2n = 16

Zweikeimblättrige

Blütezeit:
März April

Fruchtform:
Nüßchen

Frucht

Wiesenküchenschelle

Pulsatilla pratensis

Die Wiesenküchenschelle schmückt mit ihren reizenden Blüten trockene, sonnige Hänge und lichte Laubhaine und Kiefernwälder, nicht nur in den Ebenen, sondern auch im Hügelland. Während der Blütezeit ist der Stengel 7–25 cm hoch; zur Fruchtreife erreicht er fast 50 cm. Die Grundblätter wachsen erst nach dem Verblühen; sie überwintern also nicht. Diese Blätter sind langgestielt und fiederständig, mit tief eingeschnittenen Blättchen. Die Hochblätter sind wie bei den übrigen Küchenschellenarten linealisch, behaart und fiedrig gespalten. Die glockige, nickende Blüte der Wiesenküchenschelle wird von sechs nach außen gebogenen und auf der Außenseite seidig behaarten Blütenhüllblättern gebildet. Sie sind schwarzviolett, selten purpurn; es lassen sich aber auch Exemplare mit gelblichen bis weißlichen Blüten finden. Die Staubbeutel und Stempel sind in großer und unbestimmter Anzahl vertreten. Nach der Bestäubung durch Insekten, denen die Küchenschelle Nektar und Pollen bietet, richtet sich der Stengel auf, so daß sich die Nüßchen entwickeln und zur Reife kommen können. Sie sind behaart und bis 6 cm federig geschwänzt.

Nach der Blütenblattfarbe werden die beiden Unterarten *pratensis* mit innen hellvioletten und grünweißen Blüten und *nigricans* mit innen dunkelvioletten Blüten unterschieden.

Alle Küchenschellenarten stehen in einer Reihe mitteleuropäischer Staaten unter Naturschutz.

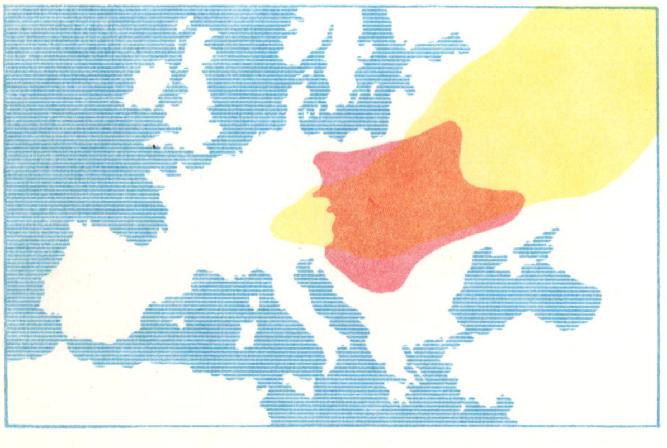

Vergleich der Vorkommenshäufigkeit der Fingerküchenschelle *(P. patens* – gelb ausgezeichnet*)* mit der Wiesenküchenschelle

Somatische Chromosomenzahl: 2n = 16

Zweikeimblättrige

Blütezeit:
April–Mai

Fruchtform:
Nüßchen

Scharfer Hahnenfuß

Ranunculus acris

Diese 50–100 cm hoch werdende, ausdauernde Pflanze ist auf Feldern, Wiesen und Weiden sowohl im Flachland als auch im Gebirge sehr zahlreich anzutreffen.

Aus dem kurzen, dicken Rhizom wächst der reich verzweigte und vielblütige Stengel. Die langgestielten Grundblätter sind handförmig fünf- bis siebenspaltig. Die Stengelblätter sind ähnlich geformt, die Hochblätter sitzend. Die gebogenen Blütenstiele tragen Blüten mit grünen, mehr oder weniger angepreßten, frühzeitig abfallenden Kelchblättern. Die goldgelben Kronblätter sind doppelt so lang wie die Kelchblätter. Am Kronblattgrund befindet sich das von Schuppen bedeckte Nektarium.

Die Staubgefäße und Stempel sind in großer und veränderlicher Anzahl vorhanden. Der Blütenboden ist nackt. Nach der Befruchtung bilden sich eiförmige, zusammengepreßte, in einen kurzen Schnabel auslaufende Nüßchen.

Die Art ist über fast ganz Europa und das westliche Sibirien verbreitet.

Die frische Pflanze enthält giftige Cyanogenverbindungen, die sich jedoch beim Trocknen zersetzen. Deshalb ist Heu mit getrocknetem Scharfem Hahnenfuß unbedenklich.

Blütendiagramm

Somatische Chromosomenzahl: 2n = 14

Zweikeimblättrige

Blütezeit:
Mai–September

Fruchtform:
Nüßchen

Früchte

Kriechender Hahnenfuß

Ranunculus repens

Der Kriechende Hahnenfuß, eine ausdauernde Pflanze, hat 20–50 cm lange, kriechende bis aufsteigende Stengel, deren am Stengelgrund entspringende Ausläufer am Boden kriechen und wurzeln. Die Art bevorzugt feuchte und schattige Standorte und ist auf Wiesen, in Wäldern und an Bachsäumen nicht nur im Flachland, sondern auch in Gebirgsgegenden zu finden. Die dreizähligen Grundblätter sind langgestielt, die Stengelblattstiele werden nach oben zu kürzer. Die Hochblätter sind mehr oder weniger ungestielt und haben dreigeteilte lanzettliche Spreitenabschnitte.

Die behaarten Blütenstiele sind gefurcht. Behaart sind auch die 5 grünen Kelchblätter, die gespreizt sind und früh abfallen. Die meist 5 Kronblätter sind goldgelb und glänzend. An ihrem Grund befinden sich die durch Schuppen verdeckten Nektarien. Staubblätter und Stempel sind in großer und veränderlicher Anzahl vorhanden. Die Blüten sind 2–3 cm breit. Die sich am steifhaarigen Blütenboden entwickelnden Nüßchen sind leicht gequetscht, nackt und laufen in einen kurzen Schnabel aus.

Wie die übrigen Hahnenfußarten, ist auch *Ranunculus repens* giftig. Der Kriechende Hahnenfuß ist, ausgenommen Kreta und die Balearen, in ganz Europa verbreitet und wurde auch dort eingeschleppt, wo er vorher niemals zu finden war, wie z. B. auf den Azoren, auf Spitzbergen und in Nordamerika. In Nordafrika, wo er ebenfalls anzutreffen ist, gehört er offensichtlich zur ursprünglichen Flora.

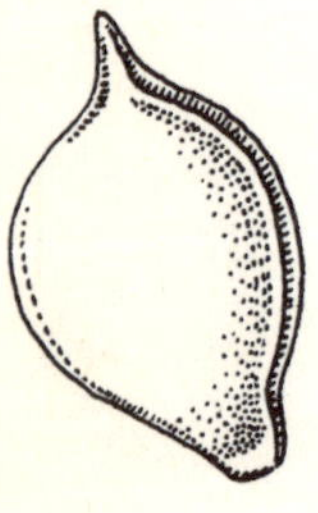

Frucht

Somatische Chromosomenzahl: 2n = 32

Zweikeimblättrige

Blütezeit:
Mai–August

Fruchtform:
Nüßchen

Brennender Hahnenfuß

Ranunculus flammula

Die dritte gelbblühende Hahnenfußart ist *Ranunculus flammula.* Sie ist zahlreich auf feuchten Böden, an Quellen und in feuchten Gräben vom Flachland bis ins Gebirge anzutreffen.

Der aus dem kurzen, ausläuferartigen Rhizom wachsende, 15–40 cm hohe, nackte Stengel ist teilweise liegend und im Boden wurzelnd. Die langgestielten Grundblätter sind ei- bis herzförmig, die sitzenden Sproßachsenblätter lanzettlich bis lanzettlich-linealisch.

Die gefurchten Blütenstiele tragen kleine Blüten mit abstehenden, kahlen und abfallenden grünen Kelchblättern und eiförmigen goldgelben Kronblättern. Die Staubblätter und Stempel sind wie bei den beiden vorher beschriebenen Arten zahlreich und in der Anzahl veränderlich. Nach dem Befruchten bilden sich aus den Stempeln eiförmige Nüßchen mit kurzem Schnabel, die sich kugelig auf dem kahlen Blütenboden häufen.

Der Brennende Hahnenfuß ist in den meisten Gebieten des europäischen Kontinents heimisch, im Mittelmeerraum ist er jedoch selten anzutreffen.

Es handelt sich um eine sehr variable Art, bei der üblicherweise drei Unterarten unterschieden werden. Unterscheidungsmerkmale sind die Stellung der Stengel und die Blattformen. Am häufigsten verbreitet ist subsp. *flammula,* in Westschottland und Irland wächst subsp. *minimum,* in Nordschottland ist subsp. *scoticus* heimisch.

Somatische Chromosomenzahl: 2n = 32

Zweikeimblättrige

Blütezeit:
Juni–Oktober

Fruchtform:
Nüßchen

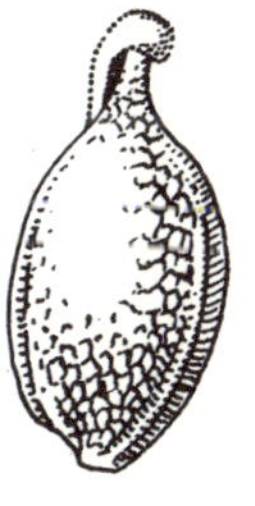

Frucht

Gemeiner Wasserhahnenfuß

Ranunculus aquatilis
syn. *Batrachium aquatile*

In stehenden und langsam fließenden Gewässern ist der Wasserhahnenfuß anzutreffen. Er wird bis 150 cm lang und ist eine ausdauernde Wasserpflanze. Sein kahler Stengel ist verzweigt und schwimmt auf dem Wasser. Er hat zwei Arten von Blättern: zwei- bis dreimal dreigeteilte Unterwasserblätter, die sich in fadenförmige Blattabschnitte gabeln und beim Herausziehen aus dem Wasser zu einem Pinsel zusammenschlagen, und gestielte Schwimmblätter, deren herz- bis nierenförmige Blattspreiten in drei bis fünf stumpfe, am Ende gekerbte Lappen auslaufen.

Die gestielten weißen Blüten sind 20–25 mm breit. Sie bestehen aus 3–5 grünen Kelchblättern und meist 5 (maximal 12) weißen Kronblättern. Die zahlreichen Staubblätter sind länger als die Stempel. Am Grund der eiförmigen Kronblätter stehen Nektarien. Die Nüßchen sind quergefurcht, können kahl oder behaart sein und enden in einen kurzen Schnabel.

Außer der in den Gewässern ganz Europas heimischen *Ranunculus aquatilis* sind in Mitteleuropa weitere verwandte Arten anzutreffen. Erwähnt seien wenigstens die *Ranunculus baudotii* mit gelbem Fleck und Kronblätterbasis und die *Ranunculus tripartitus* mit weißen Kronblättern, die im Unterschied zur *Ranunculus aquatilis* weniger als 10 Staubbeutel in der Blüte trägt.

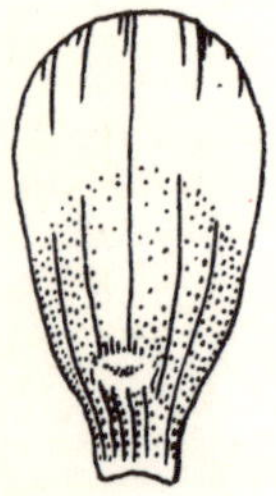

Kronblättchen mit Nektarium

Somatische Chromosomenzahl: 2n = 48

Zweikeimblättrige

Blütezeit:
Juni–September

Fruchtform:
Nüßchen

Scharbockskraut

Ranunculus ficaria
syn. *Ficaria verna*

An schattigen Waldsäumen, in lichten Wäldern, in Gebüschen und an Bachsäumen ist dieser 5–20 cm hohe, ausdauernde Frühjahrsblüher anzutreffen.

Aus keuligen Wurzelknöllchen wachsen herzförmig rundliche bis nierenförmige, stark glänzende, fleischige Blätter, die ganzrandig, ungleichmäßig gekerbt, manchmal gezähnt sind. Die Stengelblätter ähneln den Grundblättern, sind aber gestielt. Bei der Unterart subsp. *bulbifera* wachsen aus den Knoten der Grundblätter Brutknospen, durch die sich die Pflanze vegetativ vermehrt. Der Stengel ist aufsteigend, häufig wurzelnd und verzweigt.

Die zwittrigen Blüten haben meist 3, höchstens 5 frühzeitig abfallende gelbgrüne Kelchblätter und gewöhnlich 6–13 goldgelbe, glänzende Kronblätter. Am Kronblattgrund befindet sich eine Nektarrinne, die von einer Nektarienschuppe bedeckt ist. Staubbeutel und Stempel sind in der Anzahl sehr variabel. Die Fruchtstände sind Nüßchen, bei der Unterart *bulbifera* werden sie jedoch meistens nicht ausgebildet.

In Mitteleuropa ist die bereits erwähnte subsp. *bulbifera* heimisch, außerdem die wärmeliebendere subsp. *calthifolia* mit geraden, nichtwurzelnden und unverzweigten Stengeln. Die eigentliche subsp. *ficaria* ist wahrscheinlich nur in Großbritannien und in Westeuropa verbreitet.

Somatische Chromosomenzahl: 2n = 16, 32

Zweikeimblättrige

Blütezeit:
März–Mai

Fruchtform:
Nüßchen

A. Subsp. *calthifolia* – Pflanze ohne Brutknospen
B: Subsp. *bulbifera* – Brutknospen in den Blattachseln

Leberblümchen

Hepatica nobilis
syn. *Anemone hepatica*

Diese zu den ersten Frühlingsblühern gehörende, kleine Pflanze wächst verstreut in Laubwäldern und Hainen, aber auch an nadelholzbestandenen Waldrändern.

Aus dem kriechenden Wurzelstock erhebt sich ein 5–15 cm hoher, einblütiger Stengel; erst später erscheinen die langgestielten, dreilappigen, herzförmigen Blätter. Die Färbung der Blattspreiten ist in erheblichem Maße ein Hinweis auf den Standort: Pflanzen auf nährstoffreichen Humusböden haben sattgrüne Blätter, während die Blattspreiten bei Vorkommen auf mineralarmen Böden eher gelbgrün gefärbt sind. Aus dem behaarten Stengel wachsen in einem dreiständigen Quirl die kleinen, ganzrandigen, dicht unter der Blüte sitzenden, kelchähnlichen Stengelblätter heraus.

Die zwittrigen, regelmäßig geformten Blüten stehen am Stengelende. Kelch- und Kronblätter unterscheiden sich nicht. Die 4–10 Blütenblätter sind dunkel- oder hellblau, manchmal aber auch tiefrosa oder sogar fast weiß. Neben Insektenbestäubung kommt es auch zur Selbstbestäubung.

Hepatica nobilis ist schwach giftig.

Die Nüßchen haben Schnäbel mit ölhaltigen Stoffen, die Leckerbissen für Ameisen sind. Sie sorgen daher auch für die Verbreitung.

Das Leberblümchen ist in den meisten Gegenden Kontinentaleuropas heimisch.

Früchte

Wurzelstock

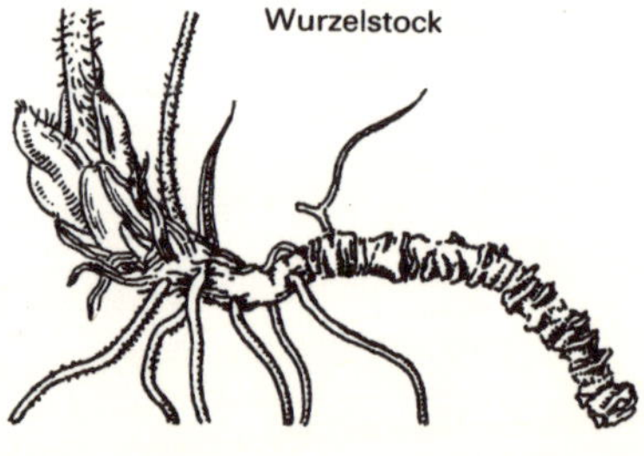

Somatische Chromosomenzahl: 2n = 14

Zweikeimblättrige

Blütezeit:
Februar–Mai

Fruchtform:
Nüßchen

Frühlingsadonisröschen

Adonis vernalis
syn. *Adonanthe vernalis*

Die 10–60 cm hoch werdende, ausdauernde Pflanze wächst vor allem auf Kalkböden, manchmal aber auch auf sandigen Böden, an sonnigen Hanglagen, in Hainen und in Waldsteppengebieten.

Die oberirdischen Pflanzenteile erscheinen aus dem zylindrischen Wurzelstock. Der Stengel trägt 2–4mal gefiederte Blätter, die goldgelben auffallenden Blüten werden 3–7 cm breit. Der fünfblättrige Blütenkelch ist weich behaart und liegt dicht an der aus 10–20, manchmal auch mehr Blättern bestehenden Krone an. Staubbeutel und Stempel sind äußerst zahlreich. Obwohl die Blüten weder Honig enthalten noch duften, werden sie wegen des Pollenreichtums gern von Insekten besucht. Interessant ist, daß sie sich morgens vor neun Uhr öffnen, während des Tages dem Lauf der Sonne folgen und sich um die fünfte Nachmittagsstunde wieder schließen. Wenn es regnet, schließen sich die Blütenblätter dachförmig, so daß kein Wasser eindringen kann. Die Nüßchen finden vor allem durch Ameisen Verbreitung.

Diese Pflanze enthält giftige, gleichzeitig aber für Heilzwecke geeignete Glykoside und wird deshalb für pharmazeutische Zwecke angebaut.

In Mittel-, Südost- und Osteuropa, im Südwesten nur in den französischen Sevennen und im nordöstlichen Spanien wächst es wild. Die nördlichsten Verbreitungsgebiete sind die schwedischen Ostseeinseln Öland und Gotland. In mehreren Ländern steht das Adonisröschen unter Naturschutz.

Somatische Chromosomenzahl: 2n = 16

Zweikeimblättrige

Blütezeit:
April–Mai

Fruchtform:
Nüßchen

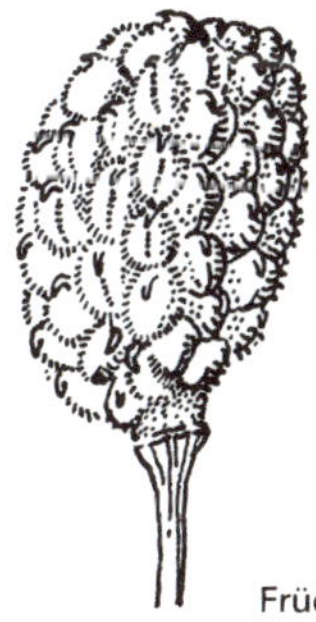

Früchte

Nüßchen

Sommeradonisröschen

Adonis aestivalis

Diese einjährige Pflanze ist ein häufig auf Feldern vorkommendes Unkraut, ungeachtet ob es im Flachland oder in bergigen Lagen warmer Gebiete wächst. Es braucht Böden mit hohem Kalkgehalt.

Der gerade, nur wenig verzweigte Stengel wird 20–50 cm hoch. Die kurzgestielten Grund- und die sitzenden Hochblätter haben drei- bis vierteilig gefiederte Blätter mit linealen Einschnitten.

Die Blüten wachsen aufrecht und haben in der Regel rote Kronblätter, häufig mit einem schwarzen Basalfleck. Wie die ganze Pflanze, sind auch die Kelchblätter kahl und an die Kronblätter gepreßt. Die zahlreichen Staubblätter sind dunkelviolett. Nach der Bestäubung und Befruchtung entwickeln sich auf dem kegeligen Blütenboden dichtstehende Nüßchen.

Diese Adonisröschenart ist nahezu auf dem ganzen europäischen Kontinent heimisch, mit Ausnahme der nördlichen Gebiete.

Zu den häufig anzutreffenden Gartenarten Mitteleuropas gehört das verwandte Herbstadonisröschen *(Adonis annua),* das ursprünglich in Südeuropa beheimatet war und durch kahle, abstehende bis nach rückwärts gebogene, früh abfallende Kelchblätter gekennzeichnet wird. Die großen dunkelroten Kronblätter haben ebenfalls einen auffallenden schwarzen Tupfen. Sie stehen halbkugelig geschart.

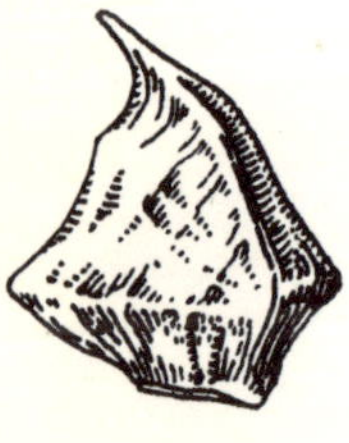

Same

Somatische Chromosomenzahl: 2n = 32

Zweikeimblättrige

Blütezeit:
Mai–Juli

Fruchtform:
Nüßchen

Grüne Nieswurz

Helleborus viridis

Die ausdauernde, 15–40 cm hohe Nieswurz bevorzugt stark kalkhaltige Böden in lichten Waldbeständen.

Der aufrechte Stengel ist wenig verzweigt und von unten unbeblättert; nur unter der Verzweigung im Stengelhochteil ist er manchmal behaart. Die fußförmigen Grundblätter mit langen Stielen und Blattspreiten überwintern nicht. Die 7 bis 11 schmal lanzettlichen Zipfel sind gezähnt und auf der blasseren Oberseite mehr oder weniger behaart und deutlich geädert. Die Stengelblätter haben an der Basis Blattscheiden.

Die nickenden Blüten auf langen Stielen bestehen aus dem aus breit eiförmigen grünen Blättern gebildeten Kelch und 8–12 gelbgrünen becherförmigen Kronblättern mit Honigblättern. Die Staubblätter sind wie bei allen übrigen Vertretern dieser Familie zahlreich und in der Anzahl variabel. Die 3–5 Stempel sind an der Basis verwachsen. Samenträger sind geschnäbelte mehrsamige Balgfrüchte, die an der Bauchnaht aufplatzen.

Die grüne Nieswurz ist hauptsächlich in West- und Mitteleuropa heimisch. Im östlichen Mitteleuropa ist sie eher wegen ihrer dekorativen Blüten schon vom zeitigen Frühjahr an als beliebter Gartenschmuck geschätzt. Stellenweise verwildert sie allerdings.

Somatische Chromosomenzahl: 2n = 32

Zweikeimblättrige

Blütezeit:
März–April

Fruchtform:
Balgfrucht

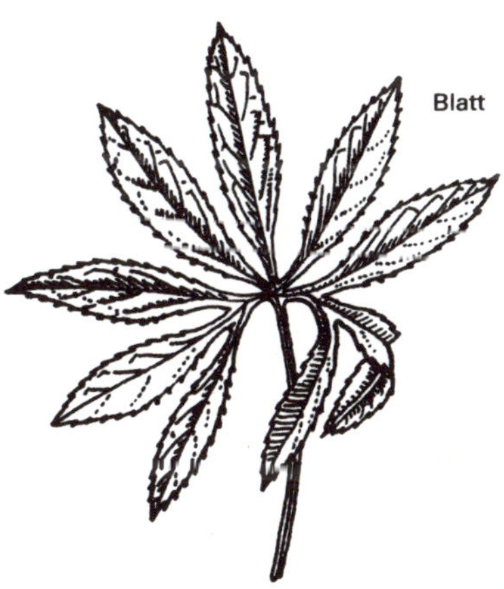

Blatt

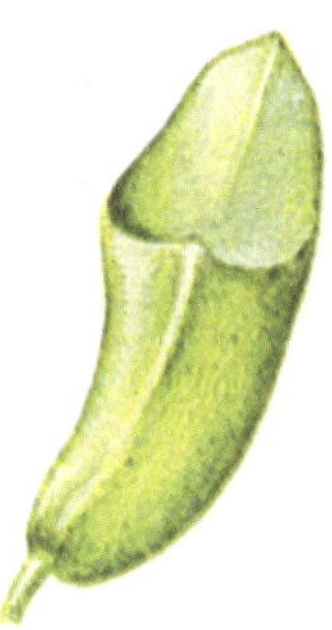

Nektarium

Braune Haselwurz

Asarum europaeum

In Wäldern und Dickichten des Flachlandes bis in die Bergregionen ist zwischen gefallenem Laub eine nur 5–10 cm hohe, unauffällige Staude zu finden: die Braune Haselwurz.

Aus dem dünnen, verzweigten Wurzelstock wächst der aufsteigende, behaarte Stengel mit 2–4 immergrünen langgestielten Blättern, deren lederartige, dunkelgrün glänzende Blattspreiten rundum am Spreitengrund herzförmig tief eingeschnitten sind.

Die einzelnen, leicht nickenden, nach Pfeffer riechenden Blüten sind kurzgestielt, klein, fast an den Boden geduckt und entgehen daher leicht unserer Aufmerksamkeit. Die Blütenhülle ist dreizählig kronartig verwachsen mit außen grünbrauner, innen dunkelpurpurvioletter Färbung. Sie hat 12 Staubblätter; der unterständige Fruchtknoten trägt auf der Griffelsäule eine 6strahlige Narbe. Bei der Haselwurz wurde Selbstbestäubung festgestellt. Diese Giftpflanze wurde in der Hausmedizin manchmal als Brechmittel angewandt.

Die Braune Haselwurz ist in den Gebieten Südskandinaviens bis Südfrankreich, Mittelitalien und Mazedonien heimisch.

Nach den aus der Haselwurz isolierten Stoffen werden die europäischen Populationen in vier Gruppen unterteilt. Bei dieser Art werden auch vier morphologisch verschiedene Sippen unterschieden. Erst die weitere Forschung wird erweisen, ob irgendeine Beziehung zwischen den botanisch und phytochemisch verschiedenen Taxa besteht.

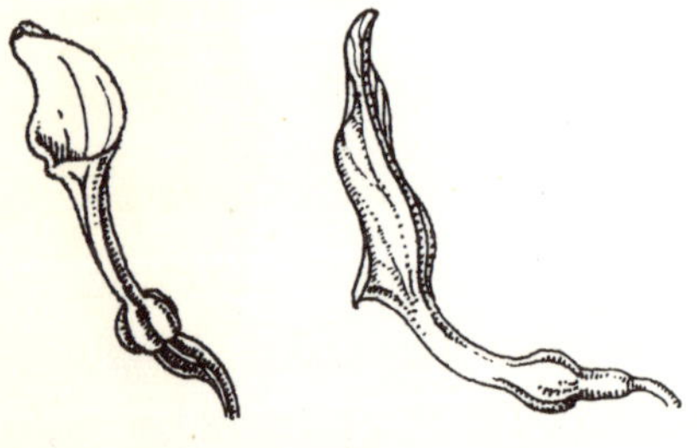

Blüten der verwandten Art *Aristolochia clematitis* aus verschiedener Sicht

Somatische Chromosomenzahl: 2n = 26

Zweikeimblättrige

Blütezeit:
März–Mai

Fruchtform:
Kapsel

Klatschmohn

Papaver rhoeas

Als Unkraut auf Feldern und auf Ruderalstellen von den Ebenen bis in die Gebirgsregionen blüht der Klatschmohn. Die Pflanze ist einjährig und wird 15–30 cm hoch. Die Grundblätter sind zu einem Stengel verengt, die behaarten Hochblätter sind ungestielt. Die Blattspreiten sind länglich, ein- bis zweimal fiederspaltig bis fiederteilig und haben stark gezähnte Spreitenabschnitte. Der gerade Stengel ist abstehend behaart. Bei Verletzung rinnt weiße Milch aus der Pflanze.

Die einzelnen Blüten wachsen achselständig an langen, abstehend behaarten Blütenstielen. Der steifhaarige grüne Kelch wird von zwei Kelchblättern gebildet, die sehr bald abfallen. Die vier roten Kronblätter sind rundlich und mehr oder weniger ganzrandig, am Grund haben sie häufig einen schwarzen Fleck. Die zahlreichen Staubblätter sind schwarz. Der Stempel ist am Grund abgerundet, die Narbe meist 10strahlig (5–18). Nach der Bestäubung entwickelt sich der Fruchtstand, eine 1–2 cm lange, breit eiförmige und kahle Mohnkapsel.

Wie alle anderen Mohnarten, enthält auch der Klatschmohn morphine Alkaloide, wenn auch in geringerem Maße als der Schlafmohn, aus dessen Kapsel sie industriell für pharmazeutische Zwecke gewonnen werden. Sie spielen eine große Rolle als Rauschgiftlieferant.

Somatische Chromosomenzahl: 2n = 14

Zweikeimblättrige

Blütezeit:
Mai–September

Fruchtform:
Mohnkapsel

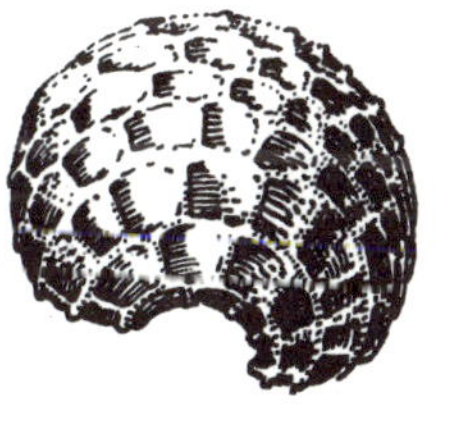

Same

Mohnkapsel

Großes Schöllkraut

Chelidonium majus

Diese anspruchslose dauerhafte Pflanze ist auf Ruderalstellen, in Gebüschen und Forsten anzutreffen. Der aufrechte und verzweigte Stengel erreicht 30–50 cm und ist länglichrund, unregelmäßig behaart und gibt bei Verletzung eine orangefarbene Milch ab. Die Grundblätter sind gestielt, die Hochblätter sitzend. Die Blätter sind unpaarig gefiedert; Blattspindel und Blattstiele sind flügelig.

Die gelben, bis 2 cm breiten Blüten haben zwei sehr früh abfallende gelbe Kelchblätter, dasselbe betrifft die vier Kronblätter. Die zahlreichen gelben Staubblätter sind unter dem Staubbeutel mit keulig geschwollenen Staubfäden besetzt. Der langgezogene linealische Stempel besteht aus zwei Fruchtblättern und bildet sich nach der Befruchtung zu einer schotenähnlichen, linealischen, bis 5 cm langen Kapsel aus. Die schwarzen Samen sind oval-nierenförmig und gewöhnlich bis 15 mm lang.

Das Große Schöllkraut ist leicht giftig und wird sehr häufig in der Hausmedizin zum Entfernen von Warzen angewendet.

Die Art ist über ganz Europa verbreitet, in den nordeuropäischen Gebieten gehört sie jedoch nicht zur ursprünglichen Flora. Sie ist vor allem in Form und Teilung der Blätter sehr variabel. Beschrieben wurden mehr als 20 Sippen der Art.

orangefarbene Milch an der Schnittstelle des Stengels

Same

Somatische Chromosomenzahl: 2n = 12

Zweikeimblättrige

Blütezeit:
Mai–Oktober

Fruchtform:
Kapsel

Hohler Lerchensporn

Corydalis cava
syn. *Corydalis bulbosa*

Der ausdauernde Frühjahrsblüher ist in Wäldern zu finden. Seine etwa walnußgroße, hohle, braune, knollig verdickte Hauptachse bringt einen geraden, starken, 10–30 cm hohen Stengel hervor, der zwei gestielte Blätter trägt. Die Blätter sind stark dreieckig, doppelt-dreizählig und graugrün. Am Stengelende sitzt die aufrechte, dichte Blütentraube.

Die in den Achsen der eiförmigen ganzrandigen Deckblätter wachsenden Blüten sind blau, schmutzigrosa bis gelblichweiß. Der zweiblättrige Kelch fällt früh ab oder fehlt ganz. Von den vier Kronblättern sind die beiden inneren länglich, die beiden äußeren bilden die oberen und unteren Lippen. Die obere Lippe ist zu einem langen und am Ende zurückgebogenen Sporn verlängert. In ihm sammelt sich der die Insekten anlockende Nektar. Die Blüte hat nur zwei Staubblätter. Der oberständige Fruchtknoten reift zu einer scheidewandlosen Schote mit zahlreichen glänzendrunden, mit Anhängseln versehenen Samen heran. Der Hohle Lerchensporn ist giftig.

Er wächst in weiten Gebieten des europäischen Kontinents, ausgenommen Nordeuropa und die meisten Mittelmeerregionen.

Die auf den ersten Blick ähnliche Art *Corydalis solida* unterscheidet sich durch die handförmig geteilten Tragblätter und volle Knolle.

Somatische Chromosomenzahl: 2n = 16

Zweikeimblättrige

Blütezeit:
März–Mai

Fruchtform:
Schote

Schnitt durch die Knolle

Ackersenf

Sinapis arvensis

Auf Feldern und Ruderalstellen trifft man diese 20–60 cm hohe einjährige Pflanze häufig an: den Ackersenf.

Der frischgrüne Stengel trägt meist ungeteilte Blätter. Die Grundblätter sind gewöhnlich leicht leierförmig fiederspaltig, die Stengelblätter dagegen eiförmig oder länglich und ungleichmäßig gezähnt.

Die Blüten fallen schon von weitem durch ihre vier lebhaft gelben Kronblätter auf. Die gelbgrünen Kelchblätter stehen waagrecht. Der Stempel wandelt sich zu einer Schote, die zur Reifezeit perlschnurig geschnürt ist und sich durch Klappen öffnet. Sie läuft in einen Schnabel aus. Werden die dunkelrotbraunen glatten Samen feucht, verschleimen sie. Der Ackersenf stammt wahrscheinlich aus dem Mittelmeergebiet, ist aber nahezu auf dem ganzen europäischen Kontinent heimisch. Er ist ein sehr lästiges Unkraut, denn seine Samen bewahren ihre Keimfähigkeit 25–50 Jahre. Nur die nahe der Oberfläche liegenden keimen, die übrigen warten in den tieferen Bodenschichten, bis sie mit der Scholle nach oben gebracht werden.

Eine ähnliche Art ist der Ackerrettich *(Raphanus raphanistrum),* der sich durch seinen bläulichen Stengel und die zur vierblättrigen, gelben, violett geäderten Krone angedrückten Kelchblätter unterscheidet. Der Ackerrettich bringt eine Gliederschote hervor, also eine trockenschalige, eingeengte Frucht, die zur Reifezeit durch Einschnüren in bis zu acht Teile zerfällt.

Schote

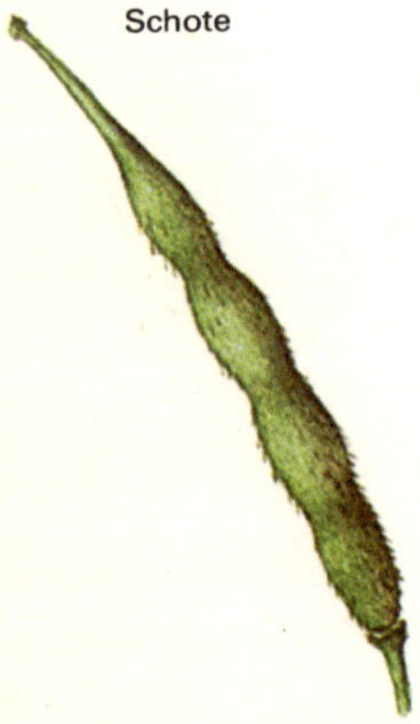

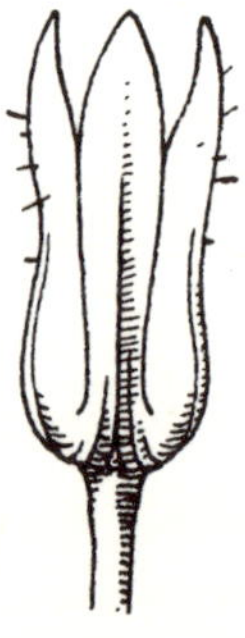

Raphanus raphanistrum – Kelch

Somatische Chromosomenzahl: 2n = 18

Zweikeimblättrige

Blütezeit:
Juni–Oktober

Fruchtform:
Schote

Gemeine Pfeilkresse

Cardaria draba
syn. *Lepidium draba*

Diese 20–40 cm hohe Pflanze ist auf Ruderalstellen, Brachfeldern und auf lehmigen Sandböden zu finden und bildet dort häufig reiche Bestände, obwohl sie vor Jahren in Mitteleuropa nur vereinzelt auftrat.

Die gestielten Grundblätter sind länglich und rüsselig gezähnt. Die sitzenden Stengelblätter sind flach gezähnt. Die gesamte ausdauernde Pflanze ist graulich flaumhaarig.

Sie bildet viele kleine, duftende Blüten mit geöffnetem Kelch und weißen Kronblättern, die doppelt so lang sind wie die Kelchblätter. Die Blüte hat sechs Staubblätter. Nach der Befruchtung bildet sie kleine, ungeflügelte, herz-eiförmige, leicht zusammengepreßte Schötchen, die zwei Fächer mit jeweils einem oder zwei glatten braunen Samen haben.

Die Gemeine Pfeilkresse stammt wahrscheinlich aus Südeuropa oder Mittelasien, wächst jedoch heute als Unkraut in fast ganz Europa.

Früher wurde sie der Gattung *Lepidium* zugeordnet. Sie unterscheidet sich von ihr durch die dichte Schirmrispe und die in einem langen Griffel endende, herzförmige, nicht aufspringende Schote. Die Vertreter der Gattung *Lepidium* haben aber in oberständigen Trauben stehende Blüten, deren Schötchen mit kürzerem Griffel durch zwei Klappen platzen.

Somatische Chromosomenzahl: 2n = 64

Zweikeimblättrige

Blütezeit:
Mai–Juli

Fruchtform:
Schötchen

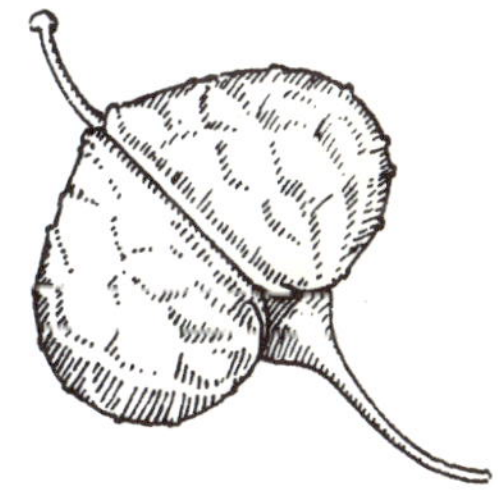

Frucht

Gemeines Hirtentäschelkraut

Capsella bursa-pastoris

Dieses allgemein verbreitete Unkraut ist auf Schutthalden, in Gräben, an Wegrändern und auf Feldern, aber auch in Gärten und Parks zu finden. Die Art ist ein- oder zweijährig. Aus der später leicht verholzenden Pfahlwurzel wächst eine (manchmal auch mehrere) aufrechte Sproßachse. Die am Grund in einer Rosette stehenden zahlreichen gestielten Grundblätter sind ungeteilt bis fiederspaltig. An dem häufig verzweigten Stengel entspringen an der Basis pfeilige, stielumfassende Sproßachsenblätter.

Die kleinen weißen, 2–3 mm breiten Blüten bilden dichte, später sich verlängernde Trauben. Sie bestehen aus vier eiförmigen Kelchblättern und vier umgekehrt eiförmigen, zu einem kurzen Nagel verengten Kronblättern. Die Frucht ist ein dreikantiges, umgekehrt eiförmiges, 6–9 mm langes Schötchen mit herzförmig dreikantigen, zusammengedrückten, fast glatten und hellbraunen Samen. Eine einzige Pflanze bringt bis zu 75 000 Samen hervor.

Von dieser in ganz Europa beheimateten Art wurde die Art *Capsella heegeri* mit reich verzweigter Sproßachse und ovalen, nicht zusammengedrückten Schoten unterschieden. Sie war im westlichen Teil Deutschlands (Pfalz) heimisch und ist vielleicht noch heute in Mähren (bei Olomouc) zu finden.

Niederblatt

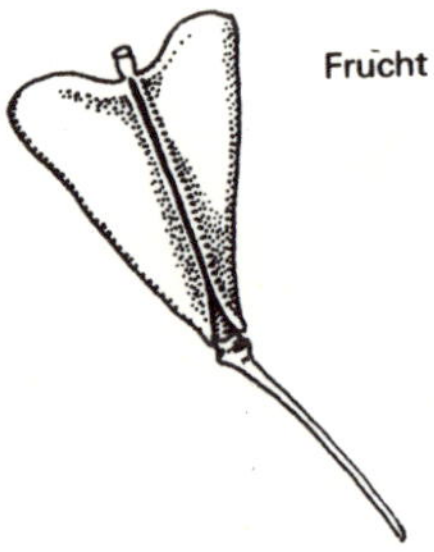

Frucht

Somatische Chromosomenzahl: 2n = 32

Zweikeimblättrige

Blütezeit:
März–November

Fruchtform:
Schötchen

Ackerhellerkraut

Thlaspi arvense

Das Ackerhellerkraut, ein allgemein verbreitetes einjähriges Unkraut, wächst auf Feldern und Ruderalstellen sowohl im Flachland als auch in Gebirgsgegenden und erreicht eine Höhe von 30–40 cm. Die gestielten unteren Blätter sind spatelig, die nackte Sproßachse ist kantig und gefurcht, die Sproßachsenblätter sind ausgeschnitten gezähnt, nach unten schmäler, dicht über der Basis plötzlich verbreitert und mit abstehenden, spitzen Öhrchen pfeilförmig sitzend.

Die Kelchblätter sind gelbgrün, die weißlichen Kronblätter sind doppelt so lang wie die Kelchblätter. Die sich entwickelnden Samenstände sind 10–15 cm lange, flache, breitgesäumte Schötchen, die an Münzen erinnern. Davon ist auch in manchen Sprachen der Name dieser Pflanze abgeleitet. In jedem der Fächer befinden sich 5–7 schwarzbraune bis graubraune faltige Samen, die beim Feuchtwerden keinen Schleim bilden.

Das Ackerhellerkraut schmeckt verhältnismäßig scharf, ist aber nicht giftig.

Diese Art ist fast in ganz Europa beheimatet, kommt aber weniger häufig in den nördlichen Gebieten vor. In der Mittelmeerregion fehlt sie ganz.

Das verwandte *Thlaspi alliaceum,* Lauchhellerkraut, hat am Grund zerstreut behaarte Sproßachsen, herzförmige Blätter und riecht nach Knoblauch. Es wächst in Süd- und Mitteleuropa; nach Norden ist es bis nach Salzburg und im südlichsten Teil Bayerns zu finden.

Somatische Chromosomenzahl: 2n = 14

Zweikeimblättrige

Blütezeit:
Mai–Oktober

Fruchtform:
Schötchen

Blütendiagramm

Frucht

Felsensteinkraut

Alyssum saxatile
syn. *Aurinia saxatilis*

Diese ausdauernde Pflanze wächst nur in den wärmsten Gebieten Europas auf kalkhaltigen Böden. Aus den in den Felsspalten wurzelnden Rhizomen wachsen die Blattrosette und die verzweigte, 10–30 cm

Die durch Sternhaare graufilzigen Grundblätter sind länglich und ganzrandig. Die dichten Blütenstände werden aus kurzen, dichten, mit kleinen, strahlend gelben Blüten besetzten Schirmtrauben gebildet. Die Kelche fallen sofort nach dem Verblühen ab. Die vier Kronblätter sind bis 5 mm lang, kurz, nagelförmig flach ausgerandet und kahl. An beiden Staubfädenseiten treten die Nektarien hervor. Die Bestäubung besorgen Insekten. Die im Jungendzustand kahlen, elliptischen Schoten haben jeweils zwei schmalgeflügelte Samen in den Hülsen.

Nach Form und Größe der Schötchen und der Narbenlänge unterscheidet man außer der typischen Unterart noch subsp. *megalocarpum* mit bis über 1 cm großen Schötchen und bis 3 mm langer Narbe und die subsp. *orientale* mit ovalen, 5–8 mm breiten Schötchen und nur 1 mm langer Narbe. Beide Unterarten sind im Gebiet vom Balkan bis Kleinasien verbreitet. Teilweise wird die *Alyssum saxatile* auch in Steingärten oder an Trockenmauern in Gärten und Parks angepflanzt. Sie ist dann äußert dekorativ, denn sie bildet mit ihren Blüten leuchtend goldgelbe Farbflecke auf dem dunklen Hintergrund der Felsen und Steinmauern.

Frucht

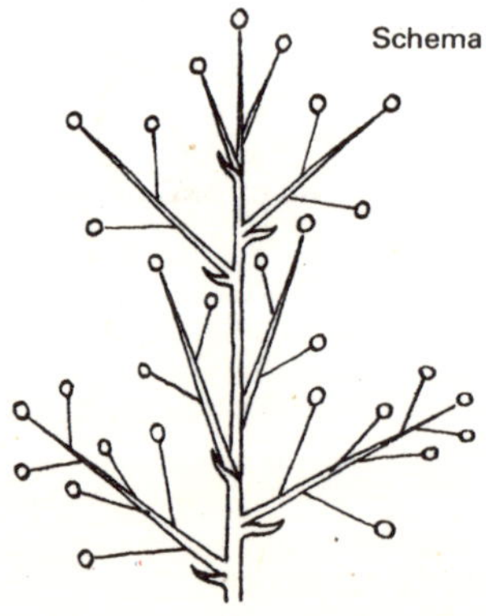

Schema des Blütenstandes

Somatische Chromosomenzahl: 2n = 16

Zweikeimblättrige

Blütezeit:
April–Mai

Fruchtform:
Schötchen

Wiesenschaumkraut

Cardamine pratensis

Auf nassen Wiesen im Flachland bis in die Bergregionen ist das 20–40 cm hohe, ausdauernde Wiesenschaumkraut anzutreffen.

Aus dem kriechenden Rhizom wächst der aufrechte, kahle und unverzweigte Stengel hervor. Die unpaarig gefiederten, langgestielten Grundblätter bilden eine Blattrosette. Das Endblatt ist das größte und hat gewöhnlich 3 Lappen. Der Vitamin-C-Gehalt der Blätter ist fünfmal höher als der der Zitrone.

Der Blütenstand ist eine 7–20blütige Traube. Die vier gelbgrünen Kelchblätter haben violette Spitzen mit weißlichem Saum. Die schwach violetten Kronblätter mit gut sichtbarer violetter Äderung sind ebenfalls 4zählig. Die Blüten sind nektarreich; ihre sechs Staubblätter haben gelbe Staubbeutel. Der Stempel reift zu einer bis zu 4 cm langen Schote heran.

Bei dieser sehr variablen Art werden gewöhnlich 6 Kleinarten unterschieden: die *Cardamine crassifolia* ist in den Pyrenäen heimisch, die *Cardamine nymani* wächst in Nordeuropa, die *Cardamine matthiolii* ist in Mitteleuropa und dem Nordteil der Balkanhalbinsel angesiedelt, die *Cardamine palustris* und *Cardamine rivularis* sind in Nordwest- und Mitteleuropa zu finden. Diese einzelnen Kleinarten unterscheiden sich durch die Blüten- und Blattformen der Stellung und Verzweigung des Stengels, Anzahl und Größe der Blätter und die Kronblattfärbung voneinander.

Somatische Chromosomenzahl: 2n – 28–34, 38–44, 48

Zweikeimblättrige

Blütezeit:
April–Juni

Fruchtform:
Schote

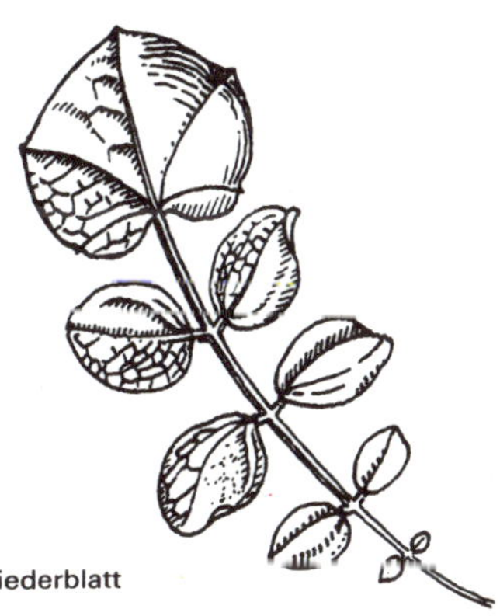

Niederblatt

Schote

Lauchhederich, Knoblauchrauke

Alliaria petiolata
syn. *Alliaria officinalis*

Lockere Forste, schattige Ruderalstellen, Waldsäume, Gebüsche und Dickichte sind die Standorte dieser 30–100 cm erreichenden, zwei- bis mehrjährigen Staudenpflanze.

Der aufrechte, meist unverzweigte Stengel ist gewöhnlich nackt oder im unteren Abschnitt rauhhaarig und wie bereift. Die Blätter sind steif und kahl, die Grundblätter haben langgestielte, nierenförmige Blattspreiten, die Stengelblätter dagegen sind kurzgestielt, am Grund herzförmig und dreieckig eiförmig.

Die kleinen weißen Blüten haben 5–6 mm lange, kurze, nagelförmige Kronblätter. Die reifen Schoten stehen schräg oder gerade ab, die Samen liegen im Fächer in Reihe.

Der Lauchhederich ist in ganz Europa (weniger in Südeuropa) heimisch, aber auch in den Bergen Nordafrikas und in der gemäßigten Zone Asiens. Die Art ist im wesentlichen ziemlich anspruchslos und wächst auch an schattigen Wänden, in Auen und auf bewachsenen, schattigen Schutthalden. Die übrigen vier Lauchhedericharten sind anspruchsvoller bezüglich der Standortbedingungen und nur in Asien zu finden.

Alliaria hat eine zutreffende Gattungsbezeichnung, denn *Allium* heißt Knoblauch und die Blätter des Lauchhederichs, auch Knoblauchrauke genannt, riechen beim Zerreiben nach Knoblauch. Wegen dieser Eigenschaft wurde die Knoblauchrauke früher ähnlich wie Knoblauch als Heilpflanze genutzt.

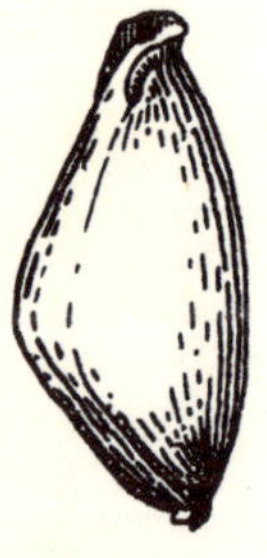

Same

Somatische Chromosomenzahl: 2n = 36, 42

Zweikeimblättrige

Blütezeit:
April–Juni

Fruchtform:
Schote

Kuckuckslichtnelke

Lychnis flos-cuculi

Die 20–60 cm hohe, auf einem aufrechten und kahlen Stengel wachsende Kuckuckslichtnelke ist auf den Wiesen des Flachlandes wie der Berge zu finden.

Aus der Grundblattrosette wächst die leicht kantige, schwach beblätterte Sproßachse. Dieser Stengel ist unter den Knoten klebrig und im Hochteil gabelig geteilt. Häufig ist er rötlich. Die unteren, nach dem Grund zu langen Stielen verschmälerten Blätter sind zungenförmig und zugespitzt. Die Sproßachsenblätter sind lanzettlich-linealisch.

Die einzelnen Blüten wachsen im Schopf in einer dünnen zweigabeligen Trugdolde. Die 2–4 cm breiten Blüten entspringen in den häutigen Deckblattachseln. Der Blütenkelch, an dem die fünf Zähne gut sichtbar sind, ist röhrig-glockig. Die rosaroten Kronblätter (seltener sind Exemplare mit weißen Kronblättern) und die Nebenkrone sind in den linealischen Abschnitten tief unterbrochen fiederschnittig. Die reife Fruchtkapsel ist kugelig eiförmig.

Die Art ist nahezu auf dem ganzen europäischen Kontinent heimisch.

Als Zierpflanze wird gewöhnlich die *Lychnis coronaria* mit purpurroten ungeteilten Kronblättern und seidig-weißfilzigen Blättern kultiviert. Sie wächst in Südeuropa wild, in West- und Mitteleuropa verwildert sie häufig.

Eine weißlichfilzige Pflanze mit zweispaltigen Kronblättern ist die aus den Alpen in Höhen über 1000 m ü. M. stammende *Lychnis flos-jovis,* die in Mitteleuropa stellenweise eingbürgert ist.

Somatische Chromosomenzahl: 2n = 24

Zweikeimblättrige

Blütezeit:
Mai–Juli

Fruchtform:
Kapsel

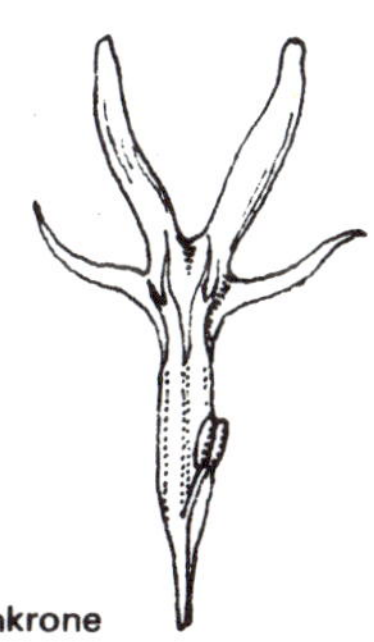

Blütenkrone

Frucht

Pechnelke

Lychnis viscaria
syn. *Viscaria vulgaris, V. viscosa, Steris viscaria*

Diese 30–60 cm erreichende, ausdauernde Pflanze ist auf sandigen Grasböden, auf Schutthalden und an sonnigen Hängen anzutreffen.

Aus der grundständigen Blattrosette wächst der kahle, rötliche, unter den Hochblattknoten stark klebrige Stengel. Davon stammt auch der Name der Art: Pechnelke. Die zugespitzten, ganzrandigen Stengelblätter sind gegenständig kahl und am Grund gewimpert. Die Grundblätter sind umgekehrt lanzettlich und zu einem langen Stiel verengt, die Stengelblätter dagegen sitzend und lanzettlich.

Die zweigabeligen Trugdolden tragen gewöhnlich drei Blüten, die aus den Achseln der rötlichen und gewimperten Deckblätter wachsen. Diese fünfstrahligen Blüten sitzen auf kurzen Stielen. Der annähernd 10 mm lange und kahle Blütenkelch ist röhrignapfförmig, die großen Kronblätter sind rot, manchmal auch weiß. Sie sind verkehrt eiförmig und schwach zweilappig, die Nebenkrone ist zweigezähnt. Die gestielten Samenkapseln sind eiförmig und öffnen sich mit 5 Zähnen. Die Art ist in den meisten Gebieten Kontinentaleuropas, aber nur selten in den südwestlichen Regionen, anzutreffen.

Die ähnliche *Lychnis alpina* hat einen kurzen, nicht klebrigen Stengel. In der Blütenkrone stehen bis zu zwanzig Blüten mit nur 5 mm hohem Blütenkelch. Ihr Vorkommen sind die Alpen und Pyrenäen, aber vielleicht auch ein Standort in den Apeninnen.

Same

Somatische Chromosomenzahl: 2n = 24

Zweikeimblättrige

Blütezeit:
Mai–Juli

Fruchtform:
Kapsel

Weiße Lichtnelke

Silene alba
syn. *Lychnis alba, Melandrium album*

Die Weiße Lichnelke, ein 40–100 cm hohes einjähriges bis ausdauerndes Kraut, ist hauptsächlich auf Ruderalstellen, an Straßensäumen und Gebüschrändern zu finden.

Der aufrechte Stengel ist im unteren Abschnitt weich behaart, im oberen verzweigt und drüsig. Die eiförmigen Grundblätter verengen sich nach dem Grund zu einem Stiel. Die übrigen Blätter sind lanzettlich bis eiförmig-lanzettlich, lang zugespitzt und sitzend.

Der Blütenstand ist eine zweigabelige Trugdolde, die nickenden Blüten sind kurzgestielt. Im Unterschied zur verwandten Roten Lichtnelke *(Silene dioica)*, deren Blüten den ganzen Tag über geöffnet sind, sind es die der Weißen Lichtnelke erst nachmittags. Die Pflanze ist zweihäusig. Die weiblichen und männlichen Blüten haben einen aus fünf Blättern verwachsenen Kelch und fünf freie weiße Kronblätter. Die Nebenkrone ist zweigezähnt. Die männlichen Blüten haben zehn Staubblätter, die weiblichen einen aus fünf Fruchtblättern verwachsenen Stempel. Die Frucht ist eine von einem ständigen Kelch umhüllte, breit eiförmige Kapsel.

Die Weiße Lichtnelke ist eine allgemein verbreitete Art, die auf dem ganzen europäischen Kontinent heimisch ist.

Auf der Iberischen Halbinsel wurde die ähnliche Art *Silene glutinosa* beschrieben, die sehr klebrige Stengel hat und wie die *Silene dioica* ihre Blüten tagsüber öffnet.

Somatische Chromosomenzahl: 2n = 24

Zweikeimblättrige

Blütezeit:
Juni–September

Fruchtform:
Kapsel

vormittags geschlossene Blüte

Kapselfrucht

Rote Lichtnelke

Silene dioica
syn. *Melandrium rubrum, M. dioicum, M.sylvestre*

Auf Bergwiesen, an Gebüschsäumen und Waldrändern der Gebirgsregionen trifft man auf diese 40–80 cm hohe, stattliche Staude, die Rote Lichtnelke.

Aus dem Rhizom wächst der drüsenlose, leicht behaarte, aufrechte Stengel. Die dunkelgrünen Blätter sind kurz behaart, die Grundblätter eiförmig, zugespitzt und am Grund zu einem Stiel verengt; die übrigen sind ungestielt. Die roten Blüten bilden lokkere Trugdolden. Sie sind kurzgestielt und am Tage geöffnet. Der grünrote, langbehaarte, manchmal wollige, 5zähnige Kelch ist bei den männlichen Blüten aufgeblasen und durch seine zwanzig Rippen auffällig, bei den weiblichen Blüten röhrig verlängert und 10rippig. Die 5 freien roten Kronblätter sind zweispaltig verkehrt eiförmig, die Nebenkrone ist 4zähnig. Die Fruchtkapsel enthält wie bei allen Nelkengewächsen an einer zentralen Säule wachsende Samen.

Die Art ist in den meisten Gebieten Europas mit Ausnahme des östlichen Teiles heimisch. Im Süden ist sie selten.

In den einzelnen Gebirgsregionen fällt die *Silene dioica* häufig durch ihr Aussehen auf. Beispielsweise bildet sie an exponierten Stellen, besonders auf Felsen, auch kriechende Exemplare.

Häufig kreuzt sich die *Silene dioica* mit der *Silene alba*. Die Kreuzungen erbringen voll fruchtbare, hellrosa bis rosa angehauchte Blüten.

Kapselfrucht

Kronblatt mit kleiner, zähniger Nebenkrone

Somatische Chromosomenzahl: 2n = 24

Zweikeimblättrige

Blütezeit:
Mai–September

Fruchtform:
Kapsel

Gemeines Leimkraut, Taubenkropf

Silene vulgaris
syn. *Silene inflata, S. cucubalus*

Diese 10–50 cm hohe Pflanze ist auf Rasenflächen, Weiden, Ruderalstellen und Steinhalden anzutreffen. Aus der Grundblattrosette wächst der aufrechte oder aufsteigende Stengel. Die Blätter sind lanzettlich oder elliptisch, bis 6 cm lang und haben ganzrandige, bereifte oder graugrüne Blattspreiten. Die Grundblätter sind kurz-, die Hochblätter dagegen ungestielt.

Die Blüten bilden reiche Trugdolden. Die unteren Blüten sind langgestielt, die oberen sitzen auf kurzen Stielen. Der aufgeblasene Kelch mit 20 deutlich sichtbaren Nerven ist bis zu 15 mm lang, gelblichweiß oder rosa angehaucht. Die Blütenkrone mit zweispaltigen Blättern ist weiß oder weißrosa, meist ohne Nebenkrone. Der Stempel verwandelt sich nach der Befruchtung in eine eiförmig-runde und in einem Kelch eingeschlossene Kapsel.

Das Gemeine Leimkraut ist in ganz Europa häufig. Morphologisch ist die Art sehr variabel. Die Unterart der westatlantischen Küstenregion, die subsp. *maritima,* hat einen aufsteigenden und stark verzweigten Stengel mit meist einer einzigen Blüte an einem Zweig. Die Pflanzen mit liegendem Stengel und zwei- bis vierblütigen Blütenständen werden der subsp. *prostrata* zugerechnet. Sie wachsen meist auf Kalkböden in den Alpen und Karpaten.

Somatische Chromosomenzahl: 2n = 24

Zweikeimblättrige

Blütezeit:
Juni–September

Fruchtform:
Kapsel

Blütendiagramm

unreife Frucht

Karthäusernelke

Dianthus carthusianorum
syn. *Dianthus sanguineus*

Die Karthäusernelke ist eine 15–60 cm ausdauernde Staude und an sonnigen Hängen und Rasenflächen vom Flachland bis in die Vorgebirgsregionen anzutreffen. Aus dem Rhizom dieser einen dichten Rasen bildenden Pflanze wachsen aufrechte, kahle Stengel. In den Büscheln stehen einmal kürzere blütenlose, zum anderen längere blütentragende Stengel. Die Blätter sind linealisch und zugespitzt, am Grund scheidenartig verwachsen

Die nahezu sitzenden Blüten bilden Köpfe. Die hell- oder dunkelbraunen lederartigen Unterkelchvorblätter haben eine lange, grannige Spitze. Der röhrige Kelch ist 5zähnig, die roten Kronblätter sind nagelförmig und vorn gezähnt. Durch ihre deutliche Zeichnung auf den Kronblättern unterscheidet sich von ihr die *Dianthus deltoides,* die Heidenelke. Die Karthäusernelkenblüte hat 10 Staubblätter mit dunkelvioletten Staubbeuteln. Die Bestäubung besorgen Insekten. Der Fruchtstand bildet eine längliche, leicht abgeflachte Kapsel, die sich mit vier Zähnen öffnet und flache, runde Samen enthält.

Die Karthäusernelke ist fast in ganz Europa verbreitet. Sie hat eine Reihe Varietäten oder Unterarten: die subsp. *latifolius* ist eine stattliche hohe Staude mit einer reichen Dolde dunkelpurpurroter Blüten und 3–5 mm breiten Blättern. Sie kommt gewöhnlich auf kalkhaltigen Böden in den Alpen und den Karpaten vor. Als subsp. *vaginatus* sind die in den Alpen auf kalklosen Böden wachsenden, niedrigen Pflanzen unterschieden. Ihre Blattspreiten werden nur 2–3 mm breit.

Blüte der Art *D. deltoides*

Same

Somatische Chromosomenzahl: 2n = 30

Zweikeimblättrige

Blütezeit:
Mai–August

Fruchtform:
Kapsel

Prachtnelke

Dianthus superbus

In den Niederungen, auf Bergwiesen, und in Hainen ist auf humusreichen Böden die 30–60 cm hohe, ausdauernde Prachtnelke anzutreffen. Aus dem verholzten Rhizom wachsen ovale, kahle, aufrechte und oben verzweigte Stengel.

Die gegenständigen Blätter sind schmal lanzettlich und an den Rändern rauh. Im Gegensatz zu den stumpfen Grundblättern haben die Stengelblätter zugespitzte Blattspreiten.

Der schmalröhrige Kelch dieser stark duftenden Blume ist leicht violett gefärbt. Die rosafarbenen tiefgefiederten Kronblätter laufen in einem weißen Nagel aus. Nur der Mittelteil ist länglich und ungeteilt. Die Frucht ist eine Kapsel. Die einzelnen, bis 4 cm breiten Blüten bilden bis zu 20blütige Trugdolden.

Diese kontinental-mediterrane Nelkenart ist über fast ganz Europa verbreitet, ausgenommen die westlichsten und südlichsten Regionen. Gewöhnlich werden drei sich voneinander in Länge, Form und Färbung der Kronblätter und ihrem Gesamthabitus unterscheidende Unterarten beschrieben: die subsp. *superbus,* eine grasgrüne Staude der Niederungen, die subsp. *alpestris,* ein stattliches Kraut der Gebirgsregionen und die subsp. *autumnalis* mit einem um etwa einen Monat späteren Blütebeginn als die eigentliche Grundart. Typische Standorte dieser Unterart sind lichte Haine und Wälder.

Somatische Chromosomenzahl: 2n = 30

Zweikeimblättrige

Blütezeit:
Juni–August

Fruchtform:
Kapsel

Frucht – mit Dauerkelch und Vorblättern

Echtes Seifenkraut

Saponaria officinalis

Auf Ruderalstellen, Halden, an Wegrändern und Gräben ist diese 30–80 cm hohe, ausdauernde Pflanze anzutreffen.

Aus dem kriechenden Wurzelstock wächst eine stattliche Staude mit aufrechten, kahlen Stengeln, die im oberen Teil meist verzweigt sind. Die elliptischen bis länglichen, gegenständigen Blätter sind dreiadrig, zugespitzt und am Rand rauh.

Die gewöhnlich 2–3 cm breiten, kurzgestielten Blüten stehen in büscheligen Trugdolden zusammen. Unter dem Blütenkelch befinden sich zwei lanzettliche Vorblätter. Der röhrige, behaarte, bis 25 mm lange Kelch ist grün und leicht rötlich. Die 5 blaßrosa bis weißen Kronblätter sind bis 40 mm lang, langnagelig und vorn leicht ausgeschnitten. Der längliche, röhrige Stempel reift zu einer Kapsel mit zahlreichen kegelig-nierenförmigen Samen aus.

Die schwach giftige Art wird nicht nur als Zierpflanze, sondern auch als Heilkraut kultiviert. Ihre Eigenschaften haben ihr den Namen gegeben, denn zerrieben und angefeuchtet ist sie wirklich seifig dank den in ihr enthaltenen Saponaten, die nicht nur schäumen, sondern auch giftig sind.

Saponaria officinalis kommt in Europa von Belgien, Norddeutschland bis in den mittleren Teil der UdSSR nach Süden vor.

Die verwandte *Saponaria ocymoides* ist eine Gebirgspflanze Südwesteuropas und hat einen niedrigen, liegenden Stengel und lebhaft rote Blüten. Sie wird häufig in Gärten angepflanzt.

Blüte

Somatische Chromosomenzahl: 2n = 28

Zweikeimblättrige

Blütezeit:
Juni–September

Fruchtform:
Kapsel

Grassternmiere

Stellaria graminea

Auf Wiesen, grasigen Stellen und an Wegsäumen ist diese 10–30 cm hohe, ausdauernde Staude zu finden. Die glatten, vierkantigen Stengel sind im unteren Teil liegend. Die grasgrünen, an der Unterseite gewimperten, sonst kahlen Blätter sind lanzettlich oder linealisch zugespitzt.

Der Blütenstand ist eine sehr lockere, ausladende Trugdolde. Die Deckblätter sind beidseitig gewimpert. Die Blüten werden bis 11 mm breit. Die kahlen Kelchblätter erweisen sich als lanzettlich mit 3 deutlich sichtbaren Nerven. Die weißen Kronblätter sind genauso lang wie die Kelchblätter, haben jedoch stumpfe Zipfel. Die 3griffeligen Blüten zeigen je 5 Kelch- und Kronblätter. Die schmale, längliche Fruchtkapsel ist länger als der Kelch. Die Samenoberfläche ist gekörnt.

Die Art ist über ganz Europa verbreitet und leicht giftig.

Die ähnliche *Stellaria palustris* hat kahle graugrüne Blätter und Deckblätter sowie aufrechte Stengel. Ihre Standorte sind hauptsächlich torfige und sumpfige Wiesen. Interessant ist, daß nicht alle Pflanzen dieser Art vollkommen zwittrig sind. Einige Exemplare haben vollständig verkümmerte, unfruchtbare Staubbeutel. Die Blüten dieser sterilen Pflanzen sind deutlich kleiner als die der zweigeschlechtigen dieser Art.

Somatische Chromosomenzahl: 2n = 52

Zweikeimblättrige

Blütezeit:
Mai–Juli

Fruchtform:
Kapsel

Kapsel

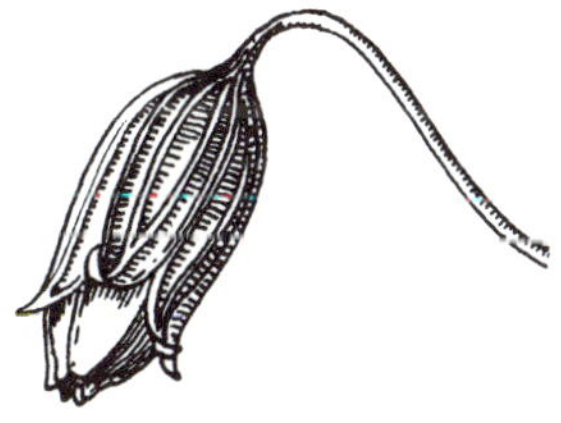

Blütenstand der Art *S. holostea* aus trockeneren Hainen und Gebüschen. Zeichnet sich durch auffallend große Blüten aus

Ackerhornkraut

Cerastium arvense

Dieses 5–30 cm hohe, ausdauernde und dünnbüschelige Kraut bewohnt Sandtrockenrasen, Hänge und trockene, sandige Waldränder.

Die zahlreich vorhandenen, halbkriechenden und aufsteigenden, häufig wurzelnden Stengel tragen kurzhaarige, am Grund langgewimperte, längliche oder linealisch-lanzettliche Blätter. In den Blattachseln wachsen kleine, blütenlose Blattzweige. Das oberste Blattpaar ist weitständig.

Die Trugdolde wird von 5–15 fünfzähligen Blütenständen gebildet. Die eiförmigen, stumpfen Deckblätter haben meist einen breiten, trockenhäutigen Streifen. Die Blütenstiele sind nach dem Verblühen und während der Reife waagrecht weitständig. Die flaumigen, manchmal auch behaarten Kelchblätter erweisen sich als eilanzettlich, stumpf und haben einen breiten, weißhäutigen Streifen. Die Krone ist trichterförmig und wird von weißen, zweifiedrigen Blättern gebildet, die doppelt so lang sind wie der Kelch. Die reife Kapsel ist dreimal so lang wie die Kelchblätter.

Die Art wächst nahezu in ganz Europa, ausgenommen die nördlichsten Gebiete.

In Mitteleuropa ist die subsp. *arvense* heimisch, in Südwesteuropa und den Alpen die subsp. *strictum*. Die in der Tatra beheimatete Unterart ist subsp. *glandulosum*, in den Ostkarpaten wächst die subsp. *lerchenfeldianum*.

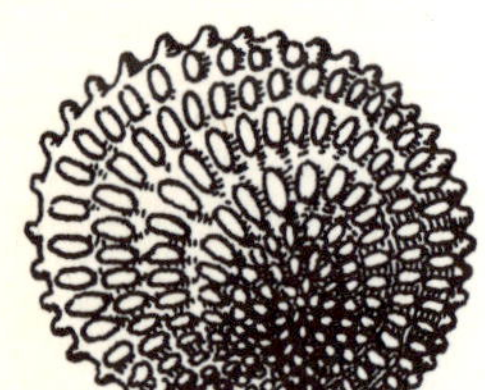

Same

Somatische Chromosomenzahl: 2n = 72

Zweikeimblättrige

Blütezeit:
April–Juli

Fruchtform:
Kapsel

Feldstiefmütterchen

Viola arvensis

Diese ein- bis zweijährige Pflanze wächst als Unkraut auf Feldern, Rainen, Ruderalstellen und an Wegrändern. Der kahle, manchmal spärlich behaarte Stengel ist halbkriechend oder aufsteigend, häufig reich verästelt und wird 10–20 cm hoch. Die Blattspreiten sind eiförmig-elliptisch, bei den Grundblättern fast rund mit bis zu 3 cm langen Stielen. Der Endabschnitt der Nebenblätter ist eiförmig bis lanzettlich und gekerbt, der Mittellappen ähnelt jedoch den Blättern.

Die bis zu 15 mm großen Blüten stehen auf langen Stielen. Die blaßgelben Kronblätter sind kürzer oder gleichlang wie die Kelchblätter; die Sporne und zum Teil auch das Oberblatt sind violett. Der nektartragende Sporn ist etwa so lang wie das Kelchblattanhängsel und entspricht in seiner Länge der des Rüssels des bestäubenden Insekts. Die reife, eiförmige Samenkapsel ist kahl und so lang wie der Kelch.

Die Arten *Viola tricolor* und *Viola arvensis* sind miteinander verwandt und wurden früher wechselseitig als Unterarten zugerechnet. Die *Viola tricolor* hat einen lanzettlichen, ganzrandigen Nebenblattmittellappen und ist also den Blättern nicht vollkommen ähnlich. Die Kronblätter sind zweifarbig: die unteren sind gelblich, die oberen violett angehaucht, blauviolett, selten – hauptsächlich bei den großblütigen Exemplaren der Gebirgsregionen – ganz reingelb. Der Sporn ist doppelt so lang wie das Kelchanhängsel.

Somatische Chromosomenzahl: 2n – 34

Zweikeimblättrige

Blütezeit:
Juni–Oktober

Fruchtform:
Kapsel

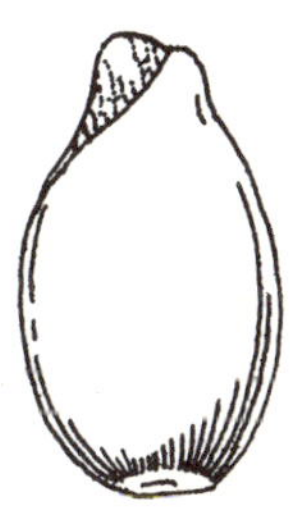

Same

Hainveilchen

Viola riviniana

Diese 5–15 cm hohe, „zarte", ausdauernde Pflanze blüht im Frühjahr in Wäldern, Gebüschen und auf sträucherbestandenen Hängen. Der nahezu aufrechte Stengel trägt langgestielte Blätter, deren Blattspreiten so lang wie breit sind. Die lanzettförmigen Nebenblätter sind spärlich gefranst. Die großen, bis 25 mm langen Blüten haben einen breit lanzettförmigen Kelch mit langen Anhängseln; die hellvioletten und am Mund weißen Kronblätter sind verkehrt-eiförmig. Der weißliche Sporn ist dick und stumpf. Die reife Kapsel wird bis 10 mm lang. Die *Viola riviniana* ist fast über ganz Europa verbreitet, wächst aber auch in Asien. Sehr häufig wird sie mit anderen Veilchenarten verwechselt. Da sie sich mit ihnen leicht kreuzt, ist ihre Bestimmung häufig schwierig. Aber das charakteristische Merkmal, das keiner der Hybriden vererbt, ist der weiße Sporn. Die Kreuzungen haben dagegen immer blau oder violett angehauchte Sporne.

Beide zu dieser Art gerechneten Unterarten lassen sich ohne Schwierigkeiten unterscheiden:
Die subsp. *riviniana* hat bis 25 mm große Blüten, 30 mm lange Blätter und meist über 10 mm lange Kapseln, die subsp. *minor* hat kleinere, kaum 15 mm erreichende Blüten; die Blätter sind nur 20 mm lang und die Kapseln nie länger als 10 mm. Sie bildet niedrige, dichte Bestände und wächst meist außerhalb des Waldes.

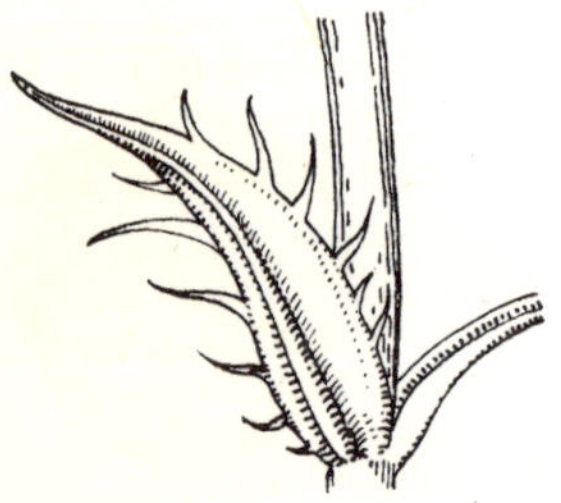

Nebenblatt

Somatische Chromosomenzahl: 2n = 40

Zweikeimblättrige

Blütezeit:
April–Mai

Fruchtform:
Kapsel

Kleiner Sauerampfer

Rumex acetosa

Auf Wiesen, Weiden und an Straßenrändern ist diese 20–60 cm hohe, ausdauernde Staude zu finden. Die Blätter am Grunde sind spieß- oder pfeilförmig und doppelt bis viermal so lang wie breit. Sie schmecken sauer und sind deshalb hauptsächlich bei Kindern beliebt. Die Blüten stehen an der Rispe in kleinen Häufchen. Die sechs Blütenhüllblätter sind unauffällig grün und vergrößern sich während der Fruchtreife zu sogenannten Valven. Form und Aussehen der Valven sind wichtige systematische Merkmale. Bei dieser Art sind sie eirund und bis zu 5 mm lang. Meist haben sie Anhängsel, sogenannte Schwielen, die rund bis vierkantig sein können. Die reifen Nüßchen werden ungefähr 2 mm lang und sind dreikantig.

Der Kleine Sauerampfer ist allgemein über ganz Europa verbreitet, kommt aber in Südeuropa weniger häufig vor.

Die höhere und mindestens einen Monat später blühende Art *Rumex thyrsiflorus* hat bedeutend schmalere Blätter und ist an trockenen Standorten, auf Ruderalstellen und überwiegend entlang der Eisenbahnstrecken zu finden. Deshalb auch der Name Bahndamm-Sauerampfer.

Dieser Sauerampfer tritt an seinen Standorten häufig so stark auf, daß er um die Zeit der Heuernte, besonders in regenreichen Jahren, die schöne Rotfärbung der Wiesen bestimmt. Das mit ihm versetzte Heu ist jedoch minderwertig und bei größerer Beimengung für das Vieh sogar schädlich.

Somatische Chromosomenzahl:
bei männlichen Pflanzen 2n = 15,
bei weiblichen 2n = 14

Zweikeimblättrige

Blütezeit:
Mai–August

Fruchtform:
Nüßchen

Blütendiagramm

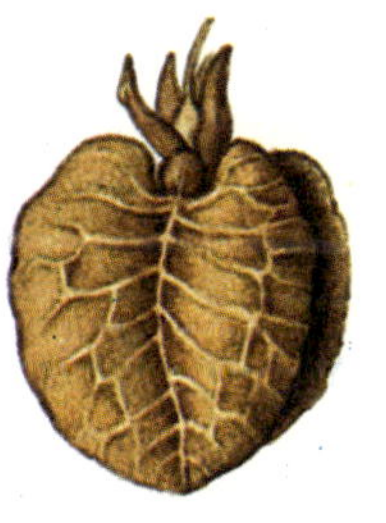

Frucht

Wiesenknöterich

Polygonum bistorta

Auf feuchten torfigen Wiesen und auf Hochstaudenfluren der Vor- und Hochgebirge bis in die subalpine Region kommt diese bis 1 m hohe, ausdauernde Pflanze vor. In die Ebenen wird sie zeitweise aus den höher gelegenen Gebieten heruntergeschwemmt.

Aus dem starken Wurzelstock wächst der dunkelgrüne Stengel, dessen am Grunde stehende Blätter länglich-eiförmig oder länglich-lanzettförmig sind. Die Stengelblätter sind weitständig, am Grund leicht herzförmig bis abgehackt mit geflügeltem Stiel. Die am höchsten stehenden Blätter sind sitzend und nahezu linealisch. Die aus den zusammengewachsenen Nebenblättern entstandene röhrige Scheide (Tute), die den Stengel an den Stielachsen wie ein walzenförmiger, häutiger Abschnitt umfaßt, ist braun und kahl.

Die kleinen rosaroten, seltener fast weißen Blüten bilden eine endständige Scheinähre, die bis zu 9 cm lang und 15 mm dick werden kann. Die Blütenhüllblätter sind nur etwa 3 mm lang, die 8 Staubblätter ragen aus der Blüte heraus. Die Frucht ist eine scharf dreikantige, dunkelbraun-glänzende Nuß, die länger ist als die an der Frucht stehenbleibenden Blütenhüllblätter.

Die *Polygonum bistorta* ist in den meisten europäischen Gebieten heimisch, fehlt aber als ursprüngliche Pflanze nahezu in ganz Skandinavien. In den südeuropäischen Regionen kommt sie nur in den Bergen vor.

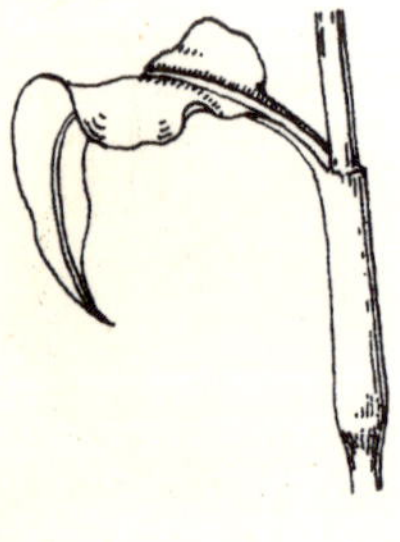

Tute

Somatische Chromosomenzahl: 2n = 48

Zweikeimblättrige

Blütezeit:
Mai–Juli

Fruchtform:
Nüßchen

Flohknöterich

Polygonum persicaria

Dieses 20–70 cm hoch werdende, einjährige Unkraut wächst auf Feldern, Ruderalstellen, Brachfeldern und in Gärten. Es ist vom Grunde her reich verzweigt und hat einheitlich länglich-eiförmige bis lanzettliche Blätter. Die ganze Pflanze ist, mit Ausnahme der gewimperten Tutenränder, kahl.

Die zweigeschlechtigen Blüten bilden dichte, aufrechte und unzerrissene Scheinähren. Die fünf Blütenhüllblätter sind spiralig angeordnet. Nach dem Befruchten bildet die Pflanze schwarze linsenförmige Nüßchen.

Der Flohknöterich ist leicht giftig und als Unkraut über den gesamten europäischen Kontinent verbreitet. Der verwandte Donauknöterich, *Polygonum brittingeri* (syn. *Polygonum danubiale*), ist ein Erstbesiedler feuchter, nährstoffreicher Flußufer, der im Stromtal des Oberrheins und der Donau, am Bodensee und weiteren Standorten Mitteleuropas zu finden ist. Der liegende, reich verzweigte Stengel mit kurzen Internodien ist für die Art charakteristisch. Die Blätter sind gewöhnlich an der Unterseite grau spinnwebig-filzig, immer jedoch mit farblosen Drüsen.

In Mitteleuropa sind etwa 25 Knötericharten anzutreffen. Die auffallend brennend bis pfefferartig scharf schmeckenden Blätter und fünfzähligen Blütenhüllblätter ohne Drüsen gehören dem *Polygonum hydropiper*. *Polygonum mite* hat dagegen Blätter von nicht brennendem Geschmack, vierzählige Blütenhüllblätter und drüsig getupfte Tuten.

Somatische Chromosomenzahl: 2n = 44

Zweikeimblättrige

Blütezeit:
Juli–Oktober

Fruchtform:
Nüßchen

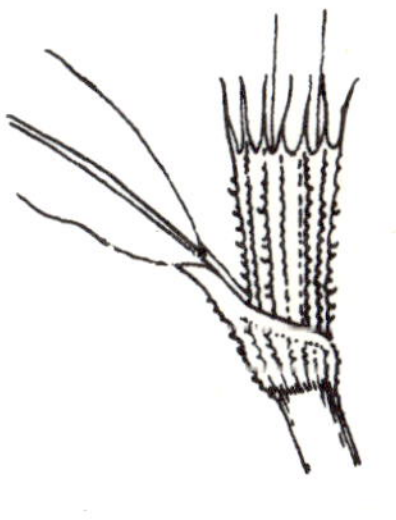

Tute

Gemeines Sonnenröschen

Helianthemum nummularium

Dieser 6–50 cm erreichende, ausdauernde Strauch bewohnt sonnige Hänge, Grasplätze und Trockengebüsche. Die zahlreichen liegenden oder aufsteigenden Stengel sind steif- oder büschelig behaart. Die gegenständigen Blätter mit linealischen Nebenblättern sind linealisch-lanzettlich bis eirund, behaart und an der Unterseite dünnfilzig.

Die Blüten bilden eine Traube aus 2–15 gestielten Blüten. Die beiden äußeren Kelchblätter sind lineallanzettlich, die drei inneren, eiförmigen, viernervigen sind länger (bis 10 mm). Die fünf eirunden, bis 15 mm lang werdenden Kronblätter sind sattgelb, selten hellgelb oder orangegelb. Aus dem kugelig-eirunden, mit dichten büschelartigen Haaren bewachsenen filzigen, insektenbestäubten Stempel entwikkelt sich eine dreihülsige Kapsel.

Bei dieser über ganz Europa, mit Ausnahme der nördlichsten Gebiete, verbreiteten Art werden häufig in Mitteleuropa vier Unterarten unterschieden: die *nummularia,* die wärmeliebende *obscurum* und die beiden Bergunterarten *grandiflorum* und *glabrum.* Sie unterscheiden sich voneinander in der Bedeckung der Blätter und in Länge und Bedeckung der Kelchblätter.

Das Gemeine Sonnenröschen gehört zur Familie der Zistrosengewächse. *Cistus ladaniferus* wurde besonders früher zur Gewinnung des Ladanumharzes gezüchtet, das in der Arzneimittelbereitung Verwendung fand und heute noch in Südeuropa zu Parfümherstellung dient.

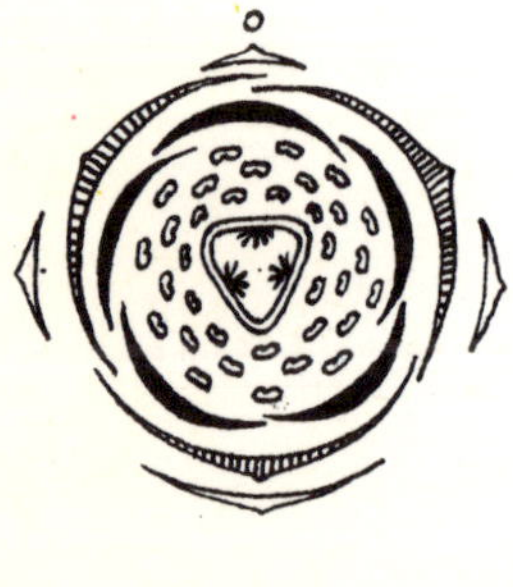

Blütendiagramm

Somatische Chromosomenzahl: 2n = 20

Zweikeimblättrige

Blütezeit:
Mai–August

Fruchtform:
Kapsel

Große Brennessel

Urtica dioica

Das stattliche, 50–150 cm hohe, ausdauernde Kraut, die Brennessel, ist eine wichtige Art nitrophiler Staudengesellschaften in der Nähe menschlicher Ansiedlungen, ist aber auch in Gebüschen und feuchten Wäldern zu finden.

Aus dem kriechenden Wurzelstock wächst der immer aufrechte, vierkantige, kräftige Stengel. Die gestielten Blätter haben längliche zugespitzte, am Grund herzförmige und am Rand sichelförmig grobgezähnte Blattspreiten. An der Oberseite der Blätter sind lange Brennhaare. Das sind lange, schmal kegelige Zellen mit verkieselter Zellwand. Die scharfe Brennhaarspitze ist sehr brüchig, so daß sie leicht abbricht. Bei Berührung bleibt die Spitze in der Haut stecken, bricht ab und ermöglicht dadurch einem Teil des Brennzelleninhalts das Eindringen in die Wunde.

Die Pflanzenart ist zweihäusig. Man findet also Büsche, deren Pflanzen nur männliche Blüten hervorbringen, und andere mit rein weiblichen Blüten. Die männlichen Blütenstände sind aufrechte Rispen mit kurzen Verzweigungen; die weiblichen haben dagegen längere Zweige mit nickenden grünen Blüten, die windbestäubt werden.

Die Große Brennessel ist nahezu über den ganzen europäischen Kontinent verbreitet.

Eine verwandte Art ist die insgesamt kleinere, einhäusige Kleine Brennessel *(Urtica urens)*. Auch sie ist mit Brennhaaren besetzt.

Somatische Chromosomenzahl: 2n = 48, 52

Zweikeimblättrige

Blütezeit:
Juni–Oktober

Fruchtform:
Nuß

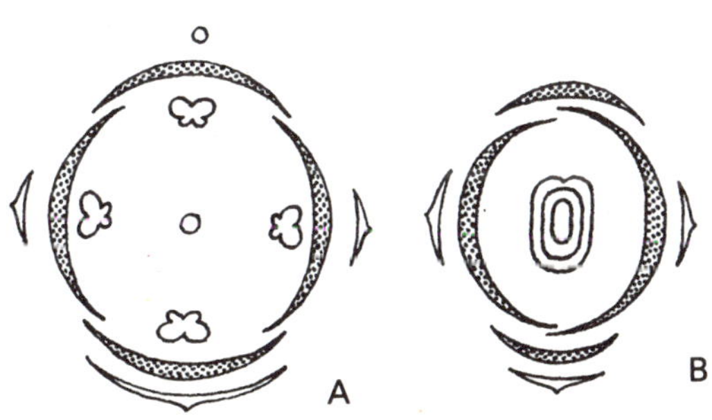

Blütendiagramm.
A: männliche Blüte, B: weibliche Blüte

A: weibliche Blüte
B: männliche Blüte

Rundblättriger Sonnentau

Drosera rotundifolia

Überwiegend in leicht sauren, aber auch in extrem sauren Böden ist diese insektenfangende Pflanze auf Vorgebirgs- und Gebirgs-Torfmooren und Hochmooren sowie auf nassen Wiesen zu finden.

Der Rundblättrige Sonnentau bildet am Boden aus den langgestielten Grundblättern eine Rosette. Die rundlichen Blattspreiten haben auf der Oberseite zwei verschiedene Arten roter gestielter Drüsen. Die Fangdrüsen scheiden ein klebriges Sekret aus; das Sekret der Verdauungsdrüsen zersetzt die Eiweißstoffe. Kleine Insekten, die sich auf die klebrigen, süßen Tröpfchen setzen, bleiben kleben, die stieligen Drüsen biegen sich zu ihnen herab und halten sie am Blatt fest. Durch die Zersetzung der weichen Insektenteile gewinnt die Pflanze stickstoffhaltige Stoffe, die sie aufnimmt.

In den Sommermonaten wächst aus der Blattrosette ein bis 20 cm langer Schaft, der in einem spärlich mit kleinen weißen Blüten besetzten Wickel endet. Die fünfzähligen Blüten öffnen sich nacheinander von unten nach oben und verblühen sehr schnell, so daß an der Pflanze immer nur eine oder zwei geöffnete Blüten zu finden sind, unter denen sich reifende oder reife Kapseln befinden, während der darüber liegende Teil unterschiedlich große Knospen trägt.

Der Sonnentau leidet stark unter der Entwässerung, Austrocknen und Kalken der Wiesen, Anwendung von Mineraldüngern usw. Heute reicht es schon nicht mehr aus, die Pflanze als solche, sondern vor allem ihre natürlichen Standorte zu retten.

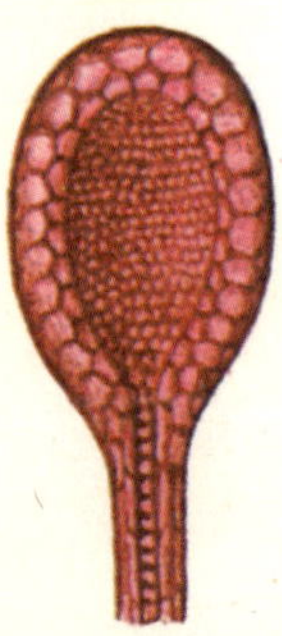

Schnitt durch die Fangdrüse

Blatt der Art *D. anglica*, die an den gleichen Standorten wächst wie *D. rotundifolia*

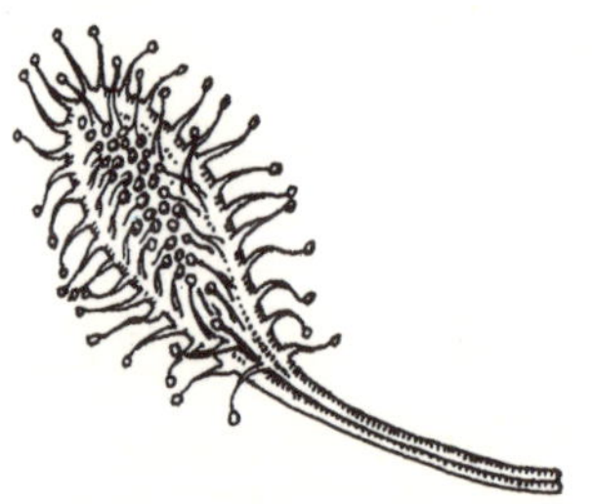

Somatische Chromosomenzahl: 2n = 40

Zweikeimblättrige

Blütezeit:
Juli–August

Fruchtform:
Kapsel

Große Fetthenne

Sedum telephium

Diese 50–80 cm hohe Pflanze lebt auf Sandtrockenböden und in Gebüschen.

Der aufrechte Stengel ist hart und manchmal rötlich. Die Blätter sind wechsel- oder gegenständig, eventuell auch quirlig, dreiständig, ungestielt und herzförmig stengelumfassend. Ihre Blattspreiten sind herz-verkehrt eiförmig, rundlich bis breit länglich.

Die Blütenstände sind verlängerte, aus hellgelbgrünen, manchmal rosenroten oder purpurroten Blüten gebildete Wickel. Die zweihäusigen Blüten haben 5 Kelch- und 5 Kronblätter, 10 (5 + 5) Staubblätter mit braungelben Staubbeuteln und 5 Stempel. Die reifen Früchte sind Balgfrüchtchen.

Sedum telephium hat drei Kleinarten:

Sedum maximum hat gelbgrüne Kronblätter, sitzende oder halbumfassende und fast ganzrandige Hochblätter und wächst nahezu in ganz Europa.

Sedum telephium wird als Kleinart betrachtet, hat rosarote Kronblätter, gegenständige und mit keilförmigem Grund sitzende Hochblätter mit gezähntem Rand. Wächst in Mittel- und Osteuropa.

Sedum fabaria hat dunkelpurpurrote Kronblätter. Die Hochblätter sind wechselständig, am Grund verschmälert, beinahe an einen Stiel erinnernd und zum Stengel angewachsen. Diese Art wächst in West- und Mitteleuropa. Die Pflanzen dieser Art sind meist kleinwüchsiger und weichen Kalkböden aus.

Somatische Chromosomenzahl: 2n = 24

Zweikeimblättrige

Blütezeit:
Juli–September

Fruchtform:
Balgfrucht

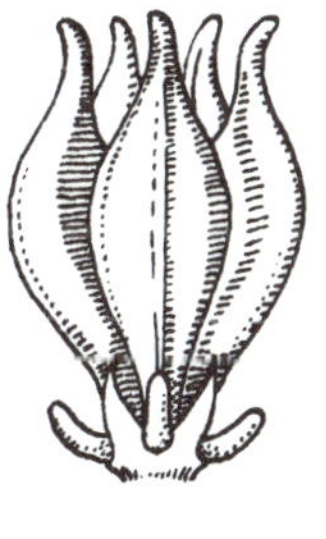

Fruchtknoten mit drüsigen Nektarien

Blüte der Kleinart *Sedum telephium*

Scharfer Mauerpfeffer

Sedum acre

Diese 5–15 cm hohe, ausdauernde, Rasen bildende Pflanze bewohnt Felsfluren, Sandtrockenhänge und sandige Ruderalstellen.

Aus dem dünnen, reich verästelten Wurzelstock wachsen 2 aufsteigende Stengeltypen: Die nicht blühenden Stengel sind dicht dachförmig belaubt und nur 2–5 cm hoch, die blütentragenden Stengel sind 5–15 cm hoch, einfach und dünner belaubt. Die wechselständigen, glatten Blätter sind fleischig, breit eiförmig oder rundlich. Am Grund sind sie sackartig sitzend, kahl und bis 10 mm lang. Die Blätter schmecken scharf pfeffrig.

Den Blütenstand bilden 2–3 Wickel. Die fünfzähligen Blüten sitzen auf kurzen Stielen. Die eiförmigen, bis 3 mm langen Kelchblätter sind stumpf, die Kronblätter lanzettlich, zugespitzt und 6–10 mm lang. Sie sind gelb und gespreizt. Nach der Befruchtung bilden sie Balgfrüchte.

Der durch die somatische Chromosomenzahl sichtbaren genetischen Variabilität entspricht auch die morphologische Vielfalt.

Der Scharfe Mauerpfeffer ist in ganz Europa anzutreffen. Er wird häufig mit der ähnlichen Art Milder Mauerpfeffer *(Sedum sexangulare,* syn. *Sedum boloniense)* verwechselt, die sich erheblich durch den abstehenden Blattgrund (häufig als „spornartig" bezeichnet) und das Fehlen der scharf bitteren Stoffe im Zellsaft unterscheidet, die für die *Sedum acre* so typisch sind.

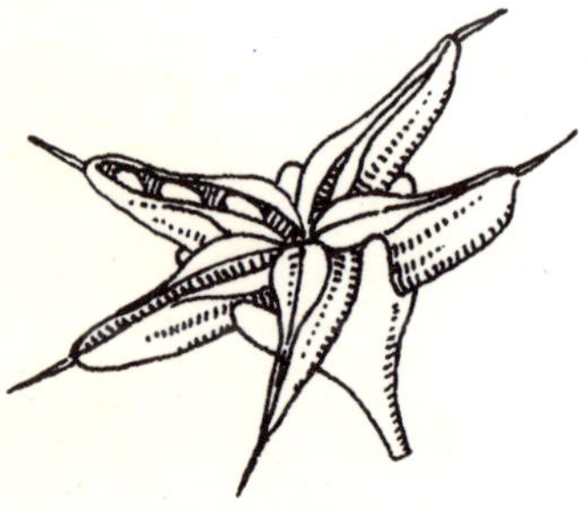

reife, aufgesprungene Balgfrüchte

Somatische Chromosomenzahl: 2n = 40, 48, 60, 80, 100, 120

Zweikeimblättrige

Blütezeit:
Juni–Juli

Fruchtform:
Balgfrucht

Knöllchensteinbrech

Saxifraga granulata

Man findet diese 10–15 cm hohe, Kalksteinböden bevorzugende, ausdauernde Pflanze auf Wiesen, Weiden und Böschungen.

Sie bildet mit ihren Bodenrosetten dünne Teppiche und hat wenig verzweigte, sehr dünn belaubte, rötliche Stengel. Die Rosettenblätter sind rundlich-nierenförmig und bilden in ihren Achseln Brutzwiebeln. Die Blattspreiten sind tief gekerbt bis lappenförmig, am Grund herzförmig oder abgestumpft und verschmälern sich plötzlich zu einem Stiel, der ein- bis fünfmal länger ist als die Blattspreite. Die im unteren Stengelabschnitt sitzenden Blätter sind ebenfalls langgestielt und gekerbt lappenförmig, die Hochblätter dagegen ungeteilt und fast oder vollständig ungestielt. An den Stengelblättern bilden sich keine Brutzwiebeln.

Die Zweige der Blütenstände sind aufrecht, drüsig und blütenarm. In den Achseln der linealischen Deckblätter entspringen kurzdrüsige Blüten, deren Kelche aus fünf am Grund mit den Kronblättern und den Staubblättern zu einem trichterförmigen Blütenboden zusammengewachsenen Blättern bestehen. Die weißen Kronblätter sind dreimal länger als die Kelchblätter. Die Blüte hat 10 Staubblätter. Die breit eiförmige Kapsel enthält kleine, mit kleinen Warzen bewachsene Samen.

Die *Saxifraga granulata* ist in ganz Europa heimisch, so daß es nicht verwunderlich ist, daß sie hinsichtlich Wuchs, Stengelverzweigung und Bedekkung sehr variabel ist.

Somatische Chromosomenzahl: 2n = 52

Zweikeimblättrige

Blütezeit:
Mai–Juni

Fruchtform:
Kapsel

Blütendiagramm

Brutzwiebeln in den Blattachseln der Niederblattrosette

Traubensteinbrech

Saxifraga paniculata
syn. *Saxifraga aizoon*

Auf Felsen, Steinhängen, hauptsächlich aber auf stark kalkhaltigen Böden ist diese fleischige, rasenbildende, ausdauernde Pflanze anzutreffen.

Aus der aus harten, graugrünen, lanzettlichen Blättern bestehenden Bodenrosette wächst der 4–30 cm hohe, schwach belaubte und oben verzweigte Stengel. Die Grundblattspreiten sind scharf gezähnt. Die Zähne sind mit Schuppen aus kohlensaurem Kalk besetzt; an ihrem Grund befinden sich die sog. Kalkgrübchen. Wenn wir das Blatt gegen das Licht halten, sind sie mit dem bloßen Auge als helle Punkte deutlich sichtbar. In diese Kalkgrübchen münden mehrere Gefäßbündel, die Wasser mit hohem Gehalt an gelöstem kohlensaurem Kalk zuführen. Das Wasser verdunstet, der kohlensaure Kalk jedoch wird in den Schuppen in den Kalkgrübchen gelagert, so daß ein übermäßiges Verdunsten des Wassers verhindert wird. Das ist für diese Art, die auf extrem erwärmten und trockenen Standorten wächst, von besonderer Wichtigkeit.

Die Blüten bilden eine reiche Blütenrispe. Die Kronblätter sind weiß, manchmal rot getupft. In den Blüten reifen die Blütenblätter früher als die Stempel. Die Blütenbestäubung besorgen Insekten. Die Pflanze vermehrt sich aber auch vegetativ durch Ausläufer.

Dieser Steinbrech wächst in ganz Europa, wird aber wegen seines Aussehens häufig in der Natur ausgegraben und in Steingärten gepflanzt. Deshalb wurde er unter Naturschutz gestellt.

Blatteil mit ausgeschiedenem Kalziumkarbonat

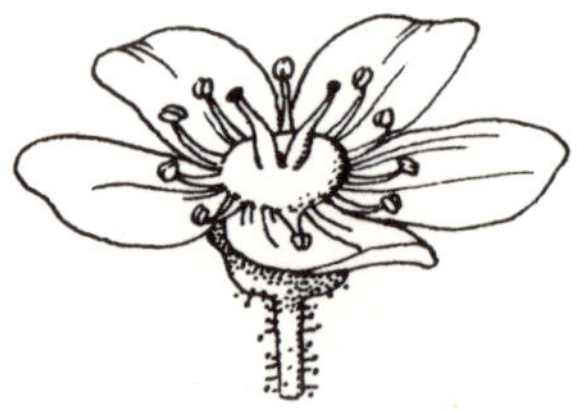

Blüte

Somatische Chromosomenzahl: 2n = 28

Zweikeimblättrige

Blütezeit:
Juni–Juli

Fruchtform:
Kapsel

Wechselblättriges Milzkraut

Chrysosplenium alternifolium

Diese 5–20 cm hohe Art ist auf feuchten und schattigen Waldböden, in Hainen und an Quellen der Niederungen und im Gebirge zu finden.

Aus dem langen, dünnen, beschuppten Wurzelstock entwickelt sich ein kleines, ausdauerndes Kraut, das lockere Rasen bildet. Der dreikantige Stengel endet in einer verzweigten Trugdolde. Die langgestielten Grundblätter sind dünn und anliegend behaart bis kahl und glänzend; ihre nierenförmigen, am Grund herzförmigen Blattspreiten sind breit gekerbt. Die 2–4 wechselständigen, kurzgestielten Stengelblätter sind flach herzförmig.

Die kleinen gelben Blüten stehen über gelbgrünen Deckblättern. Die Kelchblätter haben länglichrunde Zipfel; eine Krone wird nicht gebildet. In der Blüte befinden sich acht Staubblätter. Die reifen eiförmigen Samenkapseln werden von einem ausdauernden Kelch umschlossen.

Die Art ist in den meisten europäischen Gebieten heimisch, mit Ausnahme der nördlichsten Regionen Westeuropas und des Mittelmeergebietes.

Die verwandte Art *Ch. tetrandrum* hat nur vier Staubblätter und daher ihren Namen. Die Pflanze ist nahezu vollständig kahl und kleiner als das *Ch. alternifolium.* In Europa kommt diese Art bloß in Skandinavien vor.

Die mitteleuropäische Art des Wechselständigen Milzkrauts, *Ch. oppositifolium,* hat wirklich gegenständige Blätter und kommt an Bergquellen auf beschatteten Quellfluren und überrieselten Felsen vor, besonders an Kalksteinfelsen.

Somatische Chromosomenzahl: 2n = 48

Zweikeimblättrige

Blütezeit:
April–Juni

Fruchtform:
Kapsel

Blüte

Sumpfherzblatt

Parnassia palustris

Diese 5–30 cm hohe, ausdauernde Pflanze ist auf feuchten und moorigen Grasplätzen anzutreffen.

Die eine Rosette bildenden Grundblätter sind langgestielt und haben herzförmige Blattspreiten. Aus dem starken Wurzelstock wächst der aufrechte und kahle, immer nur mit einem sitzenden, stengelumfassenden Blatt besetzte Stengel.

Er trägt eine einzige, 2–3 cm breite Blüte mit 5 Kelchblättern und 5 weißen, sehr selten rötlichen Kronblättern. Die 5 Staubblätter wechseln sich mit fünf länglichen, verkehrt-eiförmigen Honigblättern ab, deren schaufelartig verbreiteter gelber Mittelteil Nektar absondert. Die Bestäubung besorgen Insekten. Der Stempel wird von vier verwachsenen Fruchtknoten gebildet. Nach der Befruchtung bildet sich eine einhülsige Kapsel, die sich mit vier Klappen öffnet.

Das Sumpfherzblatt wächst in ganz Europa und ist der einzige Vertreter der Familie Herzblattgewächse *(Parnassiaceae)*. Nur wenige ähnliche Pflanzen sind so variabel im Aussehen, ihren Ansprüchen an den Standort und in der horizontalen und vertikalen Verbreitung wie diese. Es gibt solche, die klein, und solche, die mächtig in der Ausdehnung sind. Sie wachsen nicht nur auf den Moorwiesen der Niederungen, sondern auch auf nassen Felsen der Alpen und Karpaten.

Kronblatt mit Staubblatt und Staminodium

Blüte

Somatische Chromosomenzahl: 2n = 18 (36)

Zweikeimblättrige

Blütezeit:
Juni–September

Fruchtform:
Kapsel

Waldgeißbart

Aruncus dioicus
syn. *Aruncus sylvestris, A. vulgaris*

Der 100–180 cm hohe, ausdauernde Waldgeißbart bewohnt schattige Schluchten, Gebüsche und Hochstaudenfluren.

Seine Blätter erreichen gewöhnlich eine Länge bis zu 1 m, sind zweimal dreizählig gefiedert und unregelmäßig gesägt. Nebenblätter fehlen.

Die kleinen Blüten sind in reichen Rispen angeordnet, kurz gestielt und eingeschlechtig. Die Pflanze ist meist zweihäusig; sie hat reinweiße weibliche und gelblichweiße männliche Blüten mit fünf Kelch- und fünf Kronblättern. Die weiblichen Blüten haben 3 Stempel und die männlichen 20–30 Staubblätter. Nach der Bestäubung durch Insekten entwickeln sich Balgfrüchte.

Die stattliche Pflanze ist in ganz Mitteleuropa heimisch. Zu den ihr am nächsten stehenden Verwandten gehört die Blauspiere *Sibiraea,* deren Verbreitungsgebiet in Mittelasien, und zwar einmal im Altai, zum anderen im Tien-Schan, liegt. Erst zur Jahrhundertwende wurde in Europa ein dritter Standort der *Sibiraea altaiensis* entdeckt. Heute ist sie nur noch an einigen Stellen in Jugoslawien zu finden. Da die Plätze ihres Vorkommens in Jugoslawien und im Altai mehr als 5000 km voneinander entfernt liegen, bedeutet das, daß die europäischen Standorte den Rest eines einstmals größeren Verbreitungsgebietes darstellen. Die *S. altaiensis* ist also ein bedeutendes Relikt des Tertiärs. Davon zeugen auch paläobotanische Funde.

Somatische Chromosomenzahl: $2n = 18$

Zweikeimblättrige

Blütezeit:
Juni–Juli

Fruchtform:
Balgfrucht

Schnitt durch den Fruchtknoten

Balgfrüchtchen

Echtes Mädesüß, Große Spierstaude

Filipendula ulmaria

Die Große Spierstaude erreicht die stattliche Höhe von 100–150 cm, ist ausdauernd und auf feuchten Wiesen, in Gräben, an Quellen und auf Hochstaudenfluren anzutreffen.

Aus dem gegliederten, kriechenden Wurzelstock wächst ein steifer, kahler, aufrechter Stengel, der Blätter trägt und oben spärlich verzweigt ist. Die Blätter sind unterbrochen unpaarig gefiedert; die Blattspreiten sind zwei- bis fünf fiederpaarig, breit eiförmig und zugespitzt. Das Endblatt ist handförmig drei- bis fünflappig. Die Nebenblätter sind breit herzförmig und doppeltgesägt.

Die einen reichen Blütenstand bildenden kleinen Blüten haben unauffällige Kelchblätter und duftende, gelblichweiße, breit verkehrt-eiförmige, nagelartige Kronblätter. Die Staubblätter sind doppelt so lang wie die Kronblätter, die Bestäubung der 6–10 Stempel besorgen Insekten. Nach der Befruchtung entwickeln sich 2 mm lange, kahle Balgfrüchte.

Die Art ist in nahezu ganz Europa heimisch, mit Ausnahme der Inseln und des Mittelmeergebietes.

In Mitteleuropa wachsen zwei Unterarten: die gleichnamige subsp. *ulmaria* wird 2 m hoch, hat einen lockeren Blütenstand und kahle Balgfrüchte. Sie ist fast in ganz Europa zu finden. Die subsp. *picbaueri* hat nur 1 m hohe Stengel, dichte Blütenstände und behaarte Balgfrüchte. Sie kommt im Gebiet von Ostösterreich und der Tschechoslowakei bis nach Bulgarien vor.

Blüte

Somatische Chromosomenzahl: 2n = 14

Zweikeimblättrige

Blütezeit:
Juni–September

Fruchtform:
Balgfrucht

Kleines Mädesüß, Knollenspierstaude

Filipendula vulgaris
syn. *Filipendula hexapetala*

Die 30–60 cm hohe Pflanze ist ausdauernd und wächst an trockenen Hängen und auf Böden mit höherem Kalziumgehalt. Aus dem kurzen Wurzelstock entwickelt sich der aufrechte, meist länglichrunde, nach dem Grund zu belaubte, oben fast blattlose Stengel. Die unterbrochen unpaarig gefiederten Blätter haben mehr als zwanzig Fiederpaare. Die einzelnen Blättchen sind tief eingeschnitten, größere wechseln mit kleineren und ganz kleinen ab. Die Nebenblätter sind nierenförmig und gezähnt. Den reichen Blütenstand bilden sechszählige Blüten mit weißen oder auch rötlichen Kronblättern. Die Staubblätter sind so lang wie die Kronblätter. Die Blüte hat neun bis zwölf Stempel, aus denen sich bis 4 mm lange und behaarte Balgfrüchte entwickeln.

Die Art ist nahezu auf dem ganzen europäischen Kontinent beheimatet; die nördlichsten Standorte sind die Gegenden um Trondheim in Norwegen.

Außer dem bereits erwähnten Echten Mädesüß *(Filipendula ulmaria)* ist in Europa keine andere Art dieser Familie zu finden. Einige nordamerikanische oder asiatische Arten mit weißen, rosa oder roten Blüten werden in Gärten und Parks als Zierstauden gepflanzt.

Somatische Chromosomenzahl: 2n = 14

Zweikeimblättrige

Blütezeit:
Juni–Juli

Fruchtform:
Balgfrucht

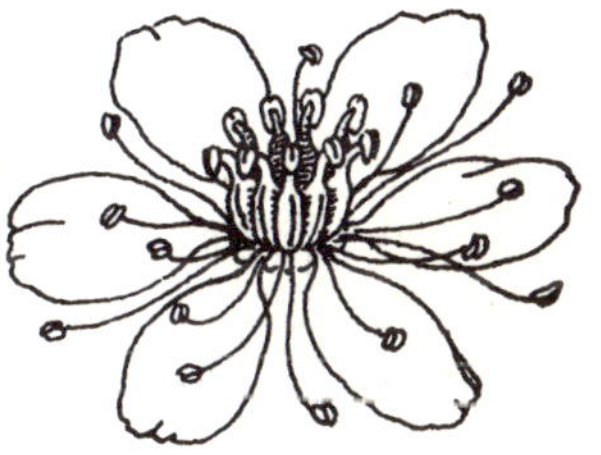

Blüte

Blutauge, Sumpffingerkraut

Potentilla palustris
syn. *Comarum palustre*

Der 30–80 cm hohe, ausdauernde Strauch ist auf nassen Wiesen, in Sümpfen und Mooren zu finden. Er hat in seiner Grundblattrosette einmal unverzweigte, kahle und blütenlose, zum anderen blütentragende und spärlich verzweigte Stengel, die zerstreut behaart sind. Die Blätter sind unpaarig gefiedert, auf der Oberseite dunkelgrün und mehr oder weniger kahl, an der Unterseite nervig behaart und graugrün. Die Nebenblätter erreichen die Hälfte der Stiellänge; manchmal sind sie mit ihm vollständig verwachsen.

Den Blütenstand bildet eine spärliche Trugdolde. Die in den Deckblattachseln wachsenden Blüten sind groß und fünfzählig, die Endblüte sehr oft siebenzählig. Der außen grüne, innen purpurrote und während der Blüte gespreizte Kelch ist bis 18 mm lang, anliegend behaart und während der Fruchtreife aufrechtstehend. Die grünen Außenkelchblätter sind lanzettlich. Die bis 8 mm langen, purpurnen Kronblätter sind zugespitzt und nicht abfallend. Die zwanzig Staubblätter haben ebenfalls purpurne Farbe. Die Bestäubung besorgen Insekten. Die zahlreichen Stempel sitzen auf einem halbrunden, behaarten Blütenboden und bilden zur Reife fleischige, eiförmige und hakige Nüßchen.

Die Art ist nahezu auf dem ganzen europäischen Kontinent heimisch, von Mittelspanien über Norditalien bis Südbulgarien und auch in nördlich dieser Linie liegenden Gebieten.

Staubblatt

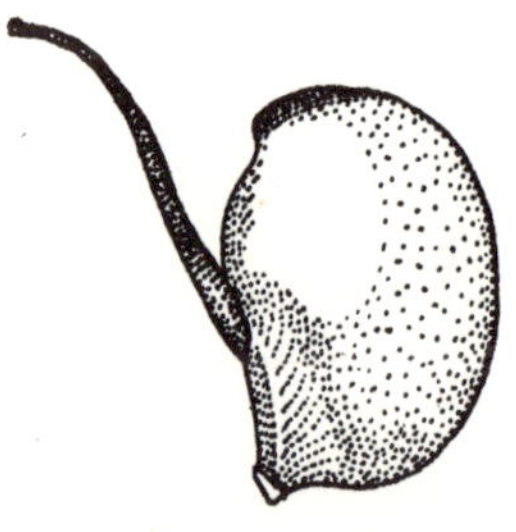

Frucht

Somatische Chromosomenzahl: 2n = 42

Zweikeimblättrige

Blütezeit:
Juni–Juli

Fruchtform:
Nüßchen

Gänsefingerkraut

Potentilla anserina

Auf Ruderalstellen, feuchten Wiesen und Feldern findet man eine bis 1 m hohe, ausdauernde Staude mit kriechenden und wurzelnden Stengeln: das Gänsefingerkraut.

Die Stengel wachsen aus dem starken, knollenartigen Wurzelstock. Die unterbrochen gefiederten Blätter sind an der Unterseite, manchmal auch oberseits silbrig-seidig behaart. Am Stengel nach abwärts zu werden sie kleiner. Ein Blatt hat bis zu 25 tiefgesägte bis fiederspaltige Fiederblättchen.

Die in den Blattachseln an verhältnismäßig langen Stielen wachsenden Blüten werden ungefähr 2 cm breit. Der Hüllkelch besteht aus drei, der Kelch aus fünf Kelchblättern. Die 5 gelben Kronblätter sind doppelt so lang wie die Kelchblätter. Die vorhandenen 20 Staubblätter haben eiförmige Staubbeutel.

Das Gänsefingerkraut ist fast über ganz Europa verbreitet, mit Ausnahme des äußersten Nordostens und des größten Teils Südeuropas. In den Alpen ist es in bis zu nahezu 2500 m Höhe anzutreffen.

Für die nordeuropäischen Küstengebiete Schwedens und Finnlands ist die subsp. *egedii* typisch. Sie hat nur 10, an der Unterseite fast nackte Fiederblättchen. Durch weiße Blüten fallen das Felsenfingerkraut *(Potentilla rupestris)* mit ebenfalls unpaarig gefiederten Blättern und das Weiße Fingerkraut *(Potentilla alba)* mit handförmig fünf- bis siebenzählig, der Erdbeere ähnlichen Blättern auf.

Somatische Chromosomenzahl: 2n = 28

Zweikeimblättrige

Blütezeit:
Mai–September

Fruchtform:
Nüßchen

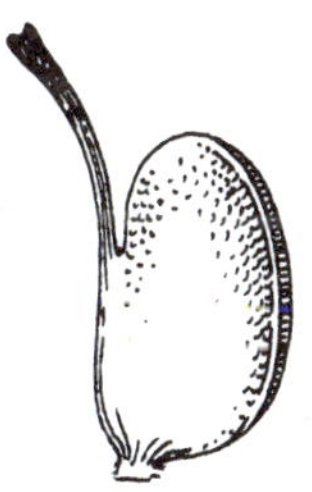

Frucht

Blüte

Frühlingsfingerkraut

Potentilla verna
syn. *Potentilla tabernaemontani*

Diese nur 5–20 cm hohe, ausdauernde Pflanze blüht an sonnigen Hängen und auf Sandtrockenrasen.

Die liegenden, behaarten Stengel sind am Ende aufsteigend und haben häufig wurzelnde Ausläufer. Die langgestielten Grundblätter sind fünf- bis siebenzählig und mit einfachen Haaren besetzt.

Die kurzgestielten, bis 2 cm breiten Blüten haben Außenkelchblätter mit kürzeren Zipfeln als die Kelchblätter. Die gold- bis schwefelgelben Kronblätter sind gezähnt und doppelt so lang wie die Kelchblätter. Die Blüte hat je 5 Hüllkelch-, Kelch- und Kronblätter sowie eine größere Anzahl Staubblätter und Stempel.

Das Frühlingsfingerkraut ist in den meisten europäischen Gebieten anzutreffen, ausgenommen die Ostseeregion, Weißrußland und Bulgarien. Der Artname *Potentilla verna* gehört einer Reihe kleiner, ausdauernder Arten an, von denen wir wenigstens zwei erwähnen wollen.

Die in Mittel- und Westeuropa vorkommenden Pflanzen mit nur flachen, anliegenden oder abstehenden Haaren und schmal lanzettlichen bis linealischen Grundblatt-Nebenblättern werden gewöhnlich als *Potentilla neumanniana* bezeichnet. Die Pflanzen mit vereinzelten Sternhaaren an der Blattunterseite gehören zur Art *Potentilla pusilla*. Unter den europäischen Arten des Frühlingsfingerkrautes werden mehr als zehn unterschieden, aber nicht einmal der Fachmann kann sich häufig auf ihre Bezeichnung einigen.

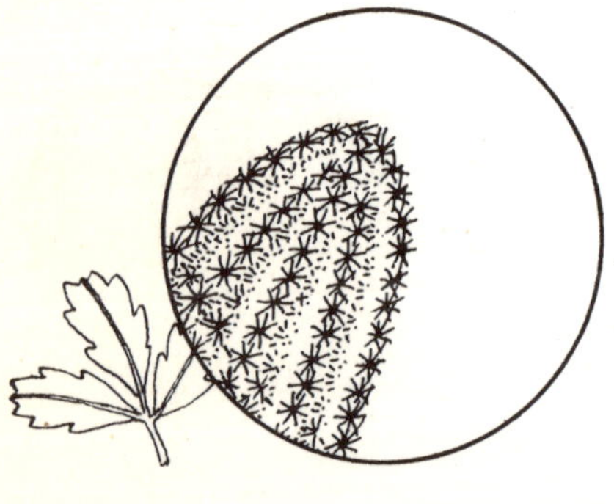

sternartig angeordnete Haare auf der verwandten und wärmeliebende Art *P. arenaria*

Somatische Chromosomenzahl: 2n = 42

Zweikeimblättrige

Blütezeit:
März–Juni

Fruchtform:
Nüßchen

Walderdbeere

Fragaria vesca

An Waldrändern, auf Lichtungen und Kahlschlägen ist die 5–20 cm hohe Walderdbeere anzutreffen.

Aus den Achseln der Blätter der Blattgrundrosette wachsen kriechende, wurzelnde Ausläufer und aufrechte Stengel, die genauso lang oder nur wenig länger als die Blätter sind. Die langgestielten, dreizähligen Blätter haben lanzettliche, ganzrandige Nebenblätter. Stengel, Blütenstengel, Blätter und Nebenblätter sind behaart.

Die Blüten sitzen an langen Stielen; der Außenkelch ist fast so lang wie der Kelch. Die Kelchzipfel stehen während der Fruchtreife nach hinten ab. Die reinweißen, bis 8 mm langen Kronblätter sind länglich verkehrt-eiförmig. Die Blüte hat 20 Staubblätter. Nach der Bestäubung durch Insekten bildet sich der fleischige Blütenboden mit Nüßchen – die „Erdbeere". Die reifen Scheinbeeren sind bis 2 mm lang, rot, süß und leicht abfallend.

Die Walderdbeere ist in fast ganz Europa zu finden. Eine ähnliche Art ist die Zimterdbeere *(Fragaria moschata)* mit deutlich die Blätter überragenden Stengeln und grünlichen, nur an der sonnenbeschienenen Seite roten Scheinbeeren, die ziemlich fest sitzen. Die gelbweiß blühende Knackerdbeere *(Fragaria viridis)* hat einen ausdauernden, zur Erdbeere angedrückten Kelch. Die Scheinbeere selbst ist gelbweiß mit roter Spitze.

Somatische Chromosomenzahl: 2n = 14

Zweikeimblättrige

Blütezeit:
Mai–August

Fruchtform:
Sammelfrucht von Nüßchen

Schnitt durch die Beere

Kleiner Odermennig

Agrimonia eupatoria

Der 30–100 cm hoch werdende, ausdauernde Kleine Odermennig ist an sonnigen Hängen, Waldsäumen und in lichten Gehölzen zu finden. Böden mit hohem Kalziumgehalt werden von ihm bevorzugt.

Aus dem starken Wurzelstock wächst die behaarte und mit Drüsen besetzte Pflanze mit einem einfachen oder spärlich verzweigten Stengel. Er ist am Grund schuppig und mit unterbrochen gefiederten, aus 5–9 größeren und 6–10 kleineren, eiförmigen bis rautenförmigen Fiederblättchen zusammengesetzten Blättern besetzt. Sie sind grob gezähnt und oberseits dunkelgrün, unterseits heller. Die Nebenblätter ähneln den Stengelblättern.

Die Blüten bilden eine bis 30 cm langgezogene, ährenförmige Traube. Die Einzelblüten haben einen fünfzähligen, am Grund kegeligen Kelch mit 10 deutlich sichtbaren Adern. Anstelle der Außenkelchblätter befindet sich ein mit einem Stachelkranz umgebener Kelchbecher. Die fünf gelben Kronblätter haben Netzäderung. Zur Frucht reifen 1–2 im Kelchbecher eingeschlossene Nüßchen.

Die Art ist in fast ganz Europa verbreitet, ausgenommen der äußerste Norden.

Der Kleine Odermennig ist eine Heilpflanze mit entzündungshemmender Wirkung. Seine Heilkraft soll schon von Mithridates Eupator von Pontus (123–63 v. Chr.) entdeckt worden sein. Nach ihm hat die Pflanze auch ihren lateinischen Artnamen.

Blütenboden

Knospe

Somatische Chromosomenzahl: 2n = 28

Zweikeimblättrige

Blütezeit:
Juni–August

Fruchtform:
In der Scheinfrucht (Kelchbecher) eingeschlossene Nüßchen

Großer Wiesenknopf

Sanguisorba officinalis
syn. *Poterium officinale*

Der 20–100 cm hoch werdende ausdauernde Große Wiesenknopf ist auf feuchten und moorigen Böden zu finden.

Aus dem starken Wurzelstock wachsen eine Grundblattrosette sowie der aufrechte, kahle, oben verzweigte Stengel. Die Blätter sind 40 cm lang und unpaarig gefiedert. Die dünnhäutigen Nebenblätter sind zu langen Stielen ausgewachsen. Die gezähnten Blattspreiten sitzen in drei bis sieben Fiederpaaren und sind langgestielt. Auf der Oberseite sind sie glänzend dunkelgrün, an der Unterseite heller und stark geädert. Der Stengel trägt noch drei bis vier, den Grundblättern ähnliche Stengelblätter.

Die an langen aufrechten Stielen wachsenden dunkelroten Blütenköpfe sind eiförmig zylindrisch und bis 2 cm lang. Sie erblühen vom Grund aus und bestehen aus fünf bis zehn zweihäusigen Blüten. Der dunkelbraunrote Kelch vertritt die nicht vorhandene Krone. Die vier vorhandenen Staubblätter haben lange rote Staubfäden und gelbe Staubbeutel. Zur Fruchtreife ist der Kelch geflügelt.

Der Große Wiesenknopf wurde früher als Heilpflanze gesammelt und gegen Blutungen und Durchfälle angewendet. Er ist über ganz Europa verbreitet, ausgenommen die meisten Mittelmeergebiete und ein Teil der nördlichen Region.

Die verwandte *Sanguisorba dodecandra* hat große Blütenköpfe, grüne Kelche und immer mehr als 4 Staubblätter. Ihr Standort sind ausnahmslos die norditalienischen Alpen.

Somatische Chromosomenzahl: 2n = 28, 56

Zweikeimblättrige

Blütezeit:
Juli–September

Fruchtform:
Im Fruchtbecher eingeschlossene Nüßchen

Blüte

Kleiner Wiesenknopf, Kleine Bibernelle

Sanguisorba minor

Diese ausdauernde Staude wird 20–60 cm hoch und ist auf sonnenbeschienenen Hängen und Felsfluren zu finden.

Aus dem starken, fleischigen Wurzelstock wächst der meist aufrechte, manchmal aufsteigende violette, verzweigte und abgeflachte Stengel. Die Blätter sind kurzgestielt, unpaarig gefiedert und haben kleine, zum Stiel verwachsene Nebenblätter. Die breit eiförmigen Blättchenspreiten haben kürzere Stiele und sind grob gezähnt und kahl.

Die fast kugeligen Blütenköpfe bestehen aus kleinen Blüten, aufgeteilt in obere männliche, mittlere zweihäusige und untere weibliche Blüten. Der Kelch ist braunrot, die Kronblätter fehlen, die Staubblätter haben rote Staubfäden und gelbe Staubbeutel.

Der Kleine Wiesenknopf wächst in Süd-, West- und Mitteleuropa.

In Mitteleuropa ist die südeuropäische *Sanguisorba muricata* heimisch geworden. Sie hat während der Fruchtreife einen vergrößerten, geflügelt kantigen Kelch, der auf den Flächen grobgezähnte Netzleisten hat. Auf der Iberischen Halbinsel sind noch zwei verwandte Arten zu finden: die *Sanguisorba hybrida,* eine klebrige Pflanze mit drüsigen Haaren und die *Sanguisorba ancistroides* mit drüsenlosen Haaren und kleinen, nur etwa 1 cm großen Blütenköpfen.

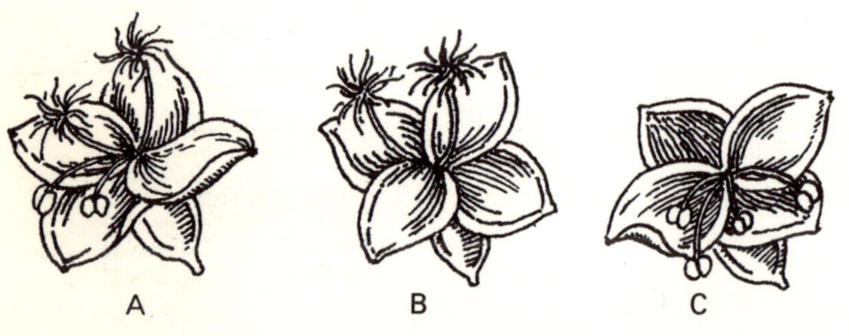

drei Blütentypen: A: zwittrige Blüte; B: weibliche Blüte; C: männliche Blüte

Somatische Chromosomenzahl: 2n = 28

Zweikeimblättrige

Blütezeit:
Mai–Juli

Fruchtform:
Im Fruchtbecher eingeschlossene Nüßchen

Färberginster

Genista tinctoria

Der Färberginster, ein bis 60 cm hoher Strauch, ist in lichten Wäldern, an wärmeliebenden Säumen und auf Heiden anzutreffen.

Die wechselständigen elliptischen bis lanzettlichen Blätter sind fast ungestielt und haben verkümmerte Nebenblätter. Auf der Oberseite sind sie dunkelgrün und kahl, an der Unterseite heller, gewimpert und mit deutlich sichtbaren Seitennerven versehen. Sie wachsen an einem kurzen, aufsteigenden und dicht verzweigten Stengel.

Die in Trauben stehenden Blüten haben Stiele, die genauso lang sind wie der Kelch und zwei lanzettliche Vorblätter tragen. Der Kelch ist kahl, fünfzipflig und fällt früh ab.

Die goldgelbe Krone ist kahl, die Fahne eiförmig. Nach der Befruchtung entsteht eine kahle Hülse mit sechs bis zehn Samen.

Das Verbreitungsgebiet dieser Art ist der größte Teil des europäischen Kontinents. Zahlreiche Vorkommen unterscheiden sich etwas voneinander, so daß viele Abweichungen beschrieben wurden.

Der Färberginster enthält flavonoide Glykoside, z. B. Luteolin, deshalb fanden seine Blätter und Blüten als gelber Farbstoff Verwendung.

Der Deutsche Ginster *(Genista germanica)* unterscheidet sich von dieser Art vor allem durch seine dornigen Zweige, seine sitzenden Blätter und behaarten Hülsen. Er blüht nahezu einen Monat früher als die erstgenannte Art.

Somatische Chromosomenzahl: 2n = 48, 96

Zweikeimblättrige

Blütezeit:
Juni–August

Fruchtform:
Hülse

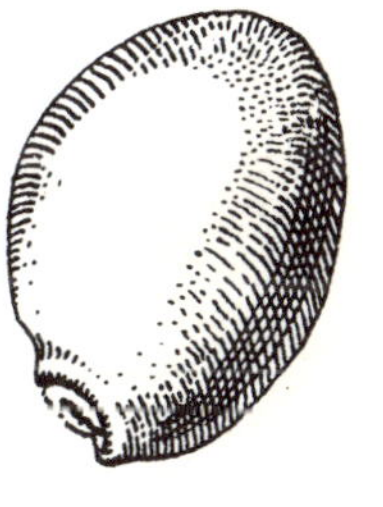

Same

Weißer Steinklee, Buchharaklee

Melitotus alba

Der zweijährige Weiße Steinklee wird 20–200 cm hoch und ist auf trockenen, steinigen und bewachsenen Ruderalstellen und an aufgeschütteten Bahndämmen zu finden. Manchmal wird er auch als Futterpflanze und als Befestigung von Böschungen an Verkehrswegen angepflanzt.

In der Regel hat er einen, häufig aber auch mehrere mehr oder weniger aufrechte Stengel. Die dreizähligen gezähnten Blätter mit Nebenblättern fallen kurz nach dem Verblühen der Pflanze ab.

Die Blüten stehen je 40–80 in schmalen, gewöhnlich bis 6 cm langen Trauben. An kurzen Stielen sitzen die bis 5 mm langen, nickenden Blüten mit abfallendem, fünfzähnigem Kelch und reinweißer Krone mit drei bis sechs Nerven. Die Fahne ist länger als die Flügel. Die stumpfen, kahlen Hülsen werden zur Reife schwarz und enthalten ein bis zwei, manchmal auch drei Samen.

Die Art ist fast auf dem ganzen europäischen Kontinent verbreitet.

Die weißblühenden Steinkleearten sind in Mitteleuropa nur durch den Weißen Steinklee *(Melilotus alba)* vertreten. Die gelbblühenden dagegen wachsen in Mitteleuropa sehr häufig. Wir finden hier den zweijährigen Echten Steinklee *(M. officinalis)* mit kahlen Hülsen und den mehrjährigen Hohen Steinklee *(M. altissima)* mit behaarten Hülsen.

An Bahndämmen Mitteleuropas sind auch einige andere eingeschleppte südeuropäische Steinkleearten anzutreffen.

Blüte der Art *M. officinalis*

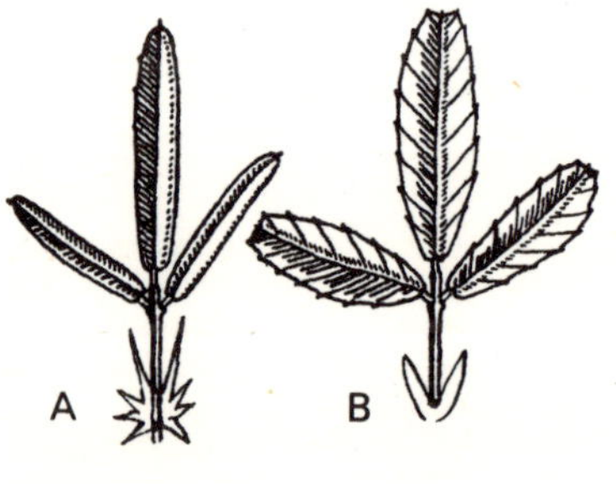

Blätter:
A: *M. dentata* mit 18–20 Seitennerven,
B: *M. alba* mit 6–12 Seitennerven

Somatische Chromosomenzahl: 2n = 16

Zweikeimblättrige

Blütezeit:
Mai–August

Fruchtform:
Hülse

Weißklee

Trifolium repens

Dieser Klee wird 10–30 cm hoch und ist auf Wiesen, Weiden, Brachfeldern und an Straßenrändern anzutreffen.

Die kriechenden Stengel sind am Ende aufsteigend und wurzelnd. Die gestielten dreiteiligen Blätter sind manchmal bis zu 20 cm lang und haben große, dünnhäutige Nebenblätter. An den Blattspreiten sind schwache Nerven und helle Quertupfen zu erkennen.

Der runde, ungefähr 2 cm breite, aus 40–80 Blüten gebildete Blütenstand steht auf einem Stiel, der länger ist als die Blätter. Die Einzelblüten sind bis zu 12 mm lang und nach dem Verblühen hängend. Der grüne Kelch ist glockig, die trockenhäutige Krone weiß, grünlich oder rötlich, nach dem Verblühen hellbraun. Die Fahne ist zugespitzt und um ein Drittel länger als die beiden Seitenblätter, die Flügel. Die beiden unteren Blütenblätter sind zum sogenannten Schiffchen verwachsen. Die Blüte besitzt zehn Staubblätter. Die Hülse steckt im ausdauernden Kelch.

Die Art ist in ganz Europa einschließlich des nördlichsten Punktes, des norwegischen Kaps Nordkinn, heimisch. In Mitteleuropa werden zwei Unterarten unterschieden: die gleichnamige subsp. *repens* hat bis über 30 cm hohe, kahle Stengel und meist weiße Blüten, die subsp. *prostratum* aus dem Rheinland, Südfrankreich und dem gesamten Mittelmeerraum niedrige, behaarte Stengel und rosarote, später dunkle Blüten.

Somatische Chromosomenzahl: 2n = 32

Zweikeimblättrige

Blütezeit:
Mai–September

Fruchtform:
Hülse

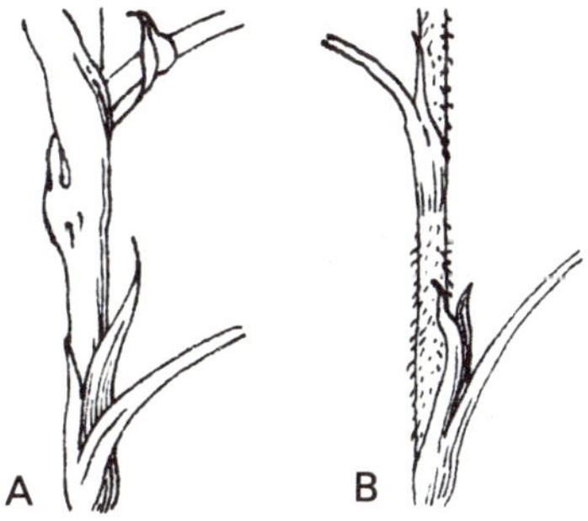

A: Teil des glatten Stengels der Art *T. repens*
B: Teil des wollig behaarten Stengels der Art *T. montanum,* einer weiteren weißblühenden, im Bergland wachsenden Kleeart

Blüte

Rotklee

Trifolium pratense

Der Rotklee, 20–50 cm hoch und ausdauernd, ist auf Wiesen, Weiden, Halbtrockenrasen und an Wegsäumen wild anzutreffen, wird aber auch landwirtschaftlich als Futterpflanze genutzt. Aus dem büschelförmigen Wurzelstock wachsen drei- bis fünfgliedrige, aufrechte oder kurz aufsteigende, kantige und behaarte Stengel. Die unteren Blätter sind langgestielt, die oberen haben nur kurze Stiele oder sind sitzend, die Nebenblätter sind mit dem Stiel verwachsen. Die Blättchenspreiten sind auf der Oberfläche kahl mit einem gut sichtbaren rotbraunen Tupfen, an der Unterseite behaart und am Rand bewimpert.

Die runden bis eiförmigen Blütenköpfe haben am Grund große Stützblattnebenblätter. Im Blütenkopf befinden sich 30–60 sitzende Blüten, die nicht aus den Deckblattachseln hervorwachsen. Sie sind 18 mm lang und aufrechtstehend, der fünfgezähnte Kelch ist außen behaart, die hell karminrote oder fleischrote Krone ist am Grund zusammengewachsen. Die Fahne ist länger als die Flügel, die eiförmige Hülse enthält nur ein Samenkorn.

Es handelt sich um eine äußerst variable Art, bei der die auffallend behaarten Exemplare entweder als bloße Abart oder als Unterart oder sogar als selbständige Art betrachtet werden.

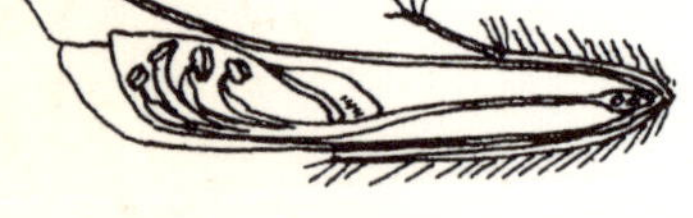

Schnitt durch die Blüte

Somatische Chromosomenzahl: 2n = 14

Zweikeimblättrige

Blütezeit:
Juni–September

Fruchtform:
Hülse

Goldklee

Trifolium aureum
syn. *Trifolium strepens*

Dieser zweijährige, 10–30 cm hoch werdende Klee ist auf wärmeliebenden Hängen, Schutthalden und an Wegsäumen zu finden.

Er hat einen aufrechten oder schwach aufsteigenden, reich belaubten und verzweigten Stengel. Die Blätter haben 1 cm lange Stiele und länglich-eiförmige, zugespitzte, stark nervige Nebenblätter, die annähernd so lang sind wie die Stiele. Die kurzgestielten Blattspreiten sind an der Ober- und Unterseite anliegend behaart.

Der kohlkopfartig verkürzte Blütenstand wächst auf einem aufrechten, starken Stiel, der entweder genauso lang oder länger ist als die Stützblätter und während der Reifezeit bis 5 cm erreicht. Die einzelnen Blüten sind kurzgestielt und nach dem Verblühen hängend. Die Krone ist tiefgelb, nach dem Verblühen goldgelb und trockenhäutig. Die löffelförmige Fahne wird bis 6 mm lang.

Die Art ist in den meisten europäischen Gebieten heimisch, ausgenommen den äußersten Norden.

Von den goldgelben Kleearten, deren Köpfchen später meistens braun werden, wächst in Mitteleuropa eine ganze Reihe.

So hat der Feldklee *(Trifolium campestre)* ein auffällig langgestieltes Mittelblättchen. Die Blüten sind hellgelb und haben eine etwa 4–5 mm lange Krone. Er ist nur auf sandigen Silikattrockenrasen anzutreffen.

Somatische Chromosomenzahl: 2n = 14

Zweikeimblättrige

Blütezeit:
Juni–August

Fruchtform:
Hülse

Blütendiagramm der Schmetterlingsblütler

Gemeiner Hornklee

Lotus corniculatus

Wir finden den Hornklee, ein ausdauerndes, 5–40 cm hoch werdendes Kraut, auf Wiesen, Weiden, Rasen und an lichten Säumen von Trockengebüsch.

Aus dem Wurzelstock wachsen liegende oder aufsteigende, spärlich verzweigte, entweder kahle oder wie die Blätter zerstreut behaarte Stengel. Die fünfzähligen, gefiederten Blätter sind an der Unterseite graugrün.

Die Blüten stehen in spärlichen, doldenförmigen Köpfen, die länger sind als die Stützblätter. Sie wachsen auf einem bis 10 cm langen Stiel und bestehen aus 3–6 bis 13 mm langen Blüten. Sie sind kurzgestielt, haben fünfnervige Kelche und tiefgelbe, außen oft rötliche Kronblätter. Bei Trockenheit sind sie grün angehaucht. Die Fahne ist länglich-eiförmig, die Flügel sind breit eiförmig und das Schiffchen hat vorn einen nach oben umgekehrten Schnabel. Die reifen kastanienbraunen Hülsen und die Klappen sind nach dem Aufspringen spiralisch gewickelt.

Der Gemeine Hornklee ist nahezu über ganz Europa verbreitet. In Mitteleuropa ist er mit zwei Unterarten vertreten, die sich voneinander durch die Behaarung ihrer Stengel und Blätter unterscheiden: Die behaarte Unterart *hirsutus* gibt kalkhaltigen Trockenwiesen den Vorzug, die kahle Unterart *corniculatus* ist häufiger auf ungekalkten, feuchten Wiesen anzutreffen.

unreife Hülse

Blüte

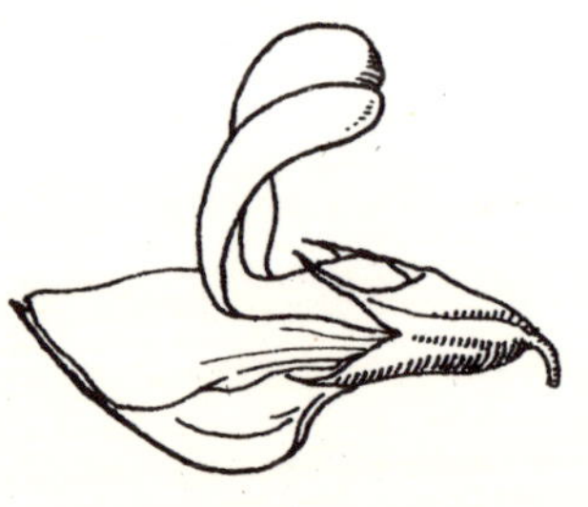

Somatische Chromsomenzahl: 2n = 24

Zweikeimblättrige

Blütezeit:
Mai–September

Fruchtform:
Hülse

Bunte Kronwicke

Coronilla varia

Die Bunte Kronwicke ist ein ausdauerndes, 30–100 cm hohes Kraut und auf Wiesen, Weiden, Feldrainen, Waldsäumen, ruderalen Trocken- und Halbtrockenrasen anzutreffen.

Aus dem verzweigten Wurzelstock wächst der aufsteigende oder kletternde Stengel mit 5–10 cm langen, mit bis zu 10 Fiederpaaren besetzten, langgestielten Blättern. Die dünnen Blättchen sind kurzgestielt und mit einer Stachelspitze versehen.

Die Blüten stehen in zehn- bis zwölfblütigen Dolden. Die Einzelblüten wachsen auf Blütenstielen aus den Blattachseln der kleinen Deckblätter heraus. Der glockig-trichterförmige Kelch hat kurze Zähne. Die Krone ist rosa oder weiß, mit einer dunkelrosa bis violetten Fahne, die kürzer ist als die weißen Flügel und das schnabelartige, an der Spitze dunkelviolette Schiffchen. Die Frucht ist eine nach oben gebogene Gliederhülse mit 3–6 gut sichtbaren, schwach eingeschnürten Quergliedern.

Die Bunte Kronwicke ist überwiegend in Mittel- und Südeuropa heimisch, wurde aber auch nach West- und Nordeuropa eingeschleppt. Häufig wird sie kultiviert. Die Pflanze ist schwach giftig.

In Mitteleuropa hat die Bunte Kronwicke nur gelbblühende Verwandte, beispielsweise die als Strauch wachsende, über 1 m hohe Strauchkronwicke *(Coronilla emerus)* mit zweiblütigen Blütenköpfchen, die als Kraut wachsende Scheidenkronwicke *(C. vaginalis)* mit bis zu zehnblütigem Köpfchen und die bis zu zwanzigblütige Bergkronwicke *(C. coronata).*

Somatische Chromosomenzahl: 2n = 24

Zweikeimblättrige

Blütezeit:
Juni–August

Fruchtform:
Gliederhülse

unpaarig gefiedertes Blatt

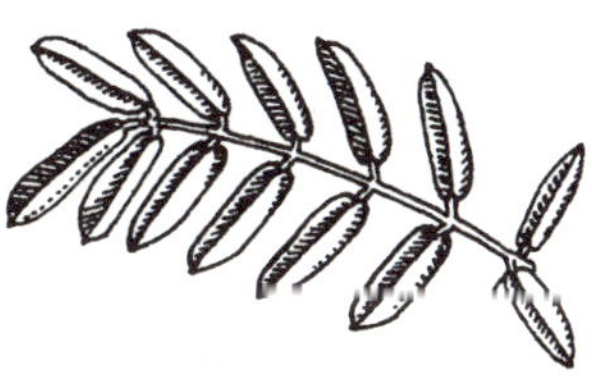

Gliederhülse

Frühlingsplatterbse

Lathyrus vernus
syn. *Orobus vernus*

Die ausdauernde Frühlingsplatterbse ist 20–40 cm hoch und in krautreichen Wäldern anzutreffen.

Die aufrechten oder kurz aufsteigenden Stengel sind kantig und unverzweigt. Die Grundblätter sind schuppig, die höherstehenden sind paarig gefiederte, in zwei, drei Paaren stehende, eiförmig zugespitzte Blättchen. Diese sind kahl, an der Unterseite glänzend und etwas heller als auf der Oberseite. Die Blattspindel endet in einer Spitze. Die Nebenblätter sind bis 2 cm lang und halbpfeilförmig.

Die Blüten stehen in einer dünnen Traube; die Pflanzen bilden entweder nur eine einzige endständige oder zusätzlich noch zwei bis drei blattachselständige Trauben. Der glockige, fünfzählige Blütenkelch hat gewöhnlich eine ins Braune oder Violette gehende Farbe. Die Krone ist ebenfalls fünfzählig, symmetrisch und rotviolett gefärbt. Die Flügel sind eher blau und gehen während der Blütezeit in Blau oder Grünblau über. Der Stempel verwandelt sich nach der Befruchtung in eine aufrechte, an der Spitze schräg nach unten gebogene, kastanienbraune Hülse mit 8–14 runden oder linsenförmigen, glatten, gefleckten Samen.

Die Frühlingsplatterbse kommt wie die ähnliche Schwarze Platterbse *(Lathyrus niger)* nahezu auf dem ganzen europäischen Kontinent vor. Die Schwarze Platterbse hat 4–6 Blättchenpaare, die beim Trocknen schwarz werden.

verblühte Blüte

zugespitztes Blatt

Somatische Chromosomenzahl 2n = 14

Zweikeimblättrige

Blütezeit:
April–Mai

Fruchtform:
Hülse

Saatesparsette

Onobrychis viciifolia

Diese 20–50 cm hohe, ausdauernde Pflanze ist an Trockenhängen und auf Trockenwiesen wild anzutreffen, wird aber überwiegend als Futterpflanze angebaut.

Aus dem kurzen, verzweigten und holzigen Wurzelstock wächst der aufrechte und gefurchte Stengel mit unpaarig gefiederten Blättern und elliptischen bis linealischen Blättchen.

Der Blütenstand wächst auf geraden, achselständigen und bis zu 20 cm langen Zweigen. Die einzelnen Trauben sind eilänglich bis zylindrisch und mehr oder weniger spitz. Die bis zu 14 mm langen Blüten wachsen aus den Achseln der lanzettlichen Deckblätter, die länger sind als die Blütenstiele. Der glockige Blütenkelch hat lanzettliche Zähne. Die dunkel oder tiefrosaroten Kronblätter sind kurznagelförmig. An der Fahne sind die dunkelvioletten Nerven gut sichtbar. Die Blüte hat zehn Staubblätter. Die längliche, flache Hülse hat hervortretende Leisten.

Die Meinungen über die Herkunft dieser Art in Mitteleuropa gehen auseinander. Einige Botaniker setzen die Möglichkeit des ursprünglichen Vorkommens in Mitteleuropa voraus, andere nehmen Südosteuropa als Heimat an.

Unbedingt ursprüngliche mitteleuropäische Arten sind die kalkliebende Sandesparsette *(Onobrychis arenaria)* mit bis zu 14 Fiederblattpaaren und die in den Bergen wachsende Bergesparsette *(O. montana)* mit 3–7 Blattspreitenpaaren. Beide Arten haben liegende Stengel und sind morphologisch sehr variabel.

Somatische Chromosomenzahl: 2n = 28

Zweikeimblättrige

Blütezeit:
Mai–August

Fruchtform:
Hülse

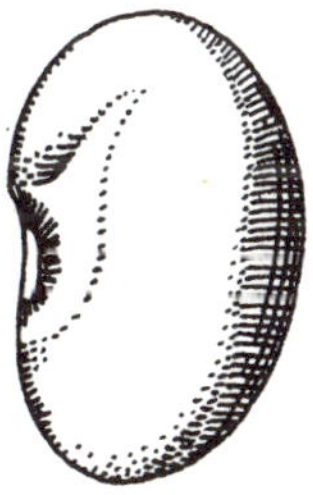

Same

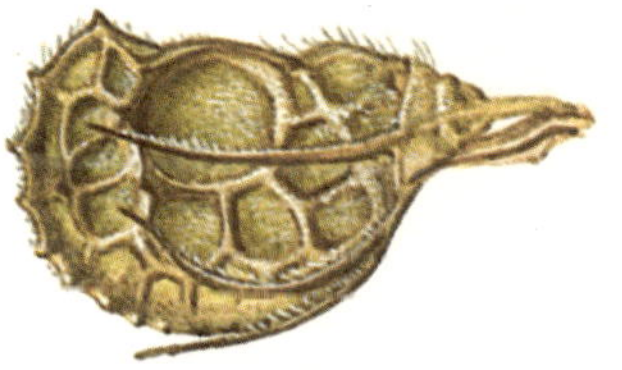

Frucht

Vogelwicke

Vicia cracca

Die Vogelwicke ist ein ausdauerndes, 20–50 cm hohes Kraut und auf Feldern, Weiden und an Waldrändern anzutreffen.

Aus dem starken, kriechenden Wurzelstock wachsen steife, kantige, verzweigte und kletternde Stengel. Die bis 15 cm langen, sitzenden Blätter haben 6–15 Fiederpaare und sind an der Unterseite mehr oder weniger behaart. Sie laufen in der Regel in zwei lange Ranken aus.

Die Blüten stehen in einseitigen Trauben, die bis doppelt so lang sind wie das nächstwachsende Blatt. In der Traube sind bis zu 30 gestielte, hängende Blüten vorhanden. Die Kelchblätter verwachsen zu einem glockigen Kelch, der kurze, lanzettliche Zähne trägt. Die Krone ist drei- bis viermal länger als der Kelch und blau- bis rotviolett, selten bis weißlich. Die Fahne ist ausgerandet und nagelförmig, das Schiffchen kurz. Die reifen Hülsen sind kahl.

Die Art ist in fast ganz Europa beheimatet.

Sehr ähnlich ist die verwandte Schmalblättrige Wicke *(Vicia tenuifolia)*, die aber größere Blüten und Hülsen bringt und sich durch eine Reihe weiterer morphologischer Merkmale unterscheidet.

Die liegende, nur etwa einen Viertelmeter hohe Bergwickenart mit lanzettlichen Blättchen und kürzerem Blütenstand als das nächstwachsende Blatt ist die in den Bergen Mitteleuropas und Skandinaviens beheimatete Bergwicke *(Vicia oreophila)*.

Blättchen

Nektarium auf Nebenblättern

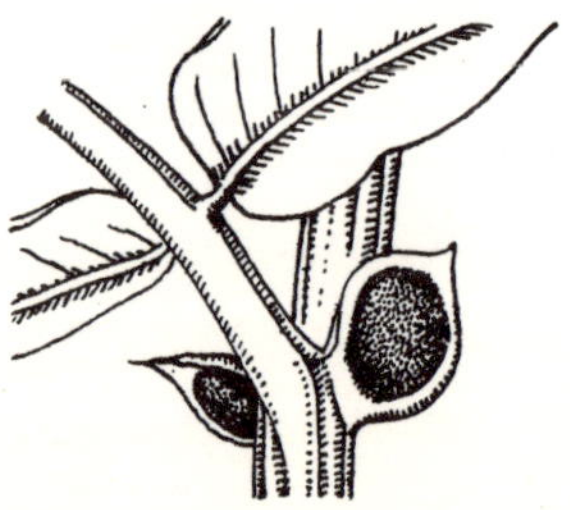

Somatische Chromosomenzahl: 2n = 14 (28)

Zweikeimblättrige

Blütezeit:
Juni–August

Fruchtform:
Hülse

Bärenschote

Astragalus glycyphyllos

Waldränder, lichte und wärmeliebende Gebüsche und Waldlichtungen – das sind die Stellen, wo wir die 50–150 cm hohe Bärenschote finden können.

Die kantigen, kahlen Stengel sind liegend oder kriechend mit unpaarig gefiederten Blättern, die 4–7 Fiederpaare tragen und auf den ersten Blick an die Blätter der Falschen Akazie erinnern.

Die dichten Blütentrauben sind kürzer als die Blätter. Die bis 14 mm langen, kurzgestielten Blüten wachsen aus den Deckblattachseln, sind gewimpert und länger als die Blütenstiele. Der weißliche, mehr oder weniger kahle Kelch ist breit glockig, die Krone ist grüngelb, blaß, später cremebraun. Die sichelförmigen Hülsen sind mehrsamig.

Die Art ist fast in ganz Europa verbreitet, mit Ausnahme des äußesten Nordens. Ihre Hauptvorkommen liegen jedoch in den Bergregionen Südeuropas.

In ganz Mitteleuropa wachsen mehr als 25 Bärenschotenarten, weitere sogar auf den bewachsenen Lavafeldern des Ätna auf Sizilien, auf den steinigen Halbsteppen Südspaniens oder im ostbulgarischen Gebirgszug Ajtos. Die auf diesen extrem trokkenen und warmen Standorten lebenden Arten erinnern nicht im entferntesten an unsere Bärenschote. Es sind stachlige bis dornige Halbsträucher mit blattachselständigen, im Innern dieser verholzten „Halbkugel“ verborgenen Blüten.

Somatische Chromosomenzahl: 2n = 10

Zweikeimblättrige

Blütezeit:
Juni–Juli

Fruchtform:
Hülse

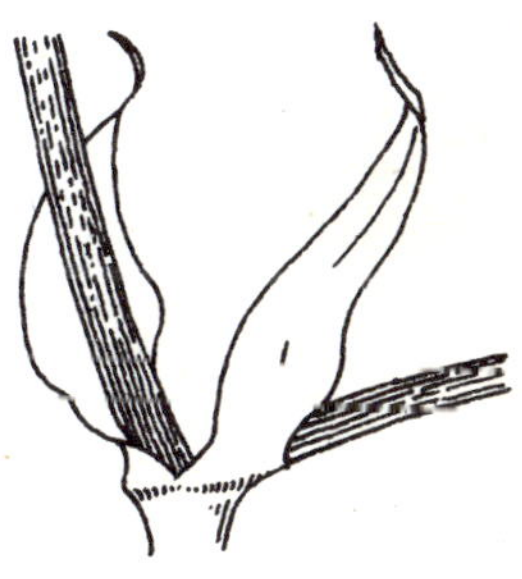

Nebenblätter

Stinkender Storchschnabel, Ruprechtskraut

Geranium robertianum

Dieses einjährige, 20–40 cm hohe Kraut ist an Waldrändern, auf Lichtungen, in Gebüschen und auf bewachsenen Schutthalden zu finden.

Die unangenehm riechende Pflanze hat abstehend behaarte, rot angelaufene, brüchige Stengel. Die Grundblätter vertrocknen sehr bald. Die gegenständigen, langgestielten Blätter haben im Umfang dreiseitige Blattspreiten. Sie sind drei- bis fünfzählig, die Blättchen sind ein- bis zweimal fiederteilig.

Die zweiblütigen Trugdolden sind länger als die Stützvorblätter. Die auf kurzen Stielen stehenden aufrechten Blüten haben einen fest um den Blütengrund und später auch um die Frucht geschlossenen Kelch. Die Krone wird aus fünf hell karminroten, lang nagelförmigen, verkehrt-eiförmigen Kronblättern gebildet. In der Blüte stehen 10 Staubblätter mit rotbraunen Staubbeuteln und orangefarbenem Pollen. Der oberständige Fruchtknoten ist aus fünf Fruchtblättern verwachsen. Die reife Frucht ist eine geschnabelte Spaltfrucht, die von unten her in fünf einsamige Teilfrüchte aufreißt.

Der Stinkende Storchschnabel ist in den meisten europäischen Gebieten mit Ausnahme des äußersten Nordens heimisch und wächst sowohl in den Niederungen als auch in den Bergen.

Die verwandte Art Purpurstorchschnabel *(Geranium purpureum)* hat kleinere Blüten, eine dunkelpurpurne Krone und Staubblätter mit auffallend gelben Staubbeuteln und Pollen. Sie ist in West- und Südeuropa zu finden.

Blatt

Somatische Chromosomenzahl: 2n = 64

Zweikeimblättrige

Blütezeit:
Mai–Oktober

Fruchtform:
Spaltfrucht

Wiesenstorchschnabel

Geranium pratense

Der Wiesenstorchschnabel ist ein ausdauerndes, 30–50 cm hohes Kraut und auf Wiesen, Weiden und Rainen zu finden.

Aus dem kurzen, dicken Wurzelstock wächst ein rauhbehaarter, im oberen Teil drüsiger und verzweigter Stengel. Die Rosettengrundblätter sind langgestielt, die kurzgestielten Stengelblätter handförmig geteilt und haben verkehrt-eiförmige Spreitenabschnitte. Die rotbraunen Nebenblätter sind eilanzettlich.

Die Trugdolden stehen auf langen Zweigen; es sind vier Vorblätter vorhanden. Die Kelchblätter sind drüsenhaarig, hellgesäumt und lang zugespitzt. Die blauvioletten, bis 20 cm langen Kronblätter sind am Grund gewimpert. Die Früchte sind ebenfalls drüsenhaarig, schnabelig und zerfallen zur Reifezeit in einsamige Teilfrüchte, die in eine Entfernung von 2 m herausgeschleudert werden. Die Art ist in den meisten europäischen Gebieten heimisch, ausgenommen der äußerste Norden.

Der verwandte Waldstorchschnabel *(Geranium sylvaticum)* läßt sich in der Regel sofort an seinen rotvioletten Blüten erkennen. Sein Name täuscht, denn diese Art hat ihre Standorte nur auf Wiesen, besonders in den Gebirgsregionen.

Somatische Chromosomenzahl: 2n – 28

Zweikeimblättrige

Blütezeit:
Juni–September

Fruchtform:
Spaltfrucht

Blatt

Fruchtschnabel

Gemeiner Reiherschnabel

Erodium cicutarium

Der Reiherschnabel ist ein ein- bis zweijähriges, 10–40 cm hohes Kraut, das auf Brachen, sandigen Feldern, Ruderalstellen, in Weinbergen und auf ruderal beeinflußten Sandtrockenrasen wächst.

Der häufig verzweigte, aufrechte Stengel ist vollständig behaart, aber nur stellenweise von Drüsenhaaren bedeckt. Im Unterschied zu den Storchschnabelarten hat der Gemeine Reiherschnabel unpaarig gefiederte Blätter. Die Grundblätter sitzen in einer Rosette, die Stengelblätter sind kurzgestielt.

Der Blütenstand besteht aus 3–8 Blüten, die auf Blütenstielen sitzen, die ein- bis dreimal länger sind als die Stützdeckblätter. Die Vorblätter sind am Grund verwachsen. Die drei- bis fünfnervigen Kelchblätter sind kurz zugespitzt. Die Krone kann doppelt so lang werden wie der Kelch. Aus den karminroten bis violetten Blüten entwickelt sich eine bis 4 cm lange, schnabelige und gewimperte Spaltfrucht.

Die Art ist nahezu über den ganzen europäischen Kontinent verbreitet, sehr variabel und läßt sich schwer in eine ganze Reihe Kleinarten einordnen. Die einzelnen kleinen, manchmal als Unterarten betrachteten Kleinarten unterscheiden sich voneinander durch unauffällige Merkmale, insbesondere an den Früchten oder in der Chromosomenzahl. Außer dem beschriebenen Gemeinen Reiherschnabel werden noch drei kleine, vor allem auf den Sandböden und Dünen der nordwest- und westeuropäischen Küsten wachsende Arten angeführt: *Erodium lebelii* (syn. *E. glutinosum), E. danicum* und *E. balii.*

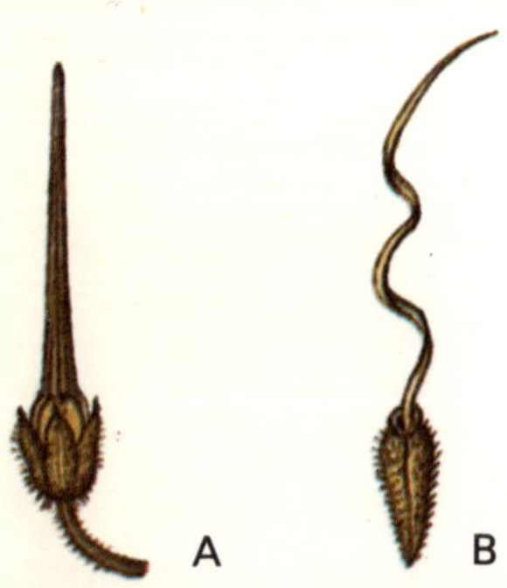

A: schnabelartige Spaltfrucht, B: Spaltfruchtteil mit hygroskopischer, sich einrollender Granne

Blatt der Art *E. lebelii*

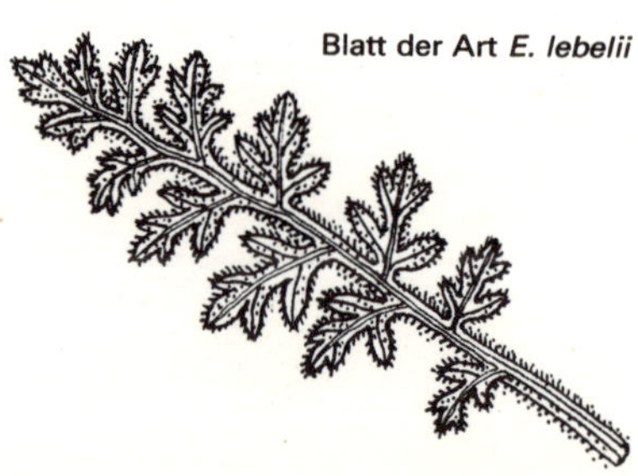

Somatische Chromosomenzahl: 2n = 40

Zweikeimblättrige

Blütezeit:
April–Oktober

Fruchtform:
Spaltfrucht

Waldsauerklee

Oxalis acetosella

Die 5–15 cm hoch werdende, ausdauernde Pflanze ist in krautreichen Wäldern und Forsten und auf subalpinen Hochstaudenfluren anzutreffen.

Aus dem dünnen, kriechenden Wurzelstock wachsen feine, langgestielte Blätter, deren Stengel verkümmert ist. Die an der Unterseite rötlichen Blätter sind dreizählig.

Die mehr oder weniger behaarten Blattstiele haben zwei schuppenförmige Vorblätter. Die Kelche sind außen behaart, die Kronblätter sind weiß und rotviolett geädert. Die Blüte hat 10 Staubblätter, der Stempel ist aus fünf Fruchtblättern verwachsen und reift zur Kapsel, aus der die reifen Samen bis zu einer Entfernung von mehreren Dezimetern herausgeschleudert werden.

Bei sonnigem Wetter öffnen sich die Blüten des Waldsauerklees zwischen neun und zehn Uhr vormittags und schließen sich nachmittags, gewöhnlich zwischen siebzehn und achtzehn Uhr. Vor einem Regen schließen sie sich zu jeder beliebigen Tageszeit. Dabei biegen sich die Blütenstiele nach unten, so daß die Blüte vor Nässe geschützt ist. Auch die einzelnen Blättchen legen sich an der Längsader zusammen, wobei sich ihre Stiele nach unten neigen.

Der Waldsauerklee ist in ganz Europa heimisch und kommt in Asien, Nordafrika und Nordamerika vor.

Wegen seines säuerlichen Geschmacks wird er manchmal von Kindern als Delikatesse betrachtet. Er ist jedoch schwach giftig und kann bei Genuß größerer Mengen Vergiftungen hervorrufen.

Somatische Chromosomenzahl: 2n = 22

Zweikeimblättrige

Blütezeit:
April–Mai

Fruchtform:
Kapsel

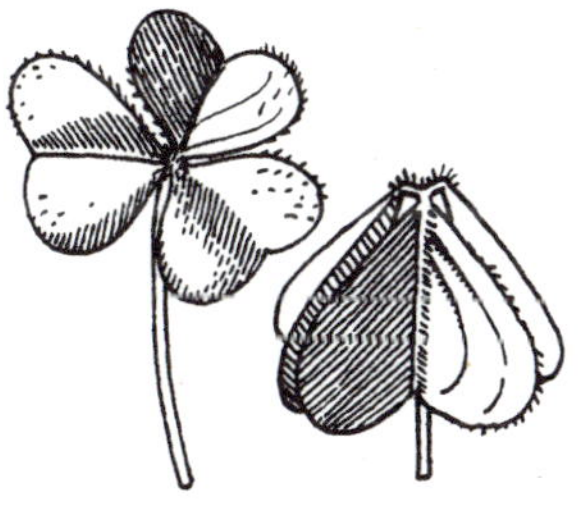

dem Licht ausgesetztes und im Schatten wachsendes Blatt

Frucht

Diptam

Dictamnus albus

Lichte Haine, wärmeliebende Gebüsche und gebüschbestandene Hänge sowie Waldsteppen sind die Standorte dieser nur auf Kalkböden wachsenden, durch den weißen, holzigen Wurzelstock charakterisierten Pflanze, nach dem sie auch ihren lateinischen Artnamen hat.

Ihr aufrechter, unverzweigter und kurzbehaarter Stengel erreicht eine Höhe von 60–120 cm. Im oberen Teil ist er mit schwarzen Öldrüsen bedeckt. Die sitzenden Grundblätter sind einfach, die gestielten Hochblätter unpaarig gefiedert. Die Blätter sind fein behaart; im Gegenlicht sind die zitronenartig duftendes Öl enthaltenen Sekreträume als helle Punkte zu erkennen.

Erst im sechsten Lebensjahr entwickelt die Pflanze eine mit gleichmäßigen Blüten besetzte Traube. Die Staubblätter reifen vor den Stempeln. Die fünf einfruchtblättrigen Stempel entwickeln sich zu fünf Balgfrüchten, die jedoch durch ihre Anordnung und Aussehen an eine Kapsel erinnern.

Die reifen und trockenen Früchte schleudern nach dem Zerreißen der Hülle die Samen in eine Entfernung bis zu 2 m. Die wärmeliebende Art ist eine euroasiatische Pflanze. Ihr charakteristischer zitronenartiger Duft entwickelt sich besonders bei starker Sonneneinstrahlung. Er wird von Drüsen verursacht, mit denen fast die ganze Pflanze bedeckt ist. Das über reichen Beständen flüchtige Öl soll an heißen Tagen sogar entzündbar sein.

reife Früchte

Blütendiagramm der Rautengewächse

Somatische Chromosomenzahl: 2n = 36

Zweikeimblättrige

Blütezeit:
Mai–Juni

Fruchtform:
Balgfrucht

Zwergbuchskreuzblümchen

Polygala chamaebuxus
syn. *Chamaebuxus alpestris*

Dieser reich verzweigte, bis 30 cm hohe Strauch ist in lichten Wäldern und kräuterbewachsenen Waldsäumen anzutreffen.

Die zum Teil liegenden, wurzelnden und sich teilweise bogenförmig über den Boden erhebenden verholzten Zweige tragen immergrüne, nicht abfallende, lederartige Blätter.

Auf den Blütenstielen wachsen ein bis zwei, weniger häufig drei gelbe und bis 15 mm lange Blüten. Die Kelchblätter sind während der Blüte gelbweiß, später rotbraun bis purpurn. Die Krone hat nur drei Blätter, von denen das mittlere ein röhrig-sackartiges, Schmetterlingsblütlern ähnliches Schiffchen bildet. Die beiden anderen sind kleiner. Die Kronblätter sind zuerst weißlich bis blaßgelb, während der Blüte orange, nach dem Verblühen oft rötlich purpurn. Die Bestäubung besorgen Insekten. Dic Kapseln umschließen die etwa 5 mm langen Samen mit Anhängseln, die von Ameisen als Nahrung sehr geschätzt werden. Dadurch werden die Samen auch in größerer Entfernung zum Standort der Mutterpflanze verbreitet.

Diese Art blüht oft noch einmal im Herbst. Sie ist sehr häufig in Westeuropa, in den Alpen und in Mitteleuropa anzutreffen, kommt jedoch nicht in Fichtenmonokulturen vor. Als östliche Verbreitungsgrenze gilt die Moldau.

Somatische Chromosomenzahl: 2n = 46

Zweikeimblättrige

Blütezeit:
März–Juni

Fruchtform:
Kapsel

Frucht

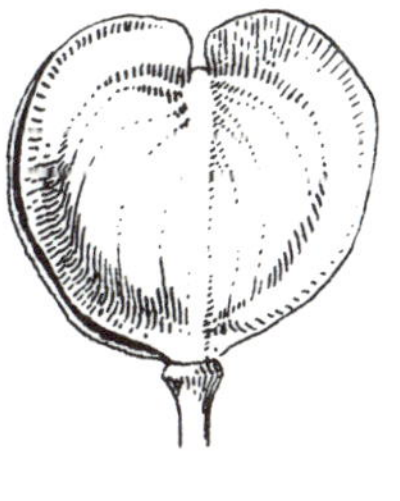

verblühte Blüte

Ausdauerndes Bingelkraut, Waldbingelkraut

Mercurialis perennis

Dieses ausdauernde, zweihäusige, 10–40 cm hoch werdende Kraut ist in lichten Hainen, Gebüschen und an Waldsäumen anzutreffen.

Der im Boden kriechende Wurzelstock hat eine trocken dunkelviolette Farbe und bringt einen aufrechten, vierkantigen, am Grund schuppigen und unverzweigten Stengel hervor. Die gestielten Blätter sind länglich-eiförmig bis elliptisch-lanzettlich, zähnig gekerbt und am Grund plötzlich schmäler. Die Nebenblätter werden annähernd 2 mm lang.

Die eingeschlechtigen Blüten sind klein. Die männlichen grünen Blüten stehen an dünnen und schütteren Trauben in kleinen „Büscheln", die weiblichen, ebenfalls grünen, stehen einzeln oder zu zweien auf langen Stielen. Die männlichen Blüten haben drei Kelchblätter und 9 Staubblätter, die weiblichen 3 Kelchblätter und einen oberständigen Fruchtknoten. Die Kronblätter fehlen bei beiden. Nach dem Befruchten entwickelt sich eine steifhaarige Kapsel.

Das Ausdauernde Bingelkraut ist giftig und enthält Saponine. Interessant ist, daß bei ihnen zuerst das Pflanzengeschlecht festgestellt wurde.

Das Verbreitungsgebiet dieser Art ist der ganze europäische Kontinent fast bis zum Polarkreis.

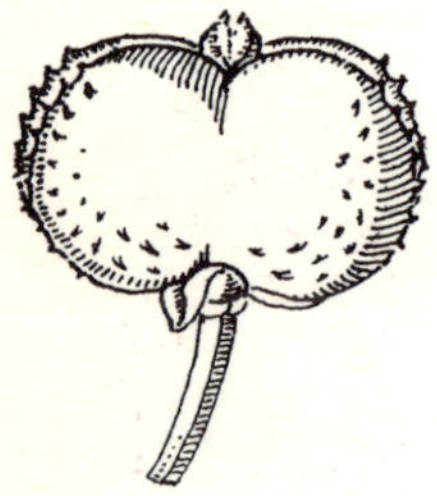

Frucht

Somatische Chromosomenzahl: 2n = 42, 64, 66, 80, 84

Zweikeimblättrige

Blütezeit:
April–Mai

Fruchtform:
Kapsel

Zypressenwolfsmilch

Euphorbia cyparissias

Die Zypressenwolfsmilch ist ein ausdauerndes, 10–30 cm hohes Kraut und an wärmeliebenden Hängen, in lichten Gebüschen und auf trockenen Ruderalstellen anzutreffen.

Aus dem verholzten, verzweigten Wurzelstock wächst der büschelige Stengel, aus dem bei Verletzung eine weiße, giftige Glykoside enthaltende Milch rinnt. Die rötlichen Stengel sind am Grund blattlos. Weiter oben sind sie dicht mit wechselständigen, gespreizten und sitzenden kahlen, linealischen Blättern besetzt.

Der Blütenstand ist ziemlich kompliziert und wird als Cyathium bezeichnet. Die gelben Hüllblätter sind breit eiförmig und zugespitzt; während der Fruchtreife färben sie sich rot. Die unauffälligen Scheinblüten sitzen einzeln zwischen den kleineren Hüllblättern. Es sind in Wirklichkeit kleine Blütenstände, in denen um eine gestielte weibliche, nur auf den Stempel reduzierte Blüte acht bis zwölf männliche, ebenfalls auf ein einziges Staubblatt reduzierte Blüten stehen. Am Rand des Blütenstandes befinden sich vier rundliche, zweihornige, gelbliche und später bräunliche Drüsen.

Der dreihülsige, gestielte Fruchtknoten ist in Wirklichkeit eine reduzierte weibliche Blüte und trägt drei Griffel. Er entwickelt sich zu einer mit feinen Warzen besetzten Kapsel, die nach der Reife platzt und die Samen weit von der Mutterpflanze wegschleudert.

Die Art ist nahezu in ganz Europa heimisch, mit Ausnahme des äußersten Nordens und Südens.

Somatische Chromosomenzahl: 2n = 20, 40

Zweikeimblättrige

Blütezeit:
April–Mai

Fruchtform:
Kapsel

Blütenstand

Sonnenwendwolfsmilch

Euphorbia helioscopia

Diese einjährige, 5–40 cm hoch werdende Pflanze ist auf lehmigen Äckern, in Gärten, Weinbergen und auf Ruderalstellen anzutreffen.

Der aufrechte, rundliche Stengel ist dünn mit wechselständigen, während der Reife abfallenden Blättern bewachsen. Die keilig verkehrt-eiförmigen bis rundlich-spateligen Blätter sitzen mit ihrem verengten Grund am Stengel; nach oben zu werden sie größer. Die Hüllblätter sind groß.

Der Blütenstand – das Cyathium – ist wie bei der vorher beschriebenen Zypressenwolfsmilch *(Euphorbia cyparissias)* angeordnet. Nur die Hüllblätter sind schräg verkehrt-eiförmig. Im Blütenstand befinden sich wachsiggelbe, elliptische Drüsen. Die sich entwickelnden Fruchtkapseln sind kahl und fein getupft.

Diese Wolfsmilch stammt wahrscheinlich aus dem Mittelmeerraum, wächst aber in fast ganz Europa mit Ausnahme des äußersten Nordens, außerdem in Asien und Nordafrika. Sie wurde auch in Australien und auf Neuseeland eingeschleppt.

Ebenso wie die *E. cyparissias* fließt aus der Wunde weiße, für die Wolfsmilchgewächse typische Milch. Nach diesem Merkmal werden auch einige afrikanische Wüstenformen von den Kakteen unterschieden, denen sie auf den ersten Blick ähneln.

Einige Arten der Familie *Euphorbiaceae* sind baumartig und werden bis zu 20 m hoch. Als Beispiel sei nur der Brasilianische Kautschukbaum *(Hevea brasiliensis)* erwähnt, dessen Milch – Latex – industriell zu Kautschuk verarbeitet wird.

Frucht

Blütenstand

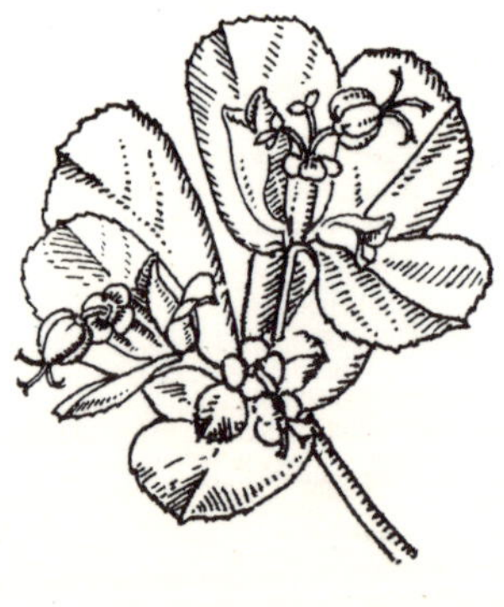

Somatische Chromosomenzahl: 2n = 42

Zweikeimblättrige

Blütezeit:
Mai–September

Fruchtform:
Kapsel

Moosauge

Moneses uniflora
syn. *Moneses grandiflora, Pyrola uniflora*

Das kleine, nur 5–10 cm hoch werdende Moosauge ist ein ausdauerndes Kraut und nur in Nadelwäldern anzutreffen.

Aus dem Wurzelstock wächst der aufrechte, kantige Stengel. Es entwickeln sich nur die rundlichen, fein gekerbten, bis 2,5 cm langen und überwinternden Grundblätter.

Der Stengel trägt eine einzige, auffällig duftende, hängende Blüte, deren Kelchblattzipfel bis 3 mm lang, rundlich-eiförmig und gewimpert sind. Die Fruchtkapseln sind nicht hängend, sondern aufrechtstehend. Nach der Reife springen sie von oben auf.

Das Moosauge ist zwar eine unauffällige, aber aus der Nähe wunderschöne Pflanze, die nur wegen ihrer Unauffälligkeit der Aufmerksamkeit der Gartenfreunde entgeht. Sie ist in der Regel nicht so streng mykorrhitisch an die Wirtspflanze gebunden wie die übrigen Vertreter der Familie, die sich nur ausnahmsweise kultivieren lassen. Das Moosauge aber kann ohne Schwierigkeiten in Kultur genommen werden. Die Samen lassen sich unter Nadelbäumen aussäen. Erwachsene Exemplare sollten jedoch nicht umgesetzt werden, weil es sich in einigen Ländern um eine streng geschützte Pflanze handelt, auch wenn sie in den meisten europäischen Gebieten, besonders in den Gebirgsregionen, zu finden ist.

Somatische Chromosomenzahl: 2n = 26

Zweikeimblättrige

Blütezeit:
Mai–August

Fruchtform:
Kapsel

Blütendiagramm

Kapsel

Echter Fichtenspargel

Monotropa hypopitys

Dunkle Nadelwälder, aber auch Mischwälder sind die Standorte der nicht grünen, ausdauernden, 10–25 cm hohen Pflanze. Aus der Tatsache, daß sie kein Chlorophyll bildet und also zur Photosynthese unfähig ist, ergibt sich, daß sie parasitisch lebt. Der reich verzweigte, nach Vanille duftende Wurzelstock entwickelt einen wachsgelben, weißlichen oder bräunlichen aufrechten Stengel, der mit eiförmigen, eigentlich die verkümmerten Blätter darstellenden Schuppen bedeckt ist.

Die Blüten sind in einer überhängenden, später aufrechten Traube angeordnet und wachsen in den Achseln der halb stengelumfassenden, eiförmig-länglichen Hochblätter. Die Blüten sind sitzend. Die unter der Blüte sitzenden Vorblätter bilden den bei dieser Art fehlenden Blütenkelch nach. Die blaßgelben, bis 16 mm langen Kronblätter sind schmal glokkig und geneigt. Die Staubblätter sind gewimpert. Die Kapsel erreicht eine Länge von 8 mm.

Die häufig in Symbiose lebenden Vertreter der Familie *Monotropaceae* haben abgeleitete verwandte Arten, die ausschließlich an die parasitische Lebensweise angepaßt sind. Dieser Verwandte ist auf der nördlichen Halbkugel als einzige die Gattung *Monotropa.* In Europa ist noch der Kahle Fichtenspargel *(Monotropa hypophegea)* anzutreffen, der auch im Blütenstand völlig kahl ist. Er wächst in Laubwäldern und bevorzugt Buchenbestände.

Kapsel

Blütendiagramm

Somatische Chromosomenzahl: 2n = 48

Zweikeimblättrige

Blütezeit:
Mai–August

Fruchtform:
Kapsel

Poleigränke, Rosmarinheide

Andromeda polifolia

Dieser kleine, nur bis 40 cm hohe Strauch ist äußerst selten. Er ist nur auf einigen Hochgebirgshochmooren Mittel- und Nordeuropas zu finden.

Aus dem kriechenden, holzigen Wurzelstock wachsen wurzelnde, liegende oder aufsteigende und wenig verzweigte Stengel, deren Blätter an der Unterseite grau bereift und eingerollt sind. Die Oberseite ist dunkelgrün.

Die nickenden Blüten stehen auf auffallenden, roten Blütenstielen. Ihre Kelche sind tief fünfteilig; die Krone ist kolbenförmig und 4–6 mm lang, blaßrosa und hat kurze, dunklere, nach hinten gebogene Zipfel. Die Blüte hat zehn Staubblätter. Die Frucht ist eine dunkelblaugrüne Kapsel.

Diese giftige Pflanze gehört zu den mitteleuropäischen glazialen Resten, d. h. zu den zu Ende des Tertiärs in den nördlichen Gebieten verbreiteten Pflanzen, die während der Eiszeit durch die Gletscher nach Mitteleuropa verdrängt wurden. In diesen Gebieten sind sie noch heute in mehreren Hochgebirgsmooren zu finden.

Zur Verwandtschaft der Poleigränke gehört auch die Echte Bärentraube *(Arctostaphylos uva-ursi)*, ein liegender, an Preiselbeeren erinnernder Strauch. Seine Blätter sind jedoch wintergrün, ohne die für die Preiselbeere typischen, durchscheinenden Tupfen. Die Bärentraube hat rote Steinfrüchte mit fünf Steinkernen.

Somatische Chromosomenzahl: 2n = 48

Zweikeimblättrige

Blütezeit:
Mai–Juni

Fruchtform:
Kapsel

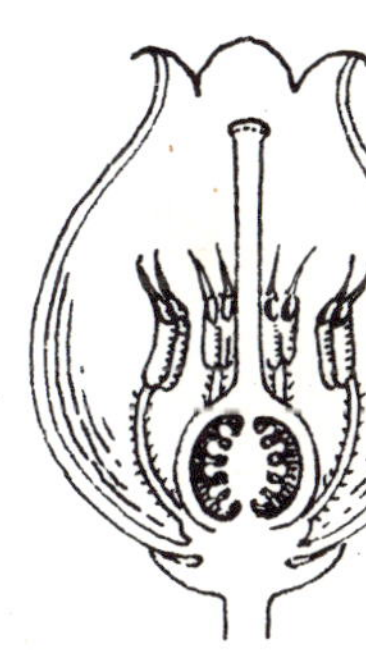

Schnitt durch die Blüte

Sumpfporst

Ledum palustre

Der immergrüne, bis 150 cm hoch werdende Strauch ist auf Mooren und in feuchten Kiefernwäldern der Ebenen bis zu den Vorgebirgen, selten aber auch auf schattigen, moosbewachsenen Sandsteinfelsen anzutreffen.

Die Blätter sind wie die jungen Zweige an der Unterseite rostrot filzig. Bei länger anhaltender Trockenheit nehmen die normalerweise waagerecht gespreizten Blätter eine senkrechte Lage ein und verkleinern auf diese Weise die Fläche, auf die die Sonnenstrahlen einwirken.

Die weißen, Nektar enthaltenden Blüten bilden reiche Dolden. Die Staubblätter sind länger als die Kronblätter, die bei dieser Art im Unterschied zu den anderen Heidekrautgewächsen völlig frei stehen und unverwachsen sind. Die Bestäubung besorgen die nicht nur optisch, sondern vor allem durch den stark würzigen Duft der Pflanze angelockten Insekten. Die Fruchtstände erinnern an eine Fontäne, an deren nach unten fallenden Strahlen die 10–15 mm langen, gestielten Kapseln hängen. Aus den reifen Kapseln fällt eine große Anzahl vom Wind verbreiteter Samen.

Der Sumpfporst wird bis zu 30 Jahre alt. Er enthält Giftstoffe. Früher wurde er in der Heilkunde als Mittel gegen lästige Insekten verwandt. Heute ist er in vielen Ländern geschützt. Er wächst in Nord- und Mitteleuropa, ist aber auf vielen Vorkommen schon ausgestorben. Die mitteleuropäischen Fundstellen werden als Reste seiner großen Verbreitung während der Eiszeit angesehen.

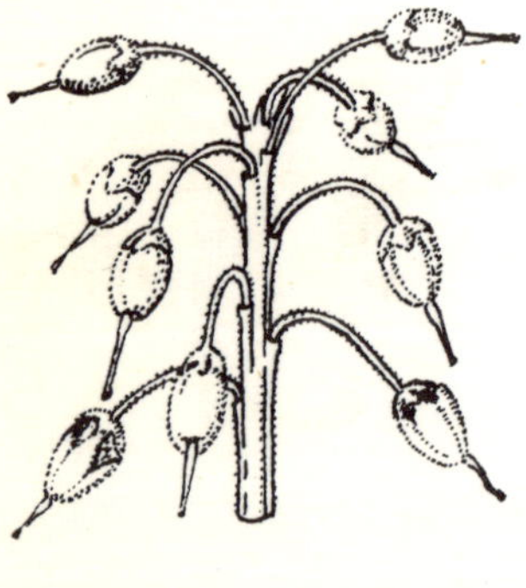

Früchte

Somatische Chromosomenzahl: 2n = 52

Zweikeimblättrige

Blütezeit:
Mai–Juli

Fruchtform:
Kapsel

Heidekraut, Besenheide

Calluna vulgaris

Auf Heiden, bewachsenen, trockenen Mooren, in Kiefernwäldern und an Waldrändern ist das Heidekraut anzutreffen, ein liegender, 25–50 cm hoher Strauch mit dichtbelaubten Zweigen.

Die Blätter sind nadelförmig, stark eingerollt, scheinbar hohl, am Grund mit zwei kleinen Zähnen bewachsen.

Die nickenden Blüten bilden endständige Trauben, die in den Deckblattachseln auf kurzen Stielen wachsen. Der rotlila Kelch ist vierteilig, trockenhäutig, glänzend und nach dem Verblühen ausdauernd. Die Krone ist ebenfalls vierteilig, auf den ersten Blick jedoch nicht zu erkennen, denn sie ist halb so lang wie die Kelchblätter. Im Innern der Blüte stehen acht Staubblätter; der Fruchtknoten besteht aus vier Fruchtblättern. Die Frucht ist eine bräunliche Kapsel, die sich mit vier Klappen öffnet.

Die Art ist nahezu über ganz Europa verbreitet, aber auch in Kleinasien und Westsibirien anzutreffen; sie wurde in Nordamerika eingeschleppt.

Pflanzengesellschaften, wie Buchen-, Fichtenwälder, Hochstaudenbergwiesen, Heiden usw., werden in den verschiedenen Gebieten der nördlichen Halbkugel gewöhnlich von verschiedenen Pflanzenarten gebildet. Alle Heidelandschaften werden jedoch von einer einzigen, wenn auch variablen Art geprägt: der *Calluna vulgaris,* dem Heidekraut. Die verwandte *Erica* – also Heide – dagegen bildet mindestens 500 Arten, von denen etwa 15–20 in Europa, die übrigen in Südafrika wachsen.

Somatische Chromosomenzahl: 2n = 16

Zweikeimblättrige

Blütezeit:
Juli–Oktober

Fruchtform:
Kapsel

hörniges Staubblatt

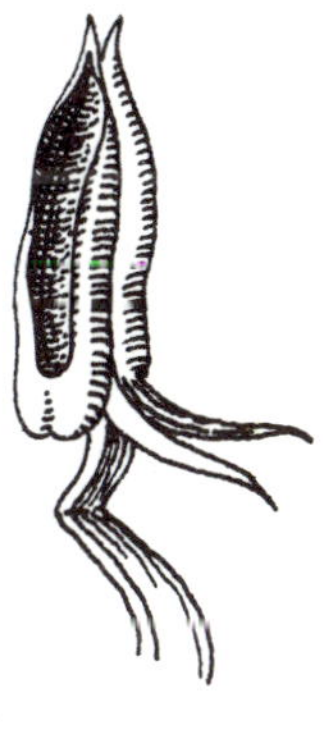

Blüte

Schneeheide

Erica herbacea
syn. *Erica carnea*

Bergkiefernwälder und verwachsene Moore sind die Standorte der kalkliebenden, bis 50 cm hohen, reich verzweigten Schneeheide.

Ihre aufsteigenden bis aufrechten Zweige sind dicht mit linealischen, nadelförmigen, immergrünen, kahlen und glänzenden Blättern bewachsen.

Die Blüten sind in dichten, endständigen Trauben angeordnet, nickend und fleischrot, können jedoch auch weiß sein. Die vier Kelchblätter sind zusammengewachsen; ihre rötlichen Zipfel sind zugespitzt. Die bis zu einem halben Zentimeter lange, schmal glockenförmige Krone wird von vier zusammengewachsenen Kronblättern gebildet. Sie ist vorn kurz vierzähnig und länger als der Kelch. Die acht Staubblätter haben purpurne Staubbeutel. Die Stempel sind kahl und dunkelrot. Der lange Griffel ragt aus der Blüte heraus. Die Bestäubung besorgen Insekten.

Diese Art wird als atlantisches Florenelement betrachtet und ist hauptsächlich in Südwest- und Westeuropa verbreitet.

Beide Artnamen, *E. carnea* und *E. herbacea,* stammen von Linné, der zuerst die im Frühjahr blühenden Pflanzen nach ihren hautrosa Blüten beschrieb, dann aber im Herbst die abgeblühten Exemplare. Die Schneeheide erhielt den Zunamen „krautig“ *(herbacea),* obwohl es sich um einen Strauch handelt. Das deshalb, weil die bedeutendste Heide, die *E. arborea,* ein Strauch oder niedriger Baum ist, aus deren mächtigen, holzigen Wurzeln ausgezeichnete Pfeifen gedreht werden – die Bruyère-Pfeifen.

Blüte

Staubblatt

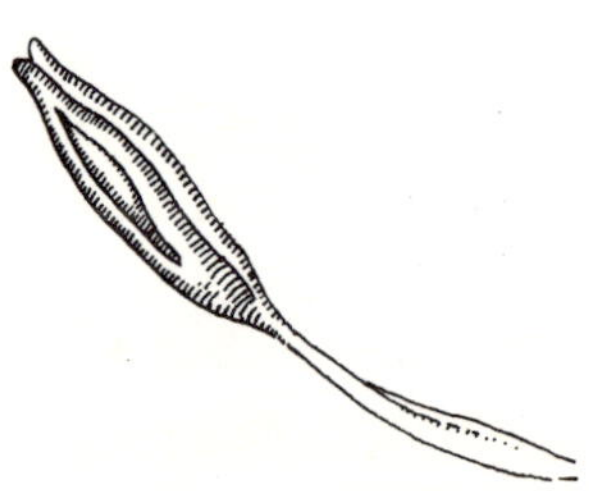

Somatische Chromosomenzahl: 2n = 24

Zweikeimblättrige

Blütezeit:
März–Juni

Fruchtform:
Kapsel

Preiselbeere, Kronsbeere

Vaccinium vitis-idaea

Dieser dicht verzweigte, bis zu 20 cm hohe, kalkmeidende Strauch ist in Nadelwäldern und auf Heideformationen anzutreffen. Seine aufrechten und abgeflachten Zweige sind in der Jugend flaumig behaart, später verkahlt. Die immergrünen Blätter fallen nicht ab, sind steif und an den Rändern zurückgerollt. An der Oberseite sind sie glänzend dunkelgrün, an der Unterseite heller und braun getupft.

Die Blüten bilden endständige Trauben. Der Kelch entsteht aus den fünf zusammengewachsenen Kelchblättern, deren Zipfel dreiseitig und gewimpert sind. Die aus vier bis fünf verwachsenen Kronblättern gebildete Krone ist leicht duftend und weißlichrosa. Sie ist zu einem Drittel oder zur Hälfte in zugespitzte, nach außen gebogene Zipfel geteilt. Die Blüte hat 10 Staubblätter, die Narbe ragt aus der nickenden Blüte. Die Beerenfrucht ist zur Reifezeit rot, hat einen angenehmen, leicht bitteren Geschmack und wird gern gesammelt. Sie wird im Haushalt und in der Nahrungsmittelindustrie verarbeitet, außerdem als Heilpflanze besonders bei Darmbeschwerden verwandt.

Die Art ist in Nord- und Mitteleuropa verbreitet. Im europäischen Teil der Arktis, im arktischen Asien und arktischen Nordamerika wächst eine Preiselbeere mit höchstens 10 cm hohem Stengel, spärlich bestandener Traube, zwei bis fünf Blüten und kleineren Beeren. Sie wird als subsp. *minus* bezeichnet.

Somatische Chromosomenzahl: 2n = 24

Zweikeimblättrige

Blütezeit:
Juni–August

Fruchtform:
Beere

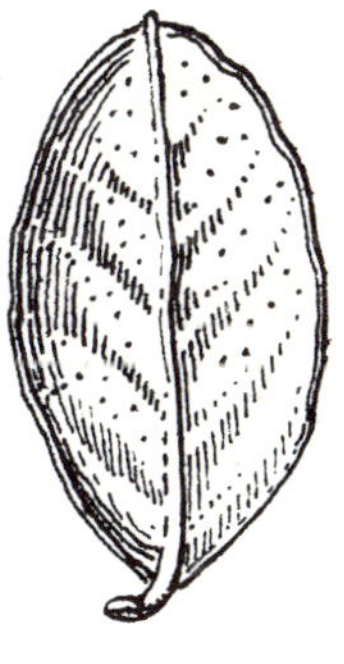

Blatt

Heidelbeere, Blaubeere

Vaccinium myrtillus

In Nadelwaldbeständen und auf Heiden ist die Heidelbeere, ein bis 50 cm hoher, oft dicht in großen Beständen wachsender Strauch anzutreffen.

Er ist dicht verzweigt und hat kantige Zweige mit wechselständigen, weichen, abfallenden Blättern. Die Blattspreitenränder sind fein gesägt.

In den Blattstielachseln wachsen an Stielen hängende Blüten. Der blaßgrüne Blütenkelch hat stumpfe Lappen. Die Krone ist leicht rosa, kugelig kolbenförmig und hat kurze Zähne. Sie entsteht wie der Kelch aus dem Verwachsen der vier bis fünf Kronblätter. Die Blüte hat acht bis zehn Staubblätter. Nach der Befruchtung entwickelt sich eine im Reifezustand schwarzblaue, häufig bereifte Beere. Die Art wächst fast in ganz Europa, in Südeuropa jedoch nur in den Bergen.

Die Heidelbeerfrüchte werden zur Zubereitung von Kompotten, Kuchen usw., aber auch als Heilmittel verwendet. Sie enthalten den Blutzuckerpegel senkende Stoffe und sind reich an Vitamin A, B und besonders C. Außerdem sind sie für die Diät wichtig und ein Heilmittel für Zuckerkranke. Sie wirken lindernd bei Darmbeschwerden und bei Durchfällen.

Die verwandte, auf Bergmooren wachsende Rauschbeere oder Moorbeere *(Vaccinium uliginosum)* mit graugrünen Blättern und scharf nervigen, blauen bereiften Früchten hat eßbare Beeren, die jedoch bei empfindlichen Menschen Unwohlsein hervorrufen können.

Früchte

Schnitt durch den Stengel

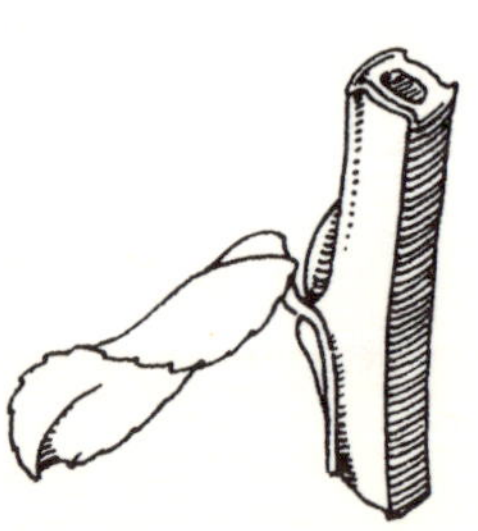

Somatische Chromosomenzahl: 2n = 24

Zweikeimblättrige

Blütezeit:
April–Juli

Fruchtform:
Beere

Gemeiner Seidelbast, Kellerhals

Daphne mezereum

Dieser ausdauernde, 30–150 cm hohe, kalkliebende Strauch ist auf humus- und krautreichen, kalkhaltigen Waldböden, in Gebüschen und auf Hochstaudenfluren anzutreffen.

Die dünn stehenden Zweige sind biegsam, die wechselständigen Blätter sitzen büschelig am Zweigende.

Der Gemeine Seidelbast blüht im zeitigen Frühjahr. Aus den Blattachseln wächst ein schütteres Bündel rosaroter, betäubend duftender, vierzähliger Blüten. Der Kelch ist wie die Krone gefärbt und seine Blätter verwachsen am Grund zu einer Röhre. Die Blüten mit verschieden langen Griffeln werden von Insekten bestäubt, die nicht nur vom Duft der Blüte, sondern auch optisch angelockt werden. Der Pollen keimt nur auf der Narbe eines anderen Blütentyps. Erst nach dem Abfallen der Blüten sprießen die Blätter. Die roten Steinfrüchte des Gemeinen Seidelbastes dienen einigen Vogelarten als Nahrung, wodurch die unverdaulichen Samen verbreitet werden. Der Seidelbast ist stark giftig und in den meisten mitteleuropäischen Ländern geschützt.

Häufig werden nicht nur die typischen rosablühenden Sorten kultiviert, sondern auch die weiße Varietät var. *alba* mit gelben Steinfrüchten. Die verwandten süd- und westeuropäischen Arten (*D. pontica, D. alpina* u. a.) sind beliebte Steingartensträucher. In Mitteleuropa gibt es ein einziges Vorkommen des bedeutenden Endemiten *D. arbuscula,* der mit seinen tiefrosa Blüten die Kalksteinfelsen der Muran-Hochebene in der Mittelslowakei überzieht.

Somatische Chromosomenzahl: 2n – 10

Zweikeimblättrige

Blütezeit:
Februar–März

Fruchtform:
Steinfrucht

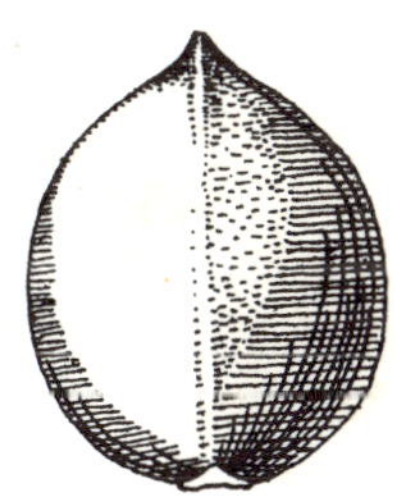

Same

Echtes Springkraut, Rühr-mich-nicht-an

Impatiens noli-tangere

Das Echte Springkraut ist ein 50–120 cm hohes, einjähriges Kraut und in feuchten Laub- oder Mischwäldern und an ihren Säumen zu finden.

Die saftigen, kahlen, aufrechten Stengel sind bis zu einem Drittel belaubt. Die langgestielten Blätter stehen wechselständig und haben eiförmig-längliche und zugespitzte Blattspreiten.

Die großen gelben, nickenden Blüten bilden Trauben. Die Blüte hat gewöhnlich 3 Kelchblätter, von denen das hintere zu einem gebogenen Sporn verlängert ist. Die fünf in der Regel vorhandenen Kronblätter haben innen rote Tupfen.

Das untere Kronblatt ist das größte. Verwachsen sind nicht nur die 5 Staubblätter mit den Staubfäden, sondern auch die 5 Fruchtblätter. Nach der Befruchtung entwickeln sich bis 25 mm große Kapseln mit Klappen, die bei der reifen Kapsel plötzlich aufspringen und die Samen weit von der Mutterpflanze wegschleudern.

Das Echte Springkraut ist fast auf dem gesamten europäischen Kontinent heimisch.

Alle anderen Springkrautarten sind zugewandert, einige verwildert, andere heimisch geworden, wie beispielsweise das aus Mittelasien und Südsibirien stammende Kleinblütige Springkraut *(I. parviflora)*, das heute unsere feuchten Wälder, Küstendickichte, Parks und Gärten völlig verunkrautet. Das gezüchtete, aber stark verwildernde, bis 2 m hohe und rosapurpurn blühende *I. glandulifera* (syn. *I. roylei*) kommt aus den Wäldern des Himalaja-Vorlandes.

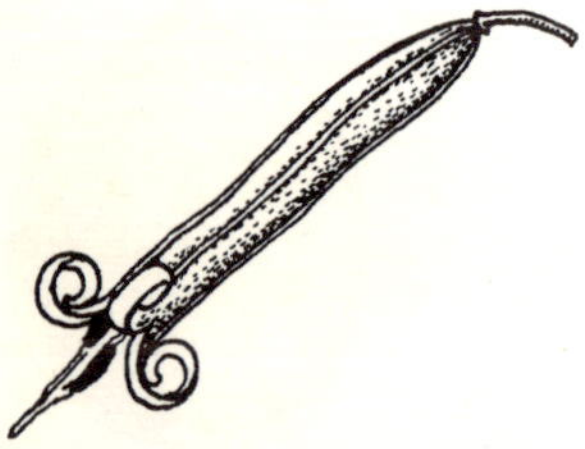

aufspringende Frucht

Somatische Chromosomenzahl: 2n = 20

Zweikeimblättrige

Blütezeit:
Juli–August

Fruchtform:
Kapsel

Wilde Malve, Roßpappel, Große Käsepappel

Malva sylvestris

Diese zweijährige, manchmal ausdauernde Pflanze wird 20–100 cm hoch und ist auf trockeneren, stickstoffreichen Ruderalstellen zu finden.

Der aufsteigende oder aufrechte Stengel ist am Grund mehr oder weniger verholzt. Die Grundblätter sind langgestielt, bei den Stengelblättern sind sie kürzer. Gewöhnlich sind sie drei- bis siebenlappig, auf der Nervatur drüsig. Stengel und Blätter sind dicht behaart, die Nebenblätter dreieckig eiförmig.

Die gestielten Blüten wachsen zu zweien bis sechs aus den Blattachseln. Außer dem Kelch wird ein Außenkelch gebildet. Die ebenfalls fünfzähligen Kelchblätter sind verkehrt-eiförmig, vorn tief ausgeschnitten. Sie sind rosa und zeigen drei gut sichtbare, dunkle Nerven.

Die in großer und variabler Anzahl vorhandenen Staubblätter verwachsen mit den Staubfäden zu einer Röhre. Auch die Stempel sind zahlreich. Die Spaltfrucht zerfällt im Reifezustand in einsamige, halbmondförmige Früchtchen.

Die Wilde Malve ist in den meisten europäischen Gebieten anzutreffen, ausgenommen im äußersten Norden. Wegen des hohen Gehalts an Schleimstoffen in Blüten und Blättern findet sie in der Medizin als Hustenmittel Anwendung.

Die stattliche, aus dem Mittelmeerraum stammende Unterart subsp. *mauritiana* wird für pharmazeutische Zwecke angebaut.

Somatische Chromosomenzahl: 2n = 42

Zweikeimblättrige

Blütezeit:
Juni–September

Fruchtfom:
Spaltfrucht

Blütendiagramm

Frucht

Tüpfelhartheu

Hypericum perforatum

Das Tüpfelhartheu ist eine 30–90 cm hohe, ausdauernde Staude und an wärmeliebenden Hängen, auf Wiesen, Heiden, in Gebüschen und in lichten Hainen anzutreffen.

Aus dem reich verästelten Wurzelstock wächst der aufrechte, oben verzweigte und mehr oder weniger drüsige Stengel, der Blüten und mehrere blütenlose, reichverästelte Nebenstengel trägt. Die länglichen Blätter sind durchscheinend dicht punktiert. Die unteren sind sitzend und rundlich, die oberen zu einem kurzen Stiel verschmälert. Bei Trockenheit rollen sie sich ein wenig ein. Die bis 3 cm großen Blüten bilden zymöse Blütenstände. Der Blütenkelch ist zugespitzt und genauso schwarzgetüpfelt wie die goldgelben Kronblätter. Die 50–60 Staubblätter stehen in drei Bündeln zusammen, die Frucht ist eine Kapsel.

Die Art ist in fast ganz Europa heimisch, mit Ausnahme der nördlichsten Inseln. Deshalb ist es nicht verwunderlich, daß sie so variabel ist und eine so große Anzahl arteigener Taxa scheinbar unterschiedlicher Arten beschrieben wurde. Die heute anerkannten subsp. *veronense,* subsp. *angustifolia* und subsp. *latifolium* unterscheiden sich von der gleichnamigen subsp. *perforatum* in Form und Größe der Blätter, der Kelchzipfellänge und der Blüten.

Frucht

Schnitt durch den Stengel

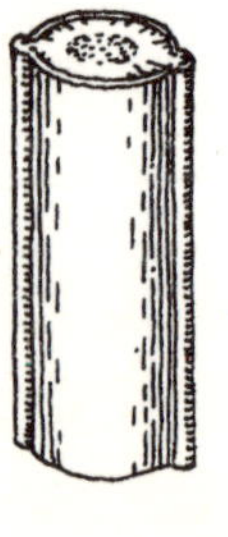

Somatische Chromosomenzahl: 2n = 32

Zweikeimblättrige

Blütezeit:
Juli–August

Fruchtform:
Kapsel

Gemeiner Blutweiderich

Lythrum salicaria

Der Blutweiderich ist eine 30–200 cm hoch werdende, ausdauernde Staude und auf nassen Staudenfluren, an Ufern und Gräben und auf überschwemmten Wiesen anzutreffen.

Die aufrechten Stengel sind einfach oder in der unteren Hälfte verzweigt, scharf oder geflügelt vierkantig und kurzflaumig. Die Grundblätter sind gegenständig, die Hochblätter wechselständig, rundlich oder herzförmig sitzend und haben schmal bis eiförmig lanzettliche Blattspreiten.

Die Blüten bilden gekürzte Trugdolden, die aus den Deckblattachseln kommen und am Stengelende eine Scheinähre bilden. Unter den Blüten wachsen zwei Vorblätter. Der Kelch entsteht aus sechs verwachsenen Kelchblättern; die Krone ist blauviolett, rot oder weißlich. Der durch das Zusammenwachsen des Kelch- und Kronengrundes entstandene Blütenboden ist röhrig, zwölfnervig und flaumig. Die Selbstbestäubung wird durch die unterschiedliche Länge von Staubblättern und Griffeln in den einzelnen Blüten, also durch Heterostylie, verhindert. Die Frucht ist eine Kapsel.

Die Art ist fast über den ganzen europäischen Kontinent verbreitet, ausgenommen der äußerste Norden. In Mitteleuropa kommen verwandte Arten vor, beispielsweise Isopblutweiderich *(L. hyssopifolia)* mit kleinen lila Blüten und der rotblühende Rutenblutweiderich *(L. virgatum)*.

Somatische Chromosomenzahl: 2n = 60

Zweikeimblättrige

Blütezeit:
Juli–September

Fruchtform:
Kapsel

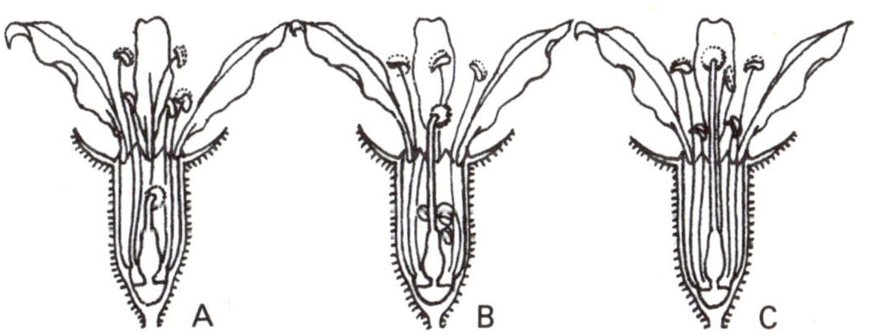

Verschiedengriffligkeit (Heterostylie): A. Kurzgriffligkeit, B: Mittelgriffligkeit, C: Langgriffligkeit

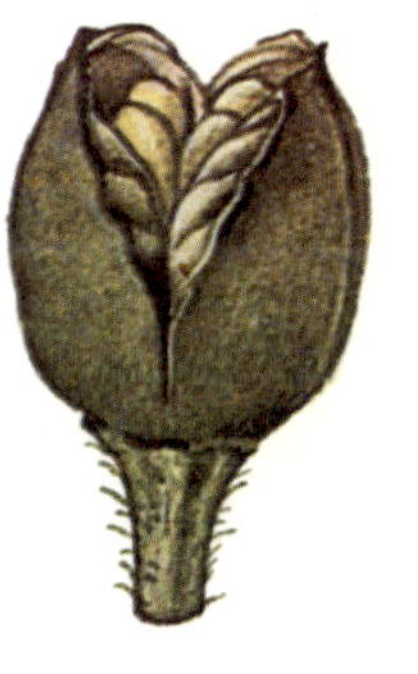

Frucht

Schmalblättriges Weidenröschen

Epilobium angustifolium
syn. *Chamaerion angustifolium,*
Chamaenerion angustifolium

Dieses ausdauernde Kraut wird 60–120 cm hoch. Es ist kalkmeidend und kommt auf Waldlichtungen und Kahlschlägen sowie auf subalpinen Hochstaudenfluren vor.

Aus dem kriechenden Wurzelstock wachsen einfache, aufrechte, nahezu kahle und mehr oder weniger flachgedrückte Stengel. Die dünnen Blätter sind wechselständig, linealisch-lanzettlich und am Grund kurzgestielt. Ihre Zähnung ist kaum zu erkennen. Die Blattspreiten sind mehr oder weniger zurückgerollt und haben an der Unterseite hervortretende Seitennerven. Früher wurden die Blätter des Schmalblättrigen Weidenröschens als Ersatz für Tee benutzt.

Die Blüten stehen in reichen, am Grunde beblätterten Trauben. Die Blütenknospen sind elliptisch und zugespitzt; die entfalteten Blüten werden über 1 cm breit. Der von vier Blättern gebildete Kelch ist außen rot und flaumig. Die verkehrt eiförmigen Kronblätter sind rot, in seltenen Fällen auch weiß. Die lang-lanzettlichen, dicht flaumigen Fruchtkapseln enthalten eine große Anzahl Samen, die zur besseren Windverbreitung mit einem wattigen Haarschopf umschlossen sind.

Die Art ist über ganz Europa verbreitet.

Durch seine schmal linealischen bis linealisch-lanzettlichen und steifen Blätter unterscheidet sich das Rosmarinweidenröschen *(E. dodonaei)*. Es wächst als Pionierpflanze an Sandufern und Halden, in Steinbrüchen und an ähnlichen Stellen und blüht bis in den September mit rosa Blüten.

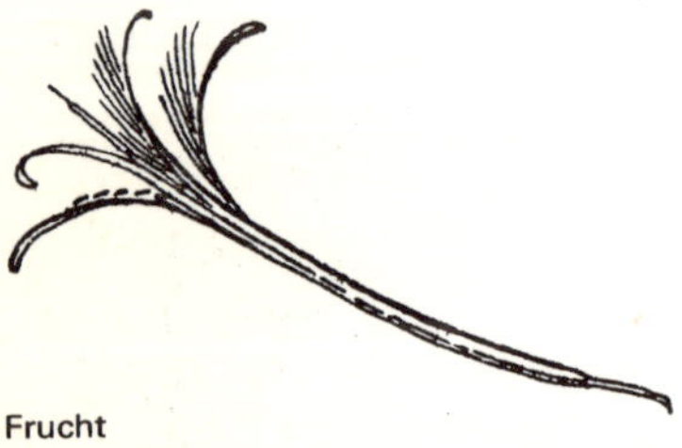

Frucht

Somatische Chromosomenzahl: 2n = 36

Zweikeimblättrige

Blütezeit:
Juni–September

Fruchtform:
Kapsel

Bergweidenröschen

Epilobium montanum

Diese ausdauernde, 20–80 cm hoch werdende Pflanze findet man in lichten Wäldern und auf Kahlschlägen.

Aus dem kurzen Wurzelstock wachsen runde, oben verzweigte, mit zwei Reihen herablaufender Haare bestandene Stengel. Im oberen Teil ist er flaumig und hat deutliche eingestreute Drüsen. Die Stengelspitze ist vor dem Aufblühen nickend, richtet sich aber während der Blüte auf. Die Grundblätter sind gegenständig, die oberen wechselständig, eiförmig, am Grund abgerundet keilförmig, unregelmäßig gezähnt und zugespitzt. Sie sind an Ober- und Unterseite auf den Nerven flaumig behaart.

Die Deckblätter sind schmal, lanzettlich und scharf gesägt. Die Blüten bilden eine endständige Traube. Der Kelch ist aus vier grünen Blättchen, die Krone aus vier aufrechten, rosaroten, dunkelgeäderten Kronblättern gebildet. Die Staubblätter stehen zu je vier in zwei Ringen. Die reife Kapsel ist drüsenhaarig.

Die Art kommt in fast ganz Europa vor.

Das verwandte Hügelweidenröschen *(E. collinum)* hat schon von unten verzweigte Stengel, kleinere, graugrüne Blätter, behaarte, aber drüsenlose Kapseln und wächst auf wärmeliebenden Steinhängen und Felsen, in lichten Wäldern und Gebüschen. Es meidet, wenn möglich, Kalkböden. Auf den Bergfluren ist das Quirlweidenröschen *(E. alpestre)* mit auffälligen, drei- bis vierquirligen Blättern beheimatet.

Somatische Chromosomenzahl: 2n = 36

Zweikeimblättrige

Blütezeit:
Juni–September

Fruchtform:
Kapsel

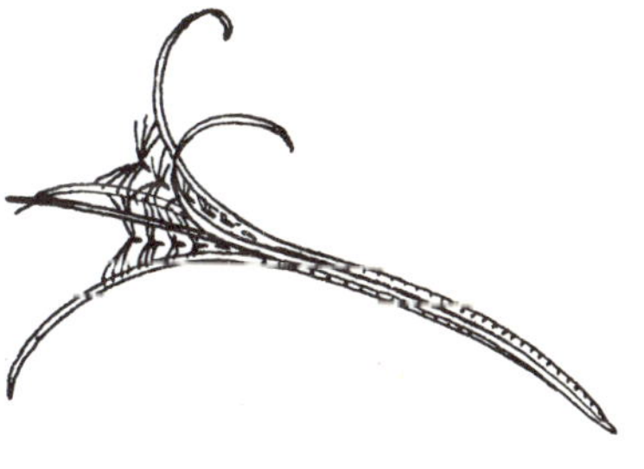

Frucht

Gemeine Nachtkerze

Oenothera biennis

Die 50–150 cm hoch werdende, ausdauernde Nachtkerze ist auf Sand- und Schotterufern von Gewässern, auf sandigen Ruderalstellen und an Bahndämmen anzutreffen.

Im ersten Jahr wachsen die verkehrt-eiförmigen, am Boden liegenden Blätter als Grundrosette. Im nächsten Jahr entwickelt sich der aufrechte, gewöhnlich kantige und drüsenhaarige, nur oben verzweigte Stengel. Die kurzgestielten Stengelblätter sind länglich bis langgezogen-herzförmig und unregelmäßig fein gezähnt.

Die großen Blüten bilden eine endständige Traube. Die vier Kelchblätter sind lanzettlich und zurückgebogen. Die vier blaßgelben Kronblätter sind verkehrt-eiförmig und vorn leicht ausgerandet. Kelch- und Kronblätter wachsen am Grund zum röhrenförmigen Blütenbecher zusammen. Die Blüte hat acht Staubblätter. Der Fruchtknoten entsteht durch Verwachsen der vier Fruchtblätter und reift zu einer lanzettlichen, häufig behaarten, im Fruchtbecher eingeschlossenen vierkantigen Kapsel heran.

Die Art stammt aus Nordamerika und ist heute in nahezu ganz Europa zu finden. In Mitteleuropa hat sie mehrere Kleinarten. Von dieser Sammelart unterscheidet sich eine andere, die Kleinblütige Nachtkerze *(O. parviflora)*, mit mehr als fünf Kleinarten. Sie hat vor dem Aufblühen einen mehr oder weniger nickenden Blütenstand und eine 5–10 cm über dem Boden stehende Grundblattrosette.

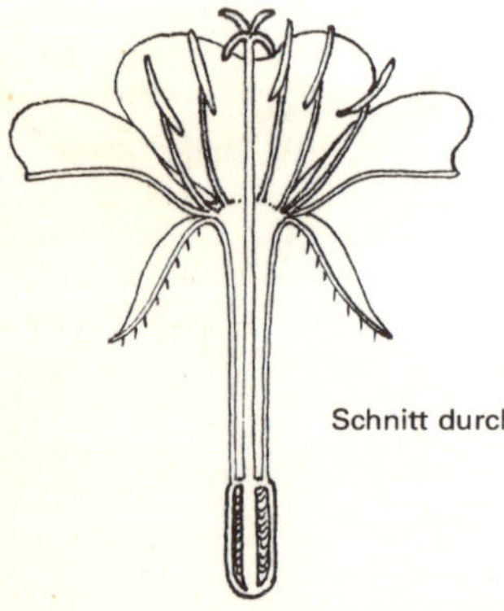

Schnitt durch die Blüte

Somatische Chromosomenzahl: 2n = 14

Zweikeimblättrige

Blütezeit:
Juni–August

Fruchtform:
Kapsel

Wassernuß

Trapa natans

Diese einjährige Pflanze wächst in langsam dahinfließenden, sonnendurchwärmten Gewässern.

Die Wurzel geht unmittelbar nach dem Aufkeimen ein. Die Verankerung im Boden besorgen Adventivwurzeln. Sobald die Sproßachsenspitze die Wasseroberfläche erreicht hat und Schwimmblätter entwikkelt sind, fault entweder der unterste Stengelteil ab, oder die Pflanze wird bei sturmbewegter Wasseroberfläche vom Boden losgerissen. Anstatt der ursprünglichen Wurzeln entsprießen dann an den Sproßachsennodien neue fiedrig verzweigte, grüne, chlorophyllhaltige und assimilierende Wurzeln, die teilweise die Funktion der Blätter übernehmen.

In den Achseln der Oberblätter wachsen lange Blütenstiele. Die zwittrigen Blüten setzen sich aus vier Kelch- und vier weißen Kronblättern, vier Staubblättern und einem Stempel zusammen. Die Bestäubung erfolgt entweder durch den blüteneigenen Blütenstaub – Autogamie – oder durch blütenfremden Pollen – Allogamie –, was in der Regel von Wasserinsekten besorgt wird. Kurze Zeit nach der Bestäubung ziehen sich die Blütenstengel unter das Wasser zurück, wo sich dann auch die Früchte, die von den vergrößerten, holzigen Kelchblättern umschlossen werden, entwickeln. Die vier dornigen Auswüchse ermöglichen der herabfallenden Frucht eine Verankerung im Boden, wo sie vom Schlamm geschützt die Zeit der ungünstigen Witterung überdauert. Die hochstärkehaltigen Früchte sind genießbar. Diese Art wuchs, wie fossile Früchtefunde beweisen, in Europa bereits im Tertiär.

Somatische Chromosomenzahl: 2n = (40), 40

Zweikeimblättrige

Blütezeit:
Juni–September

Fruchtform:
Nüßchen

Blatt mit aufgeblasenem Stiel

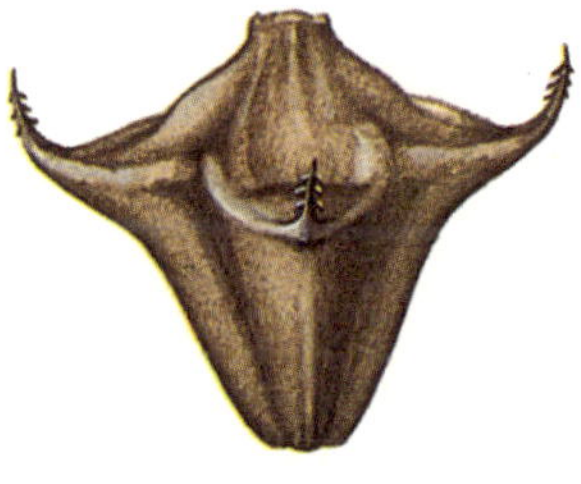

Frucht

Gemeiner Efeu

Hedera helix

Baumstämme in Laub- und Mischwäldern, Felsen und Mauerwerk umrankt mitunter die einzige mitteleuropäische Liane, die bis zu 20 Meter lang wird. Sie wird auch als Zierpflanze in Gärten, Schloßparks, auf Friedhöfen sowie an weiteren Stellen in einer ganzen Reihe von Kultivaren gezüchtet.

Dieser immergrüne Kletterstrauch besitzt Haftwurzeln, lederige Blätter, die auffallend zweigestaltig und ohne Nebenblätter sind. An den blühenden Zweigen wachsen eilanzettliche Blätter, an den nichtblühenden hingegen drei- bis fünfeckig gelappte Blätter.

Die fünfzähligen Blüten bilden kleine, halbkugelförmige, gestielte Dolden, die aus den Achseln der schuppigen Deckblätter hervorwachsen. Die zwittrigen Blüten sind aktinomorph, die außen braunen und innen grünen Kronblätter fallen ab, und die runden, schwarzen Beeren von einem Durchmesser bis zu 1 cm enthalten drei bis fünf Samen.

Der Gemeine Efeu ist nahezu über den ganzen europäischen Kontinent sowie über Nordafrika verbreitet.

Nicht nur die kultivierten, sondern auch die wildwachsenden Fortpflanzungsgemeinschaften sind recht variabel. In Frankreich und in Italien wächst die Unterart *poetarum* mit gelben Früchten, in Gärten und Parkanlagen ist mitunter die aus dem Kaukasus und Anatolien stammende Art *H. colchica* zu finden, die erst im vorigen Jahrhundert entdeckt wurde.

Früchte

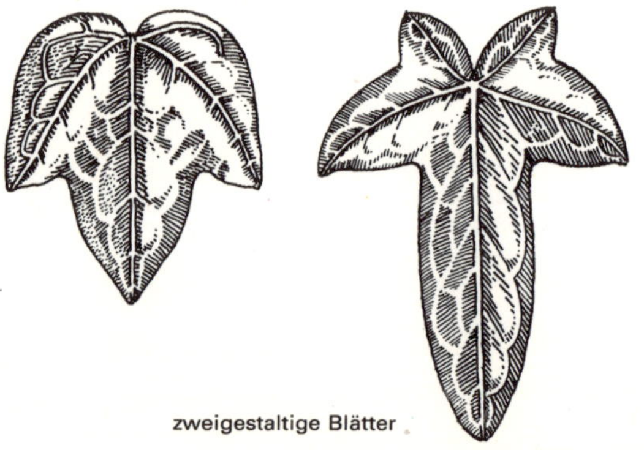

zweigestaltige Blätter

Somatische Chromosomenzahl: 2n = 48

Zweikeimblättrige

Blütezeit:
September–Oktober

Fruchtform:
Beere

Sanikel

Sanicula europaea

Diese kalkliebende, 25 bis 45 cm hohe, ausdauernde Pflanze wächst in dichtverwachsenen Mischwäldern.

Aus der kurzen Kriechwurzel wächst eine aufrechte, einfache und scharfkantige Sproßachse empor. Die Niederblätter sind langgestielt mit handförmig drei- bis fünfgeteilter Spreite. Die Stengelblätter sind in der Regel nicht ausgebildet, wenn dennoch, dann nur ein oder zwei, kleine, wenig geteilte sitzende Blätter.

Die Blüten bilden endständige kopfige Döldchen, wobei zwei Blütenarten zu unterscheiden sind: die mehr oder weniger sitzenden zwittrigen und die kurzgestielten männlichen Blüten. Diese setzen sich aus fünf Kelch- und fünf weißlichen oder rötlichen Kronblättern sowie fünf Staubblättern zusammen. Bei den zwittrigen Blüten kommt der aus zwei Fruchtblättern gebildete Stempel hinzu. Die reife Doppelachäne ist von kugeliger oder kurz eiförmiger Gestalt, wird bis zu 5 mm lang und trägt allseitig hakenförmige Stacheln. Mit diesen bleibt sie am Haarkleid der Tiere hängen, die auf diese Weise zur Artverbreitung beitragen.

Die Sanikel wächst auf dem gesamten europäischen Kontinent mit Ausnahme der Azoren, Balearen, Kreta, Island sowie der südwestlichen Gebiete der Sowjetunion.

Somatische Chromosomenzahl: 2n = 16.

Zweikeimblättrige

Blütezeit:
Mai–Juni

Fruchtform:
Doppelachäne

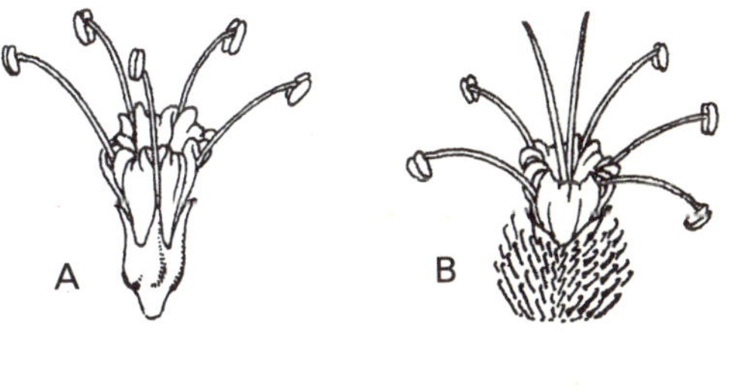

A: männliche Blüte; B: zwittrige Blüte

Feldmannstreu

Eryngium campestre

Diese auf wärmeliebenden Hängen und Sandtrokkenrasen zu findende ausdauernde Pflanze bildet 20–50 cm hohe, runde Büsche.

Die aufrechten Stengel sind kahl, stark, fein gefurcht und vom unteren Drittel an ausgebreitet verzweigt. Die Grundblätter junger Pflanzen sind einfach und stachelig gezähnt. Die unteren Stengelblätter der blühenden Mannstreu sind langgestielt und fiederschnittig. Die Blattspreitenabschnitte sind breit linealisch, zur Spindel hin zusammenlaufend und dornig tief gezähnt. Die oberen Stengelblätter sind ungestielt, einfacher und kleiner.

Die Blüten stehen zu kleinen Scharen in kugeligen Köpfen. Die Hüllblätter sind stachelig, die äußeren Blätter sind länger als die Köpfe. Die Kelchzipfel sind ebenfalls bestachelt; die Kronblätter erreichen nur die halbe Kelchlänge und sind weiß oder grünlich. Die Früchte sind schuppig. Nach dem Reifen brechen die kugeligen Pflanzenbüsche ab und werden vom Wind ziemlich weit fortgetragen. Deshalb wird die Art auch als „Steppenläufer" bezeichnet.

Die Feldmannstreu kommt in Mittel- und Südeuropa vor. Mannstreuarten gibt es in Europa mehr als 25, einige von ihnen können als Zierpflanzen in Steingärten und Alpinien gepflanzt werden. Die weitaus auffälligste ist die aus Mittelasien kommende *E. giganteum* mit ihren großen Köpfen. An Meeresküsten wächst die Strandmannstreu *(E. maritimum)*.

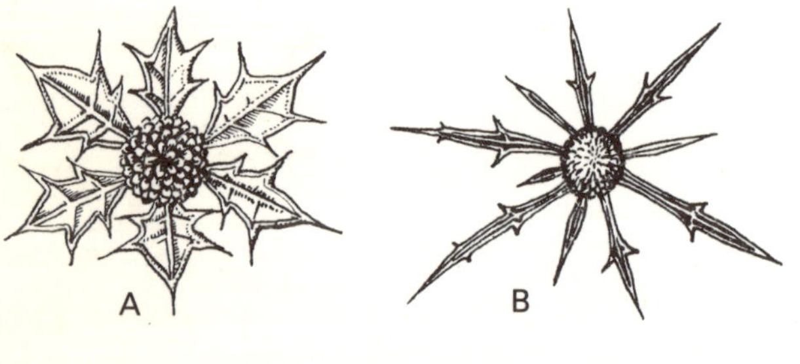

Köpfe:
A: *E. maritimum*, B: *E. campestre*

Somatische Chromosomenzahl: 2n = 14, 48

Zweikeimblättrige

Blütezeit:
Juli–August

Fruchtform:
Doppelachäne

Gemeine Sichelmöhre

Falcaria vulgaris

Die Sichelmöhre, ein zweijähriges bis ausdauerndes, 30–100 cm hohes Kraut, ist an wärmeliebenden Hängen und trockenen Rainen zu finden.

Die aufrechten, abgeflachten und fein gefurchten Stengel sind sparrig verzweigt. Die steifen Blätter sind häufig sichelförmig, an den Rändern scharf gesägt. Die Grundblätter sind einfach oder dreizählig, die im Stengelmittelteil wachsenden ein- bis doppelt-dreizählig.

Die kleinen weißen Blüten bilden lockere Dolden mit aus vier bis acht linealischen Deckblättern gebildeten Hüllen und Hüllchen. Die Frucht ist eine dem Kümmel ähnliche, braunrote und bis 4 mm lange Doppelachäne.

Die Pflanze kommt von Nordfrankreich bis Mittelrußland und bis nach Südeuropa vor, fehlt jedoch auf den Inseln, wie Kreta, Korsika, Sizilien u. a. Sie wurde auch nach Holland, Belgien sowie Nord- und Südamerika eingeschleppt.

Häufig gibt es noch im Juli, wenn die meisten Pflanzen dieser Art bereits erblüht sein sollen, noch nicht blühende Exemplare, deren Blätter mit winzig kleinen, meist orangefarbenen Pünktchen eines Schmarotzerrostes *(Aecidium falcariae)* übersät sind. Diese Pflanzen werden nicht zur Blüte gelangen. Ihre Blätter sterben mit Herbstbeginn ab. Es handelt sich dabei um eine falsche Einjährigkeit, da die Pflanze bei normaler Entwicklung mindestens zweijährig ist.

Somatische Chromosomenzahl: 2n = 22

Zweikeimblättrige

Blütezeit:
Juli–September

Fruchtform:
Doppelachäne

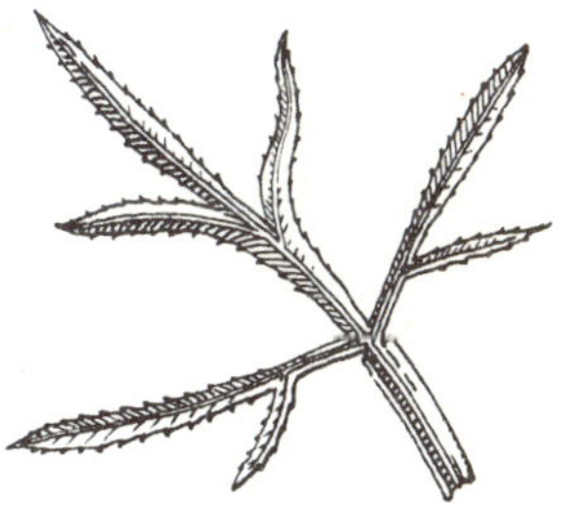

sichelförmiges Blatt

Wasserschierling

Cicuta virosa

Wir finden den 50–150 cm hoch werdenden, ausdauernden Wasserschierling an den schlammigen Ufern von Gewässern, an Überschwemmungsstellen und in Gräben.

Der Stengel ist am Grund knollenförmig verdickt, aufrecht, innen hohl und durch Querwände kammrig, oben aber quirlig verzweigt. Die großen Blätter im unteren Stengelabschnitt sind langgestielt und zwei- bis dreifach gefiedert. Ihre Oberseite ist rauh. Die weniger gefiederten Hochblätter sind kurzgestielt oder scheidenartig sitzend.

Die Blüten bilden langgestielte, reiche und dichte Dolden und haben entweder keine Hüllblätter oder ein bis zwei linealische Deckblätter. Die Blüten sind meist weißlich. Die breit eiförmigen, schmal gerippten Früchte tragen noch den schwach erkennbaren Kelch. Der Wasserschierling kommt nahezu in ganz Europa vor, und zwar etwa in den Gebieten nördlich der Linie Madrid–Neapel–Thessaloniki.

Diese schwach riechende Pflanze – bei manchen erinnert der Geruch an Mäuse – enthält eine Reihe hochgiftiger Alkaloide, von denen Cicutoxin das wichtigste ist. Heute kommen Viehvergiftungen durch den Schierling kaum mehr vor, denn er ist durch Kultivation und Dränage längst von unseren Kulturwiesen verschwunden. Der Wasserschierling ist der einzige Vertreter dieser Gattung, hat aber gleichgiftige Verwandte, wie z. B. den Gefleckten Schierling *(Conium maculatum)*.

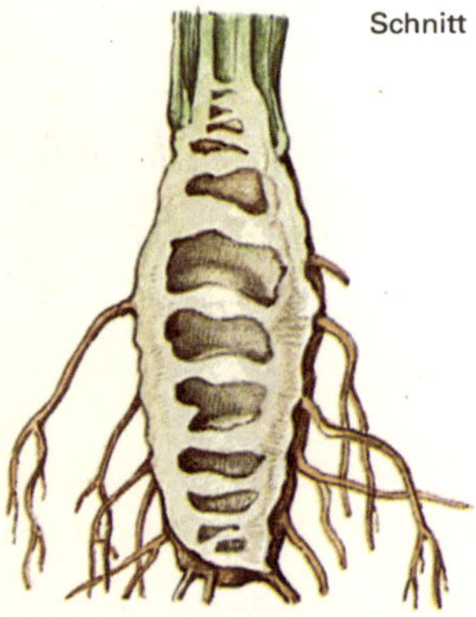

Schnitt durch den Wurzelstock

Frucht

Somatische Chromosomenzahl: 2n = 22

Zweikeimblättrige

Blütezeit:
Juli–September

Fruchtform:
Doppelachäne

Wiesenkümmel

Carum carvi

Der Wiesenkümmel ist einjährig, 20–80 cm hoch werdend und lebt auf Feldern, Wiesen, Weiden und Rainen, nicht nur in den Niederungen, sondern auch bis in die Berge.

Der aufrechte, gefurchte, kantige und spärlich verzweigte Stengel wächst aus der verästelten, nach Möhren riechenden Wurzel. Die Blätter sind zwei- bis dreifach fiederschnittig mit linealischen bis fadenförmigen Blattabschnitten.

Am Stengelende stehen die aus 8–16 reichen und unterschiedlich gestielten Döldchen gebildeten Dolden. Hüllen und Hüllchen fehlen zumeist. Der Kelch hat meist undeutliche Zähne; die weißlichen oder rosa angelaufenen Kronblätter sind tief ausgeschnitten. Die bis 5 mm lange Doppelachäne ist auf dem Rücken gerieft.

Mit Ausnahme des Mittelmeerraums ist der Wiesenkümmel über nahezu ganz Europa verbreitet und wird häufig als Kulturpflanze angebaut. Alle übrigen europäischen Kümmelarten haben meist kleinere Früchte. Einige wachsen auf Bergfelsen, besonders auf dem Balkan, in den italienischen Alpen oder in den Apeninnen. Zur Kulturpflanze hat sich jedoch nur Wiesenkümmel entwickelt, dessen Früchte die unterschiedlichste Verwendung als Küchengewürz finden. Das duftende Öl wird auch zur Zubereitung einiger Arzneien und Liköre gebraucht.

Somatische Chromosomenzahl: 2n = 20

Zweikeimblättrige

Blütezeit:
Mai–Juli

Fruchtform:
Doppelachäne

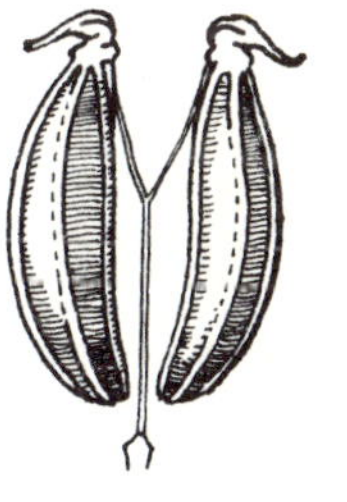

Frucht

Kleine Pimpinelle

Pimpinella saxifraga

Diese 15–20 cm hohe, ausdauernde Staude ist an wärmeliebenden Hängen, auf Weiden und auf Trokkenheiden anzutreffen.

Aus der unangenehm riechenden, spindelförmigen Wurzel wachsen rundliche oder fein gerillte, aufrechte, verzweigte Stengel. Die langgestielten Grundblätter sind einfach unpaarig gefiedert und haben gezähnte, sitzende Blättchen, von denen das endständige dreilappig ist. Die höher wachsenden Blätter sind scheidenumfassend, sitzend und haben kleinere, reicher geteilte Blättchen.

Die winzigkleinen Blüten bilden aus 6–15 Döldchen zusammengesetzte Dolden. Hüllen fehlen in der Regel, häufig auch die Hüllchen. Die fünfzähligen Blüten sind weiß, rosa oder hellgelblich. Die zweiteiligen Spaltfrüchte sind auf dem Rücken feingerippt und etwa 2 mm lang.

Die Art kommt fast in ganz Europa vor; in den südlichsten Gebieten und auf den Inseln fehlt sie jedoch. Sie wächst auch in Kleinasien und Westsibirien; nach Nordamerika wurde sie eingeschleppt.

In diesem weiten Verbreitungsgebiet zeigt sie erhebliche morphologische Varietäten. Es werden gewöhnlich Kleinarten unterschieden, manchmal auch nur Unterarten oder Abarten.

Frucht

Blüte

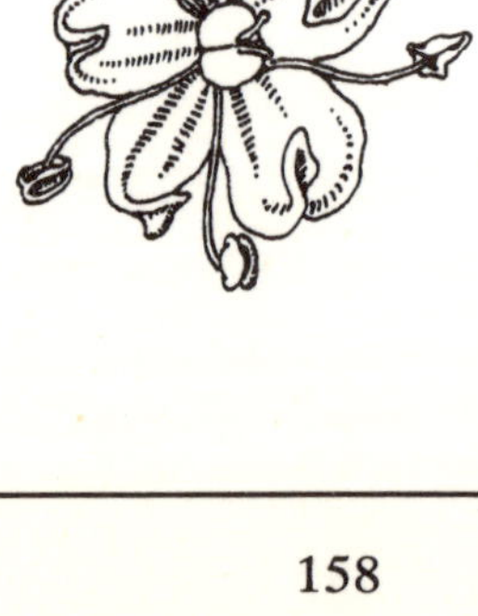

Somatische Chromosomenzahl: 2n =36

Zweikeimblättrige

Blütezeit:
Juli–September

Fruchtform:
Doppelachäne

Giersch, Geißfuß

Aegopodium podagraria

Der Giersch, eine 50–90 cm hohe, ausdauernde Staude, findet sich auf Kahlschlägen, an Waldsäumen, in krautreichen Gebüschen, aber auch auf vernachlässigten Rasen und in Gärten als lästiges Unkraut. Die kantigen, hohlen Stengel besitzen zahlreiche unterirdische Ausläufer, mit denen sich die Pflanze expansiv ausbreitet. Der Giersch ist bei flüchtigem Hinsehen kahl, bei näherer Betrachtung mit der Lupe jedoch mit kurzen, steifen Haaren besetzt. Die niedrigsten Blätter sind langgestielt und zweifach dreizählig, die oberen einfach dreizählig. Die am höchsten stehenden Blätter sind ungeteilt.

Die Blütendolde besteht aus über 15 Döldchen, bei denen Hüllen und Hüllchen fehlen. Die Blütenstiele sind rauh behaart. Die Kronblätter sind weiß, nur sehr selten rosa. Die Doppelachänen sind etwa 3 mm lang, braun, länglich eiförmig und hell gerippt.

Die Art kommt in fast ganz Europa vor, ist jedoch im Süden seltener anzutreffen und bis zum Kaukasus und nach Sibirien verbreitet. Nach Großbritannien, Irland und Island sowie nach Nordamerika wurde sie eingeschleppt.

Zu den verwandten Arten gehören der Breitblättrige Merk *(Sium latifolium)* und der Schmalblättrige Merk *(Berula erecta),* die Teile unserer Pflanzenbestände an Sümpfen, Tümpeln und Ufern sind.

Somatische Chromosomenzahl: 2n = 44 (22)

Zweikeimblättrige

Blütezeit:
Mai–September

Fruchtform:
Doppelachäne

Blüte

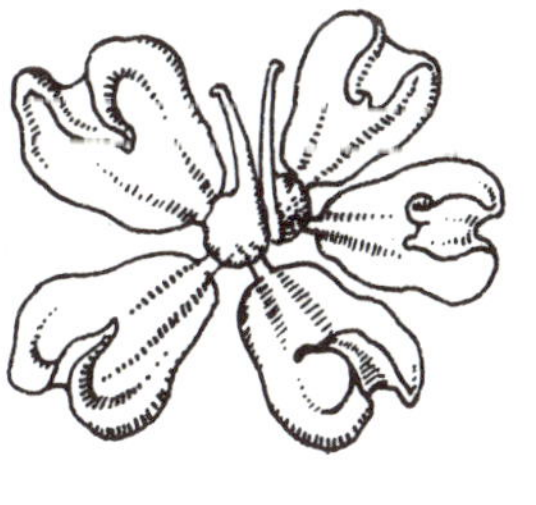

Frucht

Waldengelwurz

Angelica sylvestris

Wir finden die Waldengelwurz, eine 50–150 cm hohe, zweijährige oder ausdauernde Pflanze, auf nassen Wiesen, an Waldrändern, in Gebüschen und Erlenwäldern.

Aus dem dicken, nach Möhren riechenden und bitter bis scharf schmeckenden Wurzelstock wächst der stattliche, kahle Stengel. Er ist aufrecht, gerillt, hohl und weiß bereift. Die Blätter sind im Umriß dreiseitig und zwei- bis dreifach gefiedert. Die unteren haben lange Stiele und werden bis 60 cm lang. Diese Blattstiele haben an der Oberseite eine flache Rinne und sind hohl. Die oberen Blätter sind kleiner und weniger geteilt, die am höchsten stehenden sind scheidig stengelumfassend. Die großen Blattscheiden sind aufgeblasen.

Die Stengelzweige enden in dichten, halbkugelförmigen, aus 20–35 Döldchen bestehenden Dolden. Die Hülle fehlt, die Hüllchen bestehen aus zahlreichen linealischen Deckblättern. Die Kelchzähne sind unscheinbar, die Krone hat weiße oder rötliche Kronblätter. Die Staubblätter sind doppelt so lang wie die Krone, die Griffel sind aus der Blüte herausgebogen. Die abgeflachte, breit elliptische Frucht hat auf dem Rücken drei dünne Rippen und an den Seiten zwei breite Flügel.

Die Art kommt in fast allen europäischen Ländern vor.

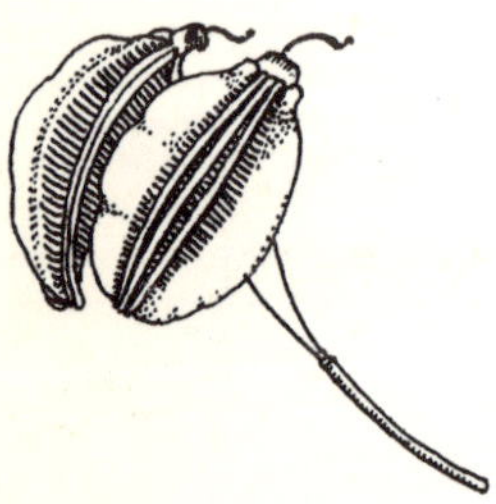

Frucht

Somatische Chromosomenzahl: 2n = 22

Zweikeimblättrige

Blütezeit:
Juli–September

Fruchtform:
Doppelachäne

Wilde Möhre

Daucus carota

Diese 30–80 cm hoch werdende Pflanze ist auf mäßig trockenen Wiesen, Säumen, Weiden und Halden zu finden.

Aus der charakteristischen Wurzel wächst der steif behaarte, aufrechte und gefurchte Stengel; die Pflanze hat einen auffällig scharfen Geruch. Die Blätter sind zwei- bis vierfach gefiedert, die unteren sitzen auf Stielen, die oberen sind ungestielt, alle sind feinscheidig.

Die reichen Blütendolden sind während der Blütezeit flach, die Fruchtdolde sitzt nestförmig bis kugelig zusammen. Hülle und Hüllchen werden von zahlreichen fiederschnittigen Hüllblättern gebildet. Die mittlere Doldenblüte ist häufig dunkelviolett, die übrigen sind weiß oder gelblich, manchmal auch rötlich, am Rand strahlig. Die Früchte sind elliptisch bis eiförmig und werden bis 4 mm lang. Die Teilfrüchte haben drei kurz steifbehaarte Haupt- und vier langhakig bestachelte Nebenrippen.

Die Wilde Möhre kommt nahezu in ganz Europa vor, ausgenommen die Färöer-Inseln, Island und Spitzbergen.

Die kultivierten Sorten dieser Art, die in der Unterart *sativus* zusammengefaßt werden, haben mächtige, süße, rote oder orangerote bis wießliche Wurzeln, deretwegen sie als Gemüse angebaut werden. In Europa sind noch etwa zehn verwandte Sippen anzutreffen.

Somatische Chromosomenzahl: 2n = 18

Zweikeimblättrige

Blütezeit:
Juni–September

Fruchtform:
Doppelachäne

Wurzel

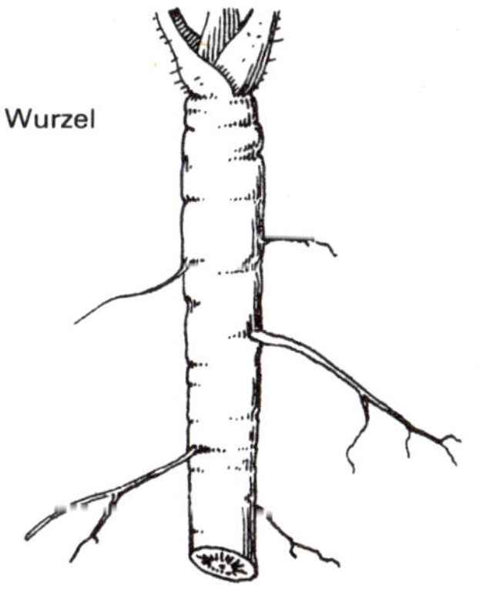

Blütenstand mit dunkler Blüte in der Mitte

Gemeiner Bärenklau, Wiesenbärenklau

Heracleum sphondylium

Diese 50–250 cm hohe, ausdauernde Pflanze wächst hauptsächlich in feuchten Gräben, auf nassen Wiesen und an Ufern.

Der aufrechte, hohle und kantig gefurchte Stengel ist nach rückwärts steifbehaart, nur in seltenen Fällen verkahlt. Die Blätter sind äußerst vielgestaltig: Die Grundblätter sind kielig gestielt, die oberen unauffällig scheidig sitzend und kleiner.

An den Stengelzweigen sitzen endständig große, meist von nur zweihäusigen Blüten gebildete Dolden. Die oft kleineren Seitendolden bestehen überwiegend nur aus männlichen Blüten. In der Dolde stehen 15–30 Döldchen. Hüllen fehlen entweder ganz oder werden bei den Seitendolden aus 1–6 Hüllblättern gebildet. Die Kelchzähne sind breit, die Krone strahlig, meist weißlich oder auch gelblich, grünlich oder rötlich. Die elliptischen, kahlen Früchte haben drei Rippen und an den Seiten schmale Flügel.

Die Art kommt in den meisten europäischen Gebieten vor, hauptsächlich aber in Nordwesteuropa.

Auffällig stattlich und bis 5 m hoch ist der aus Südwestasien stammende Großartige Bärenklau *(H. mantegazzianum),* der in Mitteleuropa zuerst in Parks gepflanzt wurde und sich von dort aus in den letzten Jahrzehnten auffallend verbreitete. Er enthält typische photosensible Stoffe, die bei Hautkontakt und gleichzeitiger Sonneneinstrahlung Blasen hervorrufen.

Frucht

Blüte

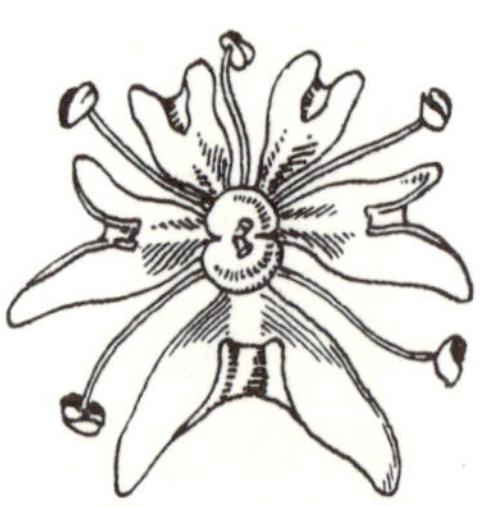

Somatische Chromosomenzahl: 2n = 22

Zweikeimblättrige

Blütezeit:
Juni–September

Fruchtform:
Doppelachäne

Hohe Primel, Hohe Schlüsselblume, Waldprimel

Primula elatior

Die bis 30 cm hoch werdende, ausdauernde Schlüsselblume wächst überwiegend auf Wiesen, kommt aber auch in lichten Laubwäldern und Gebüschen vor. Die Grundrosettenblätter sind in der Jugend zurückgerollt und mehr oder weniger faltig. Sie sind eiförmig bis eiförmig-länglich, am Grund zu einem geflügelten Stiel verschmälert. Der Blattspreitenrand ist unregelmäßig gekerbt.

Der Schaft endet in einer einseitigen Blütendolde. Die an bis zu 2 cm langen Stielen sitzenden Blüten haben schmal zylindrische, dicht zur Kronröhre anliegende Kelche. Ihre scharfen Kanten sind grün, sonst ist der Kelch blaßgelb und bis zur Hälfte in fünf lanzettliche Zähne aufgespalten. Die duftlose, schwefelgelbe Krone hat gespreizte Zipfel. Nach dem Befruchten entwickelt sich eine zylindrische Kapsel, die länger ist als der Kelch.

Die Art gehört in einer Reihe europäischer Länder zu den geschützten Pflanzen.

Die Hohe Primel ist wie die Wiesenprimel *(Primula veris)* eine Heilpflanze. Als Kreuzung beider Arten ist die Mittelhohe Primel *(Primula* x *media)* entstanden.

Die *Primula elatior* ist in Mittel-, Süd- und Westeuropa heimisch und bis nach Norddänemark verbreitet.

In Europa sind mehrere Unterarten bekannt, die sich durch Blattbehaarung sowie Größe und Färbung der Blüten unterscheiden.

Somatische Chromosomenzahl: 2n = 22

Zweikeimblättrige

Blütezeit:
März–Mai

Fruchtform:
Kapsel

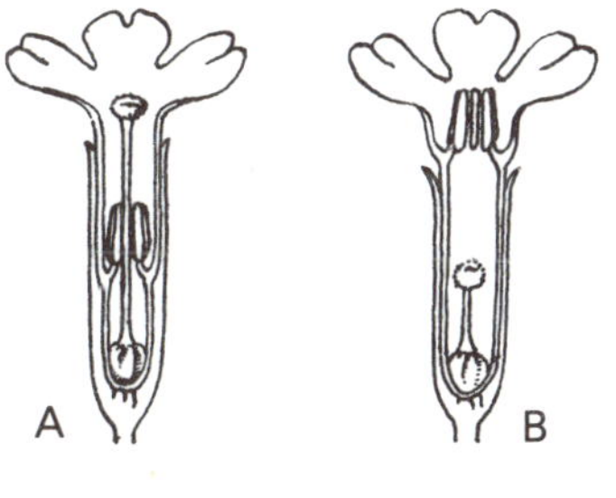

Verschiedengriffligkeit (Heterostylie)
A: Langgriffligkeit, B: Kurzgriffligkeit

Kapsel

Wiesenprimel, Wiesenschlüsselblume

Primula veris

Die Wiesenschlüsselblume ist eine 10–30 cm hohe, ausdauernde Pflanze und auf mäßig trockenen Wiesen, in lichten Wäldern, Gebüschen, auf Halden und Rasenfluren anzutreffen.

Während der Blütezeit ist die Pflanze behaart, manchmal aber auch verkahlt oder auch kurz und rötlich drüsig. Die jungen Grundrosettenblätter sind zurückgerollt, faltig und am Rand wellig gekerbt. Die Blattspreiten sind eiförmig bis länglich-elliptisch und am Grund zu einem geflügelten Stiel verschmälert.

Der Schaft endet in einer einseitigen Blütendolde. Die Blütenkelche sind aufgeblasen, von der Krone abstehend, blaß- oder grüngelb. Die dottergelbe und schwach duftende Krone hat eine am Schlund orangegelbe Röhre, die länger ist als der Blütenkelch. Die Selbstbestäubung der Blüten wird durch verschiedene Länge der Griffel verhindert. Zur Befruchtung kommt es nur, wenn der Pollen vom Insekt von kurzgriffeligen auf die Narben langgriffeliger Blüten und umgekehrt übertragen wird. Die eiförmige Kapsel reicht etwa bis zur Hälfte des vergrößerten, auch bis zur Fruchtreife ausdauernden Kelches. Die Wiesenprimel ist schwach giftig und wird in der Heilkunde als schweißtreibendes Mittel angewendet.

Die Art kommt in den meisten europäischen Gebieten vor, mit Ausnahme des äußersten Nordens und des größten Teils des Mittelmeerraumes. Die Wiesenprimel gehört zu den Pflanzenarten, bei denen vor allem die unterirdischen Teile geschützt werden müssen.

Kapsel

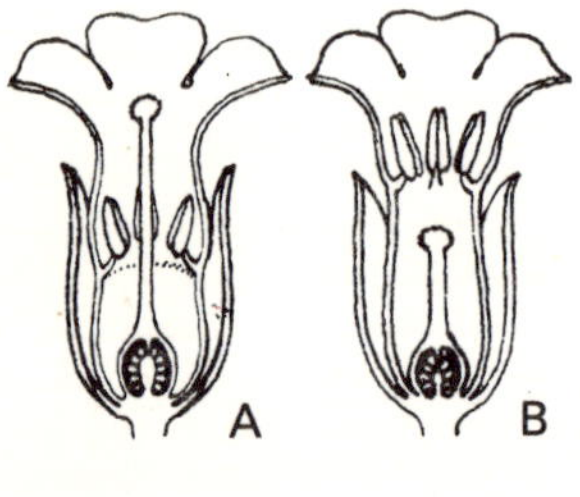

Verschiedengriffligkeit:
A: Langgriffligkeit, B: Kurzgriffligkeit

Schnitt durch den Fruchtknoten mit Griffelsäule

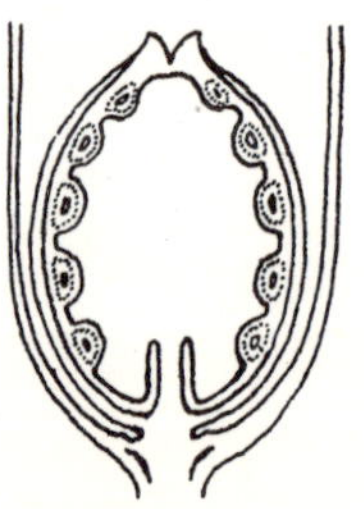

Somatische Chromosomenzahl: 2n = 22

Zweikeimblättrige

Blütezeit:
April–Juni

Fruchtform:
Kapsel

Wildes Alpenveilchen

Cyclamen purpurascens
syn. *Cyclamen europaeum*

Diese dekorative, nur 10–20 cm hohe Pflanze findet man überwiegend in Buchen- und Tannenbergwäldern.

Aus dem knolligen Rhizom wächst zusammen mit der Rosette aus überwinternden und fleischigen Blättern der kurze, schuppige Stengel. Die langgestielten Blätter haben herzförmig-runde, an den Rändern fein und flach gekerbte Blattspreiten. Auf der Oberseite sind sie dunkelgrün, häufig weißgepunktet, ihre Unterseite ist rötlich bis karminrot.

Der Schaft trägt eine einzige duftende Blüte mit grünen Kelchblättern und karminroten, am Schlund dunkleren Kronblättern, die am Grund zu einer Röhre verwachsen und nach außen zurückgeschlagen sind. Während der Fruchtreife sind die Fruchtstiele spiralig gedreht und zum Boden gebogen.

Diese Art mit schönen, duftenden Blüten gehört in vielen europäischen Staaten zu den geschützten Pflanzen. Sie ist von Südostfrankreich bis zu den Westkarpaten und Mitteljugoslawien heimisch. In Mitteleuropa kommt sie nur in Bayern, Österreich und in der südlichen Tschechoslowakei vor.

In Südeuropa wachsen weitere Alpenveilchenarten als Relikte tertiären Ursprungs und sind deshalb ausnahmslos geschützt.

Somatische Chromosomenzahl: 2n = 34

Zweikeimblättrige

Blütezeit:
Juli–September

Fruchtform:
Kapsel

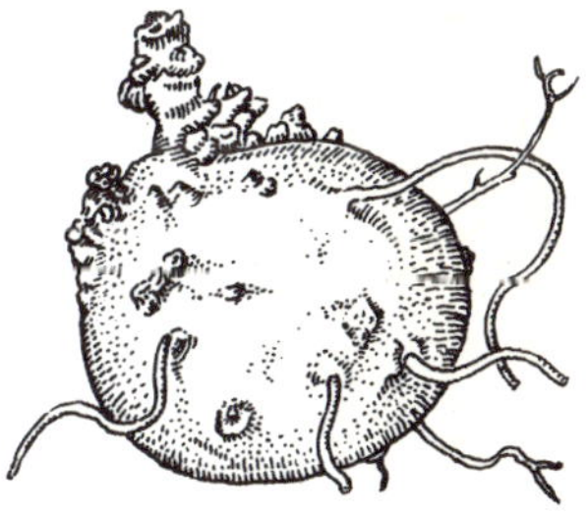

Knolliger Wurzelstock

Gemeiner Gilbweiderich

Lysimachia vulgaris

Der Gilbweiderich, eine 50–150 cm hohe, ausdauernde, kalkmeidende Pflanze, wächst in Ufergebüschen, nassen Wäldern, auf überschwemmten Wiesen und an Ufern.

Aus dem Rhizom mit schuppigen, Brutknospen tragenden Ausläufern wächst der aufrechte, nur wenig verzweigte, stumpf kantige Stengel mit gegenständigen, manchmal dreizähligen, nur ausnahmsweise vierzähligen, quirligen, behaarten, dunkelrot getupften Blättern.

Die Blüten bilden im unteren Teil beblätterte Rispen. In den Achseln der linealischen Deckblätter wachsen bis zu 1 cm lange Blütenstiele. Der Kelch ist bis zum Grund in lanzettliche, rotgesäumte, drüsige Zipfel gespalten. Ebenfalls bis zum Grund geteilt ist die goldgelbe Krone mit länglich-eiförmigen, stumpfen und kahlen Kronblättern. Die Staubfäden sind bis zur Hälfte verwachsen. Die reife Frucht ist annähernd 0,5 cm lang.

Die Art kommt in fast ganz Europa vor.

Achselständig am Scheinquirl wachsende Blüten hat die aus dem südöstlichen Teil Mitteleuropas stammende verwandte Art *L. punctata*. Die Blätter stehen meist in drei- bis vierzähligen Quirlen. Sie wird gewöhnlich als Gartenpflanze genutzt. Da sie leicht verwildert, ist sie auch an vielen Stellen im westlichen und nördlichen Teil Mitteleuropas eingebürgert und zum festen Bestandteil der Lokalflora geworden. Örtlich, hauptsächlich in Nordwesteuropa, wird die nordamerikanische Art *L. ciliata* angepflanzt.

Kapsel

Somatische Chromosomenzahl: 2n = 56,84

Zweikeimblättrige

Blütezeit:
Juni–August

Fruchtform:
Kapsel

Pfenniggilbweiderich, Pfennigkraut

Lysimachia nummularia

Dieser ausdauernden, 10–50 cm hohen Pflanze begegnen wir auf feuchten Wiesen, in Gärten, Gräben und an Ufern. Der vierkantige, kriechende Stengel verwurzelt oft an den Knoten im Boden. Er ist kahl und trägt gegenständige, rundlich-eiförmige, kurzgestielte, ganzrandige, rotgetupfte Blätter.

An den Mittelblättern wachsen gewöhnlich in Achseln Einzelblüten an kurzen Blütenstielen. Der Kelch ist bis zum Grund tief in herzförmige, zugespitzte Zipfel geteilt. Die sattgelbe Krone ist innen dunkelrot gepunktet und hat verkehrt-eiförmige, stumpfe Kronblätter. Die Staubblätter haben drüsige Staubfäden. Die runden Kapseln sind kürzer als die ausdauernden Kelche. Die Art ist über fast ganz Europa verbreitet.

Obwohl vier Zytotypen (sich durch unterschiedliche Chromosomenzahl unterscheidende Populationen) festgestellt wurden, scheint die Art nicht extrem variabel zu sein. Nur die Blüten sind manchmal je zwei. Außerdem sind Abweichungen in den Blatt- und Blütengrößen bekannt. Aber alle diese Exemplare können als übliche arteigene Variabilität aufgefaßt werden.

Von den verwandten Gilbweidericharten wächst in Mitteleuropa noch der Haingilbweiderich *(Lysimachia nemorum)* mit eiförmig-spitzen Blättern, langgestielten Blüten, lineal-lanzettlichen Kronblattzipfeln und kelchlangen Kapseln.

Somatische Chromosomenzahl: 2n = 32, 36, 43, 45

Zweikeimblättrige

Blütezeit:
Mai–August

Fruchtform:
Kapsel

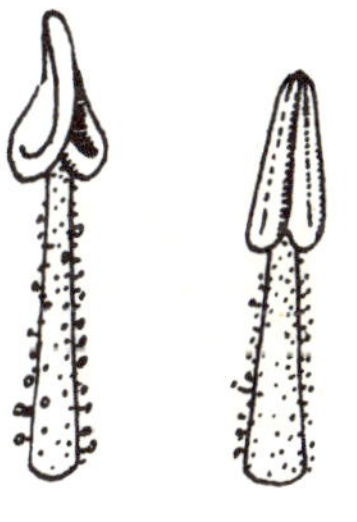

Staubblätter

Straußgilbweiderich

Lysimachia thyrsiflora
syn. *Naumburgia thyrsiflora*

Verkrautete Sümpfe und Ufer warmer Gewässer sind die Standorte dieser 30–60 cm hoch werdenden, ausdauernden Pflanze.

Aus dem kriechenden Wurzelstock mit unterirdischen, brutknospentragenden Ausläufern wächst der aufrechte, am Grunde schuppige, höher dicht beblätterte Stengel. In der Regel ist er unverzweigt und wollig behaart bis verkahlt. Die gegenständigen Blätter sind kreuzständig, können aber auch manchmal Quirle bilden. Sie sind schmallanzettlich, bis 10 cm lang und halbstengelumfassend sitzend.

Die sechs- bis siebenzähligen Blüten bilden dichte, an langen Stielen in den Mittelblattachseln stehende Trauben. Der nur 2 mm lange Kelch ist bis zum Grund in linealische Zipfel geteilt. Die bis 5 mm lange goldgelbe Krone hat ebenfalls bis zum Grund linealische, stumpfe, rotgepunktete Zipfel. Die Staubblätter sind kahl, der Stempel rotdrüsig. Die Blüte entwickelt eine runde Fruchtkapsel.

Der Straußgilbweiderich ist nördlich der Linie Mittelfrankreich–Südjugoslawien–Mittelrumänien beheimatet.

In die gleiche Familie gehört auch die Wasserfeder *(Hottonia palustris)* mit drei- bis sechsblütigen weißlichen bis rosaroten Blütentrauben. Sie wächst in stehenden Gewässern und Tümpeln.

Blütendiagramm

Somatische Chromosomenzahl: 2n = 54

Zweikeimblättrige

Blütezeit:
Mai–Juli

Fruchtform:
Kapsel

Ackergauchheil

Anagallis arvensis

Dieses kleine, einjährige Kraut findet sich auf Feldern, in Gärten, Weinbergen und auf Ruderalstellen; es gehört zu den Unkräutern.

Seine zarten Stengel sind liegend oder aufsteigend und werden 10–20 cm lang. Die gegenständigen, teilweise auch kreuzständigen oder zu dritt quirlständigen Blätter sind sitzend, breit eiförmig und ganzrandig. An der Unterseite sind sie rot gepunktet.

Aus den Blattachseln wachsen langgestielte Einzelblüten, deren Kelch aus fünf verwachsenen Kelchblättern besteht und tief in lanzettliche Zipfel geteilt ist. Die radförmige, fünfzipflige Krone ist etwas länger als der Kelch und hat verkehrt-eiförmige, stumpfe, am Rand schwach gekerbte und behaarte Zipfel. Die Kronblätter sind mennigrot, seltener rosafarben, violett oder weißlich, äußerst selten bläulich. Die fünf violetten behaarten Staubblätter sind am Grund zusammengewachsen. Die runde Fruchtkapsel ist ungefähr 5 mm breit und öffnet sich mit einem Deckel.

Die Art ist über fast ganz Europa verbreitet, ausgenommen Spitzbergen und Island.

Mit reinblauen Blüten wächst an ähnlichen Standorten der seltener anzutreffende Blaue Gauchheil *(Anagallis foemina)*, der sich nur schwer von den blaublühenden Exemplaren des Ackergauchheils unterscheiden läßt.

Somatische Chromosomenzahl: 2n = 40

Zweikeimblättrige

Blütezeit:
Juni–September

Fruchtform:
Kapsel

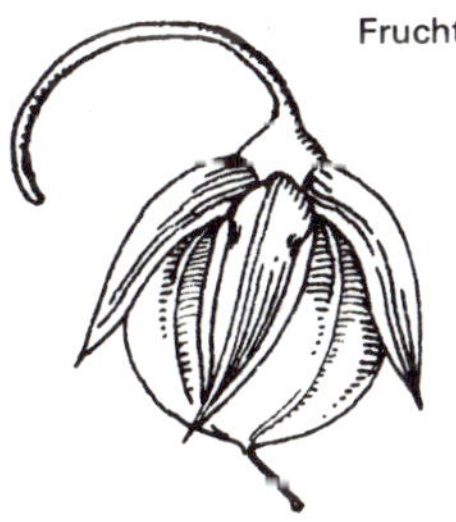

Frucht

Blüte der Art *A. foemina*

Nadelholzmistel

Viscum laxum

Hauptsächlich in Kiefern- und Tannenwäldern ist dieser immergrüne Halbschmarotzer anzutreffen, der in den Baumkronen bis zu 1 m breite büschelige Gewächse bildet.

Seine rundlichen, gabelig verzweigten Stengel sind gelbgrün und brechen leicht. Die Blätter sind fast sitzend, gegenständig, länglich-eiförmig, ganzrandig, dick lederartig, nicht abfallend und ebenfalls gelbgrün.

Die eingeschlechtigen Blüten bilden dreiblütige, in den Zweigvergabelungen sitzende Trugdolden. Bei den größeren männlichen Blüten sind die Blütenhüllen aus vier Hüllblättern und vier Staubblättern zusammengewachsen, bei den weiblichen Blüten besteht die Blütenhülle aus drei bis vier Hüllblättern und einem unterständigen Fruchtknoten. Die Frucht ist eine gelblichweiße, etwa einen halben Zentimeter große Beere mit sehr klebriger Fruchtwand.

Die Nadelholzmistel wächst meist auf Kiefern. Selten ist auf Tannen die subsp. *abietis* mit breiteren, dunkelgrünen Blättern und weißlichen, nicht aber gelblichen Beeren anzutreffen. Ausschließlich auf Laubbäumen wächst die sehr ähnliche Laubholzmistel *(Viscum album)* mit reinweißen Beeren und ebenfalls größeren Blättern. Die Samen der Nadelholzmistel sind grünlich und haben nur einen Keimling, die der Laubholzmistel sind weiß mit zwei bis drei Keimlingen. Aus Nordamerika kam die nur auf Laubbäumen vorkommende Kreuzmistel *(Viscum cruciatum)* mit roten Beeren auf die Iberische Halbinsel.

Blütenstand: dreiblütiges Dichasium

Somatische Chromosomenzahl: 2n = 20

Zweikeimblättrige

Blütezeit:
März–April

Fruchtform:
Scheinbeere

Schwalbenwurzenzian

Gentiana asclepiadea

Diese schöne, ausdauernde, 30–60 cm hoch werdende Pflanze ist an den Säumen subalpiner Laubwälder und Gebüsche und auf Hochstaudenfluren zu finden.

Aus dem dünnen Wurzelstock wachsen schräge und einfache, dicht mit gegenständigen Blättern besetzte Stengel. Die Blätter sind sitzend, eilanzettlich und lang zugespitzt. Die ganze Pflanze ist vollständig kahl.

In den Achseln der Hochblätter wachsen zwei bis drei Blüten und bilden eine schmale, einseitige Traube. Die unteren Blüten sind kurzgestielt, die oberen sitzend. Der Kelch ist glockig und hat kurz eingeschnittene Zipfel. Die röhrenblütige Kronröhre ist dunkel azurblau und innen rotlila getupft. Eine Seltenheit sind Exemplare mit weißen Blüten. Die Fruchtkapsel ist länglich, deutlich gestielt und hat zahlreiche, etwa 2 mm lange, breit geflügelte Samen.

Die Art kommt hauptsächlich in den Gebirgen Mitteleuropas vor, sonst ist sie in Europa selten. In den Alpen reicht ihr Vorkommen bis in 2200 m ü. M.

An vielen Standorten gehört der Schwalbenwurzenzian zu den geschützten Pflanzenarten, da er wegen seiner auffallend schönen Blüten häufig abgerissen und deshalb gefährdet ist.

Somatische Chromosomenzahl: 2n = 44

Zweikeimblättrige

Blütezeit:
August–September

Fruchtform:
Kapsel

Blütendiagramm

Lungenenzian

Gentiana pneumonanthe

Der Lungenenzian wird 20–40 cm hoch und ist ausdauernd. Man findet ihn auf feuchten und moorigen Wiesen und auf Feuchtheiden.

Aus dem starken Wurzelstock wachsen aufrechte, stupmf kantige Stengel mit schmalen, sitzenden, am Rand leicht eingerollten Blättern.

In den Achseln der höchsten Blätter wachsen jeweils eine bis drei Blüten, wobei die oberen sitzend und die unteren kurzgestielt sind. Der glockige Kelch ist bis zur Hälfte in linealische Zipfel eingeschnitten, zwischen denen eine lederartige Haut wächst. Die glockig-trichterförmige Kronröhre ist tiefblau und hat fünf grüngepunktete Streifen. Am Röhrengrund ist sie heller. Seltene Exemplare können auch ganz hellblau, rosa oder weiß sein. Der Fruchtstand ist eine Kapsel.

Die Art ist nahezu über ganz Europa verbreitet, fehlt jedoch auf vielen Inseln. In den meisten mitteleuropäischen Ländern ist sie gesetzlich geschützt.

Zu den auffallend anders gefärbten Enzianarten gehören beispielsweise der gelbblühende Gelbe Enzian *(G. lutea)*, der Tüpfelenzian *(G. punctata)* mit blaßgelben, dunkelviolett getupften Kronen und der Ungarn-Enzian *(G. pannonica)* mit blau- bis braunvioletten, am Schlund dunkel gesprenkelten Kronen. Alle diese Arten sind eine Zierde der mitteleuropäischen Bergwelt, leiden jedoch durch die Schönheit ihrer Blüten, der Gelbe Enzian darüber hinaus durch die heilende Wirkung seiner Wurzeln. Mit Recht stehen deshalb alle Arten unter Naturschutz.

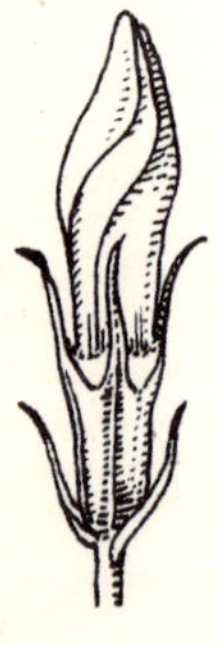

Knospe

Somatische Chromosomenzahl: 2n = 26

Zweikeimblättrige

Blütezeit:
Juli–Oktober

Fruchtform:
Kapsel

Fransenenzian

Gentianella ciliata

Man begegnet diesem 5–25 cm hoch werdenden, zweijährigen oder ausdauernden Kraut hauptsächlich auf Rasenplätzen, in lichten Wäldern und Gebüschen. Es bevorzugt reich kalkhaltige Böden.

Aus dem dünnen Wurzelstock wachsen vierkantige, aufrechte Stengel mit gegenständigen, linealischen bis schmal länglichen, zugespitzten, einnervigen, am Rand leicht rauhen Blättern. Am Stengelende oder endständig an den dünnen Zweigen wachsen einzeln vierzählige Blüten. Ihr Kelch ist zylindrisch und bis zwei Drittel in lineal-lanzettliche Zipfel eingeschnitten. Die leuchtendblauen Kronen sind röhrig-trichterförmig und haben tief eingeschnittene, abstehende und an den Rändern gefranste Zipfel. Der Kronröhrenschlund ist kahl. Als Frucht entwickelt sich eine Kapsel.

Die Art ist fast über ganz Europa verbreitet, fehlt jedoch in Nordeuropa. In den meisten europäischen Ländern gehört sie zu den geschützten Pflanzenarten.

Die Vertreter der Gattung *Gentianella* verdienen wegen ihrer saisonalen und ökotypischen Vielgestaltigkeit unsere Aufmerksamkeit. So sind z. B. bei der für das Flachland typischen Herbstart, dem Feldenzian *(G. campestris),* auch Frühjahrsblüher oder im Gebirge wachsende Exemplare bekannt. Ein ähnliches Verhalten zeigen auch weitere Arten, wie der Deutsche Enzian *(G. germanica),* der Österreichische Enzian *(G. austriaca)* oder der Rauhe Enzian *(G. aspera)* und der Karpatenenzian *(G. lutescens).*

Somatische Chromosomenzahl: 2n = 44

Zweikeimblättrige

Blütezeit:
August–Oktober

Fruchtform:
Kapsel

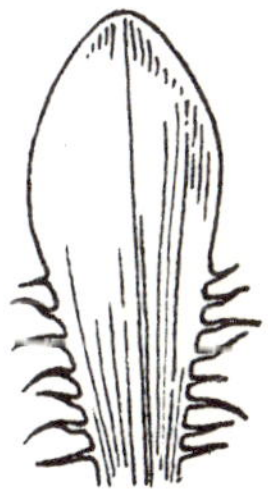

Kronblättchen

Echtes Tausendgüldenkraut

Centaurium erythraea
syn. *Centaurium minus, C. umbellatum*

Diese 10–40 cm hoch werdende, ein- bis zweijährige Pflanze ist an Waldsäumen und auf Waldlichtungen, aber auch auf mäßig trockenen Wiesen anzutreffen. Die in der Grundrosette stehenden Blätter sind verkehrt-eiförmig, stumpf und am Grund zu einem breiten Stiel verschmälert. Aus dieser Grundrosette wächst der aufrechte, vierkantige, im oberen Abschnitt zymös verzweigte Stengel. Die Stengelblätter sind länglich-eiförmig bis lanzettlich, ganzrandig und am Stengel sitzend.

Die Trugdolde wird aus gestielten bis ungestielten Blüten gebildet, deren Kelch in fünf lanzettliche Zipfeln ausläuft. Die stieltellerförmige Krone hat auch fünf flächig ausgebreitete Zipfel. Die reifen, bis 10 mm langen Kapseln sind schmal zylindrisch.

Die Art wächst in ganz Europa und ist in vielen Merkmalen variabel, beispielsweise in der Verzweigung des Stengels, Form und Größe der Blätter, der Dichte des Blütenstandes u.ä. Den europäischen Pflanzenpopulationen werden manchmal bis zu sechs Unterarten zugerechnet. Ohne Schwierigkeiten ist jedoch in Mitteleuropa eine weitere Art klassifizierbar: das Zierliche Tausendgüldenkraut *(C. pulchellum)*, das sich durch den bereits vom Grund her reichverzweigten Stengel und die fehlende Blattrosette von den übrigen Arten unterscheidet. Die Blüten sind langgestielt. Der Hauptunterschied liegt aber in der Ökologie. Seine Standorte liegen eher außerhalb der Wälder: Es ist auf nassen und moorigen Wiesen mit kalk- und salzhaltigen Böden zu finden.

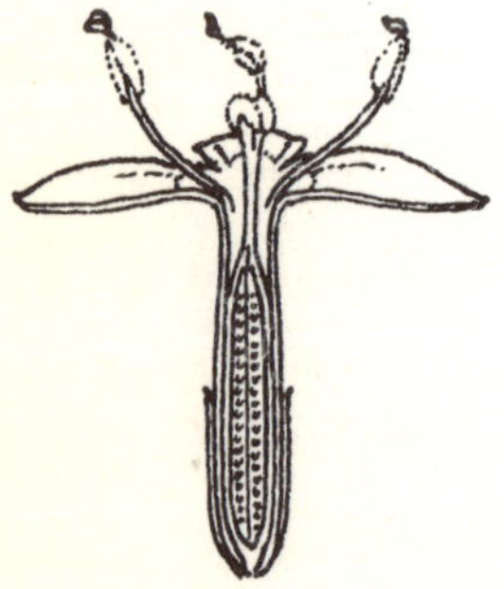

Schnitt durch die Blüte

Somatische Chromosomenzahl: 2n = 40

Zweikeimblättrige

Blütezeit:
Juli–September

Fruchtform:
Kapsel

Fieberklee, Bitterklee

Menyanthes trifoliata

Wir finden diese 15–30 cm hoch werdende, ausdauernde Pflanze in Sümpfen, Mooren, Tümpeln und Gräben, auf nassen Wiesen und Torfmooren im Flachland bis in die Berge.

Aus dem starken gegliederten, kriechenden Wurzelstock wachsen Blätter und lange, aufrechte und blattlose Stengel. Die Blattstiele sind am Grund scheidig verbreitert, die Blattspreiten sind dreizählig.

Der blattlose Stengel trägt Trauben weißer Blüten, die an kurzen Stielen in den Achseln der kleinen Deckblätter wachsen. Die Blüte hat fünf angestumpfte Kelchblätter und eine fünfzählige, trichterförmige weiße oder rosarote Krone, die etwa bis zur Hälfte in fransige Zipfel ausläuft. Die fünf Staubblätter haben die violette Farbe der Staubbeutel. Nach der Bestäubung durch Insekten entwickelt sich eine zur Reife mit zwei Klappen aufspringende Kapsel.

Der Fieberklee ist eine Heilpflanze mit leicht bitterem Geschmack. Die Bitterstoffe enthalten Glykoside, die bei leichteren Verdauungsbeschwerden appetitanregend wirken.

Die Art ist in den meisten europäischen Gebieten verbreitet, wo sie zusammen mit der Seekanne *(Nymphoides peltata)* die kleine, aber abgegrenzte Familie der *Menyanthaceae* vertritt. Die meisten Vertreter dieser Familie sind Wasser- oder Sumpfpflanzen mit typischen langgestielten, wechselständigen Blättern. Darin unterscheiden sie sich von den Arten der Familie *Gentianaceae.*

Somatische Chromosomenzahl: 2n = 54

Zweikeimblättrige

Blütezeit:
Mai–Juni

Fruchtform:
Kapsel

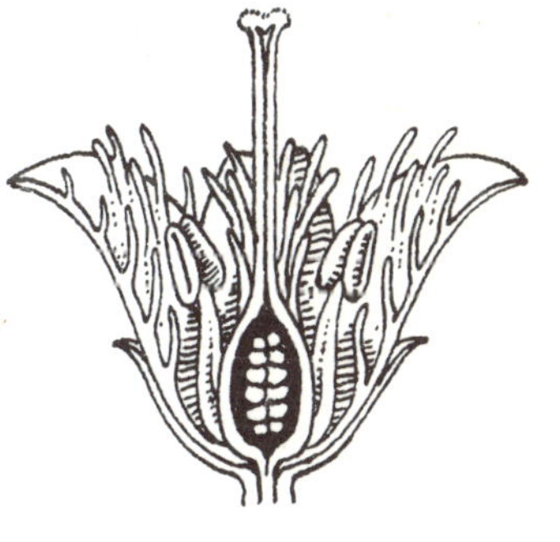

Schnitt durch die Blüte

Seekanne

Nymphoides peltata
syn. *Limnanthemum nymphoides*

Die ausdauernde Seekanne ist in stehenden und langsam fließenden, im Winter nicht vollkommen zufrierenden Gewässern zu finden.

Aus dem über 2 m langen, im Boden verwurzelten, steifen und kriechenden Rhizom wachsen lange und kurze Ausläufer. Die langen entwickeln sich dank der wachstumsfördernden höheren Temperaturen im Sommer, die kurzen Ausläufer beginnen sich erst im Herbst zu bilden, wenn die Temperaturen sinken. Die Pflanze bildet zwei Arten von Blättern: Unterwasserblätter mit langem Stiel und kleiner, dreikantiger Blattspreite und Schwimmblätter mit ganzrandigen und rundlich-herzförmigen Blattspreiten.

Die Dolde besteht aus vier bis acht Blüten. Die Blütenknospen werden unter Wasser gebildet und tauchen erst zur Blüte auf der Wasseroberfläche auf. Die zusammengewachsenen Kelchblätter haben lanzettliche und zugespitzte Zipfel. Die fünf gelben Kronblätter wachsen am Grunde zu einer etwa 3 cm breiten trichterförmigen Krone zusammen. Die Bestäubung besorgen Insekten; Selbstbestäubung wird durch verschiedene Länge der Griffel verhindert. Die Frucht reift unter Wasser. Zur Reife trennen sich die Fruchtstiele von der Pflanze und schwimmen an die Wasseroberfläche. Die Kapsel reißt ungleichmäßig auf und gibt die reifen Samen frei, die entweder vom Wasserstrom oder von Wasservögeln verbreitet werden. Sie keimen sowohl im Wasser als auch auf dem Trockenen.

In einigen Ländern steht sie unter Naturschutz.

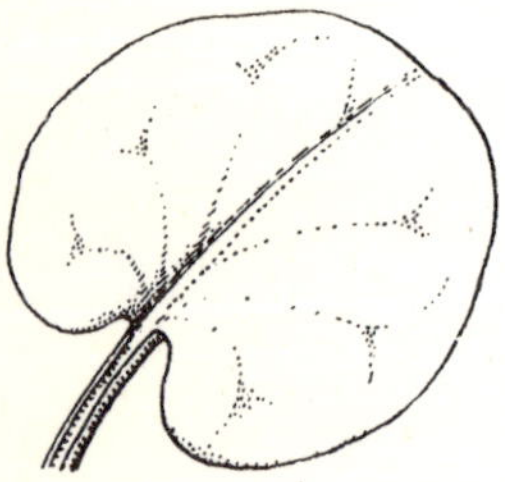

Schwimmblatt

Somatische Chromosomenzahl: $2n = 54$

Zweikeimblättrige

Blütezeit:
Juli– September

Fruchtform:
Kapsel

Kleines Immergrün

Vinca minor

Dieses 15–20 cm hoch werdende, ausdauernde Kraut ist in lichten Laub- und Mischwäldern zu finden, wird aber auch gern in Parks, Gärten und auf Friedhöfen angepflanzt.

Aus dem langen, kriechenden Wurzelstock wachsen zwei Arten von Stengeln: einmal nicht blühende, kriechende und wurzelnde, zum anderen blütentragende, kurz aufsteigende bis aufrechte Stengel. Sie sind am Grund verholzt. Die gesamte Pflanze ist kahl. Die kurzgestielten, länglich-lanzettlichen bis elliptischen Blätter sind ledrig und immergrün, ihre Oberseite ist glänzend; die Unterseite ist heller und leicht umgerollt.

Die einzelnen Blüten stehen auf verhältnismäßig langen Stielen in den Blattachseln. Sie haben gewöhnlich einen vierzähligen, oder fünfzähligen, die stieltellerförmige Krone mit ungleichen und ungleichmäßigen Zipfeln umfassenden Kelch. Aus dem Stempel entwickelt sich eine Doppelbalgfrucht.

Das Kleine Immergrün ist über fast ganz Europa verbreitet. Häufig wird es zusammen mit dem verwandten Großen Immergrün *(Vinca major)* in zahlreichen verschiedenfarbigen Sorten gezüchtet. Das gegenwärtige Verbreitungsgebiet entspricht allem Anschein nach nicht dem ursprünglichen Vorkommen. An einigen Standorten wurde es vom Menschen angesiedelt, verwilderte oft und wurde heimisch. So kommt es heute an Standorten vor, bei denen schwer zu entscheiden ist, wo die Grenze des Ursprungswohngebietes verläuft.

Somatische Chromosomenzahl: 2n = 46

Zweikeimblättrige

Blütezeit:
April–Juni

Fruchtform:
Balgfrucht

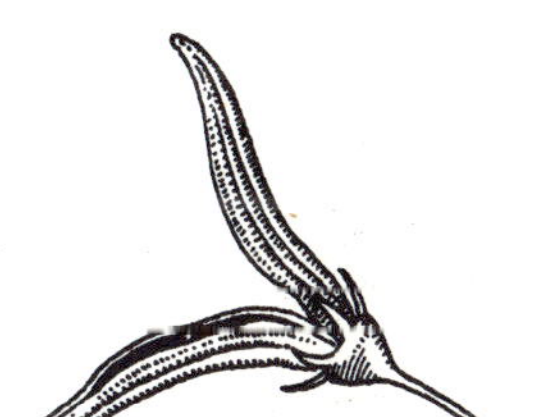

Frucht – zwei nur an der Basis verwachsene Balgfrüchte

Ackerwinde

Convolvulus arvensis

Diese 30–100 cm hohe, ausdauernde, windende Pflanze ist auf Feldern, in Weinbergen, Gärten, auf Ruderalstellen und Dünen zu finden.

Der liegende oder sich windende, behaarte oder kahle Stengel ist verzweigt und stumpf sechskantig. Die langgestielten Blätter haben pfeil- oder spießförmige Blattspreiten; die Hochblätter sind kleiner.

Die Blüten wachsen einzeln oder jeweils zwei oder drei an langen Stielen. Der durch Verwachsen der fünf Kelchblätter entstandene Kelch ist ungefähr 5 mm lang und manchmal am Rand weiß behaart. Die breit trichterförmige Krone entsteht durch Zusammenwachsen der fünf weißen oder rosa Kronblätter; seltener sind rötliche Kronen. Die Staubfäden sind violett; am Stempelgrund befinden sich orangegelbe Nektarien. Die kugelig-eiförmige, bis 8 mm lange Kapsel ist bis zu zwei Dritteln vom ausdauernden Kelch eingeschlossen.

Die Blüten der Ackerwinde öffnen sich morgens und sind am Abend des gleichen Tages verblüht. Die Art ist über ganz Europa verbreitet, aber in Wachstum, Blütenfarbe und Blattspreitenform äußerst variabel.

Als Zierpflanze wird manchmal die Mittelmeerart Dreifarbige Winde *(C. tricolor)* kultiviert, für die der sich nicht windende, sondern lediglich aufsteigende oder aufrechte, oft nur mit sitzenden, lanzettlichen Blättern bewachsene Stengel und die tatsächlich dreifarbigen Blüten (außen blau, in der Mitte weiß und innen gelb) typisch sind.

Frucht

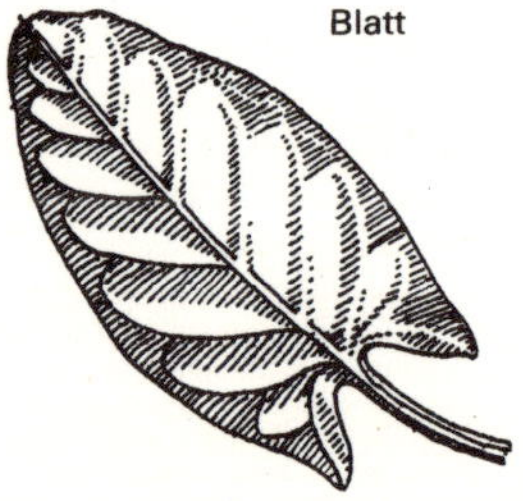

Blatt

Somatische Chromosomenzahl: 2n = 48 (50)

Zweikeimblättrige

Blütezeit:
Juni–August

Fruchtform:
Kapsel

Echte Hundszunge

Cynoglossum officinale

Wir finden dieses 30–80 cm hoch werdende, zweijährige Kraut auf trockenen Ruderalstellen und ruderal beeinflußten Trockenrasen.

Der dicht behaarte, aufrechte und dicke Stengel ist kantig und verzweigt. Die dicht beblätterten und sich später verlängernden Seitenzweige sind blattachselständig. Die langgestielten Grundblätter haben lanzettliche Blattspreiten, die Stengelblätter sind sitzendhalbstengelumfassend und länglich-lanzettlich. Ober- und Unterseite sind behaart bis graufilzig.

Die dichten Blütenwickel verlängern sich später und sind ohne Deckblätter. Die einzelnen, auf Stielen sitzenden Blüten sind nickend, haben Kelche mit eiförmigen Zipfeln und annähernd 6 mm breite, dunkel-braunrote oder rosa Kronen. Die vier Klausenteilfrüchte sind eiförmig und mit hakigen Stacheln bewachsen.

Die Art ist fast über den ganzen europäischen Kontinent verbreitet, mit Ausnahme des äußersten Nordens und Südens. In Mitteleuropa wachsen noch weitere Hundszungen: die Einjährige Hundszunge *(C. columnae)* aus dem Mittelmeerraum mit dunkelblauen Blüten und die Deutsche Hundszunge *(C. germanicum)* mit rosa-violetter Krone. Ihre Standorte sind ausschließlich Kalkböden von Mittelengland über Mitteleuropa bis nach Italien, Bulgarien und zur Ukraine.

Somatische Chromosomenzahl: 2n = 24

Zweikeimblättrige

Blütezeit:
Mai–Juli

Fruchtform:
Klausen

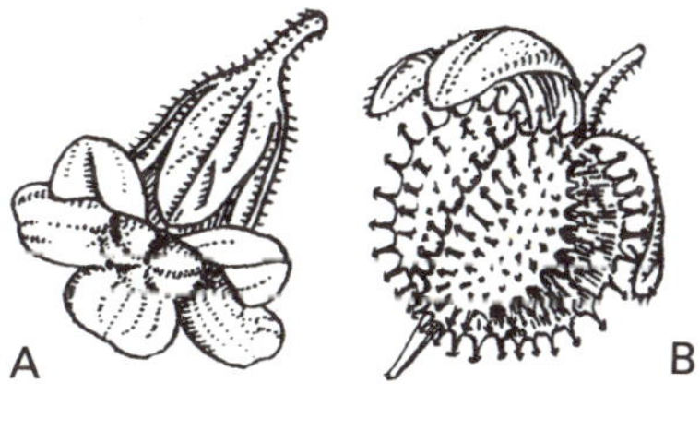

A: Blüte und B: Klausen der Art *C. germanicum*

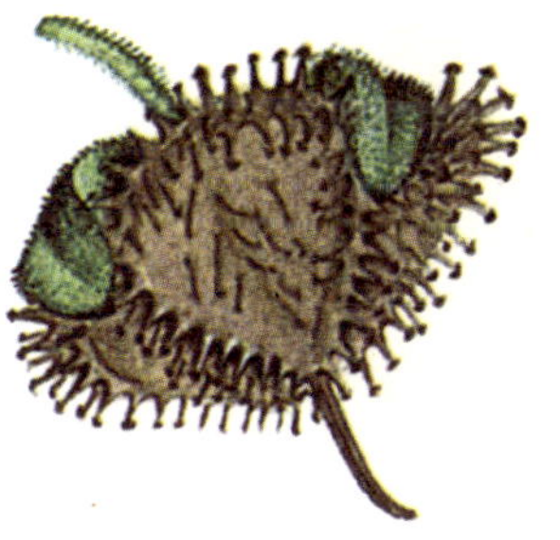

Frucht

Waldvergißmeinnicht

Myosotis sylvatica

Die Standorte dieser zweijährigen oder ausdauernden Pflanze sind Waldsäume, krautreiche Haine und Bergwiesen.

Aus dem kurzen, mehrköpfigen Wurzelstock wachsen rundliche, aufrechte oder kurz aufsteigende, 10–40 cm hoch werdende Stengel. Die Grundblätter haben verkehrt-eiförmige Blattspreiten, die in einen 1–5 cm langen Stiel übergehen. Die sitzenden Stengelblätter sind eilanzettlich und abgestumpft. Die ganze Pflanze ist hellgrün und weich abstehend behaart.

Die Blüten stehen in dichten, oberständigen, während der Fruchtreife verlängerten Doppelwickeln. Der glockige Kelch ist während der Fruchtreife vergrößert und geöffnet. Am Grund hat er zahlreiche Hakenhaare. Die Krone ist leuchtend himmelblau, zuerst rosa oder deutlich weiß. Die Kronröhre ist fast so lang wie der Kelch und am Schlund gelb. Die Klausenteilfrüchte sind glänzend rotbraun, zugespitzt und gleichmäßig schmal gerandet.

Das Vergißmeinnicht ist in fast ganz Europa anzutreffen, fehlt aber im Südwesten und in den meisten nordeuropäischen Gebieten. Das Waldvergißmeinnicht ist wie die ganze Gattung *Myosotis* eine sehr variable Art. Daneben wird sie in verschiedenen Gartenformen gezüchtet.

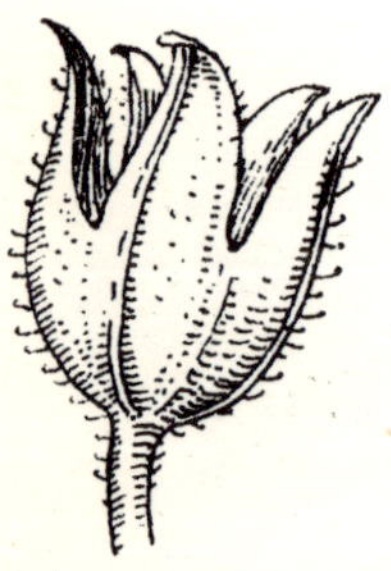

Kelch

Somatische Chromosomenzahl: 2n = 18 (20)

Zweikeimblättrige

Blütezeit:
August–Oktober

Fruchtform:
Klausen

Gemeiner Natternkopf

Echium vulgare

Dieses 25–100 cm erreichende, zweijährige Kraut ist an Wegsäumen, Feldrainen und auf Trockenrasen zu finden.

Der aufrechte, einfache Stengel trägt lineal-lanzettliche, starr borstige Blätter. Diese steifen Borsten wachsen aus weißlichen oder bräunlichen Warzen.

Die aufrechten Blüten bilden blattachselständige Wickel, aus denen sich Sekundärtrauben zusammensetzen. Die Kelchzipfel sind starr borstig, die Krone trichterförmig, mehr oder weniger zweilippig, bis 12 mm breit und 20 mm lang. Vor dem Aufblühen ist sie rosenrot, während der Blüte blau. Die dreikantigen Klausen sind rauhwarzig und an den Kanten gezähnt.

Die Art kommt fast auf dem gesamten europäischen Kontinent vor. In Mitteleuropa ist noch die verwandte Art Wegerichblättriger Natternkopf *(E. lycopsis,* syn. *E. plantagineum)* mit violetten Blüten beheimatet. Die Standorte ähneln denen des Gemeinen Natternkopfes, reichen aber eher bis Süd- und Westeuropa. Seine somatische Chromosomenzahl beträgt 2n = 16. Durch seine dunkelroten Blüten hebt sich der Rote Natternkopf *(E. russicum,* syn. *E. rubrum)* ab, dessen Vorkommen sich in Mitteleuropa aus der osteuropäischen Region bis in die Tschechoslowakei erstreckt. Westlicher ist er nicht anzutreffen.

Somatische Chromosomenzahl: 2n = 32

Zweikeimblättrige

Blütezeit:
Mai–Oktober

Fruchtform:
Klausen

Blatt

Gemeine Ochsenzunge

Anchusa officinalis

Der Standort dieser 30–80 cm hoch werdenden, zweijährigen bis ausdauernden Pflanze sind Säume, sandige und wärmeliebende Stellen und Ruderalstellen.

Im Boden wurzelt sie mit einer schwarzen Pfahlwurzel, die sich oberirdisch in einem aufrechten, unverzweigten Stengel fortsetzt. Die Grundblätter werden im ersten Jahr bis 20 cm lang und vertrocknen bis zur Blüte. Die mit breitem, herzförmigem Grund sitzenden Stengelblätter sind lanzettlich, ganzrandig oder spärlich gezähnt.

Die Blüten bilden dichte, sich nach dem Verblühen verlängernde Doppelwickel. Die Blüten sind mehr oder weniger ungestielt. Der Kelch ist in linealisch-lanzettliche Zipfel gespalten. Die Krone ist anfangs rötlich, später dunkelblauviolett. Die Kronröhre ist nur unmerklich länger als der Kelch. Die Kronblattzipfel sind rund, die Kronauswüchse samtig weiß. Diese sich mit den Staubblättern abwechselnden Auswüchse, sog. Schlundschuppen, sind typisch für die meisten Vertreter der Familie Borretschgewächse. Die reifen Klausen sind eiförmig, bis 4 mm lang und gepunktet.

Die Art ist über nahezu ganz Europa verbreitet, fehlt aber im äußersten Norden, in fast ganz Westeuropa und stellenweise auch im Mittelmeerraum. Bis nach Mitteleuropa reicht das Verbreitungsgebiet der Italienischen Ochsenzunge *(A. azurea,* syn. *A. italica),* die sich durch leuchtend himmelblaue Blütenkronen mit behaarten Schlundschuppen auszeichnet.

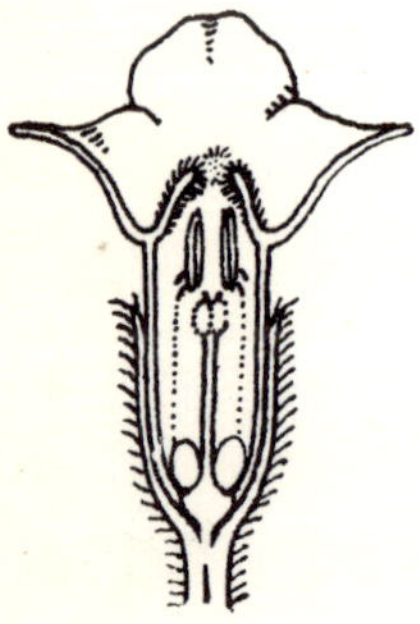

Schnitt durch die Blüte

Somatische Chromosomenzahl: 2n = 16

Zweikeimblättrige

Blütezeit:
Mai–September

Fruchtform:
Klausen

Braunes Mönchskraut

Nonea pulla

Dieses ausdauernde, kalkliebende Kraut ist an trokkenen Säumen, Ruderalstellen und auf Brachen anzutreffen und wird 20–40 cm hoch.

Der aufrechte Stengel ist oben verzweigt. Die ganze Pflanze ist grau behaart. Die Grundblätter stehen in einer Rosette, die Stengelblätter sind halbstengelumfassend und ganzrandig.

In den Hochblattachseln wachsen dichte, aus kurzgestielten Blüten bestehende Wickel. Der glockige Kelch ist während der Fruchtentwicklung vergrößert, am Grund mehr oder weniger aufgeblasen und schwach fünfzähnig. Diese Kelchzähne sind dreiseitig. Die Krone ist dunkel braunviolett, kann aber auch schmutzig rosenrot oder weißlich, selten auch gelblichweiß sein. Der Kronröhrenschlund ist mit Haarbüscheln besetzt, die bei dieser Art die bei anderen Mitgliedern der Familie üblichen Kronauswüchse (Schlundschuppen) ersetzen. Die Klausenteilfrüchte sind kugelig-eiförmig und gefurcht.

Die Art kommt fast in ganz Europa vor.

Das stattlichere, vielleicht aus dem Kaukasus stammende, hellgelb blühende Gelbe Mönchskraut *(N. lutea)* wird manchmal als Zierpflanze kultiviert. In Südosteuropa ist es stellenweise verwildert. Weißliche oder gelbliche Blüten hat auch das aus Südosteuropa stammende Weiße Mönchskraut *(N. pallens.)* Alle übrigen Arten dieser Familie haben blaue, braune oder purpurne, am häufigsten aber braunpurpurne Blüten.

Somatische Chromosomenzahl: 2n = 20

Zweikeimblättrige

Blütezeit:
Mai–August

Fruchtform:
Klausen

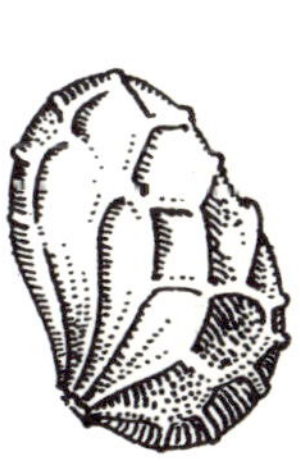

Same

Echtes Lungenkraut

Pulmonaria officinalis

Das Lungenkraut, eine 10–30 cm hohe, ausdauernde Pflanze, ist in Laub- und Mischwäldern, auf Wiesen und in Gebüschen zu finden.

Die ganze Pflanze ist auffällig und bei Berührung fühlbar rauh behaart. Die unteren herzförmigen Blätter sind weißlich getupft und entwickeln sich gleichzeitig mit den Blüten. Sie sind langgestielt und haben eiförmige Spreiten. Die fast sitzenden Stengelblätter sind eiförmig bis lanzettlich und an der Oberseite häufig mit gestielten drüsigen Haaren besetzt.

Der aufrechte Stengel trägt drei aus anfangs purpurnen, später blauvioletten Blüten bestehende Wickel. Der Kelch ist gespalten und bis 8 mm, während der Fruchtreife bis 12 mm lang. Die Staubfäden der fünf Staubblätter sind kürzer als die Kronröhre. Die Fremdbestäubung besorgen Insekten. Selbstbestäubung ist jedoch nicht ausgeschlossen. Die reifen Klausen sind braun bis schwärzlich.

Die Art kommt in einem Gebiet vor, das von Holland und Südschweden im Norden und Norditalien und Bulgarien im Süden begrenzt wird.

Von dieser Art läßt sich manchmal schwer die *P. obscura* unterscheiden, die häufig als Kleinart der Kollektivart *P. officinalis* betrachtet wird. Mit ihren Sommerblättern zeichnet sie sich in der Regel durch die ungetupften oder nur hellgrün gepunkteten, schmäleren, häufig drüsenlosen Haare aus. Die Grundblätter sind in der Regel nicht winterhart, während die Herbstblätter der abgebildeten Art meist den Winter überdauern.

Blütendiagramm

verblühte Blüte

Somatische Chromosomenzahl: 2n = 16

Zweikeimblättrige

Blütezeit:
März–Mai

Fruchtform:
Klausen

Gemeiner Beinwell

Symphytum officinale

Der stattliche, 50–120 cm hohe, ausdauernde Beinwell ist an Ufern, in Gräben, an nassen Wiesensäumen und auf überschwemmten Feldern anzutreffen.

Aus dem großköpfigen und schwärzlichen Wurzelstock wächst der starrhaarige, flügelig-kantige Stengel. Er ist steif aufrecht, nur im oberen Teil verzweigt und mit langen, zusammenlaufenden, eilanzettlich und an der Unterseite geäderten Blättern besetzt.

Die Blüten bilden dichte Doppelwickel und stehen nickend auf kurzen Blütenstielen. Der Kelch ist zu lanzettlichen Zähnen gespalten; die röhrig gewölbte Krone ist doppelt so lang wie der Kelch und rotviolett, nur selten schmutzig gelblichweiß. Im Kronenschlund sitzen dreiseitige, nach außen gebogene Schlundschuppen. Die Staubbeutel sind dunkelviolett und länger als die Staubfäden. In jeder Blüte sitzen fünf Staubblätter. Die reifen graubraunen Klausen sind bis zu 5 mm lang.

Die Art ist fast über den ganzen europäischen Kontinent verbreitet, kommt jedoch sehr selten im äußersten Süden vor.

Die näher verwandte Art Rauher Beinwell *(S. asperum)* unterscheidet sich von dem Gemeinen Beinwell durch gestielte und auffällig dicht behaarte Blätter und zuerst karminrote, später leuchtendblaue Blüten. Sie wird nicht nur als Zierpflanze, sondern auch zu Futterzwecken angebaut.

Somatische Chromosomenzahl: 2n = 48

Zweikeimblättrige

Blütezeit:
Mai–Juli

Fruchtform:
Klausen

Schnitt durch die Blüte

Blüte der verwandten Art *S. tuberosus*

Heidegünsel

Ajuga genevensis

Der 10–30 cm hohe, ausdauernde Heidegünsel ist an Trockenwald- und -gebüschsäumen und in krautreichen Gebüschen anzutreffen.

Die einfachen Stengel sind aufsteigend bis aufrecht. Die Blätter bilden eine einfache Erdrosette; sie sind verkehrt-eiförmig bis elliptisch. Die Grundblätter bilden eine schüttere Grundrosette. Es fehlen kriechende Ausläufer; Stengel und Blätter sind dicht behaart.

Die Deckblätter, in deren Achseln die Blüten stehen, sind länger als diese. Die obersten sind oft bläulich angelaufen. Die sitzenden Blüten bilden dichte, endständige Scheinähren. Der glockige Kelch ist lanzettlich gezähnt und verstreut behaart. Die Kronen sind lilablau, manchmal auch rosenrot. Die Oberlippe ist kürzer, so daß Staubblätter und Stempel aus der Blüte herausragen. Als Früchte bilden sich wie bei den übrigen Vertretern dieser Familie Klausen.

Die Art ist beinahe über ganz Europa verbreitet, ausgenommen die südwestlichen Gebiete, Inseln und die meisten nördlichen Regionen. Die auf Bergwiesen wachsenden stattlichen, kurz graubehaarten Kräuter werden als var. *arida* klassifiziert. Bergpflanzen mit verstreut behaartem oder auch kahlem Stengel werden der var. *elatior* zugezählt. Diese beiden Varietäten unterscheiden sich auch durch Form und Größe ihrer Blätter und Deckblätter.

Blütendiagramm der Lippenblütengewächse

Somatische Chromosomenzahl: 2n = 32

Zweikeimblättrige

Blütezeit:
April–Juli

Fruchtform:
Klausen

Kriechender Günsel

Ajuga reptans

Wir finden diese 10–30 cm hohe, ausdauernde Pflanze an Wiesenrändern, Waldsäumen und in lichten, krautreichen Hainen.

Die aufrechten, einfachen Stengel sind vierkantig, meist doppelreihig behaart bis kahl. Mit dem Stengel wachsen bis 30 cm lange, beblätterte, kriechende Ausläufer. Die Grundblätter stehen in einer Rosette; die kurzgestielten bis ungestielten Stengelblätter sind länglich-eiförmig, gekerbt bis ganzrandig.

Die in den Deckblattachseln wachsenden Blüten bilden dünne, endständige Scheinähren. Der glockige Kelch ist gezähnt und mehr oder weniger behaart. Auch die behaarte Krone ist blauviolett, manchmal auch rosa. Die Unterlippe der geraden Kronröhre ist dreimal länger als die Oberlippe und tief dreilappig. Die vier behaarten Staubblätter sind alle gleich lang.

Die Art ist über nahezu ganz Europa verbreitet. In den Bergen sind Exemplare anzutreffen, die das gleiche Aussehen haben, bei denen aber die Ausläufer fehlen. Sie werden gewöhnlich als var. *alpina* bezeichnet und wachsen vor allem auf Hochstaudenfluren. Ein naher Verwandter der *A. reptans* und *A. genevensis* ist der Pyramidengünsel *(A. pyramidalis)*, der sich von beiden durch die Form seiner Deckblätter unterscheidet. Alle drei bilden leicht Kreuzungen, die sich sehr ähneln.

Somatische Chromosomenzahl: 2n = 32

Zweikeimblättrige

Blütezeit:
Mai–September

Fruchtform:
Klausen

Blüte

Efeugundermann, Gundelrebe

Glechoma hederacea

Standorte dieser 10–40 cm hoch werdenden, ausdauernden Pflanze sind Waldsäume, Gebüsche und Wiesen.

Aus dem kriechenden Wurzelstock wachsen aufsteigende, verzweigte Stengel, aus derem Grund bis zu 1 m lange, beblätterte Ausläufer kommen. Die fein behaarten Stengel wurzeln an den Knoten. Die gestielten Blätter haben nierenförmige oder herzförmig-runde Spreiten.

In den Achseln der mittleren und oberen Blätter wachsen 2–3 gestielte, 1–2 cm lange Blüten. Ihr röhrenförmiger Kelch ist schwach doppellippig und fünfzähnig. Die blaulila Krone ist doppelt bis viermal länger als der Kelch und im Kronenschlund mit einem Haarkranz bewachsen. Die Oberlippe ist zweilappig und gerade, die Unterlippe dreilappig, dunkellila und größer.

Der Gundermann kommt in fast ganz Europa und in Asien vor; nach Nordamerika wurde er eingeschleppt.

Die jungen Blätter dieser angenehm duftenden Pflanze finden als Gewürz in Fleischfüllungen und Suppen Verwendung.

Dichte und lang behaarte Exemplare werden als Rauhhaariger Gundermann *(G. hirsuta)* unterschieden, eine Art, für die größere, bis 3 cm lange Blüten typisch sind. Sie gehören überwiegend zur Flora des östlichen Teils Mitteleuropas und Südosteuropas.

Blüte

A

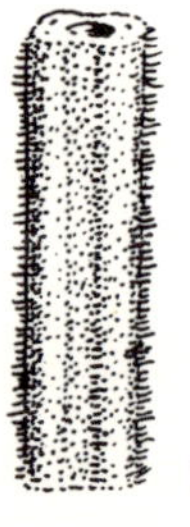

B

Detail des Stengels:
A: *G. hederacea*, B: *G. hirsuta*

Somatische Chromosomenzahl: 2n = 18

Zweikeimblättrige

Blütezeit:
April–Juli

Fruchtform:
Klausen

Gemeine Braunelle

Prunella vulgaris

Die 5–30 cm hohe, ausdauernde Braunelle ist auf Wiesen, Heiden, an Säumen und Wegrändern, aber auch in Trockengräben anzutreffen.

Die häufig bräunlichlila gefärbten, aufsteigenden Stengel sind nur wenig verzweigt und haben gestielte Blätter. Die eiförmig-elliptischen Grundblätter stehen in einer Rosette; das höchste Blattpaar wächst dicht unter dem Blütenstand.

Die Blüten stehen in einer kopfartigen, endständigen Scheinähre und wachsen aus den Achseln der eispitzigen, bräunlichen oder violetten Deckblätter. Der 8 mm lange Kelch ist zweilippig und hat deutliche Zähne. Die blauviolette Krone ist bis zweimal länger als der Kelch. Die Oberlippe ist hoch ausgewölbt und bewimpert. Die Blüten sind in der Regel zweigeschlechtig; es kommen aber auch Exemplare mit verkümmerten Staubblättern vor. Die Fremdbestäubung besorgen Insekten; Selbstbestäubung ist jedoch nicht ausgeschlossen.

Die Art ist nahezu über den ganzen europäischen Kontinent verbreitet; nach Asien, Nordafrika und in andere Gebiete wurde sie eingeschleppt.

Außer den wildwachsenden Kräutern sind auch Gartenformen mit rosenroten oder hellblaulila Blüten bekannt.

Somatische Chromosomenzahl: $2n = 28$

Zweikeimblättrige

Blütezeit:
Mai–September

Fruchtform:
Klausen

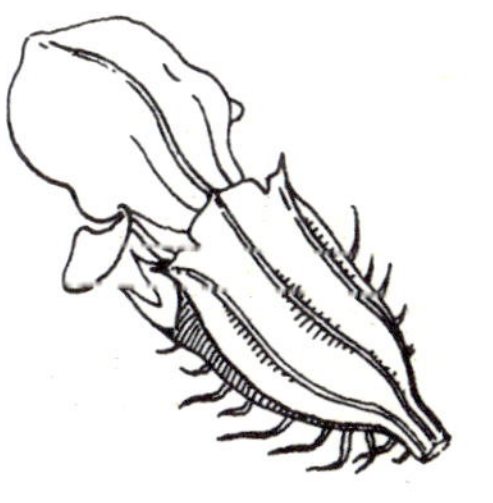

Blüte

Weiße Taubnessel

Lamium album

Die 20–40 cm hohe, ausdauernde Weiße Taubnessel ist vorzugsweise auf stickstoffreichen ruderalen Rasen, in Gebüschen und an ihren Rändern zu finden.

Die einfachen Stengel sind unten verkahlt und häufig leicht violett. Die langgestielten Blätter sind eiförmig, am Grund herzförmig oder rundlich. Die Spreiten sind am Rand gezähnt und lang zugespitzt.

Die Hochblätter gehen in Deckblätter mit kürzeren Stielen, aber ebenfalls lang zugespitzten Spreiten über.

In den Deckblattachseln wachsen die sitzenden Blüten in Scheinquirlen. Der glockige Kelch ist in abstehende, lanzettliche Zähne gespalten. Die Krone ist weiß oder schwach gelblich, die Kronröhre gebogen. Die Staubbeutel sind dunkelbraun.

Die Art ist in den meisten europäischen Gebieten heimisch, kommt aber selten im Süden vor und fehlt auf den Inseln vollständig. Außerdem wächst sie in Asien; nach Nordamerika wurde sie eingeschleppt.

Die Blüten dieser Nesselart werden in der pharmazeutischen Industrie verarbeitet und in der Volksheilkunde zur Teezubereitung bei Bronchialkatarrhen verwendet.

In Europa wachsen mehr als 15 Taubnesselarten. Weißblühend sind jedoch nur wenige, beispielsweise im westlichen Mittelmeerraum die weiße, manchmal leicht rosaweiße *L. flexuosum* und in Südeuropa die *L. bifidum.*

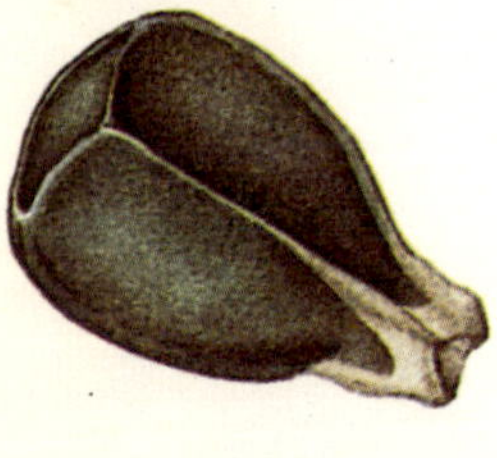

Klausen

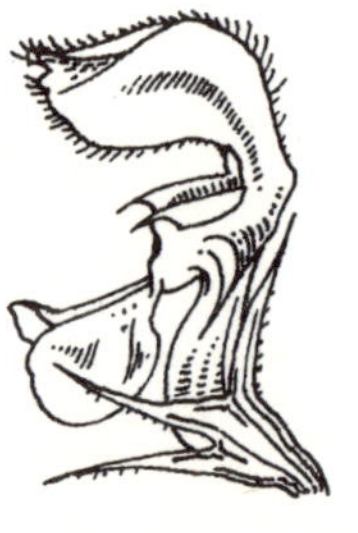

Blüte

Somatische Chromosomenzahl: 2n = 18

Zweikeimblättrige

Blütezeit:
April–September

Fruchtform:
Klausen

Gefleckte Taubnessel

Lamium maculatum

In Mischwäldern, in Gebüschen und an deren Säumen ist die ausdauernde, 10–50 cm hoch werdende Gefleckte Taubnessel zu finden. Taubnesseln bevorzugen Böden mit hohem Stickstoffgehalt.

Sie besitzen unter- und oberirdische Ausläufer und sind bis auf die Farbe ihrer Blüten der Weißen Taubnessel *(L. album)* sehr ähnlich. Die einfachen, vierkantigen Stengel sind unten rötlich, oben abstehend behaart. Die zugespitzten Blätter sind auf der Oberseite häufig weißgefleckt; ihre Stiele erreichen 4 mm Länge.

In den Deckblattachseln wachsen Blütenscheinquirle, manchmal auch kleine Vorblätter. Die Blüten sind sitzend und bis 3 cm lang. Der glockige Kelch ist in abstehende lange, spitze Zähne ausgezogen. Die Krone ist rosarot, manchmal auch kupferrot. Die Kronenröhre ist deutlich aufwärtsgebogen, die Oberlippe behaart, die Unterlippe dreizipflig. Der mittlere Zipfel der Unterlippe hat eine violette Zeichnung. Die Staubbeutel sind lilabraun oder rot, die reifen Klausen dreikantig und grün.

Die Art ist über den ganzen europäischen Kontinent verbreitet. Von ihr wird die Purpurne Taubnessel *(L. purpureum)* unterschieden, die zwar die gleiche Blütenfarbe hat, also rosarot ist, sich von ihr durch eine gerade Kronröhre mit dem deutlichen Haarring im Schlund, etwas kleineren Blüten und grob gezähnten Blättern unterscheidet.

Somatische Chromosomenzahl beider Arten: 2n = 18

Zweikeimblättrige

Blütezeit:
April–September

Fruchtform:
Klausen

Staubblatt

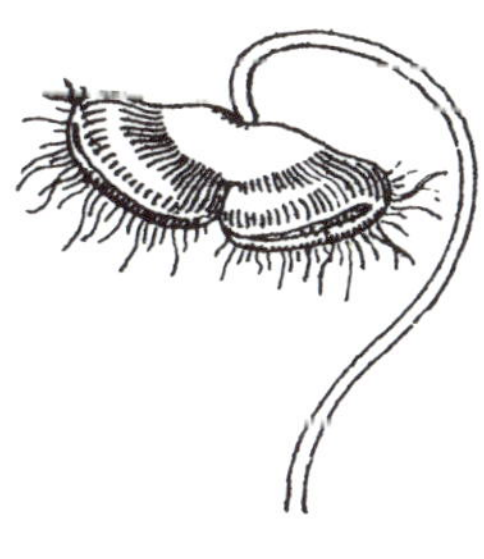

Blüte

Goldnessel

Galeobdolon luteum
syn. *Lamium galeobdolon, Lamiastrum galeobdolon*

Die 15–45 cm hoch werdende, ausdauernde Goldnessel ist in Mischwäldern, Gebüschen und an deren Säumen zu finden.

Das zerstreut behaarte bis kahle Kraut mit kriechenden, beblätterten und wurzelnden Ausläufern ähnelt in seinem Aussehen sehr der Weißen Taubnessel. Auf den ersten Blick fällt jedoch die abweichende Farbe der Blüten auf. Die Goldnessel hat wirklich gelbe Blüten. Die Stengel sind einfach und beblättert; die langgestielten Blätter haben eiförmige, grob gezähnte und oft weißgefleckte Spreiten. Die Deckblätter sind kurzgestielt und zugespitzt.

Die Blüten bilden schüttere Scheinquirle, in denen gewöhnlich sechs bis acht, aus den Achseln der Deckblätter wachsende Blüten stehen. Sie sind ungestielt und bis 2 cm lang. Der röhrenförmige Kelch ist in grannige Zähne ausgezogen. Die hellgelbe Krone hat eine fast gerade Röhre, die Oberlippe ist helmartig und die Unterlippe deutlich dreizipfelig. Die gelben Staubbeutel sind kahl. Die reifen, schwarzen Klausenteilfrüchte sind mit einem weißen, fleischigen Anhängsel versehen. Die Anhängsel werden von Ameisen bevorzugt und auf diese Weise verbreitet.

Die Art ist in fast ganz Europa heimisch, kommt aber im Mittelmeerraum und in Nordeuropa seltener vor.

Schema des Ausläufers beim verwandten *G. montanum*

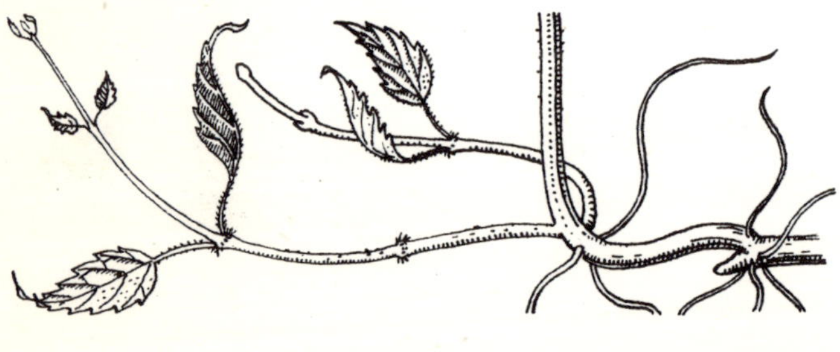

Somatische Chromosomenzahl: 2n = 18

Zweikeimblättrige

Blütezeit:
April–Juli

Fruchtform:
Klausen

Gemeine Betonie, Heilziest

Stachys officinalis
syn. *Betonica officinalis, Stachys betonica*

Die 30–100 cm hoch werdende, ausdauernde Pflanze ist auf nassen Wiesen, auch in mäßig trockenen Wäldern und an deren Säumen zu finden.

Die aufrechten Stiele sind unverzweigt und nur wenig beblättert. Die langgestielten unteren Blätter sind länglich-eiförmig bis elliptisch, an den Spreitenrändern gekerbt-gezähnt. Auf der Oberseite sind sie kahl, an der Unterseite behaart. Die Blätter im mittleren Stengelabschnitt sind kürzer gestielt, die höchsten sind ohne Stiel. Stengelaufwärts werden sie kleiner. Die obersten Blätter sind schmal lanzettlich und gehen plötzlich in Deckblätter über.

In den Achseln dieser Deckblätter wachsen die Blütenscheinquirle, die endständige, dichte, zylindrische und am Grund dünnere Scheinähren bilden. Die Blüten sind bis zu 14 mm lang. Ihr Kelch ist glockig und gespalten. Die Kronen sind karminrot, manchmal dunkelrosarot, selten weißlich. Die Kronröhre ist aufwärtsgebogen und ragt lang aus dem Kelch heraus. Die Oberlippe ist gerade und außen behaart, die dreilappige Unterlippe hat einen großen, gekerbten Mittellappen. Die Staubblätter mit lilabraunen Staubbeuteln stecken mit ihren Staubfäden hoch in der Kronröhre.

Die Art kommt fast überall in Europa vor. Das Verbreitungsgebiet reicht bis nach Mittelschottland, Südschweden und zum nordwestlichen Teil der Sowjetunion.

Die Gemeine Betonie wurde früher als Heilpflanze verwendet.

Somatische Chromosomenzahl: $2n = 16$

Zweikeimblättrige

Blütezeit:
Juli–August

Fruchtform:
Klausen

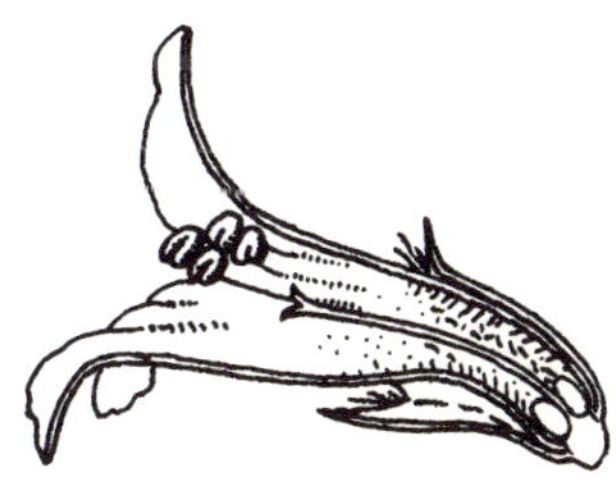

Schnitt durch die Blüte

Wiesensalbei

Salvia pratensis

Die ausdauernde, 30–80 cm hohe Pflanze ist auf mäßig trockenen Wiesen und Weiden anzutreffen.

Der aufrechte oder kurz aufsteigende Stengel ist oben drüsig und spärlich verzweigt. Die Grundrosettenblätter sind langgestielt, eiförmig bis länglichlanzettlich, am Grund herzförmig. An der Spreitenunterseite sind sie faltig. Die Stengelblätter fehlen entweder ganz oder sind nur in einem bis drei Paaren vorhanden, die dann ganz kurzgestielt oder sitzend sind.

Die Blüten stehen gewöhnlich in sechszähligen Scheinquirlen. Sie wachsen in den Achseln der jungen, eiförmigen und grünen Deckblätter und sind kurzgestielt. Der glockige Kelch wird bis 1 cm lang und ist steif behaart und zuweilen auch drüsig. Die blaue bis blaulila Krone ist verstreut behaart; die Kronröhre ist nur wenig länger als der Kelch. Die Oberlippe ist gebogen, zweilappig, die Unterlippe dreizipflig und kürzer. Die Blüte ist nektartragend. Sie hat nur zwei Staubblätter, die wie der Griffel gelenkig sind und sich beim Setzen des Insekts in der Blüte niederbiegen, so daß das bestäubende Insekt den Pollen an der Narbe abstreifen kann. Außer zwittrigen finden wir auf der gleichen Pflanze oder auf anderen Exemplaren kleinere weibliche Blüten, deren Staubblätter verkümmert sind.

Der Salbei ist fast auf dem ganzen europäischen Kontinent heimisch. In der Heilkunde findet er häufig bei Finnigkeit, Blutungen und als anregendes Mittel der Herz- und Gehirntätigkeit Verwendung.

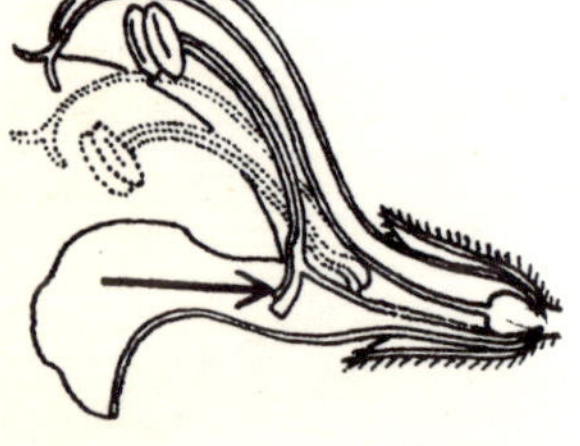

Bestäubung – der Pfeil zeigt die Richtung des Druckes, den das Insekt auf den Basisteil des Staubblattes ausübt, das sich dadurch neigt und gleichzeitig die Narbe auslenkt

Somatische Chromosomenzahl: 2n = 18

Zweikeimblättrige

Blütezeit:
Mai–August

Fruchtform:
Klausen

Wirbeldost

Clinopodium vulgare
syn. *Calamintha clinopodium*

Diese 30–60 cm hohe, ausdauernde Pflanze ist in Gebüschen, lichten Wäldern und an deren Säumen anzutreffen.

Aus dem kriechenden, ausläuferartigen Wurzelstock wächst eine grauzottige Pflanze mit dünn beblättertem, einfachem oder dünn verzweigtem Stengel. Die kurzgestielten, eiförmigen Blätter sind ganzrandig, weich und dünn behaart.

In den Achseln der Hochblätter wachsen sitzende, dichte, aus zehn bis zwanzig Blüten zusammengesetzte Scheinquirle. Die Blütenkelche sind röhrenförmig, behaart und zweilippig. Die ganze Blüte ist kurzgestielt und bis 15 mm lang. Die Krone ist karminrot, selten rosenrot, nur in Ausnahmefällen sogar weißlich. Die Kronröhre ist mehr oder weniger gerade und zweimal länger als der Kelch. Die Unterlippe ist gewöhnlich doppelt so lang wie die Oberlippe.

Die Art ist fast über den ganzen europäischen Kontinent verbreitet, im Norden nahezu bis zum Polarkreis.

Zur Verwandtschaft des Wirbeldostes gehört die seit alten Zeiten als Heilpflanze verwendete, aus dem östlichen Mittelmeerraum stammende Zitronenmelisse *(Melissa officinalis)*.

Ihren charakteristischen Geruch hat sie von terpenoiden Ölen, die beispielsweise Citral enthalten. In der Volksheilkunde wird der Blattauszug bei Appetitlosigkeit und Blähungen verwendet.

Somatische Chromosomenzahl: 2n = 20

Zweikeimblättrige

Blütezeit:
Juli–September

Fruchtform:
Klausen

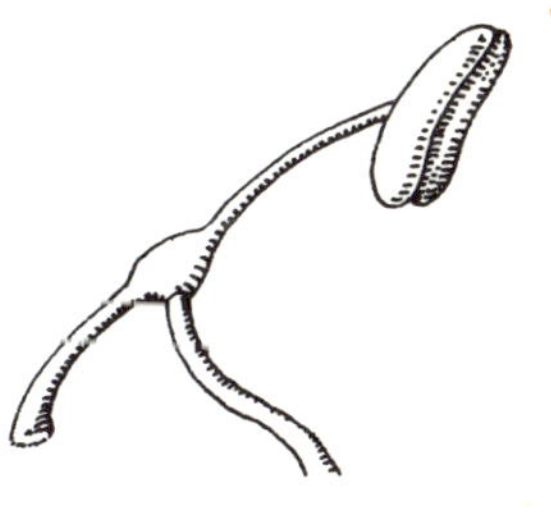

Staubblatt der Art *Salvia officinalis* mit verlängertem, beweglich mit dem Staubfaden verbundenen Mittelband – Beispiel für ein Staubblatt der Lippenblütengewächse

Gemeiner Dost

Origanum vulgare

Diese aromatische, ausdauernde Pflanze, die 20–50 cm hoch wird, ist in Gebüschen, lichten Wäldern und an deren Säumen zu finden.

Aus dem holzigen Wurzelstock wachsen aufrechte und beblätterte Stengel mit kurzen, achselständigen Zweigen mit endständigen rispig-trugdoldigen Blütenständen. Die Blätter sind kurzgestielt, die Blattspreiten eiförmig, ganzrandig oder unauffällig gekerbt. Sie haben hervortretende Nerven, an der Unterseite sind sie heller. Die den Blättern ähnlichen Hochblätter und Deckblätter sind sitzend und häufig lilarot.

Die Scheinquirle werden von 1–3 kurzgestielten Blüten gebildet und stehen in einem fast kugeligen, kopfähnlichen Blütenstand. Der glockig-röhrige Kelch ist kürzer als die Vorblätter. Die hellroten, seltener schmutzigweißen Kronen haben eine kurze, gerade und flach ausgeschnittene Oberlippe und eine längere, gebogene, dreizipflige Unterlippe. Die langen Staubblätter ragen aus der Blütenröhre hervor, wobei zwei länger und zwei kürzer sind. Die glatten Klausen sind braun.

Der Gemeine Dost findet als Haustee zur besseren Verdauung und bei verschiedensten Verdauungsstörungen Verwendung, da die Droge Wirkstoffe aus der Gruppe der terpenoidreichen Öle enthält.

Die Art ist in den meisten Gebieten Europas anzutreffen, allerdings im Hinblick auf die Größe des Verbreitungsgebietes mit einer ganzen Reihe schwer einstufbarer Abweichungen.

Blatt

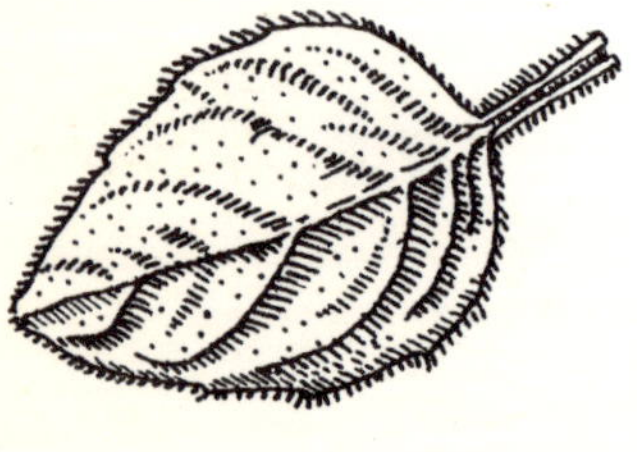

Somatische Chromosomenzahl: 2n = 30

Zweikeimblättrige

Blütezeit:
Juli–September

Fruchtform:
Klausen

Sandthymian, Feldthymian

Thymus serpyllum
syn. *Thymus angustifolium*

Wir finden den 10–50 cm hohen, ausdauernden Sandthymian an mäßig trockenen, sandigen und grasbewachsenen Plätzen vorwiegend in Kiefernwäldern.

Es ist eigentlich ein Halbstrauch mit leicht verholzten Zweigen, dessen Stengel aufrecht, aufsteigend oder kriechend sein können. Sie sind entweder stielrund oder vierkantig und unterschiedlich behaart. Die gegenständigen Blätter haben elliptische bis fast runde, ganzrandige, entweder sitzende oder kurzgestielte Spreiten.

Die einzelnen Blüten bilden Scheinähren, die gewöhnlich am Stengelende kopfig zusammenstehen, manchmal aber auch verlängert und nach unten zerrissen sein können. Der Blütenkelch ist zweilippig, röhrigglockig und gewimpert. Die 6 mm lange Krone ist dunkel- oder hellrotlila, seltener weiß und hat eine kurze Röhre.

Die Art wächst in ganz Europa, hauptsächlich aber nördlich der Linie Frankreich, Österreich, Ungarn und Weißrußland. Nur schwer läßt sie sich von einer Reihe verwandter Thymianarten unterscheiden. Die Hauptunterscheidungsmerkmale sind die Stengel, ihre Verzweigung, Formen und Größen des Kelchs, Nervaturtyp und Blattformen. Eine einzige Art dieser Gattung ist jedoch leicht zu erkennen – *T. vulgaris,* der Echte Thymian. Seine Stengel sind aufrecht, bis 40 cm hoch, verzweigt, die am Rand eingerollten Blätter sind an der Unterseite weißfilzig. Wild kommt er im Mittelmeergebiet vor; in Mitteleuropa gehört er zu den üblichen Gewürzpflanzen.

Somatische Chromosomenzahl: 2n = 24

Zweikeimblättrige

Blütezeit:
Juli–August

Fruchtform:
Klausen

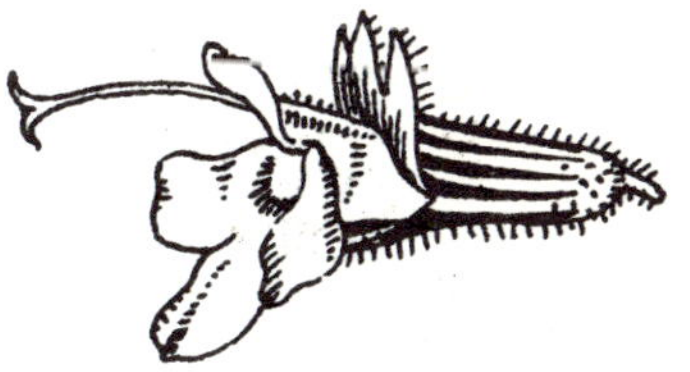

Blüte

Tollkirsche

Atropa bella-donna

Diese 50–150 cm hohe, ausdauernde und kalkliebende Pflanze ist auf Waldlichtungen und Kahlschlägen anzutreffen.

Ihr aufrechter, starker Stengel ist stumpf kantig, die Blätter sind wechselständig, die der blütentragenden Zweige jedoch scheingegenständig. Die Blattspreiten sind eiförmig bis elliptisch und verschmälern sich am Grund zu einem kurzen Stiel. Sie sind ganzrandig, flaumig behaart und tief dunkelgrün.

Die einzeln an Stielen sitzenden Blüten sind nikkend. Ihr Kelch entsteht durch Zusammenwachsen der fünf Kelchblätter, ebenso wie die Krone. Sie ist röhrig-glockig, außen braunviolett, innen graugelb und rotnervig.

Die Kronenzipfel sind abgerundet und nach außen umgebogen. Die fünf Staubblätter haben am Grund schuppige, oben krumme Staubfäden und gelbe Staubbeutel. Die Frucht ist eine zuerst rote, später schwarze Beere von der Größe einer Kirsche, die in einem vergrößerten, sternförmig gespaltenen Kelch sitzt.

Die Tollkirsche wächst vor allem in Süd-, Mittel- und Westeuropa, in Kleinasien, im Kaukasus und ist nach Süden vielleicht bis in die nördlichsten Gebiete Afrikas verbreitet.

Sie ist giftig und hat gleichzeitig Heilkraft. Da sie früher häufig als Heilpflanze angebaut wurde, ist sie oft verwildert und an ihr genehmen Standorten nahezu heimisch.

Frucht

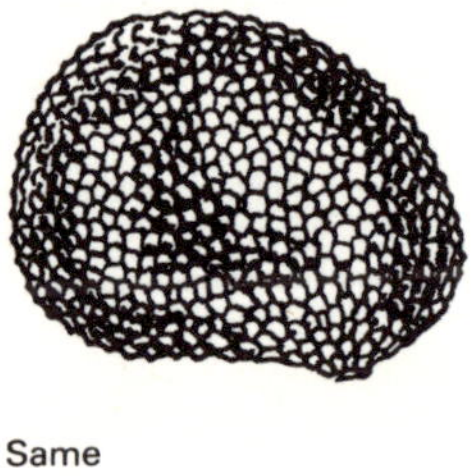

Same

Somatische Chromosomenzahl: 2n = 72

Zweikeimblättrige

Blütezeit:
Juni–August

Fruchtform:
Beere

Schwarzes Bilsenkraut

Hyoscyamus niger

Wir finden die 10–50 cm hoch werdende, stickstoffreiche Stellen bevorzugende Pflanze auf trockenen Ruderalstellen und auf Hackfruchtbrachfeldern.

Der aufrechte Stengel ist stumpf-kantig und klebrig-zottig. Die Blätter sind wechselständig, unten kurzgestielt, oben halbstengelumfassend sitzend.

In den Achseln der oberen Hochblätter wachsen sitzende, einseitige Wickel bildende Blüten. Der röhrig-keulige Blütenkelch hat stechend spitze Zipfel. Die trichterförmige Krone ist außen behaart, innen kahl und hat schmutziggelbe Kronzipfel mit gut sichtbaren violetten Nerven. Im Schlund ist sie rotviolett. Zwei der fünf Staubblätter mit behaarten Staubfäden und violetten Staubbeuteln sind kürzer. Die Fruchtkapsel enthält etwa 200 Samen. Zieht man in Betracht, daß die Pflanze annähernd 50 Kapseln bildet, bedeutet das an die 10 000 Samen, die von einer einzigen Pflanze entwickelt werden. Die Samen ruhen mehrere Jahre im Boden, bevor sie keimen. Deshalb ist das Schwarze Bilsenkraut ein unangenehmes und unberechenbares, darüber hinaus noch giftiges Unkraut, das das Alkaloid Hyoscyamin und weitere giftige Alkaloide enthält.

Da die Samen den Mohnkörnern ähnlich sind, kann es zu einer unheilvollen Verwechslung kommen, da schon wenige von ihnen zur Vergiftung führen.

Somatische Chromosomenzahl: 2n = 34

Zweikeimblättrige

Blütezeit:
Juni–Oktober

Fruchtform:
Kapsel

Kapsel

Bittersüßer Nachtschatten, Bittersüß

Solanum dulcamara

Gebüsche, Erlenbestände und Ruderalstellen sind Standorte der 30–200 cm lang werdenden, liegenden, ausdauernden Pflanze.

Aus dem kriechenden Wurzelstock wachsen kletternde oder liegende, kahle und am Grund verholzte Stengel. Die gestielten Blätter haben unterschiedliche Formen und sind an Ober- und Unterseite zerstreut behaart.

Die Blüten stehen in endständigen, mehr oder weniger nickenden Rispen. Der Kelch ist kurz, die Krone hat lanzettliche, nach hinten abstehende, spitze Zipfel. Sie ist blauviolett, am Grund hat sie zwei grüne, weißgesäumte Flecken. Die fünf Staubblätter verwachsen mit den gelben Staubbeuteln zu einem Kegel. Der Fruchtstiel trägt eine eiförmige rote, hängende Beere mit leberförmigen Samen.

Die Art ist nahezu über den ganzen europäischen Kontinent verbreitet.

Wie die meisten Vertreter dieser Familie ist auch der Bittersüße Nachtschatten giftig. Aber auch die Kartoffel *(S. tuberosum)* ist eigentlich eine Giftpflanze! Die giftigen Alkaloide sind jedoch nur in den Stengeln, ein wenig in den Blättern und Beeren enthalten. In den Knollen sind sie nur in Spuren vorhanden, und dann auch nur in den Schalen oder den grünen, nicht vollständig mit Erde bedeckten Teilen. Der Giftgehalt steigt erst beim Auskeimen der Lichtkeime. Und wir schälen ja doch die von Keimen befreiten Kartoffeln und kochen sie, so daß die Gefahr einer Vergiftung nicht mehr besteht.

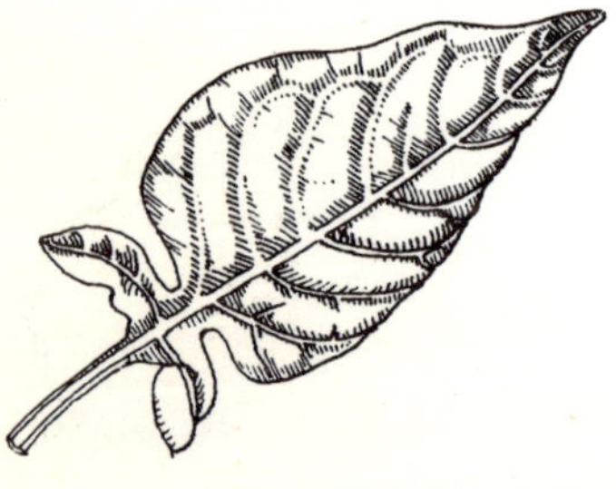

spießförmiges Blatt mit zwei grundständigen Seitenlappen

Somatische Chromosomenzahl: 2n = 24

Zweikeimblättrige

Blütezeit:
Juni–August

Fruchtform:
Beere

Großblütige Königskerze

Verbascum densiflorum
syn. *Verbascum thapsiforme*

Diese zweijährige, bis über 2 m hoch werdende Pflanze ist an wärmeliebenden und steinigen Hängen, auf Schutthalden und an steinigen Ufern anzutreffen.

Im ersten Jahr entwickelt die Pflanze länglich-eiförmige, fein gekerbte und zu einem kurzen Stiel verschmälerte Grundblätter. Die Stengelblätter sind länglich bis lanzettlich und bis zum nächstunteren Laubblatt herablaufend. Die ganze Pflanze ist dicht mit gelblich-weißen Filzhaaren bewachsen.

Die Blüten sitzen in Büscheln zusammen und bilden eine lange Scheinähre. Aus den Achseln der eilanzettlichen Deckblätter wachsen kurzgestielte Blüten mit aus fünf Kelchblättern zusammengewachsenem Kelch und fünf, eine flache, etwa bis 5 cm breite Krone bildenden Kronblättern. Die Fruchtkapsel ist genauso lang wie der Kelch.

Diese stattliche und reichblühende Pflanze ist ähnlich wie die übrigen mitteleuropäischen, großblütigen Königskerzenarten mit kahlen oder weißwolligen Staubfäden eine Heilpflanze. Ihre Blüten werden wegen ihrer Wirkstoffe gesammelt. Die kleinblütigen Königskerzenarten mit violett-wolligen Staubfäden und auf der Oberseite kahlen Blättern sind zum Sammeln der pharmazeutisch wichtigen Droge ungeeignet. Die in den Blüten der am häufigsten gesammelten Großblütigen Königskerze *(V. thapsus)* und Windblumenkönigskerze *(V. phlomoides)* enthaltenen heilenden Wirkstoffe sind hustenlindernde Schleimstoffe.

Somatische Chromosomenzahl: 2n = 32

Zweikeimblättrige

Blütezeit:
Juli–September

Fruchtform:
Kapsel

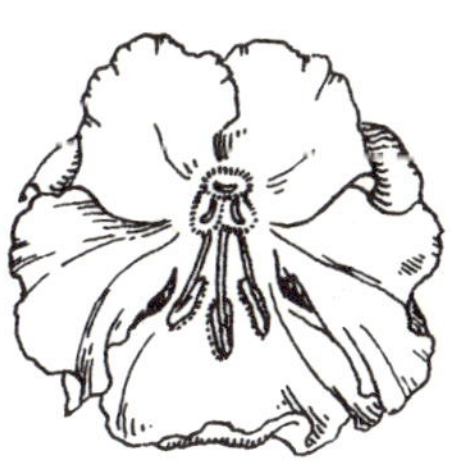

Blüte

Gemeines Leinkraut

Linaria vulgaris

Das Leinkraut, ein 20–50 cm hohes, ausdauerndes Kraut, wächst an Wegrändern, auf Brachen, Ruderalstellen und Feldern.

Der kahle Stengel ist meist einfach, die Blätter sitzen sehr dicht, sind wechselständig, sitzend und haben ganzrandige, lineal-lanzettliche Spreiten.

In den Deckblattachseln wachsen gestielte Blüten, die zuerst keglige, später verlängerte Trauben bilden. Der Kelch ist tief fünfteilig, die Krone schwefelgelb, der Gaumen orangefarben. Die Oberlippe der zweilippigen Krone hat zwei Zipfel, die Unterlippe ist dreizipflig. Der hohle Gaumen der Unterlippe schließt den Schlund der zu einem leicht gebogenen Sporn ausgezogenen Krone. Die eiförmige Fruchtkapsel ist länger als der stehenbleibende Kelch und enthält scheibenförmige, warzige Samen mit breitem Flügelrand. Die Pflanze ist stark vermehrungsfähig, da ein einziges Exemplar mehr als 30 000 Samen hervorbringen kann.

Die Art ist in fast ganz Europa verbreitet, ausgenommen der hohe Norden. Außerdem fehlt sie fast völlig im ganzen Mittelmeerraum.

Im südlichen und südöstlichen Teil Mitteleuropas ist die *L. angustissima* mit sehr schmalen Blättern eine seltene Pflanze an Steinhängen. Eine zu den sehr häufigen Unkräutern auf Feldern, vor allem auf leichten Sandböden gehörende Pflanze ist das Akkerleinkraut *(L. arvensis)* mit hellen blauvioletten, sehr kleinen Blütenkronen.

Frucht

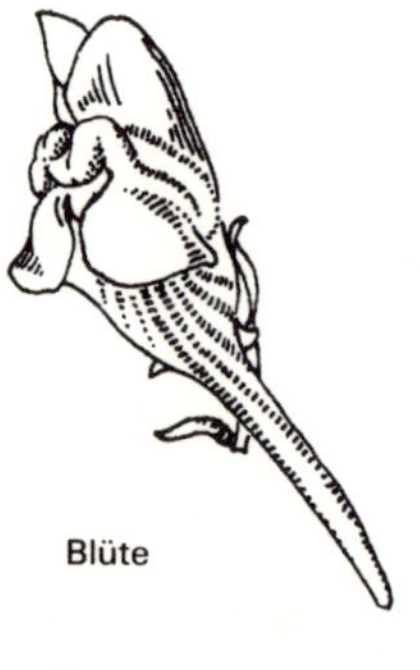

Blüte

Somatische Chromosomenzahl: 2n = 12

Zweikeimblättrige

Blütezeit:
Juni–Oktober

Fruchtform:
Kapsel

Knotige Braunwurz

Scrophularia nodosa

Die 40–100 cm hohe, ausdauernde, auffällig riechende Knotige Braunwurz ist in Gebüschen, auf Brachen, in schattigen Wäldern und in Ufergebüschen zu finden.

Aus dem waagerechten, knolligen Wurzelstock wächst ein aufrechter, kahler und im oberen Teil drüsiger, vierkantiger, ungeflügelter Stengel. Die gegenständigen Blätter sind kurzgestielt; die unteren haben eiförmige bis eilanzettliche, am Grund breit keilförmige bis schwach herzförmige Spreiten, die oberen haben zugespitzte Spreiten. Alle Blätter sind unbehaart.

In den Achseln der schmal lanzettlichen Deckblätter wachsen gestielte, in trugdoldigen Blütenständen angeordnete Blüten. Die Blütenstiele sind drüsig. Der glockige Kelch ist fünfzipflig. Die braunrote Krone ist im Schlund grün, manchmal gelbgrün und hat eine aufgeblasene Röhre und zwei kurze Lippen. Die Unterlippe ist dreilappig, die obere etwas länger als die untere. Die Krone hat keinen Sporn. Als Frucht entwickelt sich eine Kapsel.

Die Knotige Braunwurz ist eine schwach giftige, gleichzeitig aber für Heilzwecke verwendete Pflanze. Sie kommt in fast ganz Europa vor.

Von den übrigen mehr als 30 Arten sei nur die blaßgelb blühende, wegen ihres Nektarreichtums häufig kultivierte Frühlingsbraunwurz *(S. vernalis)* erwähnt.

Somatische Chromosomenzahl: 2n = 36

Zweikeimblättrige

Blütezeit:
Juni–August

Fruchtform:
Kapsel

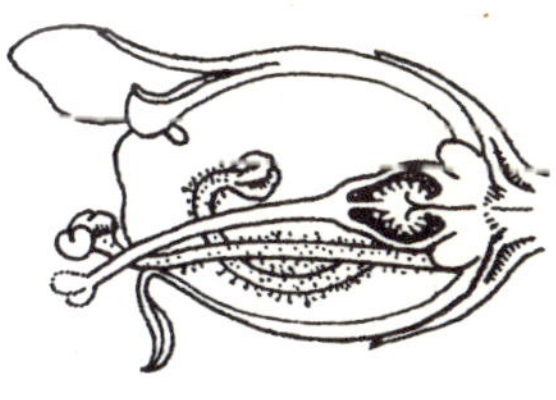

Schnitt durch die Blüte

Hainwachtelweizen

Melampyrum nemorosum

Der 10–50 cm hohe, einjährige Wachtelweizen wächst in lichten Wäldern, Auenwäldern, Gebüschen und auf Wiesen bis hinauf in die Bergstufe.

Der aufrechte Stengel ist mehr oder wenig verzweigt, die Spreiten der Grundblätter sind eiförmig bis länglich-lanzettlich und am Grund keilförmig zu einem kurzen Stiel verschmälert. Die der Tragblätter sind am Grund abgehackt bis spießförmig und gezähnt.

Die Blüten stehen in einseitigen dünnen Trauben. Der Kelch ist wollig-zottig mit lanzettlichen, abstehenden Zähnen. Die Krone hat eine goldgelbe, schwach trichterförmige Kronröhre, deren beide Lippen sich in spitzem Winkel schließen. Als Frucht entwickelt sich eine Kapsel.

Die Gattung *Melampyrum* und einige andere der Familie *Scrophulariaceae* weisen eine außerordentliche Variabilität auf, die sich in jahreszeitlichen Ökotypen oder Varianten, erheblichen Unterschieden bei Berg- und Flachlandvorkommen sowie in Unterschieden im Habitus äußert. Bei der Art *M. nemorosum* unterscheidet sich der beschriebene Herbsttyp mit stark verzweigten sowie langen und aufsteigenden Zweigen vom Frühjahrs- und Bergtyp: Der Frühjahrstyp ist wenig verzweigt, spärlich beblättert und trägt sehr schmale Blätter. Die Pflanzen des Bergökotyps haben 1–3 aufrechte Zweigpaare sowie dicke, fleischige, bis 25 mm breite Blätter. Alle sind sie in nahezu ganz Mitteleuropa heimisch.

Blüte

Somatische Chromosomenzahl: 2n = 18

Zweikeimblättrige

Blütezeit:
(Mai) Juli–September

Fruchtform:
Kapsel

Gamanderehrenpreis

Veronica chamaedrys

Diese kleine, nur 15–25 cm hohe Pflanze ist auf Wiesen, an ihren Säumen, auf Waldlichtungen und in Gebüschen anzutreffen.

Die Stengel dieses ausdauernden Krautes sind häufig zweireihig behaart und entweder einfach oder nur wenig verzweigt. Die gegenständigen, sitzenden oder kurzgestielten Blätter sind herz-eiförmig bis elliptisch.

Die Blüten bilden achselständige Trauben und wachsen an Stielen, die länger sind als die lanzettlichen Deckblätter. Der Kelch hat lineallanzettliche Zipfel, die radrunde Krone wird ungefähr 10–14 mm breit, ist azurblau und fällt frühzeitig ab. Die Kronröhre ist fast nicht ausgebildet. Jede Blüte hat zwei Staubblätter; der Fruchtknoten entwickelt sich zu einer Kapsel mit flachen, eiförmigen Samen. Die Verbreitung besorgen Ameisen, manchmal auch Wind oder Regen.

Der Gamanderehrenpreis ist über fast ganz Europa verbreitet, mit Ausnahme der Inseln und der arktischen Gebiete.

Bei dieser Art werden in Mitteleuropa zwei Unterarten unterschieden: subsp. *chamaedrys* mit dunkelgrünen Blättern, mehr oder weniger rundum behaartem Stengel und nur dünn behaartem Kelch und subsp. *vindobonensis* mit gelbgrünen Blättern, einem nur an den beiden gegenüberliegenden Seiten behaarten Stengel, einem dicht mit Drüsenhaaren besetzten Kelch und einer hellblauen, sehr selten rosaroten Krone.

Somatische Chromosomenzahl: 2n = 32 (16)

Zweikeimblättrige

Blütezeit:
Mai–Juni

Fruchtform:
Kapsel

Stengel mit zwei Längsreihen von Haaren

Frucht

Echter Ehrenpreis

Veronica officinalis

Die ausdauernde, 30–50 cm hohe Pflanze wächst in Wäldern, an Waldsäumen und auf Heiden.

Der liegende, wurzelnde Stengel ist am Ende aufsteigend und trägt gegenständige Blätter mit meist elliptischen, verkehrt-eiförmigen bis breit lanzettlichen und gekerbt gezähnten Blattspreiten, die sich zu einem kurzen Stiel verschmälern.

In den Achseln der Hochblätter stehen dichte, kleinblütige Trauben. Die Blüten wachsen in den Achseln der lanzettlichen Deckblätter; ihre Kelche sind genauso lang wie die Blütenstiele. Die glockig-radförmige Krone ist 7 mm breit und hellblauviolett. Die sich entwickelnde Kapsel ist schwach ausgerandet, drüsig und etwa 4 mm lang.

Der Echte Ehrenpreis kommt in fast ganz Europa vor. Er wird in der Volksheilkunde als hustenlindernder Tee verwendet.

Die in den südwestlichen Alpen wachsenden Pflanzen werden manchmal als selbständige Art *V. allionii* aufgefaßt, da sie mehr oder weniger kahl sind, niedrigere Stengel, kleinere Blätter und Fruchtkapseln und eine blaßblaue Krone haben. Aber auch außerhalb des Alpengebietes sind verkahlte Pflanzen mit fast unbehaarten, kleinen Blättern und einer helleren Blütenkrone als beim Echten Ehrenpreis anzutreffen. Die Systematiker sind sich über die Einordnung dieser Varietäten nicht einig.

Blüte

Somatische Chromosomenzahl: 2n = 36 (18)

Zweikeimblättrige

Blütezeit:
Juni–August

Fruchtform:
Kapsel

Zottiger Klappertopf

Rhinanthus alectorolophus

Dieser einjährige Halbschmarotzer wird 10–80 cm hoch und ist auf Getreidefeldern, Wiesen und Bergfluren zu finden.

Das zottige Unkraut hat einen aufrechten blaßgrünen Stengel ohne schwarze Streifen und unterscheidet sich darin von den Arten *Rh. minor, Rh. alpinus, Rh. major* u. a. Die elliptisch-lanzettlichen bis eiförmigen Blätter haben einen sägezahnartigen Rand.

Die Blüten wachsen in den Achseln der haarig-zottigen, breit eiförmigen Deckblätter. Auch der Kelch ist weißzottig. Die gelbe Krone ist bis 2 cm lang, die Kronröhre ist schwach nach oben gebogen. Die Oberlippe hat einen violetten bis weißen und bis 2 mm langen, spitzen Zahn. Die Unterlippe schließt den Kronenschlund. Die Fruchtkapsel ist im Kelch eingeschlossen.

Das Verbreitungsgebiet dieser Art reicht von Nordfrankreich, Holland nach Süden bis nach Norditalien und Nordjugoslawien.

Es entsteht die Frage nach der Lösung des Problems der Variabilität und des saisonalen Polymorphismus dieser Pflanze bzw. die Wertung der Ökotypen. Als eine Möglichkeit bietet sich die Zuordnung der saisonalen Ökotypen zu Unterarten an. Die Frühlingsblüher werden dabei als eigenständige subsp. *alectorolophus* aufgefaßt, die Sommerpflanzen als subsp. *buccalis,* die Herbstypen als subsp. *patulus* und die Bergtypen als subsp. *modestus* und subsp. *kerneri.*

Somatische Chromosomenzahl: 2n = 22

Zweikeimblättrige

Blütezeit:
Mai–Juli

Fruchtform:
Kapsel

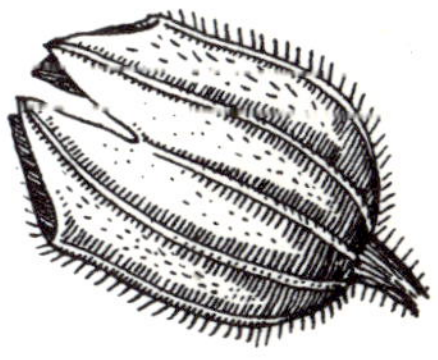

Kelch

Waldläusekraut

Pedicularis sylvatica

Diese zweijährige bis ausdauernde Pflanze wird nur 5–15 cm hoch und ist auf Moorwiesen und nassen Heiden anzutreffen.

Sie hat im Kreis angeordnete, liegende, nur an den Enden aufsteigende Seitenstengel und einen aufrechten Hauptstengel mit wechselständigen, kurzgestielten Blättern mit länglich-lanzettlichen und fiederschnittigen Spreiten.

Die Blüten stehen in endständigen dünnen Trauben und wachsen in den Deckblattachseln. Der Kelch ist ungleichmäßig fünfzähnig und glockig-röhrig mit Netzaderung. Die blaßrosarote bis rotlila Krone hat eine den Kelch zweimal überragende Kronröhre. Die Oberlippe ist gerade und am Ende sichelartig gekrümmt, die Unterlippe dreiteilig. Von den vier unter der Oberlippe verborgenen Staubblättern sind zwei kürzer. Die Bestäubung besorgen Insekten; aus dem Fruchtknoten entwickelt sich eine kelchumschlossene Kapsel.

Das Waldläusekraut ist leicht giftig. Es kommt fast auf dem ganzen europäischen Kontinent vor.

In Europa sind mehr als 50 Läusekrautarten zu finden, von denen viele als glaziale Relikte einige mitteleuropäische Gebirge bewohnen, wie beispielsweise die *P. sudetica,* eine Pflanze mit einfachem, niedrigem Stengel, nur wenigen Blättern und purpurroten Kronblättern. Sie kommt im Riesengebirge, in der europäischen und sibirischen Arktis, im Nord- und Mittelural und in der Arktik Nordamerikas vor.

Blüte

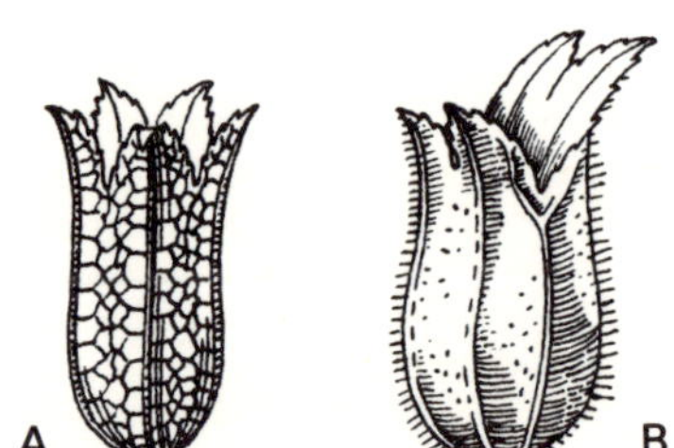

A: fünflappiger Kelch der Art *P. sylvatica,* B: zweilappige Unterlippe und dreilappige Oberlippe des Blütenkelches der Art *P. palustris*

Somatische Chromosomenzahl: 2n = 32

Zweikeimblättrige

Blütezeit:
Mai–Juli

Fruchtform:
Kapsel

Roter Fingerhut

Digitalis purpurea

An Waldrändern und Gebüschsäumen wächst der auffällige, zweijährige Rote Fingerhut, ein 40–140 cm hohes Kraut.

Der aufrechte Stengel ist einfach und filzig behaart. Die Grundblätter und unteren Stengelblätter sind langgestielt und haben große, eiförmige, bis eilanzettliche und am Grund keilförmig zu einem geflügelten Stiel verschmälerte Blattspreiten.

Am Stengel aufwärts werden die Blätter kleiner; sie sind ungestielt und gehen bei den Hochblättern in Deckblätter über.

Die großen, nickenden, eine einseitige, reiche Traube bildenden Blüten wachsen in den Deckblattachseln an kurzen Stielen. Sehr selten steht statt der höchstens röhrig-glockigen Blüte die aktinomorphe Blüte (Pelorie). Der Kelch ist aus fünf Kelchblättern zusammengewachsen. Die Krone ist röhrig-glockig und hat einen undeutlich 4- bis 5lappigen Rand. Sie ist rot und hat innen dunklere, hellgesäumte Flecke. Die reifen Kapseln sind eiförmig, behaart und bis zur Reife vom Kelch umschlossen.

Die Art gehört zu den Heilpflanzen, auch wenn sie wegen ihres hohen Gehalts an kardiotonischen Glykosiden höchst giftig ist.

Der Rote Fingerhut wächst in West- und Südwesteuropa, aber auch im westlichen Teil Mitteleuropas. Da er sowohl als Heilpflanze als auch in Gärten angepflanzt wird, ist er auch in den östlichen Gebieten heimisch geworden.

Somatische Chromosomenzahl: 2n = 56

Zweikeimblättrige

Blütezeit:
Juni–Juli

Fruchtform:
Kapsel

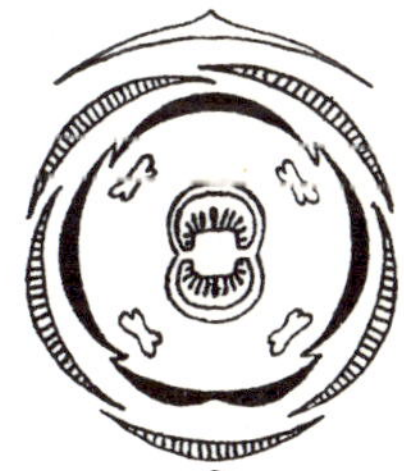

Blütendiagramm

Großblütiger Fingerhut

Digitalis grandiflora
syn. *Digitalis ambigua*

Der auffallende, 60–120 cm hohe Großblütige Fingerhut wächst in lichten Hainen, Gebüschen, an ihren Säumen und auf Kahlschlägen im Flachland wie in den Bergen.

Der einfache Stengel ist oben drüsighaarig. Die grundständigen unteren Stengelblätter sind wechselständig, gestielt mit länglich-lanzettlichen, am Grund in einen geflügelten Stiel verschmälerten Spreiten. Die oberen Blätter sind kleiner und am Grund sitzend verschmälert. Die am höchsten stehenden gehen in Deckblätter über. Die Blüten sind in einer einseitigen, reichen Traube angeordnet und haben eine blaß-ockergelbe, innen braungefleckte und außen klebrige Krone. Die vier Staubblätter sind mit der Krone verwachsen und zweimächtig (zwei längere und zwei kürzere Staubblätter). Die Bestäubung besorgen Insekten, es kann aber auch zur Selbstbestäubung kommen. Die zweifächerige Fruchtkapsel enthält kleine orangegelbe Samen.

Ähnlich wie die *D. purpurea* wird die Pflanze wegen ihres Heilstoffgehaltes gesammelt, so daß sie in einer Reihe europäischer Staaten unter Naturschutz steht.

Zu medizinischen Zwecken wird auch die auf dem Balkan beheimatete Art *D. lanata* angepflanzt, die ebenfalls hochwirksame kardiotonische Glykoside enthält, ohne die die heutige moderne Medizin nicht auskommen kann. Vor der Verwendung in der Hausmedizin muß jedoch sehr ernsthaft gewarnt werden: schon ein paar Samen dieser Fingerhutarten können zu schweren Vergiftungen führen.

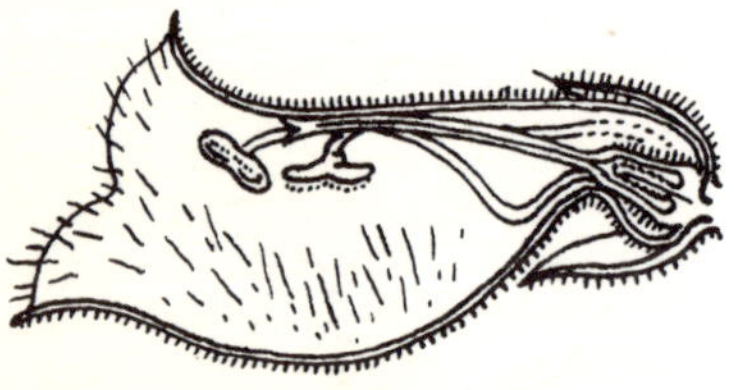

Schnitt durch die Blüte

Somatische Chromosomenzahl: 2n = 56

Zweikeimblättrige

Blütezeit:
Juni–September

Fruchtform:
Kapsel

Schuppenwurz

Lathraea squamaria

Dieser 10–25 cm hoch werdende grünliche Schmarotzer wächst auf den Wurzeln von Laubgehölzen oder auch in Ausnahmefällen von Nadelbäumen.

Sie ist verstreut in humusreichen Wäldern überwiegend der Niederungen anzutreffen.

Es ist eine ausdauernde Pflanze mit unterirdischem starkem, schuppigem und verästeltem Wurzelstock, die einen rosaroten oder weißen dicken, fleischigen, kahlen, aufrechten Stengel bildet. Die gleich gefärbten Blätter sind zu wechselständigen, herzrunden Schuppen umgeformt.

Die Blüten stehen in einer einseitswendigen Traube. Jede Einzelblüte wächst aus der Achsel eines rundlich-eiförmigen Deckblattes. Die Blüte ist gestielt und besteht aus dem glockigen, stumpf fünfzähnigen, drüsig behaarten und rosaroten Kelch und der röhrig-trichterförmigen, zweilippigen, ebenfalls rosaroten Krone. Nur die Unterlippe ist rot. Die vier Staubblätter sind zweimächtig und mit den Staubfäden zur Kronröhre angewachsen. Die Bestäubung besorgen Insekten. Es wurde jedoch auch Selbstbestäubung bei sich nicht öffnenden Blüten beobachtet (Kleistogamie). Nach der Befruchtung entwickelt sich eine einhülsige Kapsel mit mehreren großen Samen. Schmarotzer sind in der Familie der Braunwurzgewächse keine Seltenheit. Die meisten Vertreter sind jedoch Halbschmarotzer, aber die Schuppenwurz ist ein echter Schmarotzer, der auch die Assimilate der Wirtspflanze entnehmen muß, da ihm selbst das Chlorophyll fehlt.

Somatische Chromosomenzahl: 2n = 42

Zweikeimblättrige

Blütezeit:
März Mai

Fruchtform:
Kapsel

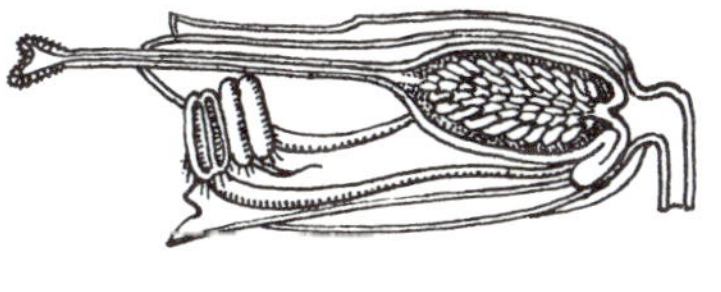

Schnittbild der Blüte

Wurzelstock

Spitzwegerich

Plantago lanceolata

Diese ausdauernde, 10–40 cm hoch werdende Pflanze mit schmal lanzettlichen und kahlen Rosettengrundblättern ist zahlreich auf Wiesen, Weiden, Ruderalstellen sowie an Weg- und Sandgrubenrändern anzutreffen.

Der gefurchte Schaft ist in der Regel deutlich länger als die drei- bis siebennervigen, am Grund zu einem Stiel verschmälerten, spitzen, mehr oder weniger aufrechten Blätter. Der Schaft trägt eine kurze, walzige Blütenähre.

Die Blüten wachsen in den Achseln der braunen, trockenhäutigen, kahlen Deckblätter. Der Blütenkelch hat zwei freie und zwei verwachsene Kelchzipfel, hinter denen die 2–3 mm lange, bräunliche Krone sitzt. Aus der Krone ragen die Staubblätter heraus, die zwei- bis dreimal so lang sind wie die Krone. Nach dem Befruchten entwickelt sich eine zwei Samen enthaltende eiförmige Kapsel mit Deckel.

Diese Art ist eine bekannte Heilpflanze, deren Blätter früher auf Wunden gelegt wurden, heute aber zur Bereitung von Hustensirup Verwendung finden.

Die Art ist ein Kosmopolit. Sie wurde nicht nur in Afrika und Nordamerika, Brasilien, Chile und Argentinien, sondern auch nach Ceylon (Sri Lanka), Australien und Neuseeland eingeschleppt.

Einen völlig glatten Schaft, aber am Rand gewimperte Blattspreiten mit gut sichtbarem, dunklem Mittelnerv hat die in den Alpen heimische verwandte Art Bergwegerich *(P. atrata)*.

Frucht

Blüte

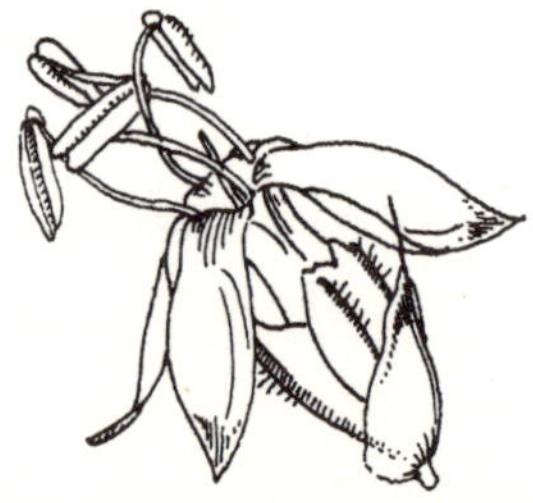

Somatische Chromosomenzahl: 2n = 12

Zweikeimblättrige

Blütezeit:
Mai–September

Fruchtform:
Kapsel

Mittelwegerich, Weidewegerich

Plantago media

Die 10–50 cm hoch werdende, ausdauernde Pflanze wächst auf Wiesen und Weiden.

Der Schaft ist aufrecht oder kurz aufsteigend und stielrund; er ist wesentlich länger als die in einer Grundrosette angeordneten Blätter. Sie sind breit elliptisch, fünf- bis neunnervig und keilförmig in einem Stiel verschmälert. Die gesamte Pflanze ist mehr oder weniger verstreut behaart.

Der Schaft hat eine endständige, dichte, walzige Ähre mit Blüten, die kürzer sind als die behaarten Deckblätter, aus deren Achseln sie herauswachsen. Der aus vier Kelchblättern verwachsene Kelch ist kahl und hat breit-eiförmige Zipfel. Die bis 4 mm langen Kronen sind weißlich und röhrig-trichterförmig. Die vier vorhandenen Staubblätter mit violetten Staubfäden sind nahezu fünfmal länger als die Krone. Die Blüten werden windbestäubt, die Kelche sind auch bis zur Fruchtreife dauernd. Die Frucht ist eine Deckelkapsel.

Der Mittelwegerich ist eine wertvolle Pflanze unserer Weidefluren. Diese fast kosmopolitische Art bildet eine Reihe von Abänderungen, die örtlich unterschiedlich eingeordnet werden. Ähnlich variabel ist der ebenfalls auf fast allen Erdteilen heimische Breitwegerich *(P. major)*, z. B. in der Anzahl der in der Kapsel enthaltenen Samen und in der Blattnervenzahl.

Blütendiagramm

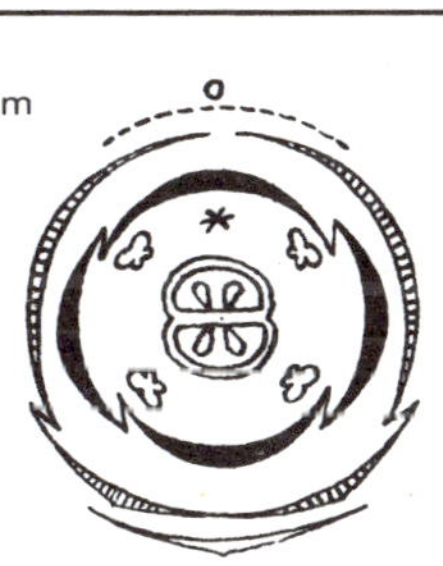

Somatische Chromosomenzahl: 2n = 24

Zweikeimblättrige

Blütezeit:
Mai–September

Fruchtform:
Kapsel

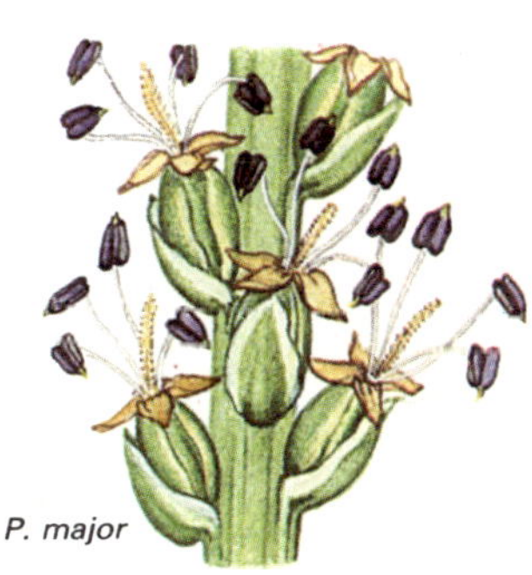

Detail des Blütenstandes der Art *P. major*

Blütenstand der Art *P. major*

Echtes Eisenkraut

Verbena officinalis

Das Eisenkraut, eine 20–60 cm hohe Pflanze, wächst auf Ruderalstellen, Weiden und Heiden.

Der vierkantige Stengel ist aufrecht, unten leicht verholzt und kahl mit gegenständigen Blättern. Die Grundblätter sind klein, länglich, grob gekerbt bis lappig und in kurze Stiele verschmälert. Im Mittelteil sind die Blätter größer und dreispaltig; die oberen, sitzenden Blätter sind länglich-lanzettlich. Alle sind jedoch steif, grob behaart und graugrün.

Die kleinen Blüten stehen in endständigen, während der Fruchtreife verlängerten Trauben. Sie wachsen aus den Achseln der sitzenden Deckblätter und haben einen aus vier bis fünf zu einer Röhre verwachsenen Blättern bestehenden Kelch. Er ist annähernd 2 mm lang und drüsig. Aus dem Kelch ragt die aus fünf zusammengewachsenen Kronblättern bestehende, undeutlich zweilippige Krone heraus. Sie ist blaßlila, selten aber auch weiß.

Früher wurde das Eisenkraut als Heilpflanze, vor allem aber als Hexenkraut verwendet. Sie ist ein typischer Kosmopolit. Die übrigen Arten dieser Gattung sind überwiegend nur in Amerika, besonders in der subtropischen Zone, beheimatet. Einige werden in Europa auch als Gartenpflanzen gehalten, wie beispielsweise die *V. peruviana* mit lilaroten Blüten oder die violettblühende *V. rigida*.

Blütendiagramm

Somatische Chromosomenzahl: 2n = 14

Zweikeimblättrige

Blütezeit:
Juli–September

Fruchtform:
Klausen

Waldmeister

Galium odoratum
syn. *Asperula odorata*

Der ausdauernde, 15–30 cm hohe Waldmeister ist in Laubwäldern, vor allem aber in Buchenbeständen, häufig anzutreffen.

Der aufrechte, vierkantige Stengel ist kahl, glatt und mit in sechs- bis neunzähligen Quirlen stehenden, sattgrünen Blättern bewachsen. Die unteren Blätter sind verkehrt-eiförmig-länglich, die oberen länglich-lanzettlich. Sie sind ganzrandig, kahl, am Rand rauh und an der Spitze kurz stachelspitzig. Die Deckblätter sind sehr klein.

Die Kelche bilden einen Rand am Grund der trichterförmigen weißen, bis 6 mm langen und in vier Zipfel gespaltenen Kronen. Die Bestäubung besorgen Insekten. Die Frucht ist hakig-stachelig.

Wegen ihres hohen Kumaringehalts ist sie eine sehr wertvolle Gewürzpflanze, die auch angewelkt nach diesem Stoff duftet. Die sog. „Maibowle" soll unter anderem auch junge Waldmeisterblätter enthalten, die einen charakteristischen Geruch haben. Wegen ihres angenehmen Duftes wurden auch getrocknete Pflanzen zwischen die Wäsche gelegt.

In den meisten älteren Handbüchern wird die Pflanze nach der von Linné vorgenommenen Einordnung unter der Gattung *Asperula* geführt. Heute werden wesentlich andere Merkmale zur Abgrenzung der Gattungen *Galium* und *Asperula* herangezogen: die Anzahl der Blattnerven und der Blätter im Quirl sowie die Kronröhrenlänge. Nach diesen Merkmalen beurteilt, gehört der Waldmeister zur Gattung *Galium*.

Somatische Chromosomenzahl: 2n = 44

Zweikeimblättrige

Blütezeit:
Mai Juni

Fruchtform:
zwei Teilfrüchte

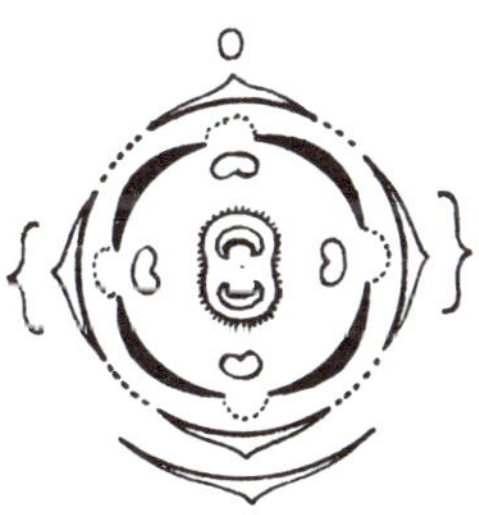

Blütendiagramm

Blatt

Echtes Labkraut

Galium verum

Die 30–60 cm hoch werdende Pflanze ist häufig an trockenen Standorten, auf Wiesen, Weiden, an wärmeliebenden Hängen, Säumen und Trockengebüschrändern zu finden.

Aus dem kriechenden Wurzelstock wachsen aufrechte oder aufsteigende, rundliche Stengel, die kahl oder kurz flaumig sind und vier dünne Leisten haben. Die Blätter stehen in acht- bis zwölfzähligen Quirlen, sind schmal-linealisch, spitz, am Rand zurückgerollt. Ihre Oberseiten sind dunkelgrün, die Unterseiten filzig mit hervorstehendem Mittelnerv.

Die Blüten stehen in dichten, endständigen Rispen. Die 2–3 mm breiten, tiefgelben Kronen haben zugespitzte Kronzipfel. Die Blüten duften nach Honig. Die kahlen Früchte sind glatt oder warzig.

Früher wurde die Pflanze bei der Käseerzeugung als milchgerinnendes Mittel verwendet, da sie ein koalgierendes Enzym enthält.

Das Echte Labkraut wird als eine Sammelart angesehen, die in Mitteleuropa zwei Kleinarten umfaßt: die eigentliche *G. verum* mit liegenden, bis aufsteigenden aufrechten Stielen, 1 mm breiten Blättern und dichtem Blütenstand, und die *G. wirtgenii* mit aufrechten Stengeln, 2 mm breiten Blättern und dünnem, lockerstehendem Blütenstand. Die *G. wirtgenii* ist nichtduftend und kommt meist in niederen Lagen vor.

Blüte

Schnitt durch die Blüte

Somatische Chromosomenzahl: 2n = 22, 44

Zweikeimblättrige

Blütezeit:
(Mai) Juni–September

Fruchtform:
zwei Teilfrüchte

Echter Baldrian

Valeriana officinalis
syn. *Valeriana exaltata*

Diese ausdauernde, 30–150 cm hohe Pflanze wächst aus einem unterirdischen, kurz kriechenden, zylindrischen, auffällig riechenden Wurzelstock und ist in Hainen, auf Hochstaudenfluren, Moorwiesen und in nassen Gräben anzutreffen.

Die aufrechten, einfachen, gefurchten Stengel tragen mehrere gefiederte Blattpaare. Die Grundblätter sind gestielt, die oberen sitzend. Die Blüten stehen in meist reichen zymösen Rispen. Die Blütenkronblätter sind hellrosa bis weiß.

Diese Art ist als Heilpflanze bekannt. Gesammelt werden Wurzelstock und Wurzeln, denn sie enthalten die begehrten Wirkstoffe, ätherische Öle, die zur Beruhigung und gegen Krämpfe verwendet werden. Sie haben jedoch auch leicht anregende Wirkung.

Der Baldrian kommt in fast ganz Europa vor, im Süden ist er seltener. Es ist eine Sammelart, die in Kleinarten zerfällt. Die *V. pratensis* ist auf Moorwiesen zu Hause, die *V. officinalis* in Hainen, auf Staudenfluren und in Gräben. Schon ab Mai blüht die *V. wallrothii* (syn. *V. collina*) in lichten Wäldern, an Gebüschsäumen und auf Halden, während die *V. repens* (syn. *V. procurrens*) erst im August auf Hochstaudenfluren und an Säumen der Bergbäche zur Blüte kommt. An Flußufern ist eine weitere, schon ab Mai blühende Baldrianart anzutreffen: die *V. sambucifolia*.

Somatische Chromosomenzahl: 2n = 14, 28, 56

Zweikeimblättrige

Blütezeit:
Juni–September

Fruchtform:
Nüßchen

Wurzelstock mit Wurzeln

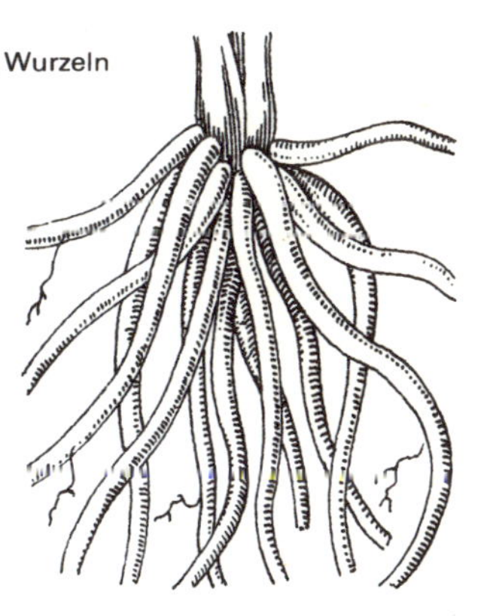

Wilde Karde

Dipsacus sylvestris
syn. *Dipsacus fullonum*

Die Wilde Karde wächst auf feuchten Ruderalstellen und an Ufern; sie ist eine zweijährige, 50–150, manchmal auch bis 200 cm hoch werdende Pflanze mit aufrechtem, kantigem, an den Kanten stacheligem, sonst kahlem, oben zymös verzweigtem Stengel.

Dieser wächst aus der Rosette kurzgestielter Grundblätter, die auf der Oberseite stachelig, an den Rändern bewimpert und an der Unterseite auf der Mittelrippe stachelig sind. Die länglich-lanzettlichen, am Grund paarweise zusammengewachsenen Stengelblätter sind kahl und am Rand stachelig.

Die Blüten bilden eiförmig längliche, 5–8 cm lange Köpfe. Die ungleich großen Spreublätter des Korbbodens sind lineallanzettlich und pfriemlich-stachelig. Die Krone ist blaßviolett, sehr selten aber auch weiß. Die Blüten beginnen von der Kopfmitte aus aufzublühen.

Wahrscheinlich aus der in Mittel-, West- und Südeuropa vorkommenden *D. sylvestris* gezüchtet, entstand die bekannte Weberkarde *(D. sativus)*. Sie ist in Südwesteuropa eine Gartenpflanze, wächst jedoch in Mitteleuropa verwildert aus alten Kulturen. Diese Art hat größere Blütenköpfe, die früher getrocknet und zum Rauhen von Wolltuchen verwendet wurden. Andere Biologen vertreten die Auffassung, daß die Weberkarde von der nur auf Korsika und Sardinien wildwachsenden Art *D. ferox* aus dem Mittelmeerraum stammt.

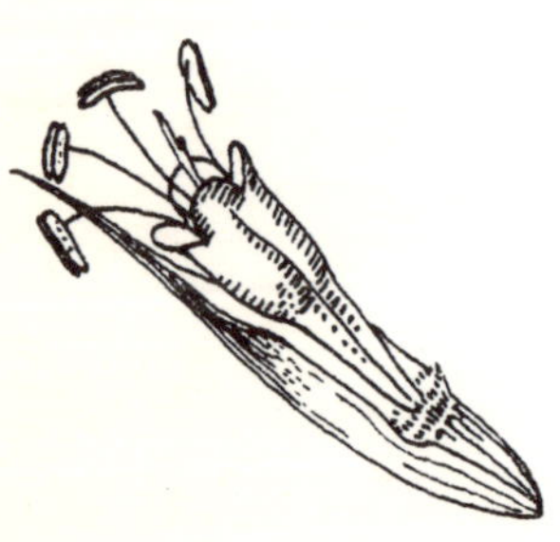

Blüte

Somatische Chromosomenzahl: 2n = 16, 18

Zweikeimblättrige

Blütezeit:
Juli–August

Fruchtform:
Achäne

Ackerwitwenblume

Knautia arvensis

Die Witwenblume wächst in fast ganz Europa auf Feldern, Brachen, Wiesen, Weiden, Weg- und Waldsäumen.

Aus dem verzweigten Wurzelstock erhebt sich ein 30–80 cm hoher, aufrechter Stengel, der einfach oder verzweigt, oben oft kahl ist. Die nichtglänzenden, graugrünen Grundblätter sind breitverkehrtlanzettlich bis -eiförmig, die Stengelblätter leierförmig oder fiederspaltig bis fiederteilig.

Die Blüten stehen in Blütenköpfen auf behaarten, manchmal drüsigen Stielen. Die Köpfe sind entweder zwitterig oder tragen nur weibliche Blüten. Die zwittrigen haben einen Durchmesser von 3–4 cm, die männlichen nur von 15–20 mm. Der Kelch hat acht federartige Borsten; die Krone ist blaulila, seltener rotlila oder gelbweiß. Die Randblüten sind auffallend strahlig. Die borstenhaarigen reifen Achänen sind 5–6 mm lang.

Die äußerst variable Witwenblume umfaßt mehrere Kleinarten. Die eigentliche *K. arvensis* hat bläulich- bis rotlila Blüten und fiederspaltige Stengelblätter; sie kommt auf Wiesen, Waldrändern und Brachäckern vor.

Die *K. kitaibelii* blüht gelbweiß und hat ungeteilte oder nur wenig geteilte Blätter. Sie wächst auf Wiesen, Wegsäumen, an Waldrändern und Eisenbahndämmen.

Die *K. pannonica* bringt blauviolette Blüten hervor, ist graufilzig und hat auffällig fiederteilige Blätter mit feinen Blattspreitenabschnitten.

Somatische Chromosomenzahl: 2n = 20, 40

Zweikeimblättrige

Blütezeit:
Mai–August

Fruchtform:
Achäne

mittlere Blüte

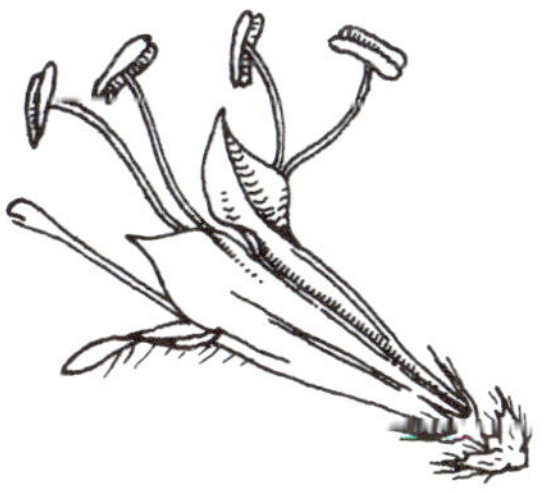

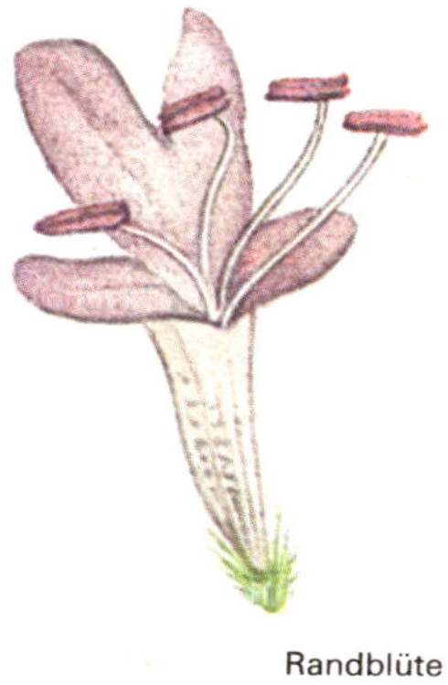

Randblüte

Gelbe Skabiose

Scabiosa ochroleuca

Wir finden diese 30–80 cm hohe, zweijährige bis ausdauernde Pflanze an wärmeliebenden Hängen und auf Trockenruderalstellen.

Die aufrechten, in der Regel in einer Hälfte verzweigten Stengel sind oben behaart und tragen zwei bis fünf Blattpaare. Die Blätter sind leierförmig-fiederspaltig.

Die Blüten stehen in langgestielten, 15–35 mm großen Köpfen mit lineallanzettlichen Hüllblättern, die kürzer sind als die Blüten. Der Kelch hat einen häutigen Rand und bis 6 mm lange Borsten. Die Kronblätter sind blaßgelb, die Achänen tief gefurcht und verstreut behaart.

Auf dem Balkan wachsen der Gelben Skabiose sehr ähnliche Arten: die *S. webbiana.* Nahezu ohne Kelchborsten ist die *S. fumarioides;* die *S. balcanica* mit fast kahlen Blättern und die filzig-blättrige *S. triniifolia* dagegen hat Kelchborsten, die fünfmal länger sind als die Krone.

Eine südeuropäische Skabiose ist wegen ihrer großen, häufig dunkelpurpurnen Blüten eine beliebte Zierpflanze: die Samtblume *(S. atropurpurea)* mit den dunkelsten Blüten aller in Europa vorkommenden Pflanzen.

Bei keinem Vertreter der Kardengewächse ist der Kelchrand der Achäne so auffällig wie bei dem der Skabiosen. Da bei ihnen die langen Borsten bei Trockenwetter abstehend ausgebreitet stehen, sind sie der Windverbreitung auf große Entfernungen ausgeliefert, ähnlich wie die Haarkronenfrüchte der Korbblütengewächse.

Blüte mit Kelch und Hüllkelch

Somatische Chromosomenzahl: 2n = 16

Zweikeimblättrige

Blütezeit:
Juli–Oktober

Fruchtform:
Achäne

Pfirsichblättrige Glockenblume

Campanula persicifolia

Diese herrliche Glockenblume ist in Hainen, lichten Wäldern, an Waldsäumen und in Gebüschen anzutreffen.

Aus dem Wurzelstock wächst ein 30–100 cm hoher, einfacher, spärlich beblätterter und aufrechter Stengel. Die Blattoberseiten sind tiefgrün, die unteren heller. Die Grundblätter sind länglich-eiförmig bis verkehrt-lanzettlich, fein gekerbt bis fast ganzrandig, an den Spreitenrändern mehr oder weniger bewimpert. Die Blätter im mittleren und oberen Stengelteil sind schmal-lanzettlich bis linealisch und im Unterschied zu den kurzgestielten Grundblättern am Stengel sitzend.

Die Blüten wachsen einzeln und an kurzen Stielen in den Achseln kleiner Deckblätter und bilden eine einfache, mehr oder weniger einseitige Traube. Die Kelchzipfel sind länglich-linealisch und erreichen nur ein Drittel oder die Hälfte der Blütenkronlänge. Später sind sie gespreizt. Die fünfzählige Krone ist breit weitglockig und etwa bis zu einen Drittel in rundlich-eiförmige, zugespitzte Zipfel gespalten. Sie ist strahlend blaulila, sehr selten bis weiß. Die Bestäubung besorgen Insekten. Der unterständige Fruchtknoten entwickelt sich zu einer Kapsel, die sich mit drei Löchern öffnet.

Die Art ist nahezu auf dem ganzen europäischen Kontinent anzutreffen, fehlt aber in Großbritannien, Irland und auf anderen Inseln.

Somatische Chromosomenzahl: 2n = 16

Zweikeimblättrige

Blütezeit:
Juni–September

Fruchtform:
Kapsel

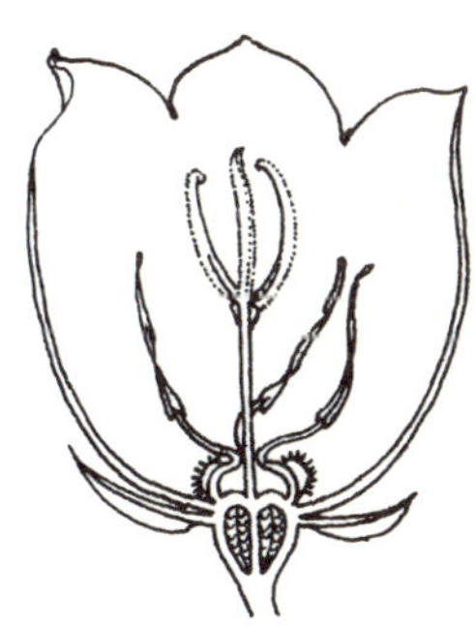

Schnitt durch die Blüte

Ackerglockenblume

Campanula rapunculoides

Diese 20–100 cm hohe, ausdauernde Pflanze wächst in Wäldern, an deren Säumen, in Gebüschen, auf Brachen und an Wegrändern.

Aus dem kriechenden Wurzelstock erhebt sich ein aufrechter, unverzweigter Stengel, der stumpfkantig, kahl oder nur kurz behaart ist. Die langgestielten Grundblätter sind herzförmig-länglich, die unteren Stengelblätter kurzgestielt und eiförmig-länglich. Die übrigen sind mehr oder weniger sitzend, eiförmig bis lanzettlich. Alle Blätter haben eine kurze Behaarung, sind auf den Oberseiten gewöhnlich verkahlt und stumpf-spitz gekerbt. Wenn die Pflanze blüht, sind die Grundblätter bereits abgestorben.

Der Blütenstand ist einseitig schmal traubig. Die einzelnen Blüten sind kurzgestielt und wachsen in Deckblattachseln. Die Kelchzipfel sind länglich-linealisch und zurückgebogen. Die glockige Krone ist fast viermal länger als der Kelch, blaulila, selten weiß und etwa bis zur Hälfte in fünf unbehaarte Zipfel gespalten. Die Fruchtkapseln öffnen sich mit drei Löchern.

Der lateinische Artname ist von *C. rapunculus*, also von der Rapunzelglockenblume, abgeleitet, die wegen der rübenförmig verdickten Wurzel ihren Namen zu Recht trägt (lat. „rapa" = kleine Rübe). Weshalb aber die Ackerglockenblume diesen lateinischen Namen bekam, ist ein Rätsel, denn sie ähnelt weder in ihrer Wurzel noch in Blüte oder anderen Merkmalen der Rapunzelglockenblume.

Blütendiagramm

Somatische Chromosomenzahl: 2n = 68, 102

Zweikeimblättrige

Blütezeit:
Juni–September

Fruchtform:
Kapsel

Wiesenglockenblume

Campanula patula

Die 15–60 cm hohe, zweijährige bis ausdauernde Glockenblume ist auf Wiesen und an Gebüschrändern anzutreffen.

Die aufrechten oder kurz aufsteigenden Stengel sind kantig und tragen länglich-elliptische oder länglich-eiförmige Blätter. Während die rundlich-eiförmigen Blätter kurzgestielt sind, wachsen die Stengelblätter sitzend. Sie gehen allmählich in Deckblätter über.

Die langgestielten Blüten bilden eine lockere, schirmartige Rispe. Die Kelchzipfel sind lanzettlich bis lineal-pfriemlich und erreichen etwa die halbe Kronenlänge. Die Krone ist trichterförmig, bis 35 mm lang und blaß- bis dunkelblau. Sehr selten sind weißblühende Exemplare anzutreffen. Die Krone ist etwa bis zur Hälfte in länglich-eiförmige, zugespitzte und kahle Zipfel gespalten. Die Kapsel öffnet sich mit drei Löchern.

Die Wiesenglockenblume ist für die europäische Bergflora typisch, fehlt aber in den nordwestlichen und südlichen Gebieten. In den einzelnen Bergmassiven bildet sie standorteigene Unterarten.

Die verwandte Rapunzelglockenblume *(C. rapunculus)* hat eine rübenartig verdickte Wurzel, aus der früher besonders gern in einigen Klöstern Salat zubereitet wurde. Diese Art ist in einem Gebiet südlich der Linie Holland – Polen verbreitet, wurde früher aber besonders im Mittelmeerraum angebaut.

Somatische Chromosomenzahl: 2n = 20

Zweikeimblättrige

Blütezeit:
Juni–Juli

Fruchtform
Kapsel

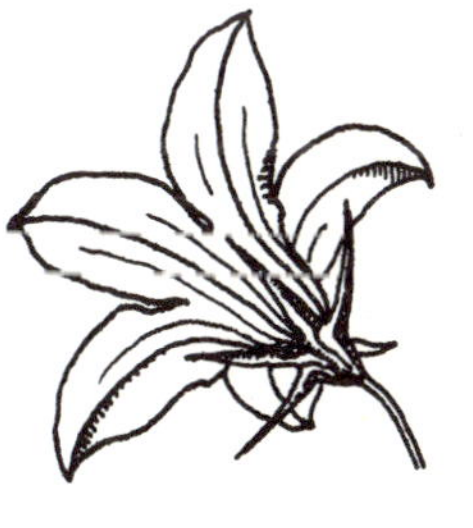

Blüte mit tiefgespaltenen Kronlappen

Bergjasione, Bergsandköpfchen

Jasione montana

Diese 10–60 cm hohe, immer auf ungekalkten, sauren Böden wachsende Pflanze kommt auf Weiden mit Sandtrockenrasen, sandigen Mooren und in trockenen Kiefernwäldern vor.

Die zweijährige Bergjasione hat in der Regel aufrechte, entweder einfache oder häufiger verzweigte Stengel mit unterschiedlicher Beblätterung. Die Grundblätter sind stumpf, länglich-lanzettlich und während der Blütezeit gewöhnlich bereits abgestorben. Die unteren Stengelblätter sind länglich, die mittleren und oberen lanzettlich; alle sind ungestielt. Die Blattspreiten haben einen wellig geschweiften und fein gezähnten Rand.

Die Blüten stehen in endständigen, runden, bis 15 mm breiten Köpfen. Die Spreublätter sind eiförmig, die Kelchzipfel linealisch. Die nur 15 mm lange Krone ist hellviolett, nur sehr selten weiß. Sie ist bis zum Grund in linealische Zipfel geteilt. Die reife Fruchtkapsel ist kugelig.

Die Vorkommen der Bergjasione liegen in fast ganz Europa, aber auch in Nordafrika und Kleinasien. Sie ist sehr variabel.

Einen vollkommen anderen Habitus hat die Ausdauernde Jasione *(J. laevis,* syn. *J. perennis).* Ihre Blätter sind am Rand weder gewellt noch geschweift. Die Pflanze hat jedoch Stengelausläufer und bis 30 mm breite Blütenköpfe. Diese westeuropäische Art ist auf sandigen und rasigen Stellen anzutreffen und meidet ebenfalls kalkhaltige Böden.

Blüte

Somatische Chromosomenzahl: 2n = 12

Zweikeimblättrige

Blütezeit:
Juni–August

Fruchtform:
Kapsel

Gemeine Wegwarte, Zichorie

Cichorium intybus

Die 50–150 cm hohe, ausdauernde Wegwarte wächst an Wegrändern, auf Brachen und Ruderalstellen.

Die steifen Stengel sind aufrecht, kantig und gespreizt verzweigt. Die Grundrosettenblätter sind gestielt, schrotsägeförmig lappig und an der Unterseite mehr oder weniger borstig behaart. Die unteren Stengelblätter ähneln denen der Rosette, sind aber sitzend. Die Blätter im oberen Stengelteil sind länglich bis lanzettlich. Bei Verletzungen fließt weiße Milch aus der Pflanze.

Die Blüten stehen in bis 40 mm breiten Köpfchen, sind ausschließlich zungenförmig und entfalten sich nur vormittags. Die äußeren Hüllblätter sind eiförmig, abstehend und kürzer als die geraden inneren Hüllblätter. Die Kronen sind leuchtendblau, sehr selten kommen auch weiße oder rosenrote Exemplare vor. Die Achänen sind borstig gesäumt.

Die subsp. *sativum* wird gewöhnlich wegen ihrer fleischigen, als Kaffeezusatz (Zichorie) dienenden Wurzeln angebaut.

Die wilden, zur subsp. *intybus* gehörenden Pflanzen haben eine harte Wurzel.

Zur Verwandtschaft der Gemeinen Wegwarte gehört die Endivie *(C. endivia)*, deren ausgebleichte Blätter in den Mittelmeergebieten, besonders in Südfrankreich und Italien, zu Salat verwendet werden.

Somatische Chromosomenzahl: 2n = 18

Zweikeimblättrige

Blütezeit:
Juli–Oktober

Fruchtform:
Achäne

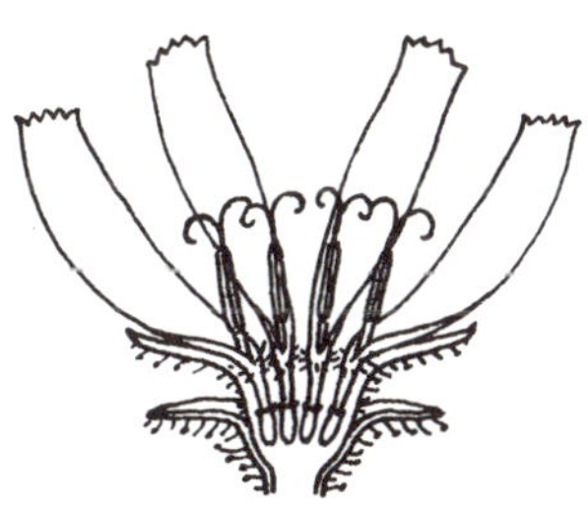

schematischer Schnitt durch den Korb der Vertreter der Unterfamilie *Cichorioideae*

Wurzel

Kleines Habichtskraut

Hieracium pilosella
syn. *Pilosella officinarum*

Das 5–30 cm hoch werdende, ausdauernde Habichtskraut kommt auf Trockenwiesen, Weiden, Parkrasen und Heiden vor.

Die Grundrosette hat lanzettliche bis verkehrt-eiförmige Blätter mit grüner bis graufilziger Oberseite und immer weißfilziger Unterseite. Aus der Grundblattrosette wächst der aufrechte, blattlose Blütenstengel. Die Pflanze bildet dünne, lange Ausläufer mit lang behaarten bis weißfilzigen spärlich stehenden, allmählich kleiner werdenden Blättern.

Der Stengel trägt ein einziges endständiges Blütenköpfchen, ausnahmsweise auch zwei. Die Hülle ist breit eiförmig und filzig. Die Kronblätter sind gelb, die Randblüten haben außen rosarote Streifen. Das Habichtskraut ist eine vollständig selbständige Hauptart, hat keine Kleinarten oder Unterarten und bildet nur vereinzelt einige sog. Zwischenarten.

Das Kleine Habichtskraut ist in fast ganz Europ heimisch, ausgenommen einige Inseln wie die Azoren, Island, Kreta u. a.

Obzwar Habichtskraut auf jeder Wiese anzutreffen ist, genießt es, im Unterschied zu anderen Korbblütengewächsen, keine Wertschätzung als Futterpflanze und wird vielmehr als lästiges Unkraut angesen, da es mit seinen auf dem Boden liegenden Rosetten der Grundblätter sowie den blättrigen Ausläufern das Wachstum wertvoller Futterpflanzen behindert.

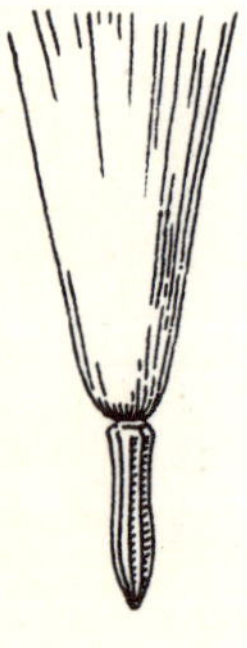

Achäne

Somatische Chromosomenzahl: 2n = 18, 27, 36, 45, 54, 63

Zweikeimblättrige

Blütezeit:
Mai–Oktober

Fruchtform:
Achäne

Orangerotes Habichtskraut

Hieracium aurantiacum

Dieses ausdauernde, auf Bergwiesen vorkommende Kraut wächst aus einem Wurzelstock, der zahlreiche geschuppte unterirdische und beblätterte oberirdische Ausläufer bildet. Die aufrechten oder aufsteigenden Stengel werden 20–40 cm hoch.

Die lanzettlichen oder spateligen Grundblätter sitzen in einer Rosette, haben ganzrandige oder nur schwach gezähnte und weiche, tiefgrüne Blattspreiten. Gewöhnlich hat die Pflanze vier Stengelblätter, die zerstreut behaart und spärlich drüsig sind. Der Stengel trägt bis zu zwölf Blütenkörbchen, von denen das in der Mitte stehende gewöhnlich die niedrigste Lage im Blütenstand hat. Es handelt sich um eines der wenigen Habichtskräuter, die orangerote Blüten bilden. Die Blütenstiele sind schwarz und abstehend behaart, die Hüllblätter sind dunkel bis schwärzlich und hell gesäumt.

Die somatische Chromosomenzahl ist ziemlich veränderlich. Das Orangerote Habichtskraut bildet häufig mit anderen Berghabichtskräutern Zwischenarten. Obwohl es nicht zu den variabelsten Arten gehört, werden gewöhnlich Unterarten unterschieden, beispielsweise die subsp. *carpaticola* mit etwa um die Hälfte kürzeren Hüllblättern und anderen abweichenden Merkmalen. Diese und die nominell gleiche Unterart sind in Mittel- und Nordeuropa heimisch.

Schema der Unterschiede zwischen zwei Untergattungen der Gattung *Hieracium*:
A: *Pilosella* – die Rippen der Achänen unter dem Haarkranz enden mit zahnartigen Vorsprüngen,
B: *Hieracium* – Rippen gehen in einen schmalen Wall ohne Zähne über

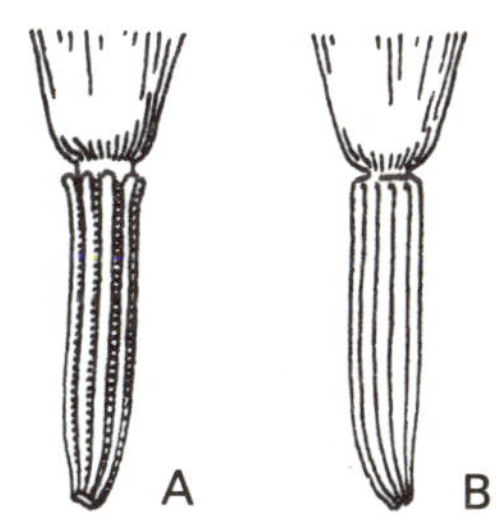

Somatische Chromosomenzahl: 2n = 27, 36, 45, 54, 63

Zweikeimblättrige

Blütezeit:
Juli–August

Fruchtform:
Achäne

Gemeine Kuhblume, Gemeiner Löwenzahn

Taraxacum officinale
syn. *Taraxacum vulgare*

Der Löwenzahn wächst als 10–50 cm hohes, ausdauerndes Kraut und ist auf Wiesen, Weiden und Feldern, aber auch auf Ruderalstellen und auf Dünen zu finden.

Die in einer Rosette stehenden Grundblätter sind verkehrt-eiförmig bis schmal-lanzettlich, meist tief eingeschnitten, schrotsägeförmig gelappt. Die Blattspreiten gehen gewöhnlich plötzlich in einen Stiel über. Der Schaft ist kahl oder dünn, wollig und hohl. Wird er abgerissen oder verletzt, rinnt weiße Milch heraus.

Der Schaft endet in einem Blütenköpfchen mit dunkel- oder tiefgrüner Hülle und satt- oder blaßgelber, selten auch orangegelber Krone. Die reifen Früchte – braune Achänen – sind glatt oder in der oberen Hälfte mit dichten Höckern besetzt, die in einem langen Schnabel enden. Der Haarkranz ist weiß.

Zu dieser Art gehören annähernd 150, nicht immer leicht erkennbare Kleinarten, die das Studium der Art sehr schwierig machen. Die Bestimmung ist sehr kompliziert, das um so mehr, als nicht einmal die Verbreitung dieser Mikrospezies ausreichend bekannt ist.

Die Schwielenkuhblume *(T. laevigatum)* hat hellgelbe, am Grund häufig rötlich angelaufende Kronen, weiß gesäumte Hüllblätter und rotbraune Achänen. Ihre Standorte sind wärmeliebende, trockene Hänge und Rasen, Felsen und Sande.

bestachelte Achäne

Somatische Chromosomenzahl: 2n = 16–18, 20, 23–26, 32, 36, 37

Zweikeimblättrige

Blütezeit:
April–September

Fruchtform:
Achäne

Kohlgänsedistel

Sonchus oleraceus

Man findet diese 50–100 cm hoch werdende, einjährige Pflanze auf Feldern, Brachen und Ruderalstellen. Ihre Stengel sind aufrecht, kahl und hohl, die kleinen Blätter weich und graugrün.

Die in einen breitgeflügelten Stiel verschmälerten Blattspreiten sind länglich-eiförmig, ungeteilt oder schrotsägig-fiederspaltig. Die Stengelblätter sind am Grund pfeilförmig stengelumfassend und haben vorgestreckte, spitze Öhrchen. Sonst sind die Blätter stachlig gezähnt.

Die Blüten bilden einen einfachen oder schirmrispigen Blütenstand. Die Blütenstiele unter dem Körbchen sind schwach verdickt, die Hülle eiförmig-walzig, in der Mitte stark verschmälert. Die Kronen sind tief- oder blaßgelb, außen manchmal violett oder braun gestreift. Sehr selten sind Einzelpflanzen mit weißen Blüten zu finden. Die reifen Achänen sind 3 mm lang, braun, quergerunzelt und schwach dreikantig. Wird die Pflanze verletzt oder abgerissen, rinnt weiße Milch aus der Wunde.

In ihrem Aussehen ist die Rauhe Gänsedistel *(S. asper)* der Kohlgänsedistel sehr ähnlich, unterscheidet sich von dieser aber durch ihre abgerundeten Öhrchen und die deutlich niedrigere somatische Chromosomenzahl: 2n = 18.

Beide Arten kommen in Europa, Nordwestastien und Nordafrika vor.

Somatische Chromosomenzahl: 2n = 32

Zweikeimblättrige

Blütezeit:
Juni–Oktober

Fruchtform:
Achäne

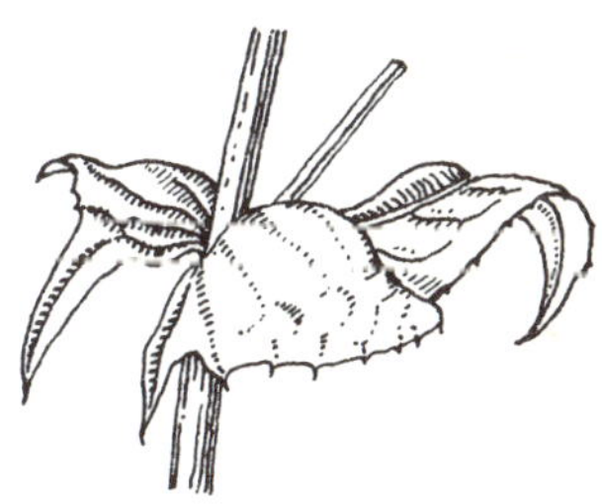

Blattgrund mit Öhren

Wiesenbocksbart

Tragopogon pratensis

Der 30–60 cm hohe, zweijährige bis ausdauernde Bocksbart kommt auf Wiesen und Weiden vor.

Er hat einen einfachen oder wenig verzweigten Stengel. Die Blätter sind mit ihrem breiten Grund stengelumfassend und verschmälern und verlängern sich allmählich in lineal-lanzettliche Hochblätter.

Der Schaft ist dicht unter der Hülle ein wenig verdickt. Die Hülle ist bis 30 mm lang und besteht aus acht bis zehn lanzettlichen, weißlichgrün gerandeten Hüllblättern, die genauso lang sind wie die Körbchenblüten. Die Krone besteht nur aus schwefelgelben Zungenkronblättern. Die Staubblätter haben zweifarbige Staubbeutel: in der unteren Hälfte sind sie gelb, in der oberen schwarzviolett. Die Achänen sind bis 20 mm lang und haben einen gleichlangen Schnabel. Der Haarkranz ist schmutzigweiß, aufrecht und wird aus miteinander verwobenen federartigen Strahlen gebildet.

Der Bocksbart wächst in fast ganz Europa und stellt sich im Hinblick auf die Größe des Verbreitungsgebietes in einigen Unterarten vor. Die gleichnamige subsp. *pratensis* kommt in ganz Europa vor, die in West- und Mitteleuropa heimische subsp. *minor* hat Hüllblätter, die etwa zweimal länger sind als die Zungenblüten und häufig einen rötlichen Rand haben. In Mittel- und Osteuropa wird sie oft durch die subsp. *orientalis* abgelöst, deren Zungenblüten goldgelb und deren Achänenschnabel kürzer sind als die Achäne.

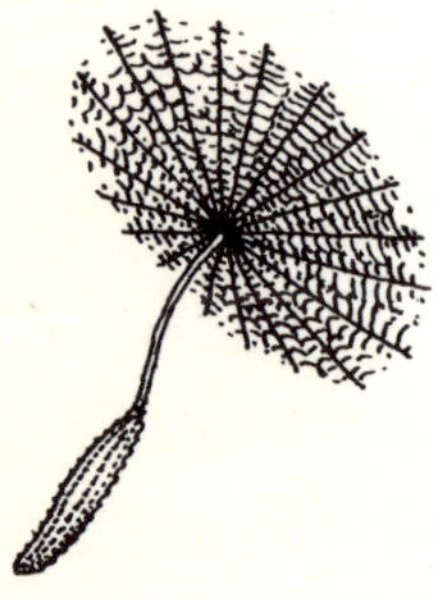

Achäne mit Haarkranz

Somatische Chromosomenzahl: 2n = 12

Zweikeimblättrige

Blütezeit:
Mai–August

Fruchtform:
Achäne

Weicher Pippau

Crepis mollis

Der 30–90 cm hohe, ausdauernde Weiche Pippau wächst auf nassen Wiesen und in den Bergen.

Aus dem schwarzen Wurzelstock entwickelt sich der aufrechte und beblätterte Stengel, der gewöhnlich kahl ist, aber auch wie die Blätter behaart sein kann. Die Blätter sind weich, ganzrandig oder flach und in Abständen gezähnt. Die unteren Blätter sind elliptisch bis eiförmig verlängert und gestielt, die Blätter im Mittelteil sind länglich und mit dem rundlichen oder schwach herzförmigen Grund stengelumfassend. Die höchsten sind lineal-lanzettlich.

Der Stengel bildet oben eine dünne Doldentraube, die aus bis 35 mm breiten Blütenköpfchen besteht. Die zweireihige Hülle ist schwärzlich-grün und mit Sternhaaren und Drüsen besetzt. Die Kronen sind gelb und fast doppelt so lang wie die Hüllblätter. Die Achäne hat zwanzig glatte Rippen, der Pappus ist reinweiß, weich und biegsam.

Bei dieser meist in Mittel- und Südeuropa verbreiteten Art werden drei Unterarten unterschieden: die subsp. *mollis* auf Bergwiesen und Hochstaudenfluren, die subsp. *succisifolia* an Ufern, Quellen und in feuchten Gebüschen und die subsp. *velenovskyi,* die wahrscheinlich nur im Mittelelbgebiet vorkommt. Die einzelnen Unterarten unterscheiden sich durch ihre Behaarung, Blatt- und Köpfchenstielformen.

Somatische Chromosomenzahl: 2n = 12

Zweikeimblättrige

Blütezeit:
Juni–August

Fruchtform:
Achäne

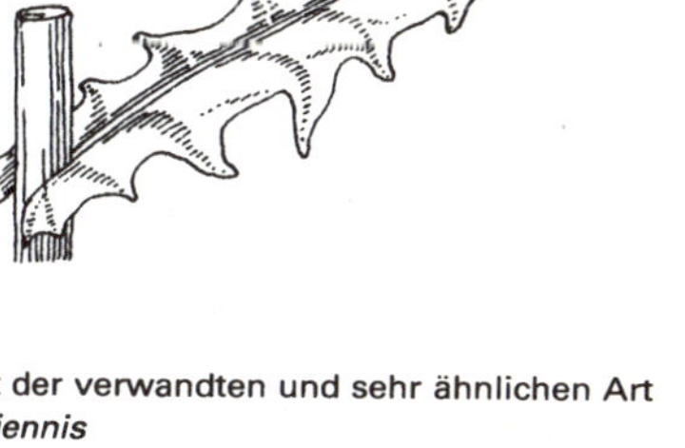

Blatt der verwandten und sehr ähnlichen Art
C. biennis

Gemeine Goldrute

Solidago virgaurea

Diese ausdauernde, (5)–20–100 cm hohe Pflanze ist an Waldrändern, auf Waldlichtungen, Heiden und anderen krautbewachsenen Stellen anzutreffen.

Der aufrechte Stengel ist kahl oder verstreut behaart und ganz beblättert. Die Grundblätter haben eiförmige bis elliptische, keilförmig in einen langen Stiel verschmälerte, sägezähnige Blattspreiten; die höherstehenden Blätter sind lanzettlich und sitzend.

Die Köpfchen sind 10–20 mm breit, die Hülle ist zylindrisch. Die länglichen Hüllblätter sind zugespitzt und kahl. Die goldgelben Blüten haben in der Mitte Röhrenblüten, die kürzer sind als die Hülle, und randständige Zungenblüten, die wesentlich länger sind als diese. Die Achäne ist 3–4 mm lang und behaart.

Bei dieser Art werden zwei Unterarten unterschieden: die gleichnamige, Waldstandorte bevorzugende subsp. *virgaurea* mit 10–15 mm breiten, in dichten Trauben stehenden Köpfchen, und die subsp. *minuta,* die nur 5–25 cm hoch wird, 15–20 mm breite Köpfchen hat und in einfachen oder nur wenig verzweigten, rispigen Blütenständen wächst. Ihre Vorkommen sind Bergwiesen, Felsen im Latschenkiefernbereich und ähnliche Standorte in über 2500 m ü. M.

Aus Nordamerika kommt die wegen ihres Aussehens in ganz Europa als Zierpflanze häufige Kanadische Goldrute *(S. canadensis).*

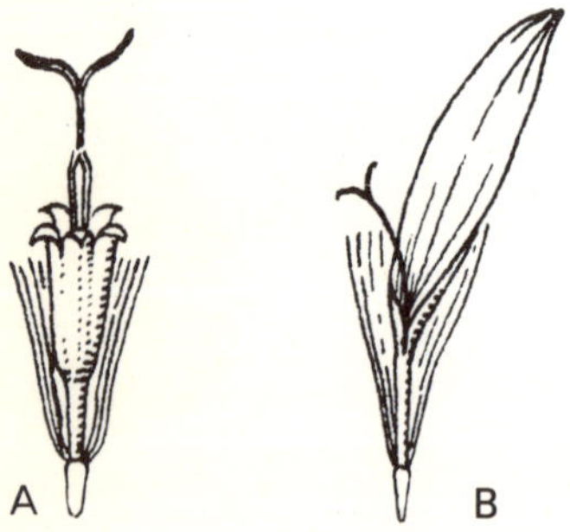

A: Mittelblüte, B: Randzungenblüte

Somatische Chromosomenzahl: 2n = 18

Zweikeimblättrige

Blütezeit:
Juli–Oktober

Fruchtform:
Achäne

Ausdauerndes Gänseblümchen, Maßliebchen

Bellis perennis

Die Vorkommen unserer häufigsten wilden Pflanze, des Gänseblümchens, sind Wiesen, Weiden und Rasen.

Der 5–15 cm hohe Schaft trägt ein einziges Blütenköpfchen, das annähernd 15 mm breit wird. Der Korbboden ist kegelig und hohl, die halbkugelige Hülle doppelreihig. In der Mitte des Korbes stehen gelbe, zweigeschlechtige Röhrenblüten, eingefaßt von den randständigen, weißen, manchmal am Grund rosen- bis purpurroten weiblichen Zungenblüten. Charakteristisch für diese Art ist, daß ihr auch Fröste bis zu −15 °C nichts anhaben können. Die reife Achäne ist etwa 1 mm lang, glatt und ohne Pappus.

Das Gänseblümchen wird in der Volksheilkunde gewöhnlich zur Teebereitung verwendet.

Es kommt in fast ganz Europa vor; auf die Nordseeinseln wurde es eingeschleppt und dann ähnlich wie in Norwegen, Schweden und auf den Azoren heimisch. In Südeuropa wächst die *B. sylvestris,* die vom Ausdauernden Gänseblümchen erst nach der Ermittlung ihrer Chromosomenzahl unterschieden werden kann (2n = 36, [54]). Beide Arten werden oft als Zierpflanzen gehalten. Dadurch entstand eine ganze Reihe von Pflanzen, die sich in Größe der Köpfchen, Zungenblüten und ihrer Farbe unterscheiden. Zahlreiche Sorten sind vollblühend.

Somatische Chromosomenzahl: 2n = 18

Zweikeimblättrige

Blütezeit:
März–November

Fruchtform:
Achäne

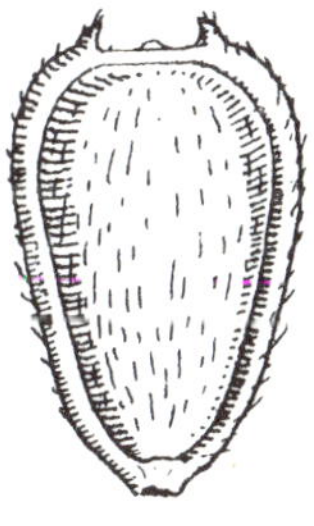

Achäne

geschlossene Blüte

Alpenaster

Aster alpinus

Auf Kalkstein-, Basalt- und Phonolithfelsen sowie an wärmeliebenden, rasenbewachsenen Steinhängen aller mitteleuropäischen Gebirgs- und Vorgebirgsregionen, in den Alpen, auch manchmal auf Granitfluren, regelmäßig in der montanen bis alpinen Stufe, ist die ausdauernde, nur bis 20 cm hohe Alpenaster anzutreffen.

Ihre gewöhnlich aufrechten, manchmal aber auch aufsteigenden Stengel sind beblättert, unverzweigt und gewöhnlich einköpfig. Die Grundblätter sind spatelig und kurzgestielt, die Stengelblätter bis länglich-lanzettlich und nur mit dem verschmälerten Grund sitzend. Die Blattspreiten sind ganzrandig und dreinervig.

Das große Blütenköpfchen ist fast 5 cm breit und hat krautige, lanzettliche und randgewimperte Hüllblätter. Die Scheibenblüten sind goldgelb. Die bis 40 randständigen Zungenblüten mit über 2 cm langen Kronen zeigen eine bläuliche oder rosaviolette Farbe, ausnahmsweise sind sie auch weißlich. Die Fruchtknoten reifen zu Achänen mit zweireihigem Pappus aus kleinen, rauhen Strahlen.

Die Alpenaster ist von Mitteldeutschland und Südpolen bis zu den Pyrenäen, zum Balkan und zum Kaukasus anzutreffen.

Es ist eine beliebte Gartenpflanze, die in zahlreichen Sorten in Steingärten gepflanzt wird und sehr häufig verwildert. Stellenweise ist sie auch in niedrigeren Regionen heimisch geworden.

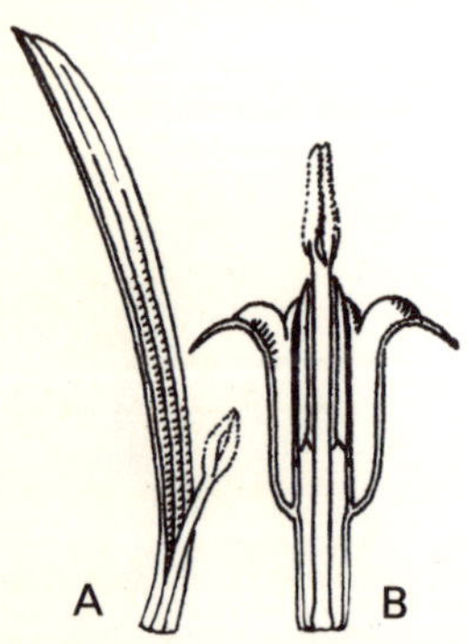

A: Schnitt durch die Zungenkrone
B: Schnitt durch die Röhrenkrone

Somatische Chromosomenzahl: 2n = 18, 36

Zweikeimblättrige

Blütezeit:
Juli–August

Fruchtform:
Achäne

Gemeines Katzenpfötchen

Antennaria dioica

Das 5–20 cm hohe, ausdauernde Katzenpfötchen ist in lichten Wäldern, auf Heiden und Weiden zu finden.

Der kriechende Wurzelstock, aus dem die seidig-graufilzige Pflanze wächst, hat oberirdische kriechende, beblätterte Ausläufer. Die aufrechten Stengel verzweigen sich kurz unter dem Blütenstand. Die Blätter der Ausläufer sind spatelig, die der Stengel lanzettlich, die Hochblätter linealisch und zugespitzt. Die Oberseite der Blattspreiten ist gewöhnlich kahl und grün, die Unterseite seidig-graufilzig.

In der endständigen Schirmrispe stehen 3–13 Köpfchen. Die dachförmigen Hüllblätter sind bei zweigeschlechtigen Köpfchen weiß oder rosarot, stumpf und kürzer als die Blüten. Bei weiblichen Köpfchen sind sie rosa bis rotviolett, manchmal auch weiß, zugespitzt und länger als die Blüten. Die Blütenköpfchen unterscheiden sich durch die Farbe der Röhrenblüten: die zweigeschlechtigen sind blaßgelb oder rötlich mit rötlichem Pappus, die weiblichen sind rosa bis rot mit weißem Pappus. Nach der Befruchtung entwickelt sich eine sehr kurze, nur 1 mm lange Achäne.

Das Gemeine Katzenpfötchen wurde als Medizinpflanze verwendet.

Es wächst fast in ganz Europa, aber im Süden nur stellenweise in den Bergen. In den Karpaten und den Pyrenäen ist die verwandte Art A. *carpatica* heimisch.

Somatische Chromosomenzahl: 2n = 28

Zweikeimblättrige

Blütezeit:
Mai–Juli

Fruchtform:
Achäne

zwittrige Blüte

Blütenkorb der weiblichen Pflanze

Waldruhrkraut

Gnaphalium sylvaticum

Das Ruhrkraut ist in lichten Wäldern, auf Kahlschlägen, Waldlichtungen und an Waldrändern anzutreffen.

Es ist ausdauernd, graufilzig und entwickelt aus dem kurzen Wurzelstock einen 20–40 cm hohen, aufrechten und rutenförmigen Stengel. Er ist dicht mit oberseitig schwach flaumig bis kahlen, unterseitig graufilzigen Blättern bewachsen. Die Grundblätter sind lanzettlich, ganzrandig und zugespitzt, einnervig und kurz gestielt. Die Stengelblätter sind schmal lanzettlich bis linealisch, ebenfalls einnervig und werden nach oben zu kleiner.

Der ährenartige Blütenstand ist aus 2–8köpfigen Knäueln zusammengesetzt, die in den Achseln der lanzettlichen Hochblätter entspringen. Die Hüllblätter haben einen breiten, blassen Hautrand mit unter der Spitze braunem Fleck. Die äußeren Hüllblätter sind leicht gewellt. Das Köpfchen besteht aus blaßbraunen Röhrenblüten, von denen nur 3–4 mittelständig und zweigeschlechtig sind. Die 70 Randblüten stehen mehrreihig und sind nur weiblich. Die 1,5 mm lange Achäne ist behaart.

Das verwandte Norwegische Ruhrkraut *(G. norvegicum)* hat deutlich dreinervige bis schwach fünfnervige Stengelblätter. Im Unterschied zum Waldruhrkraut mit rosarotem Pappus ist dieser beim Norwegischen Ruhrkraut weiß.

Beide Arten kommen in fast ganz Europa vor.

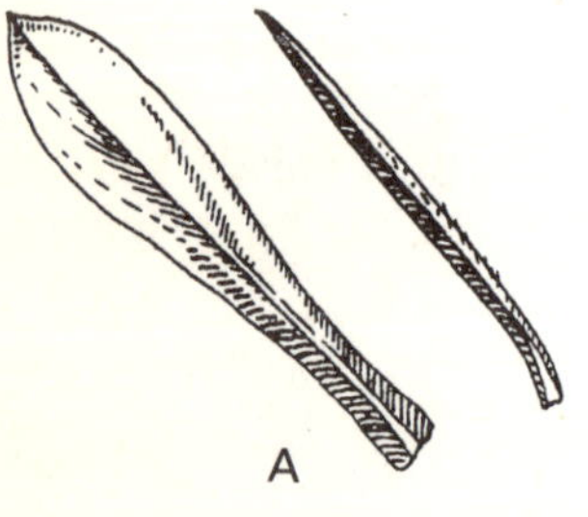

A: Blatt mit Mittelteil des Stengels,
B: die einzelnen Blütenstände stützende Deckblätter

Somatische Chromosomenzahl: 2n = 56

Zweikeimblättrige

Blütezeit:
Juni–September

Fruchtform:
Achäne

Arnika, Bergwohlverleih

Arnica montana

Die ausdauernde, 20–60 cm hohe, kalkmeidende Arnika wächst auf Vorgebirgs- und Gebirgswiesen, Weiden, Heiden, Rasenhängen und Waldlichtungen.

Aus dem schrägen, unterirdischen Wurzelstock wächst eine aus 2–4 cm breiten Grundblättern bestehende Rosette, aus deren Mitte sich der aufrechte, einfache oder wenigästige Stengel erhebt. Er hat zwei, meist jedoch nur ein Paar gegenständige, sitzende Stengelblätter und schließt mit einem großen, 6–8 cm breiten Köpfchen ab, unter dem manchmal zwei weitere Köpfchen wachsen. Die Hülle ist drüsig behaart. Röhren- und Zungenblüten sind dottergelb. Als Frucht entwickelt sich eine Achäne mit blaßgelbem Pappus.

Da die Arnika früher in Mitteleuropa sehr häufig wegen ihrer Blütenköpfe, aber auch wegen der Wurzeln gesammelt wurde, ist sie stellenweise leider völlig ausgerottet worden. In einer Reihe von Ländern ist sie deshalb gesetzlich geschützt.

Ein sehr interessantes Verbreitungsgebiet hat die verwandte arktische *A. angustifolia:* sie wächst in den Nordpolargebieten Nordskandinaviens, Sibiriens, auf Grönland und in der arktischen Region Nordamerikas. Aber auch die im südlichsten Ausläufer des südamerikanischen Kontinents, auf Feuerland, vorkommenden Pflanzen werden als *A. angustifolia* angesehen.

Somatische Chromosomenzahl: 2n = 38

Zweikeimblättrige

Blütezeit:
Juni–August

Fruchtform:
Achäne

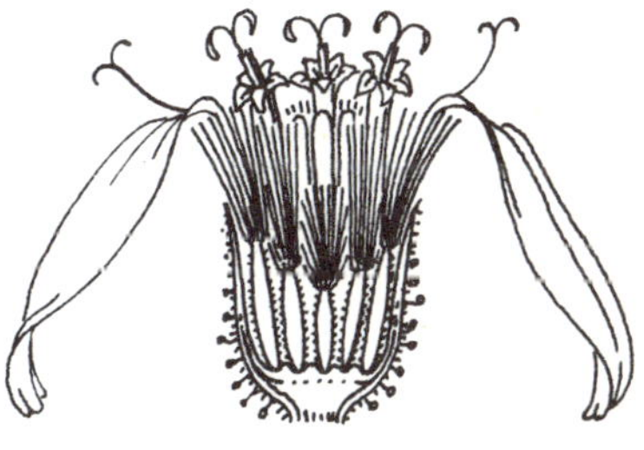

Schematischer Schnitt durch den Blütenkorb

Dreiteiliger Zweizahn

Bidens tripartita

Diese einjährige, 20–100 cm hohe Pflanze ist an überschwemmten Stellen, Gewässerufern und in Gräben anzutreffen.

Die aufrechten Stengel sind reich gegenständig verzweigt, kahl oder behaart und häufig rotbraun. Die Blattspreiten der drei- bis fünfteiligen Stengelblätter verschmälern sich zu einem geflügelten Stengel.

Er ist verzweigt und endet mit einem einzeln stehenden, aufrechten oder nickenden Köpfchen, das 15–25 mm breit ist. Die Hülle wird von 5–8 blattartigen, vergrößerten Hüllblättern gebildet, die inneren kleinen, eiförmigen Hüllblätter sind braungelb.

Braungelb sind auch die Röhrenblüten; Zungenblüten fehlen. Die Achäne ist an den Kanten dicht mit rückwärts gebogenen winzigen Stacheln bewachsen, braungrün und hat meist drei „Zähne". Bei den übrigen Arten der Gattung *Bidens* sind gewöhnlich nur zwei grannige „Zähne" vorhanden, wie auch schon der Gattungsname besagt.

Die Art ist nahezu in ganz Europa verbreitet, ausgenommen die nördlichsten und südlichsten Gebiete. Es ist die variabelste aller ungefähr 10 europäischen Zweizahnarten. Viele Abweichungen in einigen Blatt- und Blütenköpfchenmerkmalen entstanden sehr wahrscheinlich durch die unterschiedlichen Bodenbedingungen und hängen möglicherweise auch von der Keimzeit der Früchte ab. Deshalb ist es geraten, die Abweichungen von typischen Pflanzen als Ökotypen zu beurteilen.

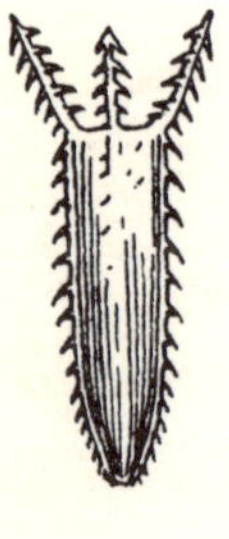

Achäne mit Stacheln

Somatische Chromosomenzahl: 2n = 48

Zweikeimblättrige

Blütezeit:
Juli–Oktober

Fruchtform:
Achäne

Färberhundskamille

Anthemis tinctoria

Die 20–60 cm hohe, zweijährige bis ausdauernde Hundskamille wächst an wärmeliebenden Trockenhängen, auf Felsfluren, krautreichen Mooren, Brachen und Ruderalstellen.

Aus dem verzweigten, mehrköpfigen Wurzelstock wachsen aufrechte oder aufsteigende, wollig behaarte Stengel. Sie sind einfach oder nur oben spärlich verzweigt. Die Zweige tragen jeweils nur ein Blütenköpfchen und sind mit wechselständigen, fiederteiligen Blättern mit schmal geflügelter Blattspindel bewachsen.

Die Köpfchen sind meist bis 4 cm breit. Die Hülle ist schüsselförmig, der Korbboden halbkugelig und hat lanzettliche, grannig zugespitzte und ganzrandige Spreublätter. Röhren- und Zungenblüten sind goldgelb. Die reife Achäne ist kahl, vierkantig und an der Spitze mit einem schmalen, häutigen Saum versehen.

Die Färberhundskamille ist eine äußerst variable Art, da sie in den meisten Gebieten Europas anzutreffen ist, auch wenn sie auf einigen Inseln und in manchen Gebieten Nordwesteuropas fehlt. Ihre gelben Blüten wurden gelegentlich wegen ihres Gehalts an xanthophylen und karotinoiden Pigmenten als gelber Farbstoff verwendet. In Europa kommt darüber hinaus noch eine ganze Reihe gelb- bis orangegelbblütiger Hundskamillearten vor, auch wenn die weißblühenden Arten überwiegen. Insgesamt sind etwa 50 Arten dieser Gattung bekannt.

Somatische Chromosomenzahl: 2n = 18

Zweikeimblättrige

Blütezeit:
Juli–September

Fruchtform:
Achäne

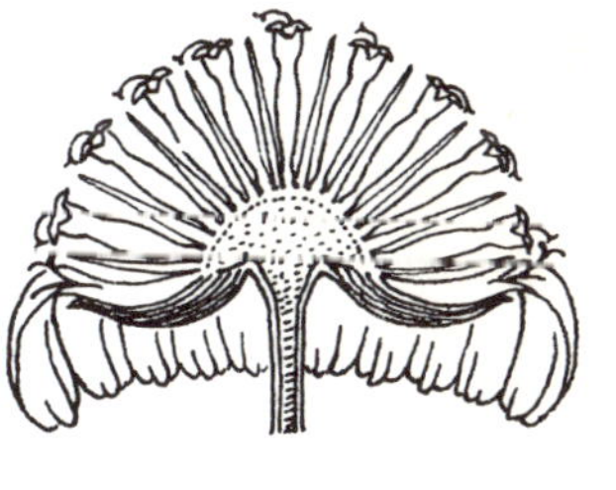

schematischer Schnitt durch den Korb

Gemeine Schafgarbe

Achillea millefolium

Die 15–50 cm hohe, ausdauernde Schafgarbe wächst auf Wiesen, Feldern, Weiden, an Wegrändern, Rainen und auf anderen rasenbewachsenen Flächen.

Aus dem kriechenden Wurzelstock wachsen aufrechte, im oberen Teil in eine dichte Schirmrispe verzweigte Stengel. Die Blätter sind in der Jugend wollig, später zerstreut behaart bis verkahlend. Ihre Spreiten sind lanzettlich, aber zwei- bis dreifach fiederschnittig.

Die Blütenköpfchen sind bis 6 mm breit. Die Hülle ist eiförmig, gelbgrün und hell bis dunkelbraun gerandet. Die mittelständigen Scheibenblüten sind schmutzigweiß, die randständigen Zungenblüten sind weiß, können aber in selteneren Fällen auch rosa, rötlich oder gelblich sein. Die reifen Früchte sind silbergrau und an den Seiten schmal geflügelt.

Die *A. millefolium* kommt fast in ganz Europa, Westasien, Nordamerika und in Australien vor. Diese Sammelart schließt etwa 8 Kleinarten ein, von denen die *A. millefolium* selbst noch zwei Unterarten hat: die Tieflandunterart subsp. *millefolium* und die in den Bergen wachsende subsp. *sudetica*. Die übrigen Kleinarten unterscheiden sich vor allem durch das Gesamtaussehen der Pflanze, Form und Anordnung der Blattspreitenabschnitte, Farbe der Zungenblüten, Anordnung der Köpfchen und nicht zuletzt die somatische Chromosomenzahl.

Blütenkorb der Art *A. ptarmica*, die im Unterschied zu *A. millefolium* feuchtigkeitsliebend ist

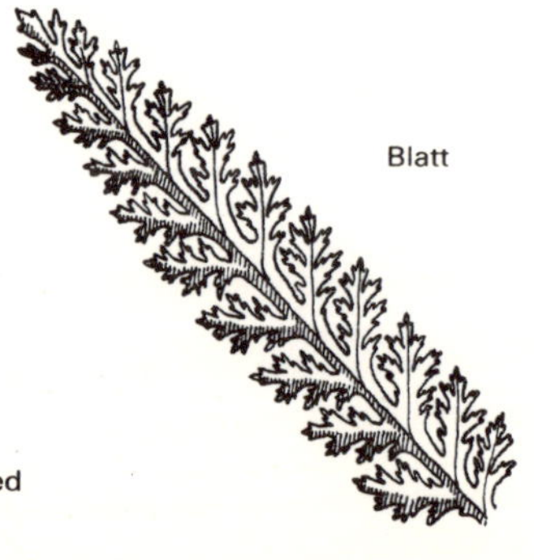

Blatt

Somatische Chromosomenzahl: 2n = 54 (18, 36, 72)

Zweikeimblättrige

Blütezeit:
Juni–Oktober

Fruchtform:
Achäne

Rainfarn

Chrysanthemum vulgare
syn. *Tanacetum vulgare*

Der 50–150 cm hohe, ausdauernde Rainfarn ist auf staudenreichen Unkrautfluren, an Wegrändern, Rainen, Ufern, auf krautreichen Mooren und auf Ruderalstellen zu finden.

Aus dem reich wurzelnden, kriechenden Rhizom wachsen steife, aufrechte, kantige und dicht beblätterte Stengel. Die Blätter sind breit eilänglich und ein- bis zweifach fiederschnittig. Auf der Oberseite sind sie dunkelgrün, an der Unterseite drüsig gepunktet. Die Blattspindel ist geflügelt. Die ganze Pflanze riecht auffällig, besonders beim Zerreiben zwischen den Fingern.

Die kleinen, in reichen Blütenständen stehenden Köpfchen werden nur aus goldgelben Röhrenblüten gebildet. Die Zungenblüten fehlen vollkommen. Das Köpfchen kann ungefähr bis 10 mm breit werden. Die kahle Hülle ist halbkugelig. Die reife Achäne ist verkehrt eiförmig und hat einen gezähnten Saum.

Der Rainfarn kommt fast in ganz Europa vor und wurde auch häufig als Zier- und Heilpflanze angebaut. Das führte dazu, daß er in einigen Ländern heimisch wurde, beispielsweise in Irland, wo er nicht zur ursprünglichen Flora gehörte. Wegen der fehlenden Randblüten wird diese Art auch manchmal der selbständigen Gattung *Tanacetum* zugerechnet.

Somatische Chromosomenzahl: 2n = 18

Zweikeimblättrige

Blütezeit:
Juli–September

Fruchtform:
Achäne

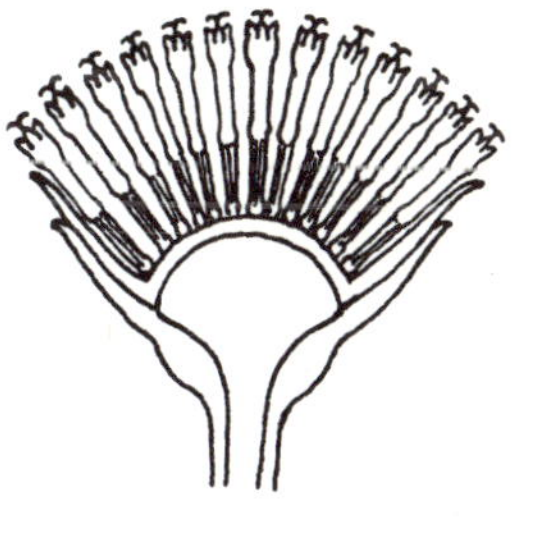

schematischer Schnitt durch den Korb

Wiesenmargerite

Chrysanthemum leucanthemum
syn. *Leucanthemum vulgare*

Wiesen, Weiden, Heiden, Wegränder, Raine und staudenreiche Fluren sind die Standorte der vom Frühjahr bis in den Herbst mit gelbweißen Blütenköpfen blühenden Wiesenmargerite.

Aus dem kurzen Wurzelstock wächst der 30–60 cm lange Stengel dieser ausdauernden Pflanze. Er ist aufrecht, einfach oder gliedert sich in mehrere aufrechte Zweige, die jeweils einen Blütenkopf tragen. Die Grundblätter sind spatelig bis verkehrt-lanzettlich oder verkehrteiförmig und verschmälern sich am Grund plötzlich keilförmig. Die oberen Blätter sind breit linealisch bis eilänglich, grobgesägt gezähnt bis fiederspaltig und mit dem rundlichen Grund am Stengel sitzend.

Die nur spärlich vorhandenen Hochblätter haben gesägte bis ganzrandige Spreiten. Die 3–6 cm breiten Blütenköpfe stehen einzeln. Gartenformen können bis zu 15 cm breit werden. Die Hülle ist halbkugelig und grün, die Hüllblätter sind breit-länglich, hell bis schwarzbraun gesäumt und überdecken sich dachziegelartig. Mittelständig sind die gelben Röhrenblüten, die randständigen Zungenblüten sind weiß. Diese überragen die Hülle um 1–2 cm. Die Achänen sind gerippt.

Die Wiesenmargerite ist in nahezu ganz Europa vertreten, im südlichsten Norden nur gelegentlich. In Mitteleuropa werden drei Kleinarten unterschieden, weitere drei in Südeuropa. Sie unterscheiden sich durch Blattform, Achänenform und Standorte.

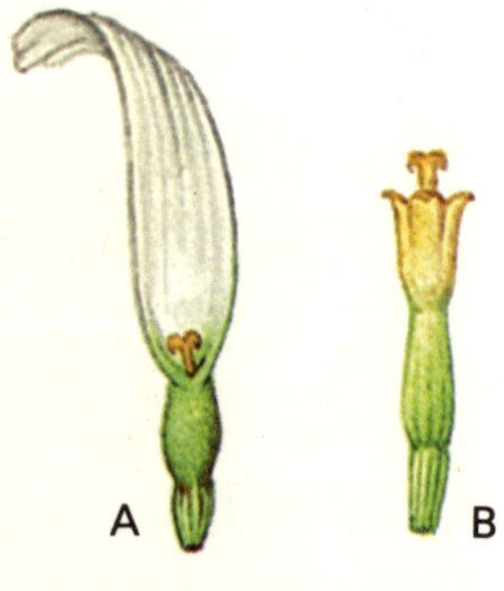

A: Randzungenblüte
B: mittlere Röhrenblüte

Achäne:
A: vom Korbrand, B: von der Korbmitte

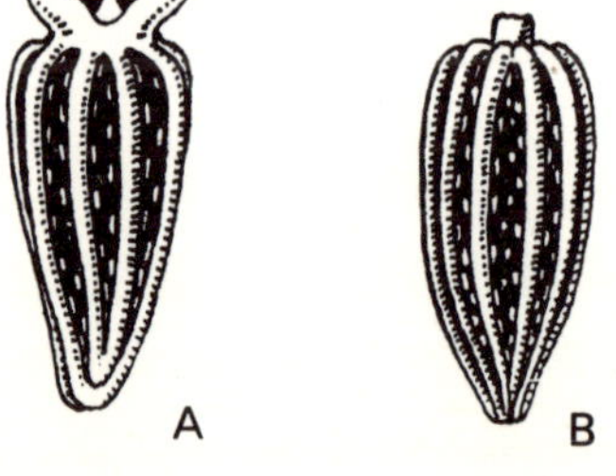

Somatische Chromosomenzahl: 2n = 18 (36, 54)

Zweikeimblättrige

Blütezeit:
Mai–September

Fruchtform:
Achäne

Gemeiner Beifuß

Artemisia vulgaris

Ufer, Wegränder, Dorfplätze und Ruderalstellen sind günstige Standorte für den Gemeinen Beifuß.

Die ganze Pflanze riecht schwach, aber unangenehm. Die Stengel werden 40–120 (250) cm hoch und stehen häufig buschig. Sie sind aufrecht, kantig, behaart, steif und reich verzweigt. Die Blätter sind oberseitig kahl, unterseitig grauweiß-filzig. Die unteren Blätter sind kurzgestielt, 5–10 cm lang und mehr oder weniger leierförmig-fiederteilig mit großen Spreitenendabschnitten. Die übrigen Blätter sind kleiner, am Blattstielgrund mit Öhrchen sitzend und fiederspaltig. Die Hochblätter sind einfach und lanzettlich.

Die sehr kleinen, kurzgestielten Körbchen wachsen entweder aufrecht oder sind hängend. Sie stehen in reichen, beblätterten Rispen. Die Hülle ist eiförmig und grauweiß-filzig, die Röhrenblüten gelblich oder rotbraun; die Zungenblüten fehlen.

Der leicht giftige Gemeine Beifuß ist über fast ganz Europa verbreitet und schließt zwei Unterarten ein: subsp. *vulgaris* mit reich verzweigtem, höchstens 120 cm hohem Stengel wächst an Ufern fließender Gewässer, an Wegrändern und in Gebüschen, subsp. *coarctata* ist fast unverzweigt, wird aber über 2 m hoch. Ihre Standorte sind Dünen, Ufersandgebiete und Gebüsche. Sie blüht erst im Oktober und November.

Somatische Chromosomenzahl: 2n = 16

Zweikeimblättrige

Blütezeit:
Juli–September

Fruchtform:
Achäne

Blütendiagramm der aktinomorphen Mittelblüte der Korbblütengewächse

Huflattich

Tussilago farfara

Der Huflattich wächst aus einem kriechenden, lang auslaufenden und schuppigen Rhizom. Er ist eine Pflanze, die rasige und sandige Ruderalstellen, Ufer und feuchte Äcker bevorzugt. Sie ist eine der ersten Frühlingsblüher.

Der aufrechte, unverzweigte Stengel ist zur Blüte 10–15 cm und zur Fruchtreife bis 50 cm hoch. Erst nach dem Verblühen wachsen die Blätter in der Grundrosette. Sie sind langgestielt, herzförmig rund bis breit-eiförmig und entfernt flach schwärzlich gezähnt. In der Jugend sind sie beidseitig dicht weißfilzig, auf der Oberseite verkahlend.

Die Stengelschuppen sind gelblich und eilänglich. Die Köpfchen sitzen einzeln auf dem Stengel, sind 10–15 mm breit und nach dem Verblühen nickend. Die Hüllblätter sind grün, aber auch rot angelaufen, die Blüten goldgelb. Die röhrigen Scheibenblüten sind männlich, die Randzungenblüten weiblich. Die kahle Achäne hat einen glänzend weißen Pappus.

Diese Kräuter sind vor allem als Heilkräuter bekannt. Gesammelt werden die Blätter und besonders die Blütenköpfe, die Wirkstoffe gegen Schnupfen, Husten, Grippe und Asthma enthalten.

Der Huflattich ist in ganz Europa heimisch, ausgenommen die Azoren, Balearen, Kreta und den größten Teil Portugals. Er kommt aber auch in West- und Nordasien, den nordafrikanischen Gebirgszügen und Nordamerika vor, wohin er eingeschleppt wurde.

Blatt

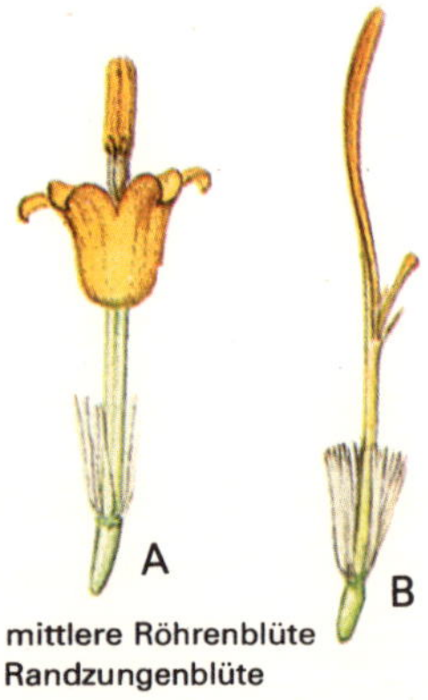

A: mittlere Röhrenblüte
B: Randzungenblüte

Achäne mit Haarkranz

Somatische Chromosomenzahl: 2n = 60

Zweikeimblättrige

Blütezeit:
April–Mai

Fruchtform:
Achäne

Gemeine Pestwurz

Petasites hybridus
syn. *Petasites officinalis*

An Ufern, auf nassen Wiesen, in Erlengebüschen, Gräben, Vorgebirgs- und Bergregionen ist im Frühjahr die Gemeine Pestwurz zu finden.

Sie ist zweihäusig; die männlichen Pflanzen haben schmutzig-rosaviolette, scheinbar zwitterblütige Köpfchen, d. h. Staubblätter und Stempel werden zwar gebildet, die Narben sind jedoch unfruchtbar. Der Pollen dagegen ist fertil. Die Kronen sind röhrenförmig fünfzipflig.

Die weiblichen Pflanzen sind in den Niederungen eine Seltenheit; sie wachsen aber zahlreich bis in die Berge. Ihre Köpfchen bestehen fast nur aus Stempelblüten mit Röhrenblüten. In der Köpfchenmitte befinden sich einige sterile Zwitterblüten.

Die Blätter wachsen erst nach dem Verblühen aus dem Wurzelstock. Die Blattstiele sind flügelig rinnenden Wurzelstock. Die Blattstiele sind flügelig rinnenförmig und deutlich gefurcht. Die Spreiten der erwachsenen Blätter haben einen Durchmesser von mehr als 60 cm. Die oft violetten, schuppigen Stengel sind vor dem Aufblühen 15–40 cm hoch und schließen mit einer reichen Blütenkopftraube oder -rispe ab. Auch die Hüllblätter sind häufig violett. Nach dem Verblühen verlängern sich die Kopfschäfte und werden zur Fruchtzeit bei weiblichen Pflanzen bis 1 m hoch. Die Achänen sind schwärzlichbraun, gerippt und haben einen langen Pappus.

Die Gemeine Pestwurz ist in fast ganz Europa zu finden, ausgenommen der äußerste Norden und Süden.

Somatische Chromosomenzahl: 2n = 60

Zweikeimblättrige

Blütezeit:
März April

Fruchtform:
Achäne

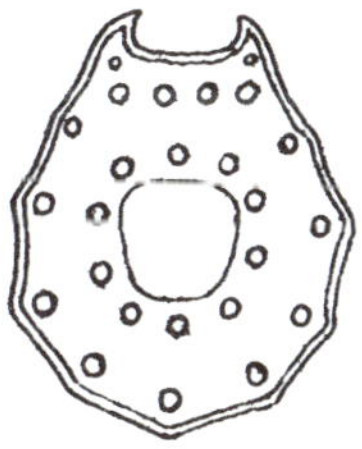

Schnitt durch den Blattstiel

zwittrige Mittelblüte aus dem Korb einer männlichen Pflanze

Korb der weiblichen Pflanze

Fuchskreuzkraut

Senecio fuchsii

Das Fuchskreuzkraut ist eine bis zu 150 cm hohe, ausdauernde Pflanze; sie wächst auf Kahlschlägen, an Waldrändern, in humösen Mischwäldern, an Waldwegen und in Gräben.

Der aus dem Wurzelstock kommende Stengel ist kahl und meistens rötlich-violett. Die länglich-lanzettlichen Blätter sind fünfmal länger als breit, fein gezähnt und zwischen den Zähnen kahl. Die Blattstiele sind fast nicht erkennbar.

Die die Blütenköpfchen tragenden Zweige sind dünn. Die schmal zylindrische Hülle wird meist aus acht kahlen Hüllblättern gebildet. Das Blütenköpfchen hat annähernd fünf gelbe Zungenblüten und 6–15 Röhrenblüten.

Das Fuchskreuzkraut kommt hauptsächlich in Mitteleuropa, selten auch in Südeuropa vor.

Die sehr nah verwandte Art Hainkreuzkraut *(S. nemorensis)* hat meist grüne Stengel. Die Blätter sind nur ungefähr dreimal so lang wie breit, knorpelig gezähnt und zwischen den Zähnen häufig dicht behaart, ebenso die Unterseite. Sie sitzen an halbstengelumfassenden, geflügelten Stielen. Die Hülle besteht meist aus zehn behaarten Hüllblättern. Wie bei *S. fuchsii* sind meist fünf Zungenblüten vorhanden; die Röhrenblüten sind jedoch 14–20zählig. Im Unterschied zur im Niederland wachsenden *S. fuchsii* ist die *S. nemorensis* eine Pflanze der höherliegenden Stufen, nicht selten wird sie jedoch auch in sog. inversen Lagen, wie in den tief eingeschnittenen Tälern mancher Flüsse, angetroffen.

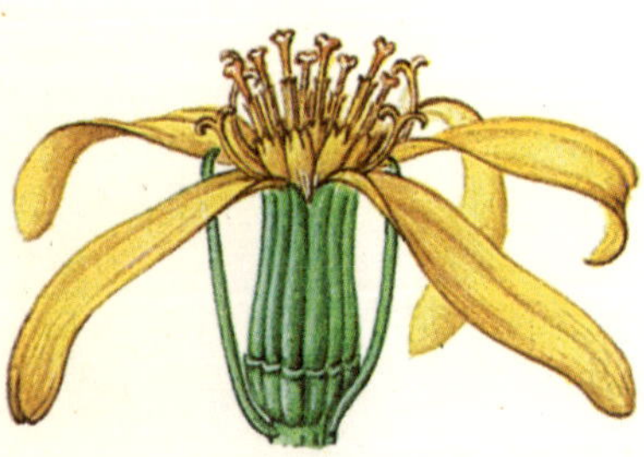

Blütenkorb der Art *S. nemorensis*

Art der Blattanheftung:
A: *S. fuchsii;* B: *S. nemorensis*

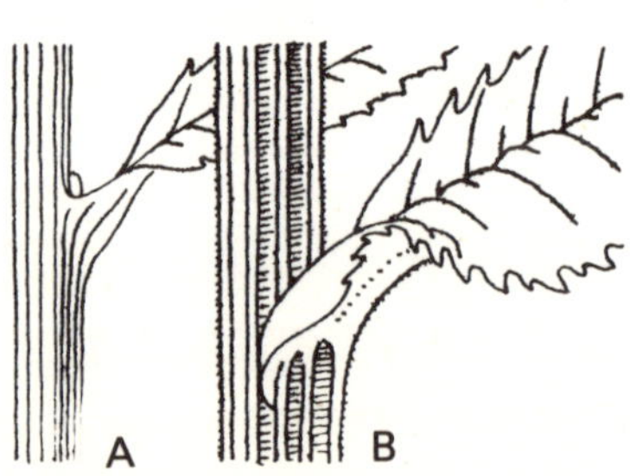

Somatische Chromosomenzahl: 2n = 40

Zweikeimblättrige

Blütezeit:
Juli–September

Fruchtform:
Achäne

Große Klette

Arctium lappa

Die 100–200 cm hoch werdende Klette wächst auf humusreichen Ruderalstellen, an Ufern und in Gräben.

Der aufrechte, gefurchte Stengel erhebt sich aus einem dicken, verzweigten und kriechenden Wurzelstock. Er ist beblättert, reich verzweigt, behaart und markhaltig. Die Blätter sind gestielt und haben herzeiförmige, oberseits grüne und dünnfilzige, unterseits graufilzige Spreiten. Die Blattspreiten der Grundblätter sind bis 50 cm lang. Am Stengel aufwärts verkleinern sie sich.

Die Köpfchen bilden zymöse Rispen; am Zweigende sind sie schirmartig ausgebreitet. Die Körbchen sind bis 3,5 cm breit und werden von einer aus Hüllblättern gebildeten, igelartigen Hülle umschlossen, die fast genauso lang ist wie die rotvioletten Blüten. Die Achäne ist lang, schwarz und ein wenig warzig. Sobald sie voll ausgereift ist, trocknen die blütenkopftragenden Zweigenden ein und das Köpfchen zerfällt teilweise. Streift dann ein vorüberlaufendes Tier die Pflanze, so bleiben die stacheligen „Köpfe", oder wenigstens die einzelnen Achänen, zusammen mit den hakenförmigen Hüllblätterspitzen, in seinem Fell hängen und werden so auf teilweise erhebliche Entfernungen verbreitet (sog. Zoochorie).

Die Große Klette kommt in ganz Europa vor mit Ausnahme der Inseln, in Kleinasien, in ganz Sibirien bis nach China, vielleicht auch in Japan; in Nord- und Südamerika wurde sie ebenfalls eingeschleppt.

Somatische Chromosomenzahl: 2n = 36

Zweikeimblättrige

Blütezeit:
Juli–September

Fruchtform:
Achäne

Schnitt durch den Stiel der Niederblätter;
A: *A. lappa*, B: *A. nemorosum*

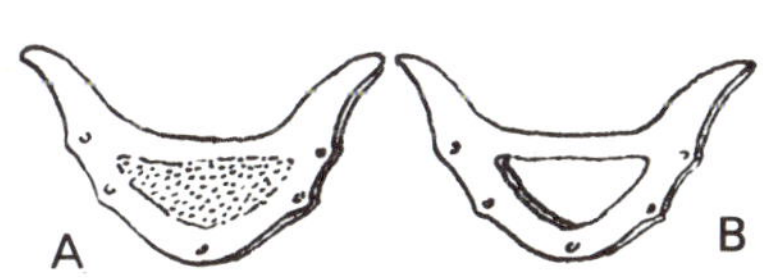

Blütenkopf mit hakenförmigen Hüllblättern an der Spitze

Nickende Distel

Carduus nutans

Die meist zweijährige, 30–100 cm hohe Nickende Distel ist an Waldsäumen, wärmeliebenden Hängen, auf trockenen Ruderalstellen und Heiden anzutreffen.

Der aufrechte, stachelig geflügelte Stengel ist oben nur wenig verzweigt. Die Blätter sind länglich bis lanzettlich, buchtig, fiederspaltig und haben stachelige Spreitenabschnitte.

Die einzelnen Köpfe sind nickend. Die runde Hülle ist dachziegelförmig mehrreihig; die die Krone bildenden rotlila Röhrenblüten sind fünfzipflig und fast regelmäßig. Die reife Achäne ist bis 4 mm lang, querrunzlig und hat einen 15–20 mm langen Pappus.

Die Nickende Distel wächst vorwiegend in West- und Mitteleuropa. Bei der subsp. *nutans* sind die Köpfchen nur höchstens 4 cm breit und tatsächlich nickend. Es stehen immer mehrere von ihnen beisammen. Die Pflanzen dieser Unterart sind allgemein verbreitet.

Die subsp. *macrolepis* hat bis 8 cm breite, meist einzeln sitzende, kahle oder nur verstreut behaarte Blütenköpfe. Die Köpfe der subsp. *alpicola* sind genauso groß wie bei der vorgenannten Subspezies, ebenfalls stehend, jedoch dicht behaart. Sie kommt in höheren Lagen vor. Alle drei genannten Unterarten haben lange, stachelige Hüllkelchblätter, bei denen der mittlere Nerv hervortritt. Dadurch unterscheiden sie sich deutlich von der Alpen-Subspezies subsp. *platylepis*.

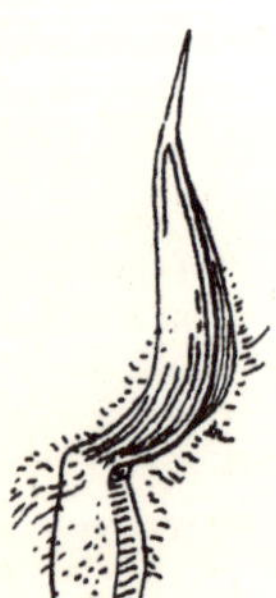

Hüllblatt

Somatische Chromosomenzahl: 2n = 16

Zweikeimblättrige

Blütezeit:
Juli–September

Fruchtform:
Achäne

Stacheldistel, Wegedistel

Carduus acanthoides

Die Wegedistel ist eine 30–100 cm hohe, zweijährige Pflanze und auf trockenen und halbtrockenen Ruderalstellen, an wärmeliebenden Hängen und auf Trockenrasen anzutreffen.

Die aufrechten, geflügelten Stengel sind von der zweiten Hälfte an verzweigt. Die stacheligen Flügelzähne sind leicht stechend, die Zweige ungleichmäßig lang und dicht behaart. Die Blätter haben einen länglich-lanzettlichen Blattspreitenumriß, sind aber fiederlappig bis fiederspaltig mit stachelig gezähnten Spreitenabschnitten.

Die einzeln sitzenden, aufrechten Köpfchen sind 25–35 mm breit und befinden sich am Zweigende. Nur selten stehen mehrere beieinander. Die Hülle ist eirund, bis 25 mm lang und hat stachelige, nach außen gebogene Hüllblätter. Die Blüten sind hellrotlila, sehr selten weiß. Die reife Frucht wird 3,5 mm lang und ist fein gepunktet.

Die Art wächst mit Ausnahme des südwestlichen Mittelmeergebietes und des äußersten Nordens, wo sie manchmal eingeschleppt wird, in ganz Europa. Die meisten Abweichungen lassen sich aber ohne Schwierigkeiten in sie einordnen.

Wenngleich diese Art nahezu in ganz Europa wächst, ist sie in einigen Gebieten, besonders in Westeuropa, z. B. in Frankreich, weniger häufig. Auch als Feld- und Gartenunkraut ist sie eigentlich selten, während die verwandte Krause Distel *(C. crispus)* auf feuchteren Feldfluren, in Gräben, im Ufergesträuch, in Auwäldern, auf Kahlschlägen sowie an anderen Standorten vorkommt.

Somatische Chromosomenzahl: 2n = 22

Zweikeimblättrige

Blütezeit:
Juni–September

Fruchtform:
Achäne

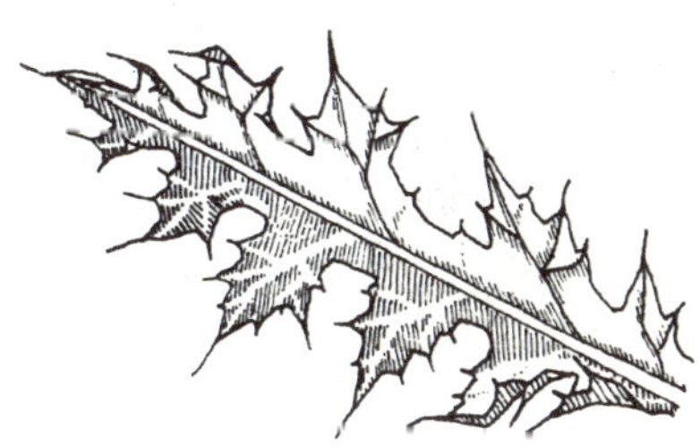

Blatt

Kohlkratzdistel, Kohldistel

Cirsium oleraceum

Die 50–150 cm hohe, ausdauernde Kohldistel wächst auf nassen Wiesen, an überschwemmten Bachufern und in der Nähe von Quellen.

Aus dem knotig verdickten Rhizom wächst der aufrechte, flach gefurchte, nur im oberen Teil kurz und entfernt verzweigte und innen hohle Stengel. Die Blätter sind weich, die Blattspreiten haben einen weich bestachelten Rand und sind frisch- oder hellgrün. Die Grundblätter sind eiförmig bis elliptisch, ungeteilt, manchmal auch tief lappig bis fiederteilig. Die oberen Blätter sind länglich-lanzettlich.

Am Stengelende stehen die Blütenköpfe gehäuft auf kurzen, filzig behaarten Stielen. Gestützt werden sie von vergrößerten Hochblättern. Die Hülle ist eiförmig-zylindrisch, die äußeren Hüllblätter enden in einer weichen Stachelspitze. Die Blüten sind blaßbis weißgelb, manchmal auch rötlich. Die reife, schwach kantige Achäne wird bis 4 mm lang.

Selten sind in Europa gelbweiß oder weißblühende Kratzdisteln.

Die *C. spinosissimum* ist eine niedrige Alpen- und Apenninenart mit meist zu 10 gehäuft stehenden Köpfchen. In den Pyrenäen wächst die *C. glabrum* mit nur jeweils einen Blütenkopf tragendem Stengel und gelben Kronen. In Südspanien kommt die ähnliche, aber weißblühende *C. albicans* vor.

Blütenkorb der gleichfalls feuchtigkeitsliebenden Art *C. palustre*

Frucht

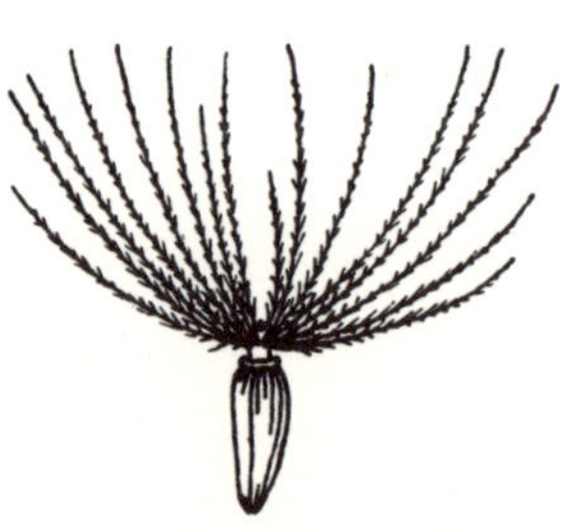

Somatische Chromosomenzahl: 2n = 34

Zweikeimblättrige

Blütezeit:
Juni–September

Fruchtform:
Achäne

Kornflockenblume, Kornblume

Centaurea cyanus
syn. *Cyanus arvensis, C. segetum*

Diese 30–60 cm hohe, einjährige Pflanze war (leider!) ein häufiges Unkraut unserer Felder und auch auf Brachen und Ruderalstellen zu finden. Jetzt ist sie infolge der vielen Unkrautvertilgungsmittel, ebenso wie der Klatschmohn, fast völlig verschwunden.

Der aufrechte und kantige Stengel ist gewöhnlich verzweigt. Die Blätter sind kurz wollig, verkahlen aber bald. Die Spreiten sind lanzettlich und entweder ungeteilt oder bis leierartig fiederspaltig. Die Grundblätter sind gestielt, die Stengelblätter sitzend.

Am Zweigende stehen einzeln die aufrechten Köpfe. Ihre Hüllen sind eiförmig-zylindrisch und bis 14 mm lang. Die Hüllblätter haben keinen Endstachel. Die Blüten sind in der Mitte violett und zweigeschlechtig, die blauen Randblüten sind größer und nur weiblich. Die reifen Früchte werden bis 3 mm lang, sind behaart und haben einen zweireihigen Pappus.

Von den mitteleuropäischen Arten ist außer der Kornflockenblume die häufig gezüchtete Bergflokkenblume *(C. montana)* die bekannteste. Die ausdauernde Art hat breite Blätter, schwarzbraun gerandete Hüllblätter und wächst fast nur auf kalkhaltigen Böden. Eine Zierde der Felsen und Steppen einer Reihe von europäischen Ländern ist die Filzflockenblume *(C. triumfettii)*. Sie ist auffallend graufilzig und hat weichseidig filzige Blätter. Wie bei der *C. montana* sind die Köpfchen in der Mitte lila und am Rand blau.

Somatische Chromosomenzahl: 2n = 24

Zweikeimblättrige

Blütezeit:
Juni–Oktober

Fruchtform:
Achäne

Frucht

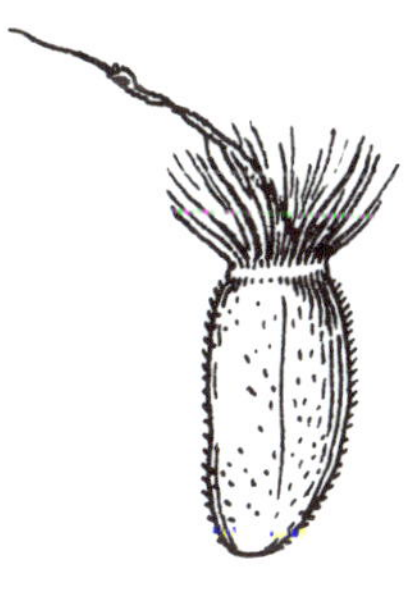

A: Randblüte
B: Scheibenblüte

Wiesenflockenblume

Centaurea jacea
syn. *Jacea communis*

Die Wiesenflockenblume wird 30–100 cm hoch und wächst als ausdauernde Pflanze auf Wiesen, Rainen, Wegsäumen und an wärmeliebenden Hängen.

Die aufrechten Stengel sind kantig und beblättert. Die gestielten Grundblätter stehen in einer Rosette und sind lanzettlich oder eiförmig, ungeteilt und entfernt fein gezähnt. Am Stengel aufwärts verkleinern sich die Blätter und gehen in Hochblätter über.

Endständig auf dem Stengel befinden sich die Köpfchen mit eiförmigen, dreireihigen Hüllen. Die äußeren Hüllblätter haben dreieckig-lanzettliche Anhängsel, bei den mittleren sind sie trockenhäutig und rundlich. Sie sind dunkelbraun, manchmal auch weiß. Die inneren Hüllblätter haben ungeteilte Anhängsel. Form, Farbe und Aussehen ist ein wichtiges Unterscheidungsmerkmal innerhalb der Art. Die Blüten der Wiesenflockenblume sind rosarot, die randständigen vergrößert und unfruchtbar.

Die Art ist nahezu in ganz Europa heimisch, ausgenommen die Inselgebiete.

In Mitteleuropa wachsen ungefähr 5–10 Unterarten: Achänen mit kurzem, steifhaarigem Rand hat die subsp. *pratensis*. Alle anderen haben randlose Früchte. Genannt seien wenigstens subsp. *angustifolia,* subsp. *amara,* subsp. *subjacea* und subsp. *oxylepis,* die sich in der Blattforn und in Form und Färbung der Hüllkelchanhängsel unterscheiden.

Hüllkelchblätter:
A: aus der äußeren Reihe
B: aus der inneren Reihe

Somatische Chromosomenzahl: 2n = (22), 44

Zweikeimblättrige

Blütezeit:
Juni–Oktober

Fruchtform:
Achäne

Große Eberwurz, Silberdistel, Wetterdistel

Carlina acaulis

Die ausdauernde Silberdistel ist auf wärmeliebenden Hängen, Trockenrasen und in lichten Trockenwäldern zu finden.

Der Stengel ist meist verkümmert, die Grundrosettenblätter sind ungleichmäßig stachelig gezähnt, steif und oberseits hellgrün.

Die großen Blütenköpfe werden bis 15 cm breit. Die äußeren Hüllblätter sind blattförmig, die mittleren bräunlich und kammartig stachelig gezähnt. Die inneren Hüllblätter sind linealisch, zugespitzt, an der Oberseite glänzendweiß, an der Unterseite gelblich. Bei sonnigem Wetter weichen sie sternförmig auseinander; deshalb nennt man sie auch „Wetterdistel".

Die Blüten wachsen aus dem fleischigen Korbboden und sind gewöhnlich weiß, manchmal auch weißrosa. Da er nußartig schmeckt, wird er gern von Kindern gegessen. Die reifen Achänen sind 5 mm lang; der Pappus besteht aus handförmig geteilten, federartigen, steifen Haaren.

Es werden zwei Unterarten unterschieden: die subsp. *acaulis* mit undeutlichem Stengel und dicht angehäuft stehenden oberen Blättern, und die subsp. *simplex* mit bis 50 cm hohem, immer regelmäßig beblättertem Blütenstengel. Die letztgenannte Unterart bevorzugt Kalkböden.

Die subsp. *acaulis* ist von Mittelfrankreich bis nach Weißrußland, nach Süden bis nach Spanien und Nordgriechenland verbreitet; die subsp. *simplex* ist im nördlichen und nordöstlichen Verbreitungsgebiet der Art überhaupt nicht zu finden.

Somatische Chromosomenzahl: 2n = 20

Zweikeimblättrige

Blütezeit:
Juli–September

Fruchtform:
Achäne

Frucht

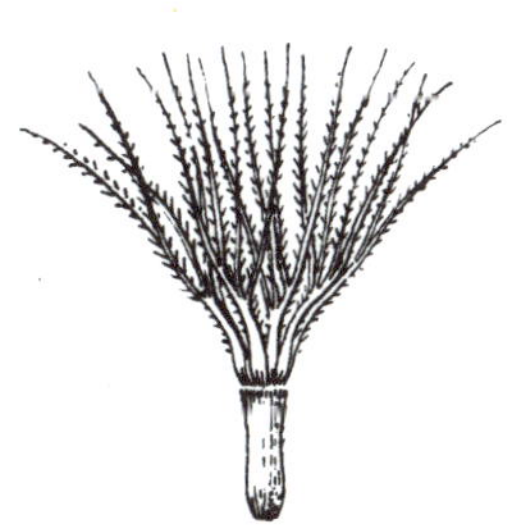

geschlossener Blütenstand

Purpurhasenlattich

Prenanthes purpurea

In lichten Bergwäldern, in Bergbuchenwäldern, Tannen- und Fichtenwäldern sowie auf Hochstaudenfluren ist der 50–150 cm hohe Purpurhasenlattich zu finden.

Die kahlen Stengel sind aufrecht und dünn; wesentlich dünner sind noch die auf der Oberseite dunkelgrünen, an der Unterseite blaß- oder bräunlichgrünen Blätter. Die unteren Blätter sind gestielt, länglich-verkehrt-eiförmig, ganzrandig oder öfter buchtig-fiederspaltig. Die im mittleren und oberen Stengelteil sind sitzend, länglich bis lanzettlich, die oberen gehen in Hochblätter über.

Die kleinen, nickenden Blütenköpfchen bilden dünne, weit ausladende Rispen. Sie sind nur drei- bis zehnblütig und gestielt. Die Hülle ist schmal zylindrisch und zweireihig; seine inneren Hüllblätter sind linealisch, kahl, leicht violett, die äußeren sehr kurz. Die Blüten haben eine rotlila Farbe, manchmal sind sie auch weiß. Die Fremdbestäubung besorgen Insekten, es ist aber auch Selbstbestäubung möglich. Die Achänen sind hellbraun, schwach gefurcht und haben einen Pappus aus einfachen weißen Haaren.

Nahe Verwandte des Purpurhasenlattichs wachsen nur in Asien oder Nordamerika. In Europa jedoch wurde bisher keine andere Art dieser Gattung angetroffen, obwohl das sich von Mittelfrankreich und Nordpolen bis nach Nordspanien, Mittelitalien und Griechenland erstreckende Verbreitungsgebiet recht groß ist.

Blatt

Somatische Chromosomenzahl: 2n = 18

Zweikeimblättrige

Blütezeit:
Juli–September

Fruchtform:
Achäne

Große Kugeldistel

Echinops sphaerocephalus

Die ausdauernde, stattliche, bis 2 m hohe Kugeldistel ist auf trockenen Ruderalstellen, an wärmeliebenden Hängen und sonnigen Ufern anzutreffen.

Die aufrechten, kantigen Stengel sind weißfilzig, im oberen Teil drüsig, einfach oder nur spärlich verzweigt. Die Grundblätter sind gestielt, die übrigen Blätter an ihrem Grund stengelumfassend. Sie sind eiförmig-länglich und zipflig-fiederspaltig. Die Blattspreitenabschnitte haben stachelige Zähne, ihre Oberseiten sind drüsenhaarig und steifbehaart, die Unterseiten grau- bis weißfilzig.

Die einblütigen Köpfchen sitzen in einem 4–8 cm breiten kugeligen Kopf beisammen. Sie werden von steifhaarigen, blaßgelben Hüllblättern unterstützt. Die Einzelköpfchen sind etwa 2 cm lang und haben kürzere äußere Hüllblätter. Die inneren Hüllblätter sind zweimal länger und zu einer feinen Spitze verschmälert. Die Pflanze blüht stahlblau, seltener blaßblau. Die Staubbeutel sind grau. Nach der Befruchtung entwickeln sich bis 8 mm lange, seidig-grau behaarte Achänen. Der Pappus besteht bis zur Hälfte aus fransig gespaltenen Schüppchen.

Die Große Kugeldistel ist in Mittel- und Südeuropa verbreitet; in Südgriechenland und auf der Balkanhalbinsel bildet sie zwei Unterarten: subsp. *taygetens* mit drüsig behaarten inneren Hüllblättern und subsp. *albidus* mit kahlen inneren sowie äußeren Hüllblättern.

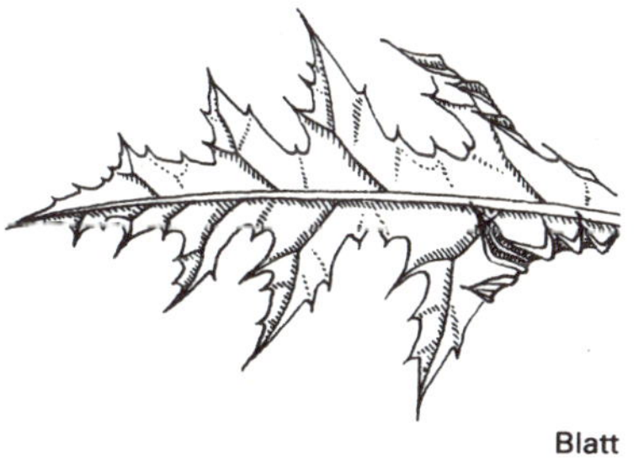

Blatt

einblütiger Korb

Somatische Chromosomenzahl: 2n = 32

Zweikeimblättrige

Blütezeit:
Juni–August

Fruchtform:
Achäne

Schwanenblume, Blumenbinse

Butomus umbellatus

Die Blumenbinse wächst in ausdauernden, 60–150 cm hohen Beständen und ist in Röhrichten stehender und an den Ufern langsam fließender Gewässer in fast ganz Europa zu finden.

Aus dem starken, waagerechten Wurzelstock erhebt sich die Grundrosette mit am Grund scheidenartig verbreiterten, in dreieckige und am Ende in flache Spreiten übergehenden Blättern. Sie sind etwa 10 cm lang und 1 cm breit. Der aufrechte, abgeflachte und unverzweigte Schaft endet in einer doldenförmigen Schraubel (d. h. Scheindolde). Die regelmäßigen Blüten wachsen in den Achseln der schuppenartigen Deckblätter und sind zweigeschlechtig. Die Blüte hat drei grünlichrosa Kelchblätter, drei rosa Kronblätter und neun Staubblätter (6 + 3).

Die Schwanenblume ist das Ergebnis eines ungewöhnlich hohen Alters. Erhalten gebliebene Fossilienreste zeigen, daß ähnliche Wasserlieschgewächse an den Ufern der mesozoischen Seen wuchsen. Die Schwanenblume ist wahrscheinlich der älteste Vertreter der Gruppe der Einkeimblättrigen, die nähere Beziehungen zu den heute ausgestorbenen zweikeimblättrigen Urpflanzen haben. Gegenwärtig sind nur noch die abgeleiteten, vollständig an das Wasserleben angepaßten See- und Teichrosen übriggeblieben. Es wird angenommen, daß die Seerosengewächse und die Wasserlieschgewächse gemeinsame Urahnen haben und daß die Einkeimblättrigen aus zweikeimblättrigen Vorgängern entstanden und nicht umgekehrt.

unterirdischer Pflanzenteil

Sammelfrucht
unreifer Balgfrüchtchen

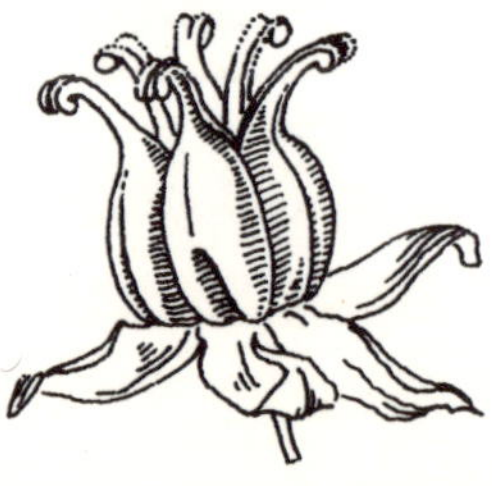

Somatische Chromosomenzahl: 2n = 26, 39

Einkeimblättrige

Blütezeit:
Juni–August

Fruchtform:
Balgfrucht

Gemeiner Froschlöffel

Alisma plantago-aquatica

Der ausdauernde Froschlöffel ist an See- und Teichufern, in Röhrichten, Großseggenrieden und nassen Gräben anzutreffen.

Aus dem knollenartig verdickten Rhizom wächst die kahle, bis 100 cm hohe Pflanze. Die Unterwasserblätter sind linealisch, die über der Wasseroberfläche stehenden haben zugespitzt-eiförmige, am Grund herzförmige Spreiten. Zwischen beiden Blatttypen besteht eine ganze Reihe von Übergängen.

Die weißen bis rosa Blüten bilden eine pyramidenförmige Rispe. Sie sind gestielt, ihre Kelchblätter breit eiförmig, die Kronblätter rundlich-verkehrt-eiförmig. Die Blüten öffnen sich erst um die Mittagsstunde oder auch später. Da die Bestäubung von Insekten und Wind besorgt wird und nur vereinzelt Selbstbestäubung vorkommt, entwickeln sich Achänen nur bei den über der Wasserfläche stehenden Blüten. Die Nüßchen sind stark zusammengedrückt und auf dem Rücken mit einer Furche versehen.

Der Gemeine Froschlöffel ist zusammen mit anderen Arten der Gattung *Alisma* über die ganze nördliche Halbkugel verbreitet. Von der abgebildeten Art unterscheidet sich der Grasblättrige Froschlöffel *(A. gramineum)* mit schmal linealischen Tauch- und Schwimmblättern. Die rosaroten, sich schon vormittags öffnenden (und nachmittags verwelkenden) Blüten und die am Grund keilförmigen Blätter gehören dem Lanzettfroschlöffel *(A. lanceolatum)*.

Somatische Chromosomenzahl: 2n = 10, 12, 14, 16

Einkeimblättrige

Blütezeit:
Juni–September

Fruchtform:
Nüßchen

Blütendiagramm

unterirdischer Pflanzenteil

Pfeilkraut

Sagittaria sagittifolia

Wir finden diese ausdauernde Wasserpflanze in Kleinröhrichten stehender oder langsam fließender Gewässer und auf trockenfallenden Schlammböden.

Aus dem starken Wurzelstock wächst der 30–100 cm hohe Blütenstiel. Die Blätter sitzen in einer Rosette und sind von verschiedener Form: die Unterwasserblätter sind linealisch bis lanzettlich, die auf der Wasserfläche schwimmenden kurzgestielt und haben elliptische bis eiförmige Spreiten. Die über dem Wasser stehenden Blätter sind pfeilförmig.

Die blütentragenden Stengel sind dreiseitig und tragen eine aufrechte Traube, in der die großen gestielten Blüten quirlig angeordnet sind. Die Blüten entspringen in den Achseln kleiner dreiseitiger Deckblätter und sind eingeschlechtig. Im unteren Teil des Blütenstandes wachsen die weiblichen, im oberen die männlichen Blüten mit wesentlich längeren Stielen als die weiblichen.

Die drei Kelchblätter sind breit eiförmig bis rundlich, die drei Kronblätter ebenfalls rundlich, weiß und haben am Grund einen dunkelvioletten Fleck. Die reifen Nüßchen zeigen einen kurzen Schnabel. Häufiger als durch Samen vermehrt sich das Pfeilkraut vegetativ durch die an den Wurzelstockausläufern sitzenden Knollen. Es ist nicht uninteressant, daß sie in ihrem Stärkegehalt die Kartoffel übertreffen. Es ist ein Glück, daß das nicht auch bei der Größe der Fall ist. Wer weiß, ob dann heute noch Blätter und Blüten des Pfeilkrautes an stillen Gewässern des größten Teiles Europas zu sehen wären.

Staubblatt

Blütendiagramm

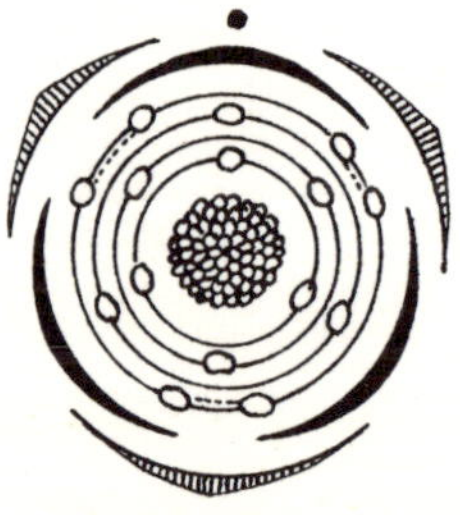

Somatische Chromosomenzahl: 2n = 22

Einkeimblättrige

Blütezeit:
Juni–August

Fruchtform:
Nüßchen

Schwimmendes Laichkraut

Potamogeton natans

Auf der Oberfläche stehender oder langsam fließender Gewässer sind auch die Blätter des Schwimmenden Laichkrautes zu sehen.

Die ausdauernde Pflanze wird meist 50–150 cm lang, kann aber auch 2 m erreichen, je nach der Wassertiefe. Während des Frühjahres entwickeln sich am Stengel linealische Phyllodien, also blattartig verbreiterte Stiele, die frühzeitig welken. Ansonsten trägt der Stengel nur bis 12 cm lange und 6 cm breite Schwimmblätter. Auch deren Länge richtet sich nach der Wassertiefe. Wenn die Pflanze in ausgetrockneten Schlammböden wächst, sind sie fast verkümmert, dann bilden die Blätter am verkürzten Stengel eine Rosette.

Die kleinen Blüten stehen in Ähren. Sie haben vier Staubblätter mit tellerartig erweiterten Konnektiven, die an Blütenhüllblätter erinnern. Die Früchte sind 4–5 mm lange, glänzendbraune Nüßchen.

Wie eine Reihe von Wasserpflanzen, ist auch das Schwimmende Laichkraut zirkumpolar verbreitet, also in den gemäßigten Zonen beider Erdhälften.

Wegen des konservativen Charakters ihres Milieus ist die Art trotz des riesigen Verbreitungsgebietes dieselbe geblieben. Sogar die Pflanzenexemplare aus den Bergen Mittelafrikas, die dank ihrer hohen Lage ein gemäßigten Zonen äußerst ähnliches Klima aufweisen, werden als typische Vertreter dieser Art betrachtet.

Somatische Chromosomenzahl: 2n = 52

Einkeimblättrige

Blütezeit:
Juni–August

Fruchtform:
Nüßchen

Frucht

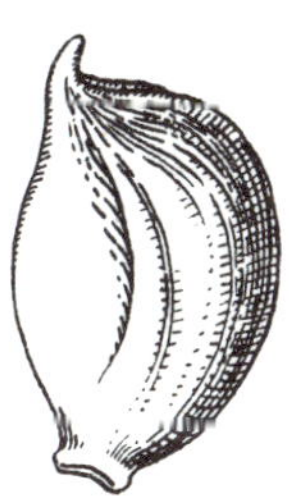

Blüte

Weißer Germer

Veratrum album

Der Weiße Germer, eine ausdauernde, 50–150 cm hohe Pflanze, wächst auf Hochstaudenfluren und auf krautreichen Torfmooren.

Der besonders im oberen Teil dicht behaarte Stengel hat an der Unterseite weichbehaarte (bei Jungpflanzen fast filzige), oberseits kahle Blätter. Die Grundblätter sind breit elliptisch, die oberen Blätter lanzettlich.

Die Blüten bilden eine bis 60 cm lange, behaarte Rispe. Die Deckblätter sind breit eiförmig, die Blüten 8–20 cm breit. Die im unteren Teil der Rispe stehenden Blüten sind zweigeschlechtig, die oberen männlich. Die Blütenhüllblätter sind länglich-elliptisch bis verkehrt-eiförmig und zur Spitze hin sägeartig gezähnt. Nach der Befruchtung entwickeln sich bis 15 mm lange Kapseln. Der Weiße Germer ist giftig.

Es werden zwei Unterarten unterschieden: Die subsp. *album* mit außen grünen und innen weißen Blüten ist in den Alpen heimisch, die subsp. *lobelianum* hat außen und innen grünliche Blütenblätter und ist in den Berggebieten Europas häufig.

Im Frühling, wenn nur die Blätter wachsen, ist es schwierig, den Weißen Germer von den Hochgebirgsenzianen wegen der ähnlichen großen Blätter zu unterscheiden. Der Germer hat jedoch immer wechselständige, der Enzian gegenständige Blätter.

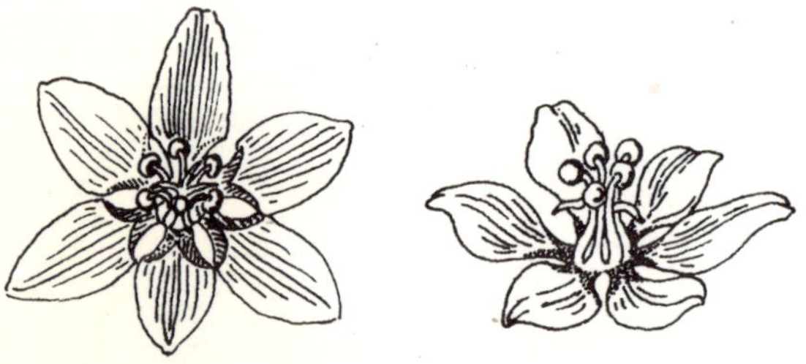

zwei verschiedene Ansichten der Blüte

Somatische Chromosomenzahl: 2n = 32

Einkeimblättrige

Blütezeit:
Juni–August

Fruchtform:
Kapsel

Herbstzeitlose

Colchicum autumnale

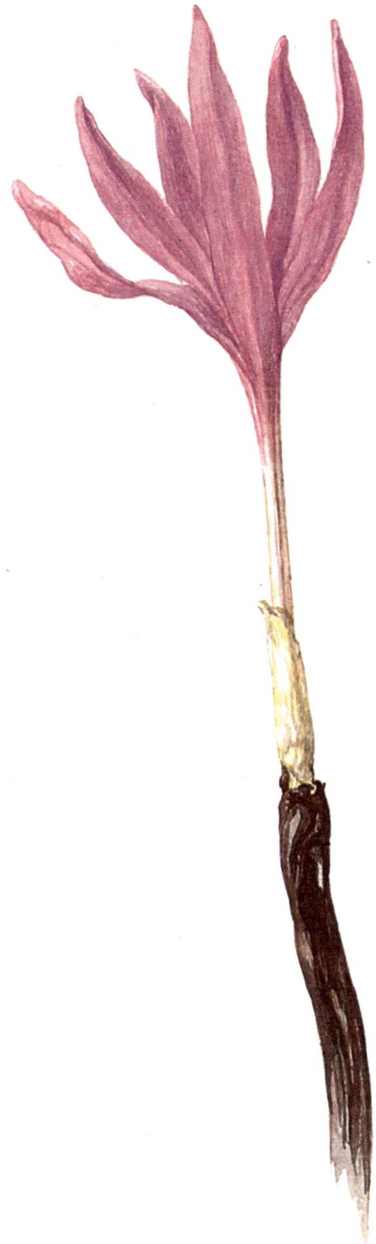

Die ausdauernde Herbstzeitlose schmückt mit ihren Blüten Wiesen und Moore.

Sie wächst aus 3–7 cm langen Knollen, die tief im Boden liegen und mit einer häutigen Scheide umschlossen sind. Im Frühjahr zeigt sich auf der Knolle eine Knospe, aus der während des Sommers ein kleiner, in der Erde verborgener Stengel wächst. Er hat zwei bis drei häutige Blattscheiden und mehrere schuppenartige Anlagen der späteren Blätter sowie die Blütenanlagen. Im Herbst erscheinen die Blüten über der Bodenoberfläche.

Gewöhnlich entwickelt sich nur eine violette Blüte mit langer Blütenröhre, die sich bis 15 cm über der Erde erhebt. Die Blüte ist eine der größten, manchmal bis 50 cm groß, wenn auch der größte Teil eigentlich im Boden verborgen bleibt. Bis zum Frühjahr ruht die Pflanze; danach beginnt der Stengel zu wachsen, der im unteren Teil verdickt und neben der alten die neue Knolle ausbildet. Die alte Knolle stirbt, wenn die Nährstoffe verbraucht sind. Am Stengel bilden sich fünf bis sechs große, fleischige, lanzettliche Blätter. Die reife Kapsel springt auf und gibt Samen frei. Sie haben fleischige Anhängsel, die bei Feuchtigkeit versulzen und von den Hufen der Tiere verbreitet werden.

Die Herbstzeitlose ist nahezu über ganz Europa verbreitet. Sie ist giftig und enthält das Colchicin, das die Mitose der Chromosomen bei der Zellteilung hemmt. Vom weidenden Vieh wird sie meist nicht als Nahrung angenommen; ab und zu kommt es jedoch bei Jungtieren zu Vergiftungen.

Somatische Chromosomenzahl: 2n = 38

Einkeimblättrige

Blütezeit:
August–November

Fruchtform:
Kapsel

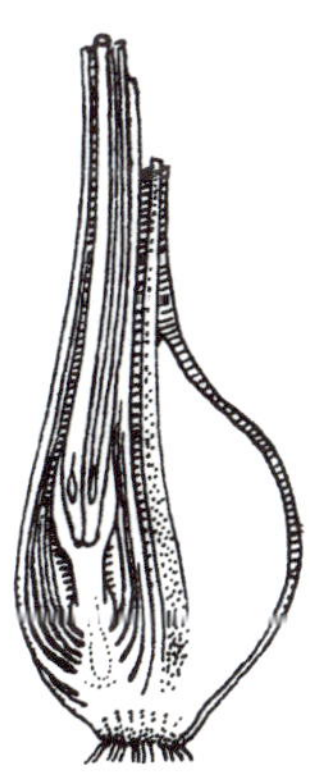

Schnitt durch die Zwiebel

Frucht

Weinberglauch

Allium vineale

Diese ausdauernde, 30–100 cm hoch werdende Pflanze wächst an wärmeliebenden Hängen, in Weinbergen und an Wegrändern. Sie bevorzugt kalkreiche Böden.

Aus der eiförmigen Zwiebel wächst eine kahle Pflanze. Die Bodenzwiebel entwickelt oft Nebenzwiebeln, die mit der Mutterzwiebel von einer gemeinsamen, zerfallenden Hautschuppe umschlossen werden. Die linealischen Blätter sind grau, fast stielrund und oben schmal rinnenförmig.

Der Blütenstand is halbkugelig. Die Blütenscheide bildet zwei lang zugespitzte Hüllblätter, die gleich lang oder länger sind als die Scheindolde. Zwischen den Blüten stehen zahlreiche Brutzwiebeln. Es ist aber auch möglich, daß die Scheindolde nur aus Blüten oder nur aus Brutzwiebeln besteht. Die Blütenstiele sind bis zu 25 mm lang, die Blütenhüllblätter sind lanzettlich, hell- oder dunkelpurpurn und bis 5 mm lang. Die Staubblätter sind zuerst so lang wie die Blütenblätter, wachsen aber später bis auf die doppelte Länge nach.

Der Weinberglauch kommt in fast ganz Europa vor, fehlt aber im südlichsten Norden und im Osten.

Die verwandte Art A. *spaerocephalon* unterscheidet sich von ihm hauptsächlich durch kurz zugespitzte Köcherhüllblätter, länglich eiförmige Blütenhüllblätter und nur wenig zerfallende Zwiebeln. Sie ist auf krautreichen Schutthalden und Felsen, wärmeliebenden Hängen, aber auch in Weinbergen zu finden.

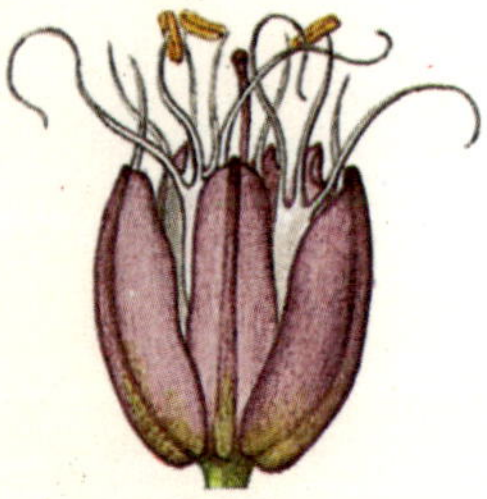

Blüte

Same

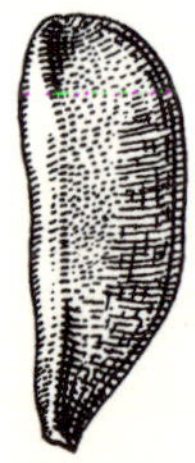

Somatische Chromosomenzahl: 2n = 32 (48)

Einkeimblättrige

Blütezeit:
Juni–August

Fruchtform:
Kapsel

Astlose Graslilie, Traubengraslilie, Große Graslilie

Anthericum liliago

Die Graslilie, eine ausdauernde, 30–80 cm hohe, kalkholde Pflanze, wächst auf Felsfluren und an trokkenen, gebüschbestandenen Hängen.

Der aufrechte, blattlose Stengel erhebt sich aus der Grundblattrosette, deren linealische Blätter zur Spitze zu schmäler werden. Die Deckblätter sind häutig.

Der Stengel endet in einer Blütentraube, die bis 4 cm breiten Einzelblüten wachsen an abstehenden Blütenstielen. Sie bestehen aus 6 weißen, annähernd gleich großen Blütenhüllblättern, 6 Staubblättern und einem Stempel. Nach der Bestäubung durch Insekten und der Befruchtung entwickelt sich eine dreieckig eiförmige, spitze Kapsel mit zahlreichen, etwa 4 mm großen Samen. Die Samen keimen so lange, bis das gesamte Nährgewebe verbraucht ist.

Die in Süd- und Mitteleuropa heimische Graslilie gehört in einer Reihe von Staaten zu den geschützten Pflanzen.

Unter Naturschutz steht auch die verwandte Ästige Graslilie *(A. ramosum),* deren rispiger, manchmal traubiger Blütenstand ebenfalls aus weißen , wie bei der *A. liliago* angeordneten Blüten besteht. Sie sind jedoch kleiner und erreichen höchstens 27 mm Durchmesser. Kleiner sind auch die Fruchtkapseln, die Samen aber sind größer.

Somatische Chromosomenzahl: 2n = 60

Einkeimblättrige

Blütezeit:
Mai–Juli

Fruchtform:
Kapsel

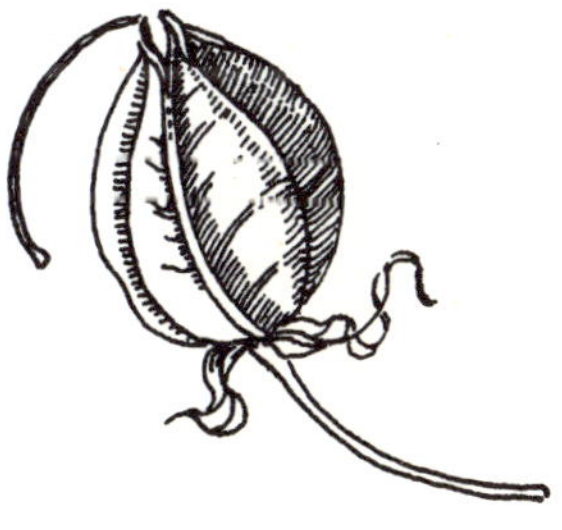

Frucht

Türkenbundlilie

Lilium martagon

Die ausdauernde, 30–100 cm hohe Türkenbundlilie ist in Laubwäldern und Gebüschen, aber auch auf Hochstaudenwiesen und -fluren anzutreffen.

Aus der goldgelben Zwiebel erhebt sich der aufrechte Stengel, der im unteren Teil 2–3 scheinquirlig stehende, kurzgestielte, eilanzettliche Blätter trägt. Im oberen Teil sind die Hochblätter sitzend, wechselständig und gehen in kleinere Deckblätter über, in deren Achseln die gestielten Blüten entspringen.

Sie sind nickend, duftend und haben sechs braunrosa und purpurne, gewöhnlich dunkelgefleckte Perigonblätter, die nach hinten zurückgebogen und am Grund verwachsen sind. Aus der Blüte ragen sechs lange Staubblätter mit dunkelgelben Staubbeuteln und ein langer Griffel mit Narbe heraus. Da die Blüte nektartragend ist, wird sie gern von Insekten, vor allem von Nachtfaltern, aufgesucht.

Die Türkenbundlilie hat für die Schönheit und den Duft ihrer Blüten teuer bezahlen müssen, denn sie wurde stellenweise bereits ausgerottet. Heute kommt sie in Europa nur noch in kleinen Beständen vor.

Auf Bergwiesen und Fluren, krautreichen Felsen und gebüschbewachsenen Hängen ist die Feuerlilie *(L. bulbiferum)* zu finden. In den Achseln der Hochblätter entwickeln sich Brutzwiebeln. Diese Pflanze hat aufrechtstehende, kleine, feuerrote, innen braungefleckte Blüten.

Schuppenzwiebel

Somatische Chromosomenzahl: 2n = 24

Einkeimblättrige

Blütezeit:
Juni–August

Fruchtform:
Kapsel

Zweiblättrige Schattenblume

Maianthemum bifolium

Die ausdauernde, 5–25 cm hohe, kalkmeidende Schattenblume ist in schattigen Wäldern vom Flachland bis in die Bergregion anzutreffen.

Aus dem dünnen, kriechenden Wurzelstock wächst der aufrechte, behaarte Stengel mit zwei, selten nur mit einem oder mit drei Blättern. Diese sind kurzgestielt, eiförmig, am Grund herzförmig, am Spreitenende zugespitzt und deutlich nervig.

Die kleinen, vierzähligen Blüten sind sternförmig ausgebreitet und stehen in zwei- bis dreiblütigen, eine Traube bildenden Döldchen. Sie wachsen auf kurzen Stielen aus den Achseln der kleinen, häutigen Deckblätter. Die Perigonblätter sind weiß bis gelblich und duften. Die Frucht ist eine zuerst rosa und dunkelgefleckte, später rote, etwa 5 mm große Beere.

Die Zweiblättrige Schattenblume ist aus fast ganz Europa bekannt, aber auch in Asien weit verbreitet. Ihr Vorkommen erstreckt sich bis Nordkorea. Nach Süden zu wird sie von einer anderen Art abgelöst. Verwandte Arten wachsen auch in Nordamerika.

Die Arten der verwandten Gattung *Streptopus* sind der Schattenblume überhaupt nicht ähnlich. So ist beispielsweise der Stengelumfassende Knotenfuß *(S. amplexifolius)* eine auffällige, bis 1 m hoch werdende Zierde der Latschenkieferbestände im Hochgebirge. Sie hat glockige, weiße, einzeln an langen, dünnen Stielen wachsende Blüten und ovale blaßrote Beeren.

Somatische Chromosomenzahl: 2n = 36

Einkeimblättrige

Blütezeit:
Mai–Juni

Fruchtform:
Beere

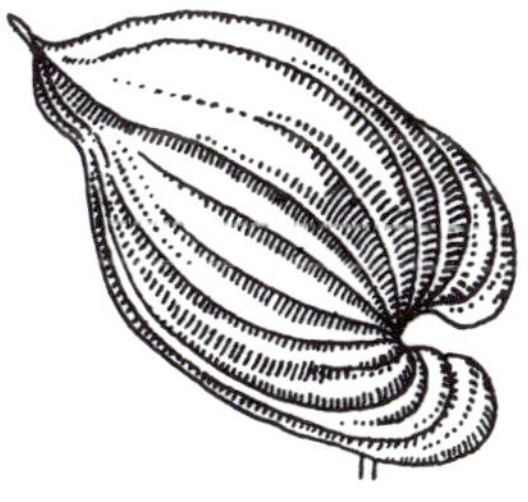

Blatt

Frucht

Duftende Weißwurz, Salomonssiegel

Polygonatum odoratum
syn. *Polygonatum officinale*

Wir finden den ausdauernden, 15–45 cm hohen Salomonssiegel in wärmeliebenden Wäldern und Hainen.

Aus dem starken, kriechenden Wurzelstock wächst der gebogene, oben fast doppelschneidige, sonst kantige Stengel. Die wechselständigen Blätter sind länglich-eiförmig bis elliptisch-lanzettlich und rauh. An der Unterseite sind sie graugrün.

In den Blattachseln entspringen gestielte, weiße, duftende Einzelblüten, die ausnahmsweise auch paarweise stehen können. Sie sind regelmäßig, dreizählig, keulig, bis 25 mm lang und 7 mm breit. Die Staubfäden wachsen am Grund mit der Blütenröhre zusammen. Die reife Frucht ist eine 8–14 mm große blauschwarze, bereifte Beere.

Die giftige Duftende Weißwurz ist fast über ganz Europa verbreitet. Von ihr unterscheidet sich die hauptsächlich in den Bergen vorkommende Quirlweißwurz *(P. verticillatum)* mit 3–6 in Quirlen stehenden, lineal-lanzettlichen Blättern. Eine weitere Art, die Vielblütige Weißwurz *(P. multiflorum)* hat einen abgeflachten Stengel und 3–5 blattachselständige Blüten. Diese fast nicht duftende Art bevorzugt ähnliche Standorte wie die Duftende Weißwurz. Außer in Europa wächst sie stellenweise auch in Asien und ist bis nach Japan verbreitet.

Frucht

Staubfäden:
A: *P. multiflorum*, B: *P. odoratum*

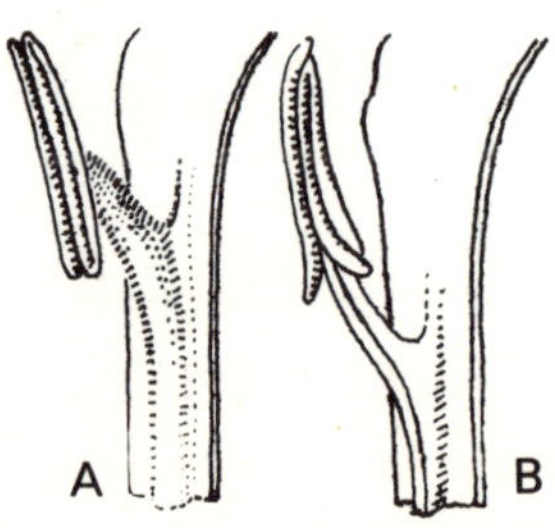

Somatische Chromosomenzahl: 2n = 20

Einkeimblättrige

Blütezeit:
Mai–Juni

Fruchtform:
Beere

Maiglöckchen

Convallaria majalis

Das duftende, ausdauernde, 10–25 cm hohe Maiglöckchen ist in Hainen, lichten Gehölzen, Gebüschen und an ihren Säumen anzutreffen.

Aus dem verzweigten Wurzelstock wachsen gewöhnlich nur zwei breitlanzettliche, gestielte, an der Basis mit scheidenartigen Schuppen bestandene Blätter. Die ganze Pflanze ist kahl.

Der aufrechte Blütenschaft trägt die dünn einseitig, mit gestielten Blüten bestandene Traube. Die milchweißen, intensiv und sehr angenehm duftenden Blüten sind regelmäßig und zweigeschlechtig. Das weiße Perigon ist kugelig glockenförmig, bis 9 mm lang und hat kurze, abstehende Zipfel. Die 6 Staubblätter (3 + 3) und die Staubbeutel sind gelb, die Beere ist in voller Reife rot.

Das Maiglöckchen kommt in fast ganz Europa vor, vom Ural bis zum Kaukasus. Auch in Nordamerika wurde es eingeschleppt.

Das Maiglöckchen betört zwar durch seinen herrlichen Duft, ist aber giftig, denn es enthält große Mengen an giftigen Glykosiden und Alkaloiden. In fast allen Ländern Mitteleuropas gehört es zu den geschützten Pflanzen. Trotzdem wird es Jahr für Jahr in großer Zahl abgepflückt und verkauft, auch wenn heute zahlreiche Gärtnereien Maiglöckchen auf großen Flächen anbauen und damit den Markt versorgen.

Somatische Chromosomenzahl: 2n = 38

Einkeimblättrige

Blütezeit:
Mai–Juni

Fruchtform:
Beere

Blütendiagramm

Frucht

Einbeere

Paris quadrifolia

Wir finden die ausdauernde, 15–30 cm hohe Einbeere in Mischwäldern, Hainen und Gebüschen.

Aus dem langen, kriechenden und schuppigen Wurzelstock wächst der aufrechte, kahle Stengel, der gewöhnlich einen einzigen vierzähligen Quirl aus breit-elliptischen Blättern trägt. Es gibt Exemplare mit nur drei, aber auch seltene Fälle mit sogar bis zu sieben Blättern. Sie erreichen eine Länge bis 10 cm.

Die langgestielten Blüten sind aufrecht und vierzählig, regelmäßig und zweigeschlechtig. Jeweils 4 Perigonblätter stehen gespreizt in zwei Kreisen. Die äußeren Perigonblätter sind lanzettlich und hellgrün, die inneren schmäler, linealisch und gelbgrün. Auch die Staubblätter stehen jeweils zu viert in zwei Reihen, haben kurze Staubfäden und auffallende, pfriemliche Konnektive. Als Frucht entwickelt sich eine bis 1 cm breite, runde blauschwarze Beere.

Die Pflanze wird durch den Wind bestäubt; Selbstbestäubung ist jedoch nicht ausgeschlossen. Die Blüten werden als Täuschblumen bezeichnet, weil sie Insekten anlocken, ohne ihnen Nektar oder Pollen zu bieten.

Die Art gehört zu den Giftpflanzen; besonders die Beeren enthalten stark giftige Stoffe.

Das Verbreitungsgebiet der Einbeere umfaßt nicht nur fast ganz Europa, sondern reicht auch tief bis nach Sibirien. In Asien wachsen zwei weitere verwandte Arten.

Blütendiagramm

Somatische Chromosomenzahl: 2n = 20

Einkeimblättrige

Blütezeit:
April–Mai

Fruchtform:
Beere

Wasserschwertlilie

Iris pseudacorus

Diese schöne gelbe Schwertlilie ist vom Flachland bis zum Vorgebirge an den Ufern stehender und fließender Gewässer und in Ufergesellschaften zu finden.

Die ausdauernde Pflanze wächst aus einem starken, verzweigten Rhizom und entwickelt einen 50–150 cm hohen, aufrechten, flachgedrückten und verzweigten Blütenstengel. Die lebhaft grünen Blätter sind schwertförmig, bis 3 cm breit und werden so lang wie der Stengel.

Die Blüten wachsen auf langen Stielen aus den Achseln der Hochblätter. Die Perigonblätter bilden eine Röhre und sind leuchtendgelb. Die Zipfel der äußeren Perigonblätter sind waagerecht bis abstehend, in der Mitte dunkelgelb und haben lilabraune Nerven. Die inneren Perigonblätter sind aufrechtstehend, linealisch und kürzer als die Narbenlappen. Unter diesen sind drei Staubblätter verborgen. Die Bestäubung besorgen Insekten. Nach der Befruchtung entwickelt sich eine dreikantige Kapsel, die zahlreiche abgeflachte Samen enthält.

Diese auffällige Art ist in der Tschechoslowakei und in der Bundesrepublik Deutschland gesetzlich geschützt und verdiente diesen Schutz auch in weiteren Staaten.

Aber auch andere Schwertlilienarten stehen unter Naturschutz, beispielsweise die *I. sibirica* mit blauvioletten Blüten. An dieser auf Moorwiesen wachsenden Pflanze fällt der rundliche, und nicht wie für die meisten Schwertlilien typische, zweischneidig zusammengedrückte Stengel auf.

Somatische Chromosomenzahl: 2n = 34

Einkeimblättrige

Blütezeit:
Mai–Juni

Fruchtform:
Kapsel

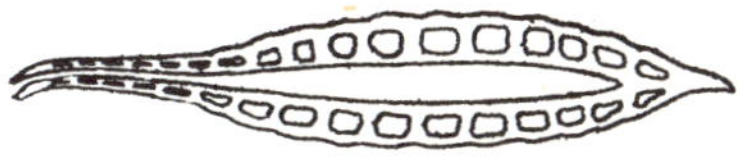

Schnitt durch das Blatt

Kleines Schneeglöckchen

Galanthus nivalis

In Auenwäldern, auf Talstaudenfluren und in Gebüschen, in Laub-, Misch- und Tannenwäldern erblüht im zeitigen Frühling das ausdauernde, 10–20 cm hohe, liebliche Schneeglöckchen. Seine Zwiebel hat drei braune Schuppenblätter und entwickelt zwei dicht über der Erde wachsende, linealische, stumpfe, 1 cm breite und 10 cm lange, graugrüne und am Grund mit einem Scheidenblatt umhüllte Blätter.

Der aufrechte Blütenschaft trägt an einem gebogenen Stiel eine nickende, aus der Achsel eines grünen, am Rand weißgesäumten Deckblattes wachsende Blüte. Die drei Außenperigonblätter sind ganz weiß, frei und beweglich, die drei Innenperigonblätter um die Hälfte kürzer, herz-keilförmig und haben an der Spitze einen grünen Fleck. Die 6 Staubblätter tragen gelbe Staubbeutel. Als Fruchtstand wächst eine Kapsel.

Das Schneeglöckchen ist eine häufig in Gärten zu findende Zierpflanze. Wild wächst es verstreut in ganz Europa; stellenweise ist es ausgerottet.

In der Tschechoslowakei und der Bundesrepublik Deutschland sind in der freien Natur ihre unterirdischen Teile geschützt, die Blüten dürfen also gepflückt werden; das Ausgraben der Zwiebeln jedoch ist untersagt.

In Südeuropa, auf der Krim, im Kaukasus und Kleinasien kommen verwandte Schneeglöckchenarten vor; keines erfreut sich jedoch in Mitteleuropa einer solchen Beliebtheit wie die unsere.

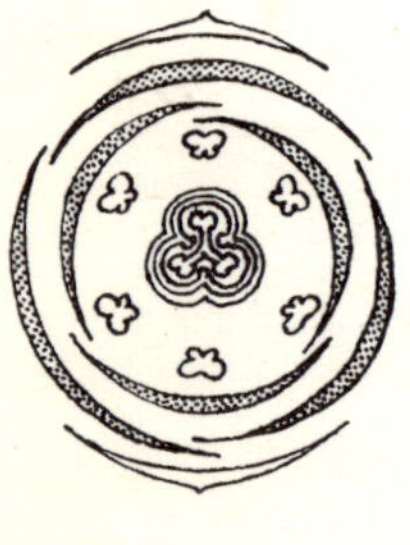

Blütendiagramm

Somatische Chromosomenzahl: 2n = 24

Einkeimblättrige

Blütezeit:
Februar–April

Fruchtform:
Kapsel

Frühlingsknotenblume, Märzenbecher

Leucojum vernum

Diese ausdauernde Pflanze ist in schattigen, feuchten Laubwäldern (vorzugsweise in Buchenbeständen), aber auch in Fichten- und Tannenwäldern genauso zu finden wie auf feuchten Wiesen.

Aus der kugeligen Zwiebel wächst ein 10–30 cm hoher, zweischneidig zusammengedrückter Schaft. Mit ihm zusammen bilden sich drei bis vier bodenständige, linealische, dunkelgrüne Blätter, die länger sind als der Blütenschaft.

Auf dem Schaft wächst aus der Deckblattachsel ein die nickende, glockige Blüte tragender Stiel. Manchmal sind sie auch zweiständig. Die Perigonblätter sind breit-länglich, weiß und tragen außen häufig einen grünen oder gelben Tupfen. Die Bestäubung besorgen Insekten, denen die Blüten außer Pollen auch in kleinen Mengen Nektar bieten.

Die Frühlingsknotenblume stammt aus Mittel- und Südeuropa; in Großbritannien und Südschweden kommt sie nur verwildert vor.

In einer Reihe europäischer Staaten steht diese Art unter Naturschutz.

Pflanzen mit zwei Blüten an einem Schaft und gelbem Perigonblattspitzenfleck werden als subsp. *carpaticum* bezeichnet. Sie ist in Bayern eine Seltenheit und erst in den Ostkarpaten zu finden. Die verwandte Sommerknotenblume *(L. aestivum)* hat 3–6blütige Stengel und fast kugelige Kapseln. Sie ist auf feuchten Wiesen und in Auenwäldern anzutreffen. Ihre Blütezeit sind Mai bis Juni. Am häufigsten kommt sie im östlichen Teil Mitteleuropas vor.

Somatische Chromosomenzahl: 2n = 22

Einkeimblättrige

Blütezeit:
Februar–März

Fruchtform:
Kapsel

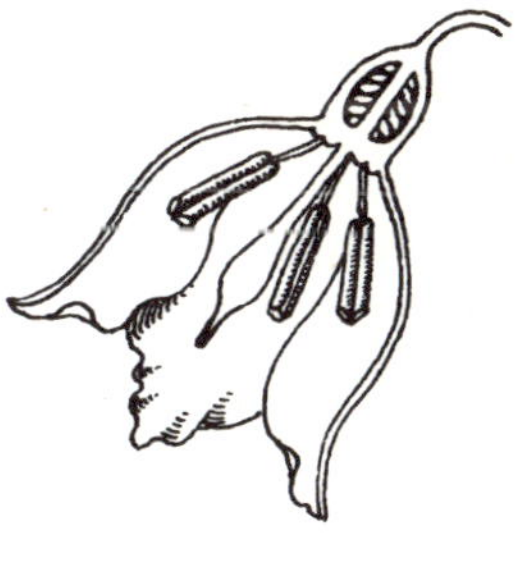

Schnitt durch die Blüte

Gemeine Hainbinse, Hasenbrot

Luzula campestris

Die ausdauernde, 5–15 cm hohe Hainbinse wächst auf Feldern, Wiesen, Weiden, Trockensäumen und in lichten Wäldern, überwiegend in niedrigeren Lagen.

Der kurz büschelige Stengel kommt aus dem kriechenden Rhizom und ist mit linealischen Blättern bestanden. Sie sind kürzer als der Stengel, stumpf zugespitzt und dicht bewimpert.

Die Blüten stehen in Ährchen, die zusammengesetzte Blütenstände – sog. Spirren – bilden. Die Vorblätter sind kürzer als die Blüten und meist ganzrandig. Die oft bewimperten Perigonblätter sind lanzettlich, grannigspitzig und mehr oder weniger gleich lang. Sie sind braun und haben einen breiten, häutigen Saum. Die reifende Frucht ist eine stumpfe, eiförmige, schnabellose Kapsel. Die Samen haben gewöhnlich ein langes Anhängsel.

Manchmal wird die Gemeine Hainbinse als Sammelart betrachtet, die bis zu vier Arten einschließt. Die eigentliche *L. campestris* hat kurze Wurzelausläufer und im Blütenstand 2–5 beinahe sitzende Ährchen. Die Staubbeutel sind doppelt bis sechsmal so lang wie die Staubfäden.

Die Kleinarten *L. multiflora, L. divulgata, L. sudetica* und *L. pallescens* unterscheiden sich in morphologischen Merkmalen an Blüten und Samen.

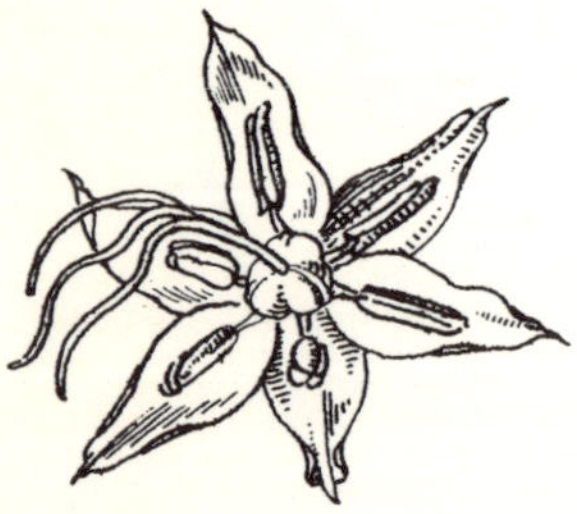

Blüte

Blütenstand

Somatische Chromosomenzahl: 2n = 12

Einkeimblättrige

Blütezeit:
März-Juni

Fruchtform:
Kapsel

Schmalblättriges Wollgras

Eriophorum angustifolium

Auf Hochmooren, Mooren und Torfmooren in niedrigeren und höheren Lagen wächst das ausdauernde, 30–60 cm hohe Wollgras.

Es ist eine spärlichrasige Pflanze mit stielrundlichem Stengel und rinnig gekielten Blättern. Grund- und Stengelblätter haben braune Scheiden. Die Blätter sind linealisch, etwa 6 mm breit und entweder auf der ganzen Länge oder nur an der Spitze dreikantig. Die Blattspreitenränder sind rauh.

Der Blütenstand besteht aus 3–5 glattgestielten Ährchen. Die linealischen Deckblätter sind braun und weißhäutig gerandet. Das Perigon ist in der Form mehrerer glatter Borsten ausgebildet, die sich nach dem Verblühen verlängern und am Ährchen einen weißlichen Haarbüschel bilden. Die Bestäubung besorgt der Wind. Die Nüßchen sind länglich verkehrt-eiförmig und flügelig-dreikantig.

Das Schmalblättrige Wollgras ist mit Ausnahme des Mittelmeerraumes in ganz Europa heimisch.

Das verwandte Breitblättrige Wollgras *(E. latifolium)* hat flache Blätter, mehr Ährchen und deutlich rauhe Blütenstiele. Die Haarbüschel sind fast weiß und gleich lang.

Die Fruchthaare der Wollgräser wurden mancherorts als Federersatz zum Füllen von Kissen verwendet und in einigen Gebirgsgegenden sogar zur Anfertigung von Lampendochten. Alle Wollgräser enthalten in Blättern Bestandteile, die zum Verfüttern völlig ungeeignet sind.

Somatische Chromosomenzahl: 2n = 58

Einkeimblättrige

Blütezeit:
April–Mai

Fruchtform:
Nüßchen

Ährchenstiele: A: glatt bei *E. angustifolium*, B: rauh bei *E. latifolium*

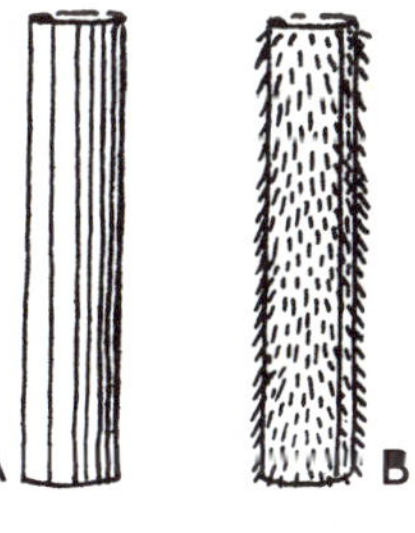

verblühte Blüte

Waldsimse, Flechtsimse

Scirpus sylvaticus

Die Waldsimse, ein ausdauerndes, 60–100 cm hohes Kraut, ist in Sümpfen, auf nassen und überschwemmten Wiesen und in nassen Gräben zu finden.

Die Stengel sind mehr oder weniger aufrecht, stumpf dreikantig und hohl, die Blätter 8–12 mm breit, kielig und am Rand rauh. Unter dem Blütenstand befinden sich blattähnliche Hüllblätter.

Der Stengel trägt eine reichährige, bis 30 cm lange Spirre, die aus eiförmigen, jeweils 2–5 zum Stiel büschelig sitzenden Ährchen besteht. Tragblätter sind länglich, stachelspitzig und schwarzbraun. Die 6 Perigonblätter sind als Borsten ausgebildet. Nach dem Bestäuben durch Insekten und dem Befruchten entwickeln sich dreikantige Nüßchen.

Die Waldsimse ist mit Ausnahme der Arktik und des südlichen Mittelmeergebietes in ganz Europa anzutreffen, kommt aber auch im Kaukasus, in Sibirien und in Nordamerika vor.

Die verwandte Art Wurzelnde Simse *(S. radicans)* hat meist einzelständige und mehr oder weniger gestielte Ährchen. Sie wächst an ähnlichen Standorten wie die Waldsimse und auch im gleichen Verbreitungsgebiet, ist aber nicht so häufig. Die Vertreter der verwandten Gattung *Schoenoplectus* haben nur Grundblätter. Es sind meist stattliche Kräuter mit einer verzogenen Spirre, die vom Tragblatt abgestützt wird. Es bildet eine Verlängerung des Stengels und vermittelt dadurch den Eindruck, daß die Spirre seitlich gewachsen sei. Am häufigsten ist in Mitteleuropa die Gemeine Teichsimse *(Sch. lacustris)*.

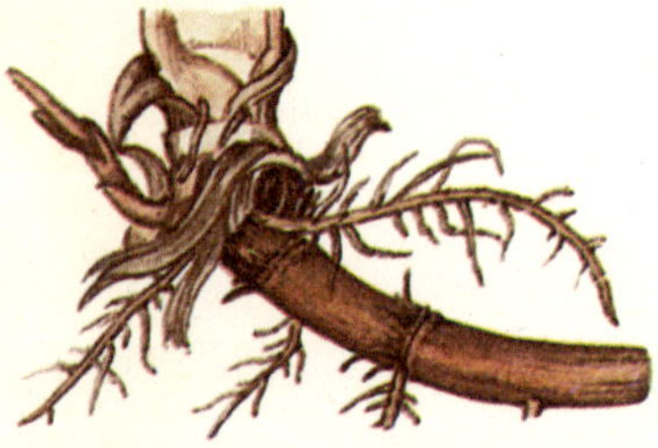

Wurzelstock

Blüte

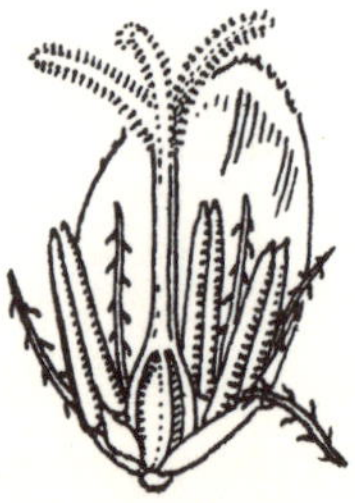

Somatische Chromosomenzahl: 2n = 62, 64

Einkeimblättrige

Blütezeit:
Mai–August

Fruchtform:
Nüßchen

Frühlingssegge

Carex caryophyllea
syn. *Carex verna*

An Trockenhängen, auf Wiesen und Weiden ist die ausdauernde, 10–40 cm hohe Frühlingssegge anzutreffen.

Aus dem kriechenden Wurzelstock, der kurze Ausläufer bildet, wachsen dünne, oft gebogene, stumpf dreikantige und mehr oder weniger glatte Stengel. Die Blätter, die kürzer sind als die Stengel, sind höchstens 2 mm breit, flach und im unteren Teil manchmal rinnig. Sie sind kielig, steif und rauh. Die Grundblattscheiden sind braun, matt und nichtzerfallend.

Die 2–4 Blütenährchen stehen büschelig und sind entweder sitzend oder das untere Ährchen kann abstehend und kurz gestielt sein. Das Endährchen ist keulig-linealisch, 1,5 cm lang und enthält nur männliche Blüten. Die niedriger stehenden sind länglich, 1 cm lang, dicht und von weiblichen Blüten besetzt. Die Tragblätter sind spelzig. Die Spelzen der weiblichen Blüten sind eiförmig, spitz und rostbraun, glänzend und entweder völlig ohne Granne oder haben eine solche, die aus dem grünen Kiel herauswächst. Die reifen Schlauchfrüchte sind verkehrt-eiförmig, rostbräunlich, fein behaart und undeutlich nervig.

Diese in fast ganz Europa vorkommende Art ist der Vertreter einer ungewöhnlich zahlreichen Gattung. Allein in Mitteleuropa wachsen mehr als 100 Seggenarten.

Somatische Chromosomenzahl: 2n = 62, 64, 66, 68

Einkeimblättrige

Blütezeit:
April–Mai

Fruchtform:
Schlauch

Schnitt durch den Stengel

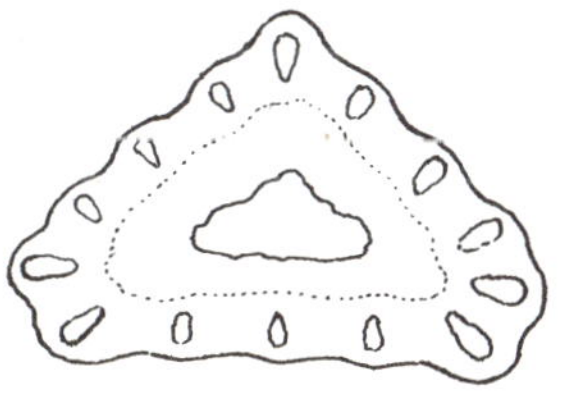

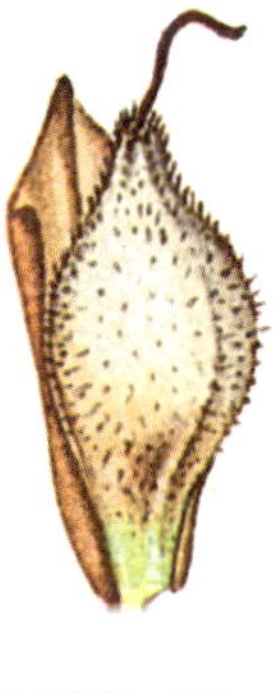

verblühte Blüte

Frucht

Wiesenschwingel

Festuca pratensis
syn. *Festuca elatior*

Dieses ausdauernde, lockerrasig wachsende, 30–120 cm hohe Gras wächst und blüht auf moorigen Wiesen und krautreichen Heiden.

Die Halme sind bogig aufsteigend, glatt und tragen meist drei Blätter. Die Blattscheiden sind offen und glatt, die Blattspreiten bis 20 cm lang, 5 mm breit und ebenfalls glatt. An der Oberseite sind sie mehr oder weniger rauh.

Die aus 5–8 Blüten gebildeten Ährchen sind 9–12 mm lang und haben am Grund meist zwei Hüllspelzen, die bei dieser Art lanzettlich sind. Die Deckspelzen sind an der Spitze trockenhäutig und ohne Granne.

Die Gräser sind meist windbestäubte Pflanzen mit entsprechend angepaßtem Staubblattbau. Sie haben dünne Staubfäden; die pollenreichen Staubbeutel sind in der Regel in der Mitte zum Staubfaden verbunden. Deshalb bewegen sie sich bei jedem noch so kleinen Lufthauch und geben die Pollen frei, die dann vom Wind auf die federartige Narbe anderer Gräser getragen werden. Die Blüten sind typisch vorweiblich, d. h., daß zuerst die Narben und dann erst die Staubblätter reifen. Dadurch wird Selbstbestäubung unmöglich gemacht.

Der Wiesenschwingel gehört zu den wertvollen Futtergräsern. Früher wurde er wegen seines Feuchtigkeitsbedarfes auf nasse Wiesen hinzugesät, heute werden solche Gründe jedoch eher entwässert, so daß dieser Standorttyp kaum mehr vorzufinden ist.

Spreitengrund mit Zunge und Öhrchen

Somatische Chromosomenzahl: 2n = 14

Einkeimblättrige

Blütezeit:
Juni–Juli

Fruchtform:
Karyopse

Zwiebelrispe, Knolliges Rispengras

Poa bulbosa

Diese ausdauernde, rasenbildende, 10–40 cm hohe Pflanze ist auf warmen Rasenstellen zu finden.

Die Halme dieses graugrünen Grases sind aufrecht, abgeflacht, glatt und haben am Grund zwiebelartig verdickte Scheiden. Davon stammt auch ihr Name. Der obere Halmteil ist blattlos oder hat nur 1–3 Blätter. Die Blattscheiden sind glatt und kahl.

Die Spreiten der Grundaustriebe sind meist zusammengerollt, so daß sie wie Borsten aussehen. Die Spreiten der im unteren Halmteil wachsenden Blätter sind meist flach und kürzer als die Scheide. Zur Blüte sind die Grundblätter bereits abgestorben. Alle Blätter haben scharf zugespitzte Blatthäutchen.

Die Blütenrispe ist eiförmig oder länglich, die Rispenstiele sind rauh und gerade abstehend. Die länglich eiförmigen Ährchen bestehen aus 4–6 Blüten. Sehr häufig sind sie „lebendgebärend“, d. h., die Karyopsen keimen bereits in den Ährchen an der Mutterpflanze. Die Hüllspelzen sind breit eilanzettlich und am Kiel rauh, die Deckspelzen länglich bis lanzettlich und am Grund dicht behaart.

Die Zwiebelrispe hat ein großes Verbreitungsgebiet in Europa an den verschiedensten Standorten und Böden, von den wärmsten Niederungen bis hoch in die Berge.

Somatische Chromosomenzahl: 2n = 14, 21, 28, 32, 35, 39, 42, 45, 40-58

Einkeimblättrige

Blütezeit:
Mai–Juni

Fruchtform:
Karyopse

Schema des dreiblütigen Grasährchens

Viviparie – Keimung der Ährchen

Weidekammgras, Wiesenkammgras

Cynosurus cristatus

Das Weidekammgras, das ausdauernde, dichte Rasen und kurze Ausläufer bildet, ist auf Wiesen und Weiden zu finden.

Aus dem kurzen, dunklen Rhizom wächst der 20–60 cm hohe, dünne, glatte Halm ebenso die nach oben abgeschlossenen Blattscheiden. Er ist gewöhnlich knotig, stielrund, hohl, meist einfach und bis auf den Blütenstand unverzweigt. Die den hohlen Halm unterbrechenden Knoten haben über der Querwand Gewebe, das die Fortsetzung des Höhenwachstums gewährleistet und mit dessen Hilfe sich der Halm nach dem Lagern teilweise wieder aufrichtet. Die Blattspreiten sind 2–3 mm breit, gefurcht und später zusammengerollt. Sie sind kurz und zur Spitze hin rauh. Das sich bei Gräsern am Übergang von der Blattscheide zur Spreite befindliche Blatthäutchen ist etwa 1 mm lang und abgestutzt.

Der Halm trägt eine bis 10 cm hohe, linealische, endständige Rispe. Die Ährchen sind zweireihig und stehen an kurzen Stielen. Neben jedem fertilen Ährchen aus 3–4 Blüten wächst ein kammähnliches, von bis zu 10 schmalen Deckspelzen gebildetes steriles Ährchen. Die Hüllspelzen sind spitzig, die Deckspelzen dagegen lanzettlich, zweizähnig und kurz grannig.

Das Weidekammgras kommt in fast ganz Europa vor, ausgenommen Skandinavien und dem nördlichen Teil der Sowjetunion.

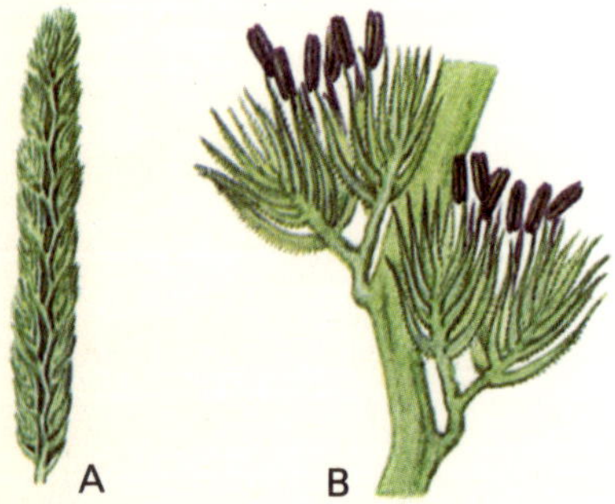

A: Ähre; B: Detail der Ähre

Spreitengrund mit Blatthäutchen

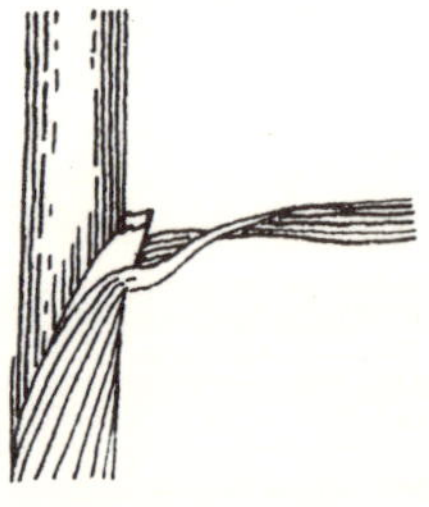

Somatische Chromosomenzahl: 2n = 14

Einkeimblättrige

Blütezeit:
Juni–Juli

Fruchtform:
Karyopse

Gemeines Zittergras

Briza media

Für diese ausdauernde, lockerrasig wachsende Grasart sind trockene Wiesen und Weiden sowie wärmeliebende Hänge nicht nur im Flachland, sondern auch in der Bergstufe charakteristisch.

Die dünnen, glatten, aufrechten Halme werden 20–50 cm hoch. Die Blattscheiden sind geschlossen, die Blattspreiten flach und an den Rändern rauh, die Blatthäutchen sehr kurz.

Die Ährchenrispe ist breit ausladend, aufrecht und bis 15 cm lang. Die Rispenzweige tragen zahlreiche, etwa einen halben Zentimeter lange, an langen Zweigen hängende Ährchen. Durch die Windbewegung zittern sie. Häufig haben sie einen violetten Schimmer und sind unbegrannt. Die unregelmäßig verkehrt-eiförmigen Hüllspelzen sind kielig, fast waagerecht abstehend, die Deckspelzen bauchig aufgeblasen.

Das Gemeine Zittergras ist fast über ganz Europa verbreitet, ausgenommen die arktischen Gebiete und einige Teile des Mittelmeerraumes. Obwohl es zu den besten Futterpflanzen gehört, wird es wegen seiner Anforderung an einen trockeneren Standort nicht in Kultur genommen.

Auf dem Balkan und im Mittelmeergebiet ist die *B. minor* heimisch, eine einjährige Art mit kleineren, nur etwa 3 mm langen, dreieckigen Ährchen. Die *B. maxima* hat über 2 cm lange, weißliche Ährchen, stammt aus Südeuropa und wird manchmal als Gartenpflanze angebaut. Sie muß jedes Jahr neu gesät werden. Da ihre Karyopsen in den nördlichen Teilen Europas nicht ausreifen, wird sie eingeführt.

Somatische Chromosomenzahl: 2n = 14

Einkeimblättrige

Blütezeit:
Mai - August

Fruchtform:
Karyopse

Ährchen

Nickendes Perlgras

Melica nutans

Das ausdauernde, kalkliebende Perlgras mit dünnen, kriechenden Rhizomen wächst in Hainen, Mischwäldern und Gebüschen des Flachlandes wie der Vorgebirge.

Der dünne, rauhe Halm wird 25–50 cm hoch; die blütenlosen Ausläufer werden bis 10 cm lang. Die Blattspreiten sind flach oder nur schwach eingerollt, auf der Oberseite stellenweise behaart, an den Rändern und unterseits rauh. Die Blatthäutchen sind äußerst kurz, abgestutzt und braun. Die Blattscheiden der unteren Blätter sind leicht violett.

Die traubenartigen Rispen sind einseitig, nicht ganz 10 cm lang und aus großen zweiblütigen Ährchen zusammengesetzt. Die Hüllspelzen sind braunrot und an den Rändern trockenhäutig, die Deckspelzen sind dünn, rauh und an der Spitze purpurn, sonst grün. Diese Grasart ist leicht giftig.

Sie ist über ganz Europa verbreitet, fehlt jedoch in Nordskandinavien, auf den Inseln und in den meisten Gebieten des europäischen Teiles der Sowjetunion. In Südeuropa ist sie selten. Das verwandte Bunte Perlgras *(M. picta)* hat ein Rhizom ohne Ausläufer und bis 2 mm lange Blatthäutchen. Die ganze Pflanze ist graugrün, Hüll- und Deckspelzen sind grün, die Hüllspelzen haben dunkelviolette Nervatur. Die Art ist relativ wärmeliebend und überwiegend in Buchenmischwäldern, aber meist verstreut, zu finden.

Blüte

Somatische Chromosomenzahl: 2n = 18

Einkeimblättrige

Blütezeit:
Mai–Juni

Fruchtform:
Karyopse

Gemeines Knäuelgras

Dactylis glomerata

Diese dichtrasige, lebhaft grüne bis graugrüne, stattliche, 30–120 cm hoch werdende Grasart ist auf Wiesen, Weiden und an Wegrändern zu finden.

Das Gemeine Knäuelgras hat einen aufrechten oder kurz aufsteigenden Halm. Die Blattscheiden sind mehr oder weniger rauh, geschlossen und zweischneidig, die Blattspreiten in der Regel flach und überhängend. Die spitzen Blatthäutchen sind bis 10 mm lang.

Die Rispe ist zuerst schmal und dicht mit am Astende knäuelig stehenden Ährchen, später einseitig und lappig. Die Äste sind rauh und am Ende wieder verzweigt. Die Ährchen sind stark abgeflacht, grün und 3–4blütig. Die lanzettlichen, spitzen bis kurz steifhaarigen Hüllspelzen haben einen bewimperten Kiel. Die Deckspelzen sind am Kiel kurz abstehend bewimpert.

Das Gemeine Knäuelgras ist über fast ganz Europa verbreitet und wurde auch nach Südamerika, Australien und Neuseeland eingeschleppt. In diesem enormen Verbreitungsgebiet ist es ziemlich variabel, wobei die einzelnen Abweichungen unterschiedlich eingestuft werden. Manchmal wird dieses Gras auch als Zierpflanze in Formen mit weiß bis gelblich gestreiften Blättern gehalten.

Das nah verwandte Waldknäuelgras *(D. polygama)* ist immer hellgrün. Die Ährenrispe ist dünner, die meist aus 5–6 Blüten bestehenden Ährchen stehen fast einzeln. Es ist in den Mischwäldern und auf Waldlichtungen Mitteleuropas anzutreffen.

Somatische Chromosomenzahl: 2n = 28

Einkeimblättrige

Blütezeit:
Mai–August

Fruchtform:
Karyopse

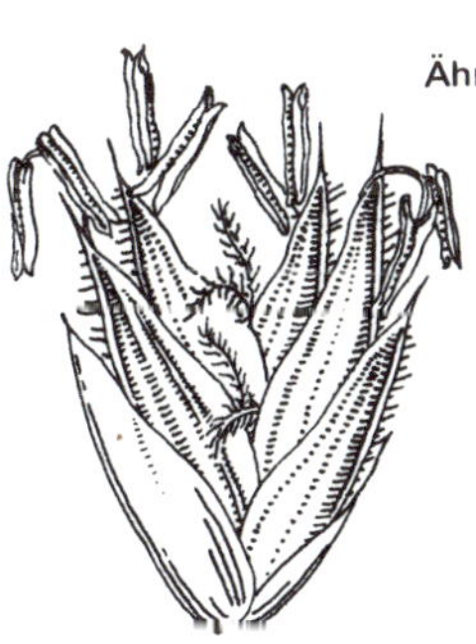

Ährchen

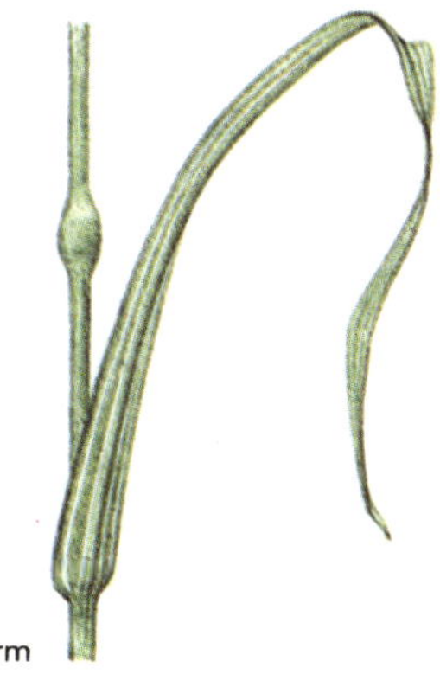

weiß gestreiftes Blatt der Zierform

Kalkblaugras

Sesleria varia
syn. *Sesleria calcaria, S. caerulea*

Auf rasenbewachsenen, felsigen und steinigen Kalkschutthalden, manchmal auch in lichten Wäldern des Hügellandes bis zur subalpinen Stufe, finden wir eine kalkliebende, ausdauernde und dichtrasige Pflanze: das Blaugras.

Die aufrechten, dünnen Halme werden 25–45 cm hoch. Die Blattscheiden sind kahl; die Blätter haben immer, sogar bei trockenem Wetter, flache Blattspreiten. Die Blatthäutchen sind sehr kurz und fransig behaart. Die Spreiten der sterilen Ausläufer haben am Rand schmale weißliche Streifen.

Die die einzelnen Ähren zusammenfassende Scheinähre ist zylindrisch und ziemlich locker. Die Ährchen sind zwei-, manchmal auch dreiblütig, leicht violett oder stahlblau, sehr selten bis blaßgelblich. Die Hüllspelzen sind eilanzettlich und so lang wie die Deckspelzen; sie sind kahl oder an den Nerven verstreut behaart, spitz oder mit einer bis 2 mm langen Granne bestanden. Die Deckspelzen sind eilanzettlich und kahl, nur an den Nerven behaart. Der Mittelzahn endet in einer kurzen Granne. Die Vorspelze ist zweizähnig, gleich lang wie die Deckspelze und an den Nerven zerstreut behaart.

Das verwandte Sumpfblaugras *(S. uliginosa)* kommt meist auf Moorwiesen vor und bildet runde Rasenflecke. Im Unterschied zu der beschriebenen Art sind die Blätter bei Trockenheit nach oben eingerollt.

Deckspelze

Somatische Chromosomenzahl: 2n = 28

Einkeimblättrige

Blütezeit:
März–Juni

Fruchtform:
Karyopse

Leinlolch

Lolium remotum

Dieses kalkmeidende, einjährige, bis 60 cm hoch werdende Gras ist ein Unkraut unserer Felder, vor allem in Lein- und Serradella-Kulturen *(Ornithopus sativus,* eine Futterpflanze).

Das gelbgrüne Gras hat dünne, schwache, mehr oder weniger knotig aufsteigende, im oberen Teil rauhe Halme. Die Blattscheiden sind glatt, die Blattspreiten 2–3 mm breit, flach, glatt, manchmal aber auch an der Oberfläche rauh.

Die 7–10 mm langen Ährchen sind 4–8blütig, dichtstehend, hellgrün und stehen nach unten zu in einem weiteren Abstand. Die Hüllspelze ist kürzer als das Ährchen, aber zweimal länger als die nächststehende Deckspelze. Die Deckspelzen sind meist ohne Grannen.

Die ähnliche Art Taumellolch *(L. temulentum)* hat längere Ährchen (bis 25 mm) und 15–30 cm lange Hüllspelzen. Die Karyopsen werden häufig vom Rostpilz befallen und sind dann äußerst giftig. Das in der Karyopse angesammelte Gift ist das Alkaloid Temulin.

Einige Lolch-Arten, beispielsweise Englisches Raygras *(L. perenne)* oder Italienisches Raygras *(L. multiflorum,)* werden häufig auf Weiden verbracht oder auf Kulturwiesen nachgedrillt. Häufig sind sie Bestandteil der bekannten „englischen“ Kulturrasen.

Somatische Chromosomenzahl: 2n = 14

Einkeimblättrige

Blütezeit:
Mai–September

Fruchtform:
Karyopse

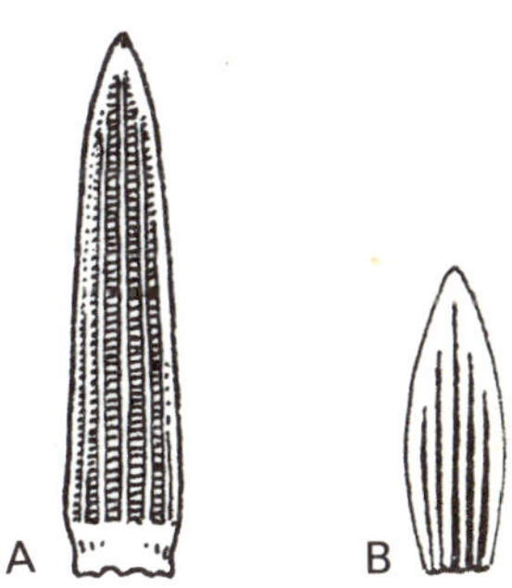

A: Hüllspelze, B: Deckspelze

Rasenschmiele

Deschampsia cespitosa

Dieses ausdauernde, 50–150 cm hohe, dichte und feste Gras ist auf Wiesen und in feuchten Wäldern nicht nur in den Niederungen, sondern auch in Bergstufen anzutreffen.

Diese tiefgrüne Schmiele entwickelt zahlreiche aufrechte, glatte, nur gewöhnlich unter dem Blütenstand rauhe Halme. Die Blattscheiden sind glatt oder schwach rauh, die Blattspreiten sind flach, 2–3 mm breit, oberseits scharf längsgerippt und nur bei Trokkenheit eingerollt. Die Blatthäutchen sind 6–8 mm lang, zugespitzt und weiß.

Der Blütenstand – eine Rispe – ist pyramidenartig, ausladend und bis 20 cm lang. Die Rispenäste sind rauh und während der Blütezeit abstehend. Die an kurzen Zweigen stehenden Ährchen sind leicht violett, selten grün und gelblich. Die oberseits violett angelaufenen Hüllspelzen sind länglich, stumpf und häutig gesäumt, die Deckspelzen ebenfalls leicht violett, weißlich gesäumt, abgehackt, gezähnt und haben eine kurze Granne.

Häufig werden zwei Unterarten unterschieden: Die subsp. *cespitosa* hat 4–5 mm lange und meist 2-, aber auch 5blütige Ährchen, die der subsp. *parviflora* sind nur 1,5–2,5 mm lang und häufig einblütig.

Der Rasenschmiele sind rauhe Blätter und zähe Halme eigen, weshalb sie nicht zu den Futtergraspflanzen gerechnet, sondern eher als unerwünschtes Unkraut angesehen wird. Im Gebirge hingegen stellt sie eine willkommene Äsung für Gemsen und anderen Gebirgstieren dar.

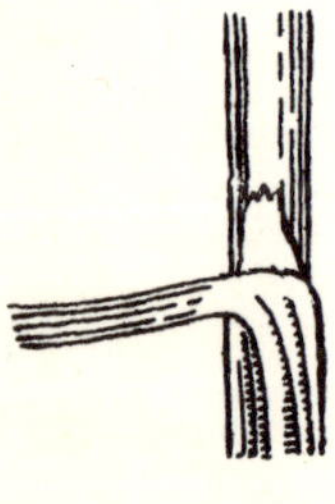

Spreitengrund mit Blatthäutchen

Somatische Chromosomenzahl: 2n = 26

Einkeimblättrige

Blütezeit:
Juni–August

Fruchtform:
Karyopse

Gemeines Ruchgras

Anthoxanthum odoratum

Dieses ausdauernde, dichtrasige Gras ist auf Wiesen, Weiden und an Wegrändern von den Niederungen bis ins Hochgebirge anzutreffen.

Die zahlreichen, fast aufrechten Halme erreichen 15–45 cm Höhe; sie sind glatt und wenig beblättert. Die Blattscheiden sind kahl, manchmal auch behaart, ebenso die flachen und bis 6 mm breiten Blattspreiten. Das Blatthäutchen ist 2 mm lang, abgestutzt und gefranst.

Die Rispe ist länglich-lanzettlich und aus einblütigen gelbgrünen Ährchen zusammengesetzt. Die untere Hüllspelze ist 3–5 mm lang und eiförmig, die obere länglich. Die Deckspelzen der beiden verkümmerten unteren Blüten sind grannig. Das Gemeine Ruchgras hat nicht die bei den meisten Familien der *Gramineae* üblichen drei Staubblätter, sondern nur zwei. Auch die Schwellkörper, kleine Schuppen hinter der Deckspelze, fehlen. Bei manchen Grasarten sind zwei oder drei vorhanden. Sie schwellen während der Pollen- und Narbenreife an, drücken die Vor- und Deckspelzen auseinander und ermöglichen auf diese Weise das Herausbiegen der Staubblätter und der Narben aus der Blüte. Ihre Stellung in der Blüte läßt den Schluß zu, daß es sich eigentlich um Blütenhüllblattreste handelt.

Die Grasart ist reich an Kumarin, das den betäubenden Duft beim Trocknen des Ruchgrases und des Heues überhaupt verursacht.

einblütiges Ährchen; Blüte nur mit zwei Staubblättern und Narben

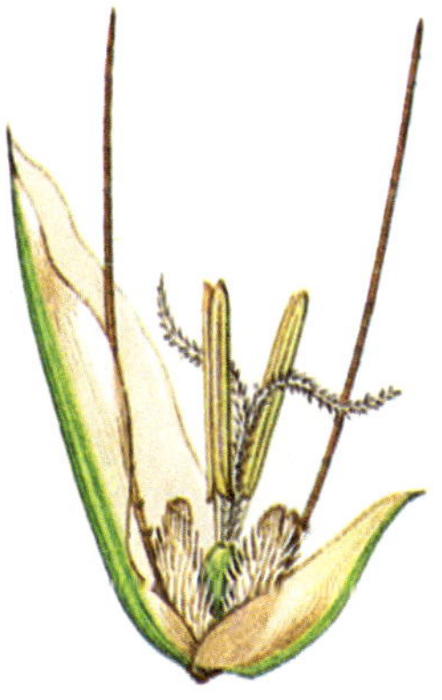

Somatische Chromosomenzahl: 2n = 20

Einkeimblättrige

Blütezeit:
Juni

Fruchtform:
Karyopse

Landreitgras, Landrohr, Sandrohr

Calamagrostis epigejos

Diese ausdauernde, bis 150 cm hohe, kalkmeidende, rasenbildende Pflanze ist in Wäldern, auf Waldlichtungen, in Gebüschen und an deren Rändern, aber auch auf Sandböden und Küstendünen anzutreffen.

Das starke, kriechende Rhizom entwickelt zahlreiche dünne und lange, unterirdische Ausläufer. Aus ihm wachsen aufrechte und starke, vor allem unter der Rispe sehr rauhe Halme. Genauso sind auch die Blattscheiden. Die rauhen, flachen, bis 1 cm breiten Blattspreiten können auch zusammengerollt sein. Das Blatthäutchen wird bis 7 mm lang, ist gestutzt und zerschlitzt.

Die Blüten stehen in Ährchen, die eine bis zu 30 cm lange, aufrechte und reiche Rispe mit steifhaarig rauhen Ästen bilden. Die einzelnen Ährchen sind kurz gestielt, stehen knäuelig und sind grünlich oder leicht violett, während der Reife bräunlich. Die lanzettlichen Hüllspelzen werden bis 8 mm lang, sind lang zugespitzt und am Kiel rauh. Die häutige Deckspelze ist dreimal kürzer als die Hüllspelze. In ihrer Mitte sind auf dem Rücken eine Granne sowie Haarbüschel eingefügt.

Die Staubblätter haben kurze Staubfäden und gelbe, orangegelbe oder bräunliche Staubbeutel.

Dieses Gras ist über ganz Europa verbreitet, ausgenommen Nordskandinavien und das größte Gebiet des europäischen Teiles der Sowjetunion.

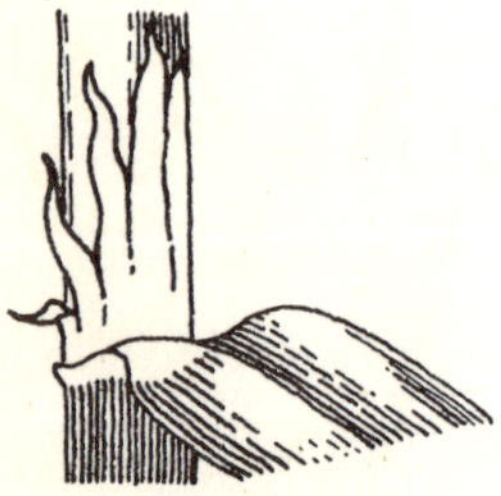

Spreitengrund mit Blatthäutchen

Somatische Chromosomenzahl:
2n = 28 (35, 42, 49, 56)

Einkeimblättrige

Blütezeit:
Juli–August

Fruchtform:
Karyopse

Wiesenlieschgras, Timothee

Phleum pratense

Dieses ausdauernde, 10–100 cm hoch werdende Gras wächst wild auf Wiesen, an Säumen und Weiden und wird oft auf Kulturwiesen nachgedrillt.

Aus dem kurzen, kriechenden Wurzelstock entspringen aufrechte, manchmal aufsteigende, glatte, am Grund bisweilen verdickte Halme. Die Blattscheiden sind kahl und glatt, die Blattspreiten flach, bis über 30 cm lang und rauh. Die Blatthäutchen der unteren Blätter sind 2–3 mm, die der oberen bis 5 mm lang. Die ganze Pflanze wächst dichtrasig.

Die Ährenrispe ist zylindrisch, bis 15 cm lang und graugrün. Wird sie umgebogen, ist zu sehen, daß sie nicht lappig ist. Die Ährchen sind sitzend. Die länglichen Hüllspelzen sind weiß trockenhäutig, auf dem grünen Kiel abstehend bewimpert und mit einer Granne bewachsen. Die Deckspelzen sind ebenfalls trockenhäutig, aber kahl. Die Staubbeutel sind violett.

Beim Wiesenlieschgras werden zwei Unterarten unterschieden: Die subsp. *pratense* wächst auf weniger trockenen Wiesen, wird bis 1 m hoch und hat bis 20 cm lange Ährenrispen. Typisch ist die fehlende knollenartige Verdickung am Halmgrund (2n = 42). Die zweite subsp. *nodosum* bevorzugt trockene Wiesen, wärmeliebende Hänge und lichte Wälder. Sie ist kleiner und wird nur 10–30 cm hoch. Die Scheinähre erreicht eine Länge von 1–4 cm und hat am Grund knollig verdickte Halme. Sie bevorzugt Kalkuntergrund (2n = 14).

Somatische Chromosomenzahl: 2n = 14, 42

Einkeimblättrige

Blütezeit:
Juni–August

Fruchtform:
Karyopse

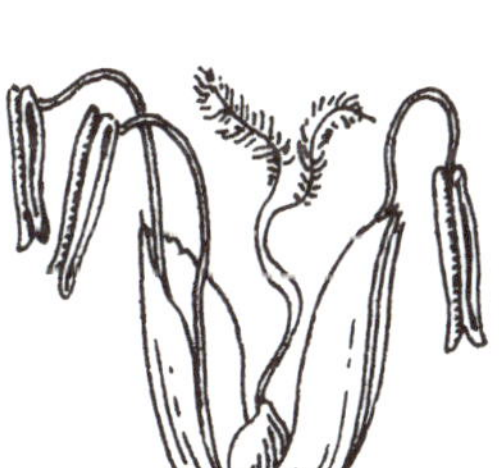

Blüte

Ährchen

Gemeine Quecke

Agropyron repens
syn. *Elytrigia repens*

Die Quecke wächst als 20–150 cm hohes, ausdauerndes Unkraut auf Feldern, Wiesen, an Säumen, auf Ruderalstellen, in Gärten, an Eisenbahndämmen, aber auch auf Küstendünen.

Die aufrechten Halme sind glatt und kahl, die Blattscheiden rauh, die Blattspreiten weich und durchscheinend.

Die kleinen, zur wellig gebogenen Spindel angedrückten Ährchen bilden eine lange, reiche Scheinähre. Die Hüllspelzen sind nahezu gleich und zugespitzt, manchmal grannig. Die Deckspelzen sind spitz oder auch begrannt. Auf fruchtbaren Pflanzen zerfallen die Ährchen nicht, sondern fallen als Ganzes ab. Dadurch wird gewährleistet, daß auch auf ungünstigen Standorten einige der Karyopsen zum Keimen kommen. Wesentlich expansiver ist jedoch ihre Ausbreitung durch lange, kriechende unterirdische Ausläufer. Das macht die Gemeine Quecke zu einem unangenehmen Unkraut, das nahezu überall anzutreffen ist.

Es werden drei Unterarten unterschieden: Die subsp. *caesium* ist ein stattliches, blaugrünes Gras mit über 10 cm langen Scheinähren, das in Gebüschen und an Waldrändern zu finden ist. Die subsp. *repens* ist eine grüne Pflanze, die maximal 1 m Höhe erreicht und dichte, unter 10 cm lange Scheinähren trägt. Die dritte ist die subsp. *maritimum,* die blaugrüne Exemplare umfaßt, die nur 20–50 cm hoch werden und deren lockere Scheinähren kürzer als 10 cm sind. Diese Unterart kommt auf Dünen usw. vor.

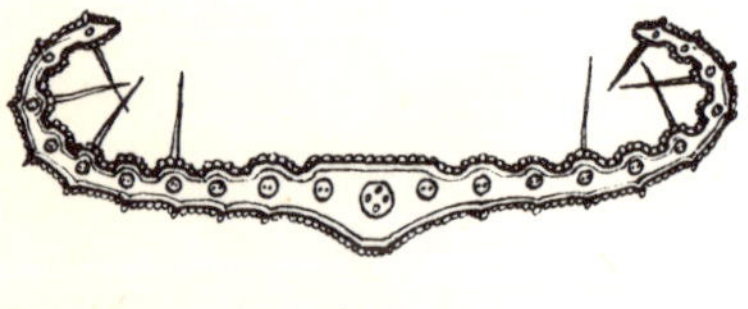

Schnitt durch die Blattspreite

Somatische Chromosomenzahl: 2n = 42

Einkeimblättrige

Blütezeit:
Juni–September

Fruchtform:
Karyopse

Glatthafer

Arrhenatherum elatius

Diese ausdauernde Graspflanze ist auf Wiesen, an Waldsäumen und Bahndämmen vom Flachland bis in die subalpinen Regionen anzutreffen.

Aus dem ausläuferreichen Wurzelstock entwickelt sich ein lockerrasiges, 60–120 cm hohes Gras mit glatten, glänzenden Halmen. Die Blattscheiden sind rauh und kahl, die Blattspreiten 4–8 mm breit und gelblich- oder graugrün. Das Blatthäutchen ist kurz und mehr oder weniger abgestutzt.

Die zweiblütigen Ährchen stehen in einer ausgebreiteten, bis 25 cm langen Rispe mit rauhen, selten violett angelaufenen Ästen. Die untere Blüte ist männlich, begrannt und mit zwei Staubblättern versehen. Darüber befindet sich die unbegrannte zweigeschlechtige Blüte. Die Hüllspelzen sind länglich-lanzettlich, am Kiel rauh.

Beim Glatthafer werden zwei Unterarten unterschieden: Die gleichnamige subsp. *elatius* ist auf Wiesen zu finden und wird durch den unverdickten, unteren Halmabschnitt charakterisiert. Die subsp. *bulbosum* wächst auf Trockenwiesen, auf Feldern und hat einen knollig verstärkten Halmgrund. Beide Unterarten haben in Europa ein großes Verbreitungsgebiet, das sich von den Bergen im Mittelmeerraum bis zur Arktis und von den Kanarischen Inseln bis nach Westsibirien erstreckt. Der Glatthafer wurde auch in Nordamerika und nach Australien eingeschleppt. Linné beschrieb diese Art als *Avena elatior,* obwohl sich der Hafer vom Glatthafer durch seine überhängenden Ährchen unterscheidet.

Somatische Chromosomenzahl: 2n = 28

Einkeimblättrige

Blütezeit:
Juni–August

Fruchtform:
Karyopse

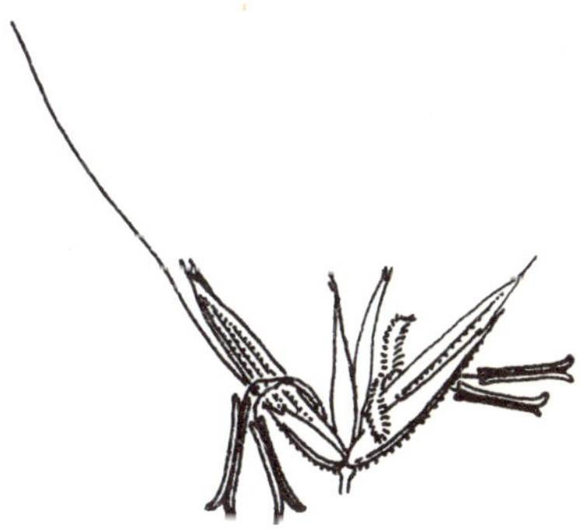

zweiblütiges Ährchen

Frauenschuh

Cypripedium calceolus

Der Frauenschuh ist in warmen Laubwäldern und lichten Waldbeständen mit in der Regel kalkhaltigem Untergrund anzutreffen.

Der aufrechte Blütenstengel wird 15–50 cm hoch, ist am Grund schuppig und trägt 3–4, manchmal auch 5 wechselständig stengelumfassende Blätter. Ihre Spreiten sind breit-elliptisch bis länglich-lanzettlich.

Der Stengel trägt gewöhnlich eine einzige Blüte, sehr selten zwei bis vier. Die großen, aufrechten Blüten wachsen in der Achsel eines blattähnlichen Deckblatts. Beide äußeren Seitenperigonblätter sind zu einem länglichen, zweizähnigen Blatt zusammengewachsen. Das obere äußere steht aufrecht und ist eilanzettlich. Die inneren Seitenperigonblätter sind gespreizt und lanzettlich. Alle sind braunrot. Die Lippe ist 3–4 cm lang und unten stark schuhförmig aufgeblasen. Vorn ist sie gebogen, hellgelb, innen rotgetupft und purpurnervig. Die Säule ist dreikantig; beide Staubblätter sind an der Säule sitzend. Die Narbe ist dreilappig.

Obwohl diese Art früher über fast ganz Europa verbreitet war, fehlt sie heute in Belgien, Holland, Sachsen und Schleswig-Holstein. In Großbritannien ist sie anscheinend bereits ausgestorben. Der Frauenschuh ist in den meisten europäischen Ländern geschützt.

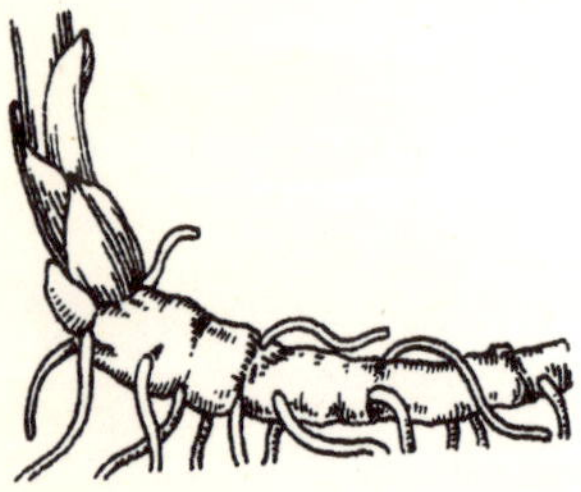

Wurzelstock

Somatische Chromosomenzahl: 2n = 20

Einkeimblättrige

Blütezeit:
Mai–Juni

Fruchtform:
Kapsel

Bleiches Waldvöglein

Cephalanthera damasonium
syn. *Cephalanthera alba, C. grandiflora*

Das kalkholde, ausdauernde, 20–60 cm hohe Waldvöglein ist vorwiegend in Laub- und Tannenwäldern anzutreffen.

Aus dem kriechenden Rhizom wächst der leicht gebogene, kahle, am Grund schuppige Stengel. Er ist ganz mit länglich-eiförmigen bis eilanzettlichen, höchstens viermal längeren als breiten Blättern bewachsen.

Die stengelendständigen Blüten sitzen zu drei bis acht in einer lockeren Ähre zusammen. Die aus den Achseln der lanzettlichen Deckblätter wachsenden Blüten haben sechs längliche, gelbweiße, fünfnervige Perigonblätter. Die äußeren sind länger als die inneren, die Lippe ist ein Drittel kürzer als diese und innen gelblich. Die Säule ist zylindrisch, als Frucht entwickelt sich eine Kapsel.

Heute noch wächst das Bleiche Waldvöglein in fast ganz Europa, steht aber in den meisten Staaten unter Naturschutz.

Seltener anzutreffen als die beschriebene Art ist das Langblättrige Waldvöglein *(C. longifolia)* mit fast reinweißen Blüten und einer bis 20blütigen Infloreszenz. Die Blätter sind zehnmal länger als breit. Äußerst selten wurden Kreuzungen zwischen den Arten *C. damasonium* und *C. longifolia* sowie mit dem rosablühenden Roten Waldvöglein *(C. rubra)* beobachtet. Zwischen dem Breitblättrigen Sitter *(Epipactis helleborine)* und dem Bleichen Waldvöglein bestehen dagegen viele Kreuzungen.

Somatische Chromosomenzahl: 2n = 32, 36

Einkeimblättrige

Blütezeit:
Mai–Juni

Fruchtform:
Kapsel

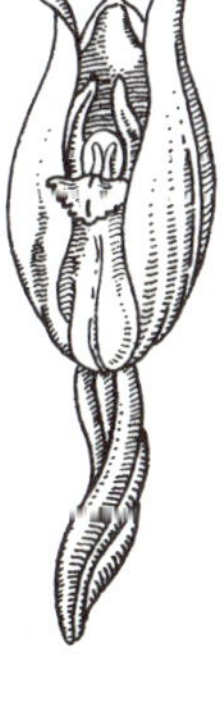

Blüte

Blüte der Art *C. rubra*

Breitblättriger Sitter, Sumpfwurz

Epipactis helleborine
syn. *Epipactis latifolia*

Die 20–50 cm hohe Sumpfwurz wächst in Laubwäldern, Mischwäldern und Gebüschen von den Niederungen bis ins Gebirge.

Aus dem kurzen, starken Wurzelstock erhebt sich ein hoher, aufrechter grüner Stengel, der gewöhnlich im oberen Teil purpurn, manchmal violett angelaufen ist. Am Grund hat er bräunliche Schuppen, über denen die länglich-lanzettlichen bis breit- eiförmigen Blätter stengelumfassend oder sitzend stehen. An der Unterseite sind die Blattspreiten rauh behaart, nach oben zu verschmälern sie sich und gehen in lineallanzettliche Deckblätter über.

Die Blüten bilden eine reiche einseitige Ähre und erinnern mit ihrem Geruch unangenehm an Baldrian. Der Blütenstiel ist um 180° spiralig gedreht, so daß die urspünglich nach unten hängende Lippe nach oben zeigt. Die Perigonblätter stehen glockig auseinander. Die drei äußeren sind außen grün und innen braunpurpurn. Von den drei inneren sind die beiden Seitenblätter den äußeren ähnlich, das dritte bildet die zweiteilige purpurrote Lippe, die kürzer ist als die übrigen Perigonblätter. Das Lippenvorderglied ist bauchig aufgeblasen und hat zwei Höcker. Die Bestäubung besorgen Insekten, es kommt jedoch auch zur Selbstbestäubung.

Da auch diese schöne Pflanze sehr gern abgepflückt wird, ist sie in ihrem Vorkommen ernsthaft gefährdet und verdient deshalb unseren Schutz.

Blüte

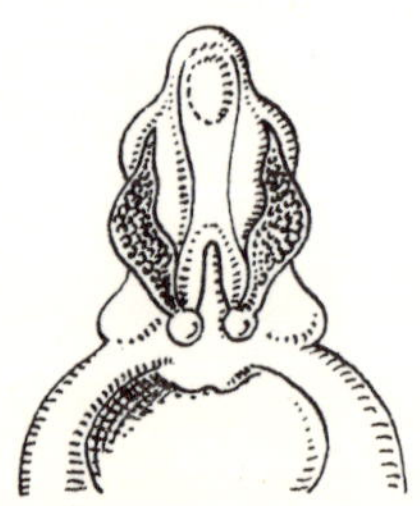

mittlere Griffelsäule in der Blüte

Somatische Chromosomenzahl:
$2n = 38, 40$

Einkeimblättrige

Blütezeit:
Juli–September

Fruchtform:
Kapsel

Großes Zweiblatt

Listera ovata

Diese ausdauernde, 20–50 cm hohe Pflanze hat ihre Standorte in feuchten Wäldern und Gebüschen.

Aus dem zylindrischen Wurzelstock wächst der hellgrüne, unten mit zwei steifen, breiteiförmigen, gegenständigen Blättern bewachsene Stengel. Er ist stark, unter den Blättern vierkantig und kahl, über den Blättern abgeflacht und drüsenhaarig.

Die Blüten stehen in einer aufrechten und dünnen Ähre. Die Deckblätter sind kürzer als der gestielte Teil des länglich eiförmigen und plötzlich stielartig verschmälerten Fruchtknotens. Die Perigonblätter sind gelbgrün oder nur grün, zueinandergeneigt und hellviolett gesäumt. Die Lippe hat in der Mitte eine grüne Längsschwiele.

Alle Zweiblattarten sind in den meisten mitteleuropäischen Ländern gesetzlich geschützt.

Zu den Knabenkräutern gehören nicht nur autotrophe Pflanzen, sondern auch die sog. Saprophyten. Dies sind in fauligen Böden lebende Arten, die sich zusätzlich durch Stoffe ernähren, die bei der Zersetzung lebender Organismen entstehen. Sie kommen häufig in den Tropen vor, sind aber auch in Mitteleuropa durch drei Arten vertreten. Am seltensten ist der Blattlose Wiederbart *(Epipogium aphyllum)*, eine nichtgrüne, wachsgelbe, wurzel- und blattlose Pflanze mit auffallenden gelben Blüten. Etwas häufiger ist die Korallenwurz *(Corallorhiza bifida)* mit auffallend korallenartig verzweigtem Rhizom und kleinen hellgelben Blüten. Am häufigsten ist die Nestwurz *(Neottia nidus-avis)*.

Somatische Chromosomenzahl: 2n = 34

Einkeimblättrige

Blütezeit:
Mai–Juli

Fruchtform:
Kapsel

Blütendiagramm der Orchideengewächse vor der Zurückbeugung

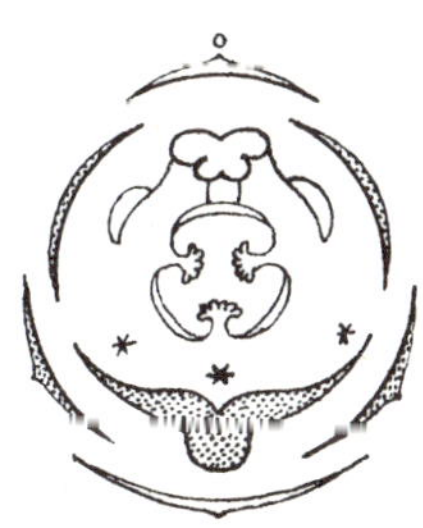

Blüte

Weiße Waldhyazinthe

Platanthera bifolia

Wir finden die ausdauernde Waldhyazinthe in Laub- und Mischwäldern, auf Waldlichtungen und Wiesen.

Sie entwickelt unterirdisch zwei eiförmige, ungeteilte Knollen; eine bräunliche, faltige für die diesjährige Pflanze, eine hellgelbe, die als Vorratsspeicher für die im darauffolgenden Jahr zu bildende dient. Am Stengelgrund befinden sich zwei braune zugespitzte Schuppen und über ihnen zwei gegenständige, breitovale, glänzendgrüne Blätter.

Der aufrechte, zylindrische Blütenstand besteht aus angenehm duftenden Blüten, die ihren Duft am intensivsten abends und nachts oder bei bedecktem Himmel entwickeln. Alle Perigonblätter sind gleich lang, die äußeren weiß und stumpf, die inneren grüngelb. Die Lippe ist schräg geneigt. Der linealische Sporn ist am Ende nicht verdickt, nahezu waagerecht und mit einer weißen oder grünlichen Spitze versehen.

Während der Blüte ist er mit Nektar gefüllt. Die Bestäubung besorgen Insekten, und zwar so, daß sie ihren Rüssel in den Sporn tauchen und dabei die reifen Staubbeutel berühren. Die zu einem Pollinium verklebten Pollen bleiben am Rüssel hängen und werden so zur nächsten Blüte getragen und auf der klebrigen Narbe abgestreift. Damit ist Fremdbestäubung gewährleistet. Es entwickelt sich eine Kapsel mit zahlreichen, sehr leichten Samenkörnern. Die Waldhyazinthe steht in einer Reihe europäischer Länder unter Naturschutz.

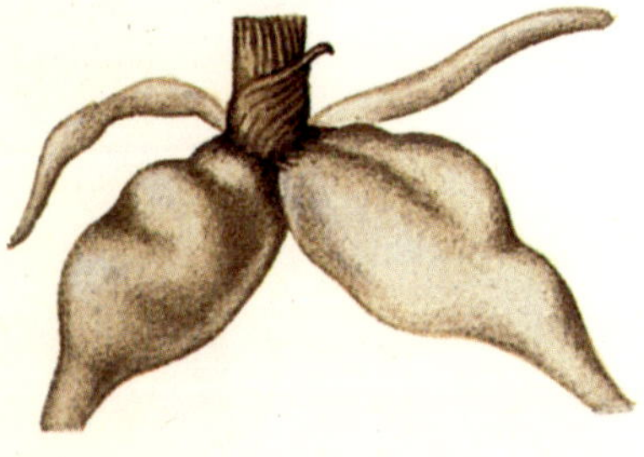

Knollen

Blüte

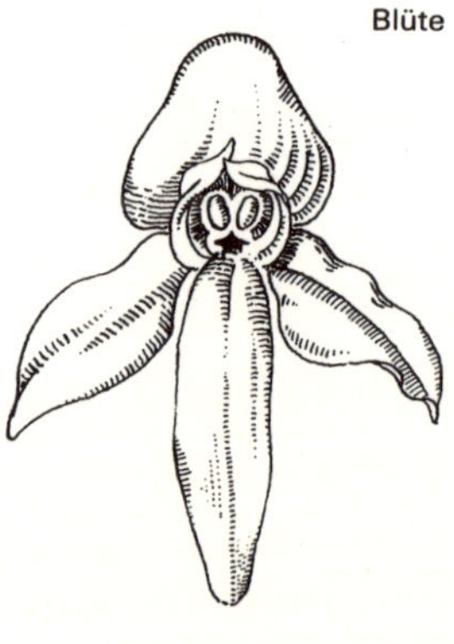

Somatische Chromosomenzahl: 2n = 42

Einkeimblättrige

Blütezeit:
Mai–Juli

Fruchtform:
Kapsel

Große Händelwurz

Gymnadenia conopsea

Wir finden die ausdauernde, 10–60 cm hohe, kalkholde Pflanze auf Wiesen, in lichten Laubwäldern und Gebüschen von den Niederungen bis in die Bergregionen.

Im Boden liegen zwei stärkere, fingerförmig geteilte Knollen, aus denen der aufrechte, abgeflachte Stengel mit einer oder zwei lederartigen Schuppen am Stengelgrund wächst. Über ihnen entspringen wechselständig lineal-lanzettliche, an der Unterseite kielige und am Rand undeutlich gezähnte Blätter.

In den Achseln der grünen oder am Rand violetten Deckblätter wachsen, in einer Ähre zusammenstehend, etwa 50 Blüten. Sie sind verhältnismäßig klein, rosarot, selten auch weiß. Ihre Lippe ist stumpf, gesägt und dreilappig. Der dünne Sporn ist bis zweimal länger als der Fruchtknoten. Die Blüten entwickeln einen typischen, an Nelken erinnernden Duft. Die ähnliche Dufthändelwurz *(G. odoratissima)* hat einen Sporn, der genauso lang ist wie der Fruchtknoten, mit wesentlich stärker duftenden Blüten. Die Bestäubung besorgen Insekten. In der Kapsel reift eine große Anzahl federleichter Samen.

Die Große Händelwurz ist ähnlich wie die anderen Knabenkrautgewächse geschützt, denn sie ist in ihrem Vorkommen sehr gefährdet.

Somatische Chromosomenzahl: 2n = 40 (80)

Einkeimblättrige

Blütezeit:
Mai–August

Fruchtform:
Kapsel

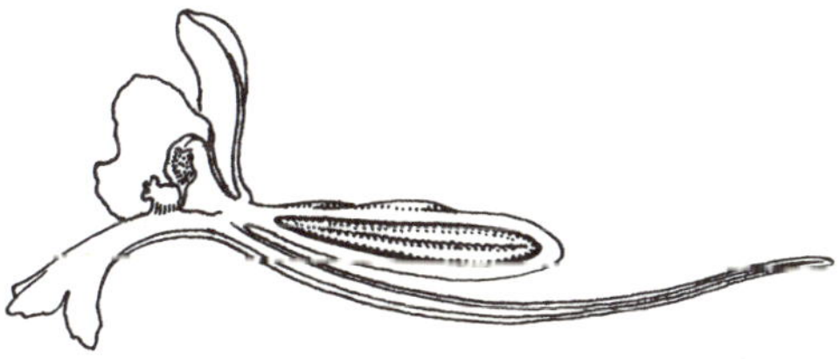

Schnitt durch die Blüte

Knollen

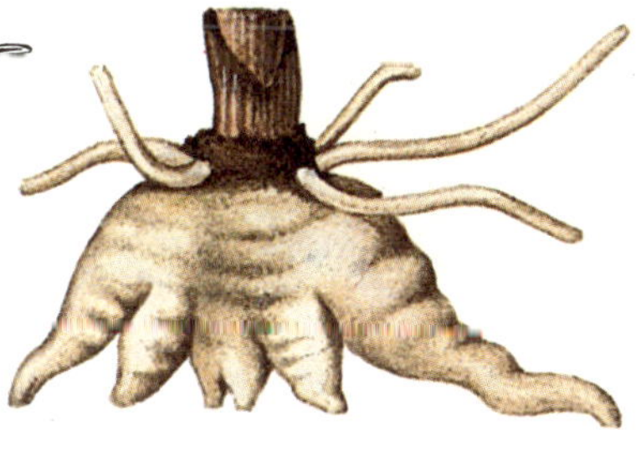

Kleines Knabenkraut

Orchis morio

Diese Art ist auf trockenen Wiesen, Waldlichtungen und Trockenhängen zu finden.

Aus den beiden Knollen wächst der bis 40 cm hohe Stengel. Er ist fein gefurcht, hellgrün und nur im oberen Teil leicht violett. Die am Stengel entspringenden, 5–15 cm breiten, blau-graugrünen Blätter sind lanzettlich, unten fast waagerecht, oben scheidig und aufrecht.

Die verhältnismäßig dünne Ähre hat nur 7–16 purpurrote Blüten. Die Perigonblätter sind grünnervig. Die dreilappige Lippe ist lilarot, dunkel getupft und im unteren Teil weiß. Der Sporn ist leicht angebogen und stumpf. Wie bei den meisten Orchideen ist auch bei den Knabenkräutern die Anzahl der Staubblätter auf eines, mit dem Griffel zum sog. Säulchen verwachsenen reduziert. Der mittlere Narbenlappen ist zu einem Schnäbelchen umgebildet. In jedem Staubbeutel bilden sich Pollen, die zu einem Pollinium verklebt sind. Diese Pollinien überträgt das bestäubende Insekt, wie schon bei der Weißen Waldhyazinthe beschrieben wurde. Die Samen des Kleinen Knabenkrauts sind in ihrem Keimblatt nicht ausreichend mit Nährstoffen versorgt und deshalb beim Keimen auf durch Symbiose mit verschiedenen Pilzen gewonnene Stoffe angewiesen. Eine aus Samen wachsende Pflanze blüht deshalb erst nach 2–5 Jahren, manchmal auch später.

Auch das Kleine Knabenkraut gehört zu den Pflanzen, die in fast allen mitteleuropäischen Staaten unter Naturschutz stehen.

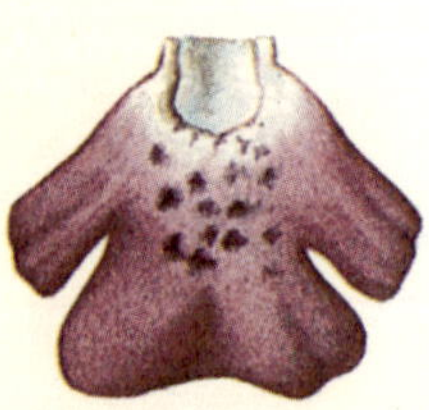

Lippe

unterirdische Knollen

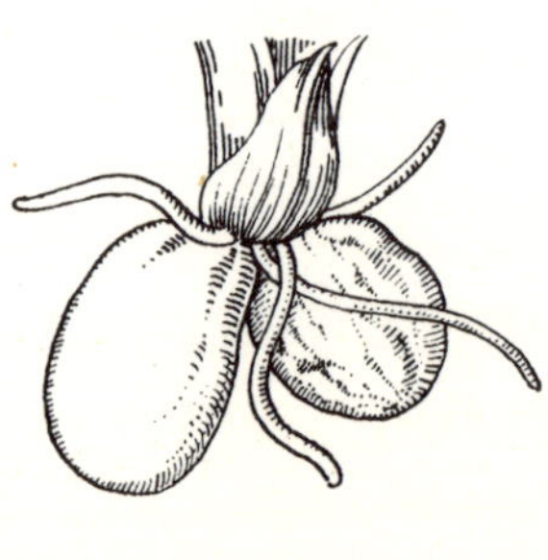

Somatische Chromosomenzahl: 2n = 36, 38

Einkeimblättrige

Blütezeit:
April–Juni

Fruchtform:
Kapsel

Breitblättriges Knabenkraut, Breitblättrige Kuckucksblume

Dactylorhiza majalis
syn. *Orchis latifolia*

Das Breitblättrige Knabenkraut wächst auf nassen Wiesen, in krautbewachsenen Sümpfen, Torfmooren, auf feuchten Heiden und in nassen Gräben.

Aus den beiden fingerartig geteilten unterirdischen Knollen wächst der bis 60 cm hohe, aufrechte, hohle und im oberen Teil gefurchte, rot anlaufende Stengel. Die Stengelblätter stehen wechselständig, sind abstehend, lineal-lanzettlich bis eiförmig-elliptisch und scheidenartig stengelumfassend. Auf der dunkelgrünen Blattspreitenoberseite befinden sich häufig unregelmäßige bräunliche Flecke.

Die stengelendständig stehenden, einen reichen Blütenstand bildenden Blüten wachsen aus den Achseln der lanzettlichen, rot angelaufenen Deckblätter hervor. Die drei äußeren Perigonblätter sind eilanzettlich, gespreizt bis nach rückwärts umgebogen; von den inneren sind die beiden Seitenblätter den äußeren ähnlich, das mittlere ist zu einer dreilappigen Lippe vergrößert, die am Grund zu einem hohlen, leicht gebogenen Sporn verlängert ist. Der Sporn ist leer, weil auch diese Art wie alle Knabenkräuter den Insekten keinen Nektar bietet. Es handelt sich also um sog. Täuschblumen. Die Blütenfarbe variiert von hellrosa bis tiefrot. Die Perigonblätter sind auffallend gefleckt, das Pollinium ist grün. Die reife Kapsel gibt eine große Menge Samen frei.

Somatische Chromosomenzahl: 2n = 80

Einkeimblättrige

Blütezeit:
Mai–Juli

Fruchtform:
Kapsel

unterirdische Knolle

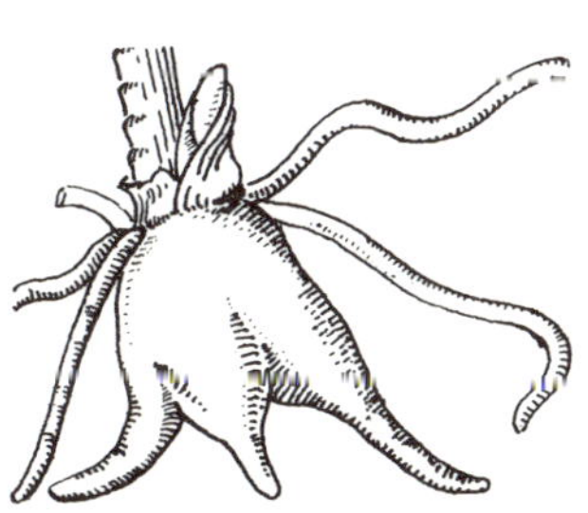

Lippe

Sumpfcalla, Schweinsohr

Calla palustris

In Sümpfen, an Teichufern und auf überschwemmten Wiesen wächst die 15–30 cm hohe, ausdauernde Sumpfcalla.

Aus dem hohlen, zylindrischen Wurzelstock wachsen der aufrechte, blattlose, kahle Stengel sowie dicht in zwei Reihen langgestielte Blätter. Die Blattspreiten sind rundlich-herzförmig und kurz zugespitzt.

Die Blüten bilden einen Blütenstand, den sog. Kolben, der in einer grünen, innen weißen Blütenscheide (Spatha) liegt. Der Kolben ist kurz zylindrisch und kurz gestielt. Die kleinen Blüten sind ohne Perigonblätter, meist zweigeschlechtig, nur die am oberen Ende des Kolbens sitzenden sind männlich. Die Bestäubung wird meist durch Weichtiere besorgt. In den zweigeschlechtigen Blüten stehen 6–8 Staubblätter und ein Stempel, der nach der Befruchtung zu einer roten Beere reift. Die Samen sind violett und mit einer klebrigen sülzigen Hülle umgeben, die am Gefieder der Vögel klebenbleiben und auf diese Weise über weite Entfernungen verbreitet werden.

Die Sumpfcalla ist giftig. Sie kommt in Mittel-, teils auch in Nordeuropa vor und ist mancherorts geschützt. Diese insgesamt seltene Art fehlt in Großbritannien völlig.

Der der Calla verwandte Kalmus *(Acorus calamus)*, der an den Ufern stehender Gewässer in fast ganz Europa wächst, gehört nicht zu unserer einheimischen Flora. Er stammt aus Ostasien, wo er auch blüht. In Europa kommt er nicht zur Blüte.

Früchte

nackte, einzige Blüte

Somatische Chromosomenzahl: 2n – 72 (32)

Einkeimblättrige

Blütezeit:
Mai–Juli

Fruchtform:
Beere

Gefleckter Aronstab

Arum maculatum

Der Gefleckte Aronstab, eine ausdauernde, 20–35 cm hohe Pflanze, wächst in Laubwäldern und Gebüschen von den Niederungen bis in die Bergregionen.

Aus dem braunen knolligen Wurzelstock wachsen der aufrechte, schuppige Stengel und langgestielte Blätter, die am Grund scheidig erweitert sind und länglich-eiförmige bis dreieckige, pfeilförmige Blattspreiten haben. Auf der Oberseite sind sie manchmal bräunlich gefleckt.

Der Stengel endet im Kolben, der in einer großen, tütenförmig zusammengezogenen Blütenscheide (Spatha) eingebettet ist. Die Spatha ist weißlich, rötlich oder grünlich, innen violett gefleckt und bis 15 cm lang. Am Grund ist sie fast völlig verwachsen und öffnet sich erst in der Höhe. Der Kolben hat unten weibliche, darüber männliche, oben geschlechtslose Blüten. Das Kolbenende ist violettbräunlich, keulig verdickt, blütenlos und kaum aus der Spatha herausragend. Nach der Bestäubung und Befruchtung entwickelt sich eine etwa 1 cm große rote Beere.

Der Gefleckte Aronstab ist giftig.

Die osteuropäische Art, der Östliche Aronstab *(A. orientale),* hat mehr oder weniger runde Knollen und ungefleckte Blätter. Sein Vorkommen reicht nach Mitteleuropa aus den Standorten auf dem Balkan bis in die Tschechoslowakei, vielleicht auch nach Dänemark.

Blütenstand: A: geschlechtslose Blüten, B: männliche Blüten, C: weibliche Blüten

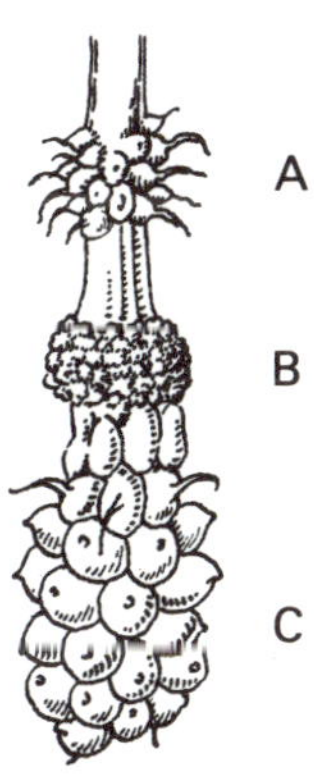

Früchte

Somatische Chromosomenzahl: 2n = 56

Einkeimblättrige

Blütezeit:
Juni–August

Fruchtform:
Beere

Ästiger Igelkolben

Sparganium erectum
syn. *Sparganium ramosum*

Der ausdauernde Igelkolben ist gewöhnlich 30–60 cm hoch, kann aber auch eine Höhe bis 120 cm erreichen.

Aus dem kriechenden, ausläuferreichen Wurzelstock wächst der aufrechte, steife Stengel. Die grasartigen, 3–15 mm langen Blätter sind steif, aufrecht, im unteren Teil dreiseitig und bis in die Spitze kielig.

Endständig am Stengel befinden sich die rispig angeordneten Blütenköpfe, die aus eingeschlechtigen, regelmäßigen Blüten bestehen. Die unteren sind größer und bilden die weiblichen Blütenstände. Es gibt nur wenige davon. Viel zahlreicher sind die oben wachsenden kleineren männlichen Blütenköpfe. Die Perigonblätter werden von häutigen Blütenblättern gebildet. Nach der Windbestäubung und Befruchtung bilden sich kantige, geschnäbelte dunkelbraune Steinfrüchte.

Nach Form und Größe der Früchte werden vier Unterarten des Ästigen Igelkolbens unterschieden: die subsp. *erectum,* subsp. *microcarpum,* subsp. *neglectum* und subsp. *oocarpum.*

Die verwandte Art Einfacher Igelkolben *(S. emersum)* hat einen ährigen Blütenstand und ebenfalls die somatische Chromosomenzahl: 2n = 30

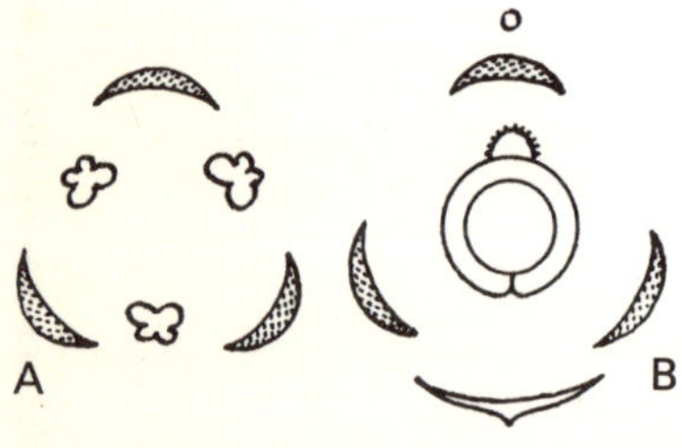

Blütendiagramm:
A: männliche Blüte, B: weibliche Blüte

Somatische Chromosomenzahl: 2n = 30

Einkeimblättrige:

Blütezeit:
Juni–August

Fruchtform:
Steinfrucht

Schmalblättriger Rohrkolben

Typha angustifolia

An den Ufern stehender Gewässer ist häufig der schon von weitem sichtbare, bis 3 m hohe Schmalblättrige Rohrkolben zu finden.

Aus dem gelbbraunen Wurzelstock wachsen steife, aufrechte Stengel und schmal linealische Blätter, die wesentlich länger sind als der Stengel. Die Blattspreiten sind federnd und zwei bis dreimal gedreht, um sie vor dem Abbrechen durch den Wind zu schützen. Die Blätter sind lang scheidig und teils untergetaucht.

Am Stengelende befinden sich übereinander zwei auffallende Blütenstände – an „Zigarren" erinnernde Kolben. Sie sind 10–30 cm lang und 3–5 cm voneinander entfernt. Der obere Blütenstand wird von männlichen, der untere von weiblichen Blüten gebildet. Die oberen fallen bald ab, die unteren sind schwarzbraun. Die Pflanze wird windbestäubt. Die Nüßchen wachsen auf kurzen Stielen.

Diese Art ist in den meisten europäischen Ländern anzutreffen, ausgenommen Griechenland, außerdem in Westasien und in Nordamerika.

Die ähnliche *T. latifolia* hat breite Blätter und sich fast berührende Blütenstände.

Die Wurzelstöcke beider Rohrkolbenarten sind reich an Stärke, Zucker und Eiweißen und wurden deshalb in einigen Ländern früher als Nutzpflanze verwendet. Die Blätter werden zum Flechten von Matten, Taschen oder zum Decken von Häusern genutzt („Reet").

Somatische Chromosomenzahl: 2n = 30

Einkeimblättrige

Blütezeit:
Juni August

Fruchtform:
Nüßchen

Blütenstand der Art *T. latifolia* mit abgefallenem oberem männlichem Kolben

REGISTER DER DEUTSCHEN PFLANZENNAMEN

REGISTER DER LATEINISCHEN PFLANZENNAMEN